技能型人才培训用书
国家职业资格培训教材

电工识图

国家职业资格培训教材编审委员会　编
蔡建军　主编

机械工业出版社

本书是“国家职业资格培训教材”中的基础课教材之一，是依据《国家职业标准》中部分职业对电工识图知识的要求，按照岗位培训需要的原则编写的。本书的主要内容有：电工识图基础知识、电工测量与电子电路图、工厂常用电气控制电路图识读、供电系统电气图识读、建筑电气图识读、其他电气图识读、常用典型电路图识读示例。书末附有与之配套的试题库和答案，以便于企业培训、考核鉴定和读者自测自查。

本书主要作为企业培训部门、职业技能鉴定机构、再就业和农民工培训机构的教材，也可作为技校、中职、各种短训班的教学用书。

图书在版编目（CIP）数据

电工识图/蔡建军主编．—北京：机械工业出版社，2006.6（2023.8重印）

国家职业资格培训教材

ISBN 978-7-111-19204-6

Ⅰ.电…　Ⅱ.蔡…　Ⅲ.电路图—识图法—技术培训—教材　Ⅳ.TM13

中国版本图书馆 CIP 数据核字（2006）第 052356 号

机械工业出版社（北京市百万庄大街 22 号　邮政编码 100037）

责任编辑：陈玉芝　版式设计：霍永明　责任校对：樊钟英

责任印制：单爱军

北京虎彩文化传播有限公司印刷

2023 年 8 月第 1 版·第 15 次印刷

148mm×210mm·12.25 印张·2 插页·347 千字

标准书号：ISBN 978-7-111-19204-6

定价：35.00 元

凡购本书，如有缺页、倒页、脱页，由本社发行部调换

电话服务

服务咨询热线：010-88379833

读者购书热线：010-88379649

网络服务

机 工 官 网：www.cmpbook.com

机 工 官 博：weibo.com/cmp1952

教育服务网：www.cmpedu.com

金 书 网：www.golden-book.com

国家职业资格培训教材

编审委员会

本书主编　蔡建军

本书副主编　栗小宽

本书参编　肖国玲　诸广民　曹建峰　张亚苇

本书主审　郭再泉

序 一

当前和今后一个时期，是我国全国建设小康社会、开创中国特色社会主义事业新局面的重要战略机遇期。建设小康社会需要科技创新，离不开技能人才。“全国人才工作会议”“全国职教工作会议”都强调要把“提高技术工人素质、培养高技能人才”作为重要任务来抓。当今世界，谁掌握了先进的科学技术并拥有大量技术娴熟、手艺高超的技能人才，谁就能生产出高质量的产品，创出自己的名牌；谁就能在激烈的市场竞争中立于不败之地。我国有近一亿技术工人，他们是社会物质财富的直接创造者。技术工人的劳动，是科技成果转化为生产力的关键环节，是经济发展的重要基础。

科学技术是财富，操作技能也是财富，而且是重要的财富。中华全国总工会始终把提高劳动者素质，作为一项重要任务，在职工中开展的“当好主力军，建功‘十一五’，和谐奔小康”竞赛中，全国各级工会特别是各级工会职工技协组织注重加强职工技能开发，实施群众性经济技术创新工程，坚持从行业和企业实际出发，广泛开展岗位练兵、技术比赛、技术革新、技术协作等活动，不断提高职工的技术技能和操作水平，涌现出一大批掌握高超技能的能工巧匠。他们以自己的勤劳和智慧，在推动企业技术进步，促进产品更新换代和升级中发挥了积极的作用。

欣闻机械工业出版社配合新的《国家职业标准》，为技术工人编写了这套涵盖38个职业的159种“国家职业资格培训教材”。这套教材由全国各地技能培训和考评专家编写，具有权威性和代表性；将理论与技能有机结合，并紧紧围绕《国家职业标准》的知识点和技能鉴定点编写，实用性、针对性强；既有必备的理论和技能知识，又有考核鉴定的理论和技能题库及答案，编排科学、便于培训和检测。

这套教材的出版非常及时，为培养技能型人才做了一件大好事，我相信这套教材一定会为我们培养更多更好的高技能人才做出贡献！

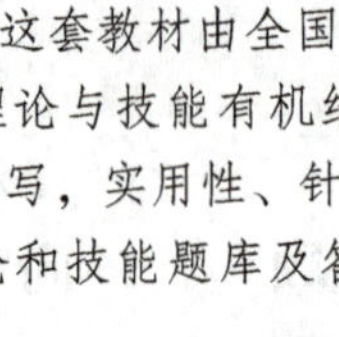

（李永安　中国职工技术协会常务副会长）

序　二

为贯彻“全国职业教育工作会议”和“全国再就业会议”精神，落实国家人才发展战略目标，促进农村劳动力转移培训，全面推进技能振兴计划和高技能人才培养工程，加快培养一大批高素质的技能型人才，我们精心策划了这套与劳动和社会保障部最新颁布的《国家职业标准》配套的“国家职业资格培训教材”。

进入21世纪，我国制造业在世界上所占的比重越来越大，随着我国逐渐成为“世界制造业中心”进程的加快，制造业的主力军——技能人才，尤其是高级技能人才的严重缺乏已成为制约我国制造业快速发展的瓶颈，高级蓝领出现断层的消息屡屡见诸报端。据统计，我国技术工人中高级以上技工只占3.5%，与发达国家40%的比例相去甚远。为此，国务院先后召开了“全国职业教育工作会议”和“全国再就业会议”，提出了“三年50万新技师的培养计划”，强调各地、各行业、各企业、各职业院校等要大力开展职业技术培训，以培训促就业，全面提高技术工人的素质。那么，开展职业培训的重要基础是什么呢？

众所周知，“教材是人们终身教育和职业生涯的重要学习工具”。顾名思义，作为职业培训的重要基础，职业培训教材当之无愧！编写出版优秀的职业培训教材，就等于为技能培训提供了一把开启就业之门的金钥匙，搭建了一座高技能人才培养的阶梯。

加快发展我国制造业，作为制造业龙头的机械行业责无旁贷。技术工人密集的机械行业历来高度重视技术工人的职业技能培训工作，尤其是技术工人培训教材的基础建设工作，并在几十年的实践中积累了丰富的教材建设经验。作为机械行业的专业出版社，机械工业出版社在“七五”、“八五”、“九五”期间，先后组织编写出版了“机械工人技术理论培训教材”149种，“机械工人操作技能培训教材”85种，“机械工人职业技能培训教材”66种，“机械工业技师考评培训教材”22种，以及配套的习题集、试题库和各种辅导性教材约800种，基本满足了机械行业技术工人培训的需要。这些教材以其针对性、实用性强，覆盖面广，层次齐备，成龙配套等特点，受到全国各级培训、鉴定和考工部门和技术工人的欢迎。

2000年以来，我国相继颁布了《中华人民共和国职业分类大典》和新的《国家职业标准》，其中对我国职业技术工人的工种、等级、职业的活动范围、工作内容、技能要求和知识水平等根据实际需要进行了重新界定，将国家职业资格分为5个等级：初级（5级）、中级（4级）、高级（3级）、技师（2级）、高级技师（1级）。为与新的《国家职业标准》配套，更好地满足当前各级职业培训和技术工人考工取证的需要，我们精心策划编写了这套“国家职业资格培训教材”。

这套教材是依据劳动和社会保障部最新颁布的《国家职业标准》编写的，为满足各级培训考工部门和广大读者的需要，这次共编写了38个职业159种教材。在职业选择上，除机电行业通用职业外，还选择了建筑、汽车、家电等其他相近行业的热门职业。每个职业按《国家职业标准》规定的工作内容和技能要求编写初级、中级、高级、技师（含高级技师）四本教材，各等级合理衔接、步步提升，为高技能人才培养搭建了科学的阶梯型培训架构。为满足实际培训的需要，对多工种共同需求的基础知识我们还分别编写了《机械制图》、《机械基础》、《电工常识》、《电工基础》、《建筑装饰识图》等近20种公共基础教材。

在编写原则上，依据《国家职业标准》又不拘泥于《国家职业标准》是我们这套教材的创新。为满足沿海制造业发达地区对技能人才细分市场的需要，我们对模具、制冷、电梯等社会需求量大又已单独培训和考核的职业，从相应的职业标准中剥离出来单独编写了针对性较强的培训教材。

为满足培训、鉴定、考工和读者自学的需要，在编写时我们考虑了教材的配套性。教材的章首有培训要点、章末配复习思考题，书末有与之配套的试题库和答案，以及便于自检自测的理论和技能模拟试卷，同时还根据需求为20多种教材配制了VCD光盘。

增加教材的可读性、提升教材的品质是我们策划这套教材的又一亮点。为便于培训、鉴定、考工部门在有限的时间内把最需要的知识和技能传授给学员，同时也便于学员抓住重点，提高学习效率，对需要掌握的重点、难点、考点和知识鉴定点加有旁白提示并采用双色印刷。

为扩大教材的覆盖面和体现教材的权威性，我们组织了上海、江苏、广东、广西、北京、山东、吉林、河北、四川、内蒙古等地相关行业从事技能培训和考工的200多名专家、工程技术人员、教师、技师和高级技师参加编写。

这套教材在编写过程中力求突出“新”字，做到“知识新、工艺新、技术新、设备新、标准新”；增强实用性，重在教会读者掌握必需的专业知识和技能，是企业培训部门、各级职业技能鉴定培训机构、再就业和农民工培训机构的理想教材，也可作为技工学校、职业高中、各种短训班的专业课教材。

在这套教材的调研、策划、编写过程中，曾经得到广东省职业技能鉴定中心、上海市职业技能鉴定中心、江苏省机械工业联合会、中国第一汽车集团公司以及北京、上海、广东、广西、江苏、山东、河北、内蒙古等地许多企业和技工学校的有关领导、专家、工程技术人员、教师、技师和高级技师的大力支持和帮助，在此谨向为本套教材的策划、编写和出版付出艰辛劳动的全体人员表示衷心的感谢！

教材中难免存在不足之处，诚恳希望从事职业教育的专家和广大读者不吝赐教，提出批评指正。我们真诚希望与您携手，共同打造职业培训教材的精品。

国家职业资格培训教材编审委员会

前　言

为满足各行业从业人员参加国家职业技能鉴定的需要，由国家职业资格培训教材编审委员会精心策划了这套“国家职业资格培训教材”。同时，为满足维修电工、值班电工、汽车修理工、摩托车修理工、电气设备安装工等工种对电工识图知识的渴求，单独编写了这本电工识图教材，本教材在讲解电工识图知识的基础上，以必需、够用为度，侧重培养电工解决实际问题的能力。教材内容以实际生产生活中常用的和推广应用的技术所需的基本理论知识为主，通过典型而易懂的例题来说明理论知识的实际应用，各章后有复习思考题以利于读者更好地理解所学的知识。

本书由无锡职业技术学院蔡建军、栗小宽、肖国玲、诸广民、曹建峰、张亚苇等共同编写。全书由蔡建军负责统稿工作，并担任主编，郭再泉任主审。

由于时间紧迫和编者水平所限，书中难免存在一些问题，衷心希望读者批评指正。

编　者

目 录

MU LU

第一章

电工识图基础知识

培训学习目标 掌握电气制图的一般规则；正确识读和使用电气图中常用的图形符号、文字符号和项目代号；学会查阅电气制图国家标准；熟悉电工识图的基本要求和基本步骤。

第一节 电气图的基本构成

一、电气图图纸幅面的一般规定

1. 图纸幅面及尺寸的规定

电气图的图纸幅面一般分为五种：0 号图纸、1 号图纸、2 号图纸、3 号图纸和 4 号图纸，分别用 A0、A1、A2、A3 及 A4 表示。各种幅面的尺寸有相应的规定，具体见表 1-1。

表 1-1 图幅尺寸

（单位：mm）

幅面代号	A0	A1	A2	A3	A4
宽×长（$B \times L$）	841×1189	594×841	420×594	297×420	210×297
边宽（c）	10			5	
装订侧边宽（a）	25				

一般规定，在绘制电气图时，幅面四周要留一定距离的侧边，具体如图 1-1 所示，各侧边的宽度见表 1-1。

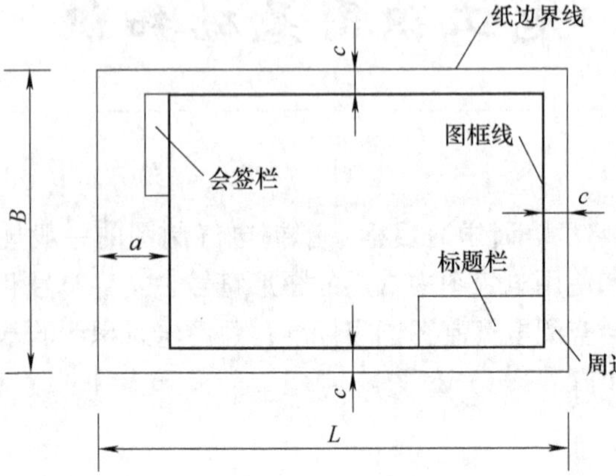

图 1-1　图幅尺寸代号的意义

选用图纸时，按照表述对象的规模、复杂程度及要求，遵循布局紧凑、清晰、匀称、使用方便的原则，尽量选用较小的图纸幅面，少数情况下，可按规定加大幅面。

2. 图形用线的规定

国家标准中规定了八种图形用线，即粗实线、细实线、波浪线、双折线、虚线、细点画线、粗点画线、双点画线，电气图中使用较多的是粗实线、细实线、虚线和细点画线。各种图线的形式、宽度及应用见表 1-2。图线宽度一般为 0.25mm、0.35mm、0.5mm、0.7mm、1.0mm 及 1.4mm。以粗实线宽度 b 为准，通常在同一张图中只选用 2 ~ 3 种宽度的图线，粗线的宽度为细线的 2 ~ 3 倍。图中平行线的最小间距应不小于粗线宽度的两倍，且不小于 0.7mm。

电气图中的指引线（用来注释某一元器件或某一部分的指向线），用细实线表示，指向被标注处，且根据其末端不同，加注不同标记，图 1-2 列举了三种指引线的画法。

表 1-2　图形用线

序号	名称	代号	形式	宽度	应用举例
1	粗实线	A		b	简图主要用线、可见轮廓线、可见过渡线、可见导线、图框线等
2	中实线①			约 $b/2$	土建平、立面图上门、窗等的外轮廓线
3	细实线	B		约 $b/3$	尺寸线、尺寸界线、剖面线、分界线、范围线、辅助线、弯折线、指引线等
4	波浪线	C		约 $b/3$	未全画出的折断界线、中断线、局部剖视图或局部放大图的边界线等
5	双折线（折断线）	D		约 $b/3$	被断开部分的边界线
6	虚线	F		约 $b/3$	不可见轮廓线、不可见过渡线、不可见导线、计划扩展内容用线、地下管道（粗虚线 b）、屏蔽线
7	细点画线	G		约 $b/3$	物体（建筑物、构筑物）的中心线、对称线、回转体轴线、分界线、结构围框线、功能围框线、分组围框线
8	粗点画线	J		b	表面的表示线、平面图中大型构件的轴线位置线、起重机轨道、有特殊要求的线
9	双点画线	K		约 $b/3$	运动零件在极限或中间位置时的轮廓线、辅助用零件的轮廓线及其剖面线、剖视图中被剖去的前面部分的假想投影轮廓线、中断线、辅助围框线

① 中实线非国家标准规定，因绘图时需要而列此项。

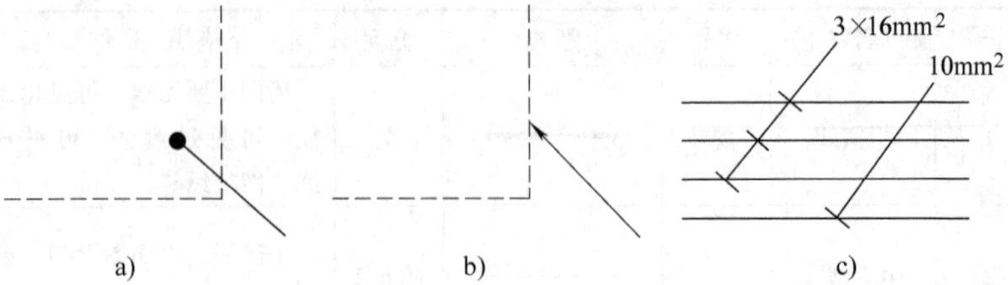

图 1-2 指引线的画法

a）指引线末端在轮廓线以内 b）指引线末端在轮廓线上

c）指引线末端在回路线上

电气图上各种图形符号之间的连接线，一般用实线表示，计划扩展的内容用虚线。有时为了突出或区分不同电路的功能，不同电路可采用不同宽度的图线表示。连接线的识别标记一般注在靠近连接线的上方，也可在中断处标注，如图 1-3 所示。当连接线穿越图面其他部分时，允许将连接线中断，并在中断处加相应标记。有多根平行线或一组线时，为避免图面繁杂，可采用图 1-4 方式表示。

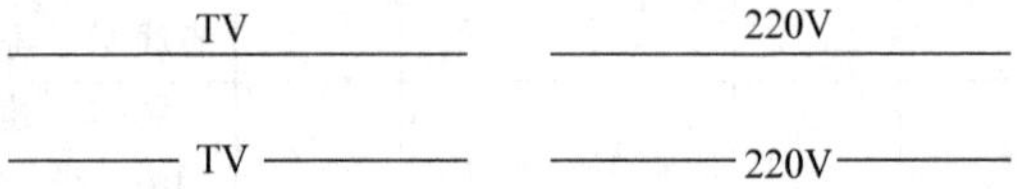

图 1-3 连接线的标记

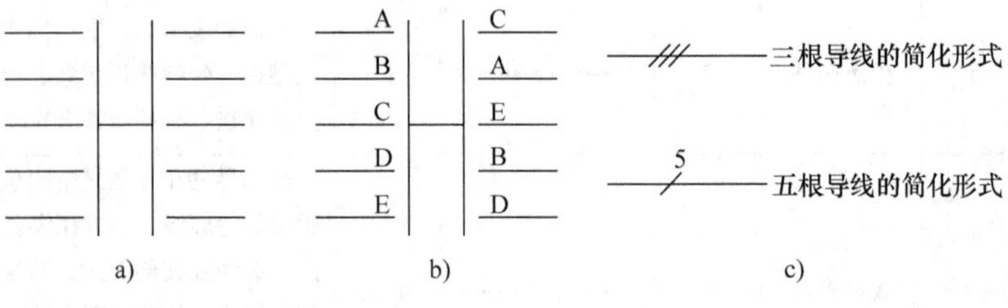

图 1-4 多根导线或连接线的简化画法

a）多根导线的单线表示 b）两端处于不同位置的平行线的单线表示

c）多根导线的简化画法

围框线是电气图上用来表示其中一部分的功能、结构或项目范围的线条，一般用细点画线表示。围框线一般不应与元器件符号相交（插头、插座和端子符号除外）。

3. 标注的规定

按国家标准规定，标注的汉字、数字和字母，都必须做到“字体端正、笔划清楚、排列整齐、间隔均匀”。汉字应写成长仿宋体，并应采用国家正式公布的简化字。汉字按字高（mm）分为20号、14号、10号、7号、5号、3.5号、2.5号和1.8号八种字号，字宽约为字高的2/3。2.5号和1.8号字一般不用。数字通常采用正体。字母有大写、小写和正体、斜体之分。

标注尺寸时，一般需要有尺寸线、尺寸界线、尺寸起止点的箭头或45°短划线、尺寸数字和尺寸单位几部分。尺寸线、尺寸界线一般用细实线表示。尺寸箭头一般用实心箭头表示，建筑图中则常用45°短划线表示。尺寸数字一般标注在尺寸线的上方或中断处。尺寸单位可用其名称或代号表示，工程图上除标高尺寸、总平面图和一些特大构件的尺寸单位一般以米（m）为单位外，其余尺寸一般以毫米（mm）为单位。凡是尺寸单位为mm的尺寸，不必注明尺寸单位，如图1-5所示，采用其他单位的尺寸，必须注明尺寸单位。在一张图中每一尺寸一般只标注一次（建筑电气图上允许注重复尺寸）。

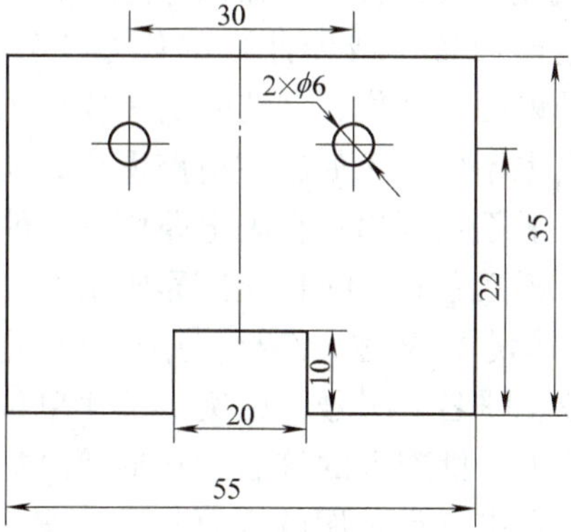

图1-5　尺寸的组成

4. 图样比例的规定

图样的比例是指图形的大小与实际物件的大小之比。电气图需要按比例绘制，用于安装电气设备及布线的简图，如平面图、剖面布置图等，一般在1:10、1:20、1:50、1:100、1:200及1:500比例系列中选用，如果需要用其他比例，应按国家有关标准选用。

二、电气图的组成

电气图一般由电气图表、技术说明、主要电气设备（或元件）明细表和标题栏四部分组成。电气图表是电气图的主要部分，所以一般又把电气图表称为电气图。

（1）电气图表　电气图表是用国家统一规定的电气图形符号和文字符号表示电路中电气设备（或元器件）相互关系的图形。它是用来表示设计思想和设计意图的图形，通过它可以弄清电气系统或设备中各部分之间、各元器件之间以及它们相互间的连接关系，并能进一步了解其原理、功能和动作顺序。

（2）技术说明　技术说明又称为技术要求，是用以注明电气图表中相关的技术要点、安装要求及未尽事项的文字。技术说明的书写位置在各种电路中有所不同，比如在主电路（一次回路）图中，技术说明书写在图面的右下方，标题栏的上方；在副电路（二次回路）图中，技术说明书写在图面的右上方。

（3）主要电气设备（元件）明细表　电气设备明细表用来注明电气图表中主要电气设备（或元件）的代号、名称、型号、规格、数量和说明，它是识图、订货、安装时的重要依据。明细表在不同电路中的列写方面也不同，比如在主电路图中，明细表一般在图面的右上方，由上而下逐项列出；在副电路图中，明细表一般在图面的右下方，紧接标题栏之上，自下而上逐项列出。

（4）标题栏　标题栏又称为图标，用于标注电气工程名称、设计类别、设计单位、图名、图号、比例、尺寸单位及设计人、制图人、描图人、审核人、批准人的签名和日期等。标题栏一般在图面的右下角。标题栏是电气设计图的重要技术档案，各栏目中的签名人对图中的技术内容承担相应责任。识图时首先应看标题栏。

此外，有些电气图还包括会签栏，会签栏一般位于标题栏左侧或图框线以外的左上方，它用于相关专业技术人员会审认可的签名。

三、电气图的主要特点

电气图中，大部分仅仅用来表示电路中各设备、装置、元器件等的功能及连接关系，一般都有以下特点：

（1）电气图的主要表达形式是电气简图　电气简图的各组成部分或元器件是用电气图形符号表示的，仅仅表示各装置、设备及元器件的相互位置和连接顺序，其外形、结构及尺寸等特征不能具体表示出来。这对读识图纸、区别各组成部分的名称、功能、状态、特征、对应关系和安装位置等带来了很大方便。

（2）电气图的主要表达内容是元件和连接线　由于电气图主要是用来描述电气设备连接关系的，通常可以把电源设备、负载设备和控制设备都看成元件，把连接关系看成是连接线，这样电气图就是由各种电器元件和连接线构成的电路，元件和连接线自然成为其主要表达内容。

（3）电气图的主要要素是图形符号和文字符号　电气图大多采用简图表示，而简图的主要特点就是用国家统一规定的图形符号和文字符号表达绘制，因此，图形符号和文字符号是组成电气图的主要要素。

（4）电气图中的元件都是按正常状态绘制　所谓“正常状态”或“正常位置”，是指电器元件、器件和设备的可动部分为非激励（未通电，未受外力作用）或不工作的状态或位置，例如：继电器和接触器的线圈未通电，因而其触点在还未动作的位置；断路器、负荷开关、隔离开关、刀开关等在断开位置；带零位的手动控制开关的操作手柄在“0”位；行程开关在非工作状态或位置；事故、备用、报警等开关在设备、电路正常使用或正常工作位置。对于发、输、变、配、供电系统的电气图，应按照实际设计，把备用的电源、线路、变压器以及与之配套的开关设备等都一一表达出来。

（5）电气图往往与主体工程及其他配套工程的图有密切关联　电气工程通常同主体工程（土建工程）及其他配套工程（如机械设备安

装工程、给排水管道、采暖通风管道、广播通信线路、道路交通、蒸汽煤气管道等）配合进行，电气装置及设备的布局、走向、安装等必然与此密切相关。因此，电气图，尤其是电气布置图无疑与土建工程图、管道工程图等有不可分割的联系。这些电气图不仅要根据有关土建、机械、管道图按要求及尺寸来布置，而且要符合国家有关设计规程和规范要求（如安全、防火、防爆、防雷等）。

第二节 电 气 符 号

电气符号包括图形符号、文字符号、项目代号和回路标号等几种。各种电路图都是用这几种电气符号表示。电气符号可以用来表示电路的构成、功能、设备相互连接顺序及工作原理，因此，掌握电气符号的含义、标注原则和使用方法，对看懂电气电路图十分重要。

一、图形符号

图形符号是指用来表示一个设备或一个概念的图形、标记或字符的符号。

1. 图形符号的组成

图形符号通常由基本符号、一般符号、符号要素和限定符号等组成。

（1）基本符号　基本符号用以说明电路的某些特征，而不表示独立的电器或元器件。

（2）一般符号　一般符号是用以表示一类产品或此类产品的特征的一种符号，一般符号通常很简单，例如“○”为电机的一般符号，“中”是线圈的一般符号。

（3）符号要素　符号要素是一种具有确定意义的简单图形，必须同其他图形组合以构成一个设备或概念的完整符号。例如，图1-6a是构成电子管的四个符号要素，即管壳、阳极、阴极和栅极，它们虽有确定的含义，但一般不能单独使用，而通过不同形式组合成多种图形符号。

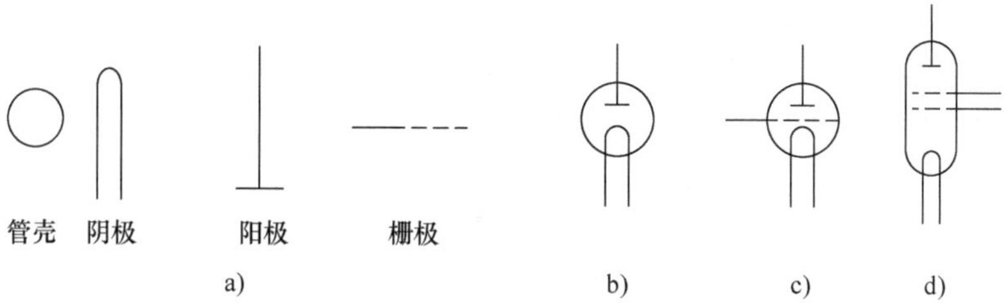

图 1-6　符号要素及其组合示例

a）符号要素　b）二极管　c）三极管　d）四极管

（4）限定符号　限定符号是指在某个符号上附加一个附加限定信息的符号。限定符号的附加限定信息一般是电流和电压的种类、可变性、力和运动的方向、（能量、信号）流动方向及材料的类型等。限定符号的应用，使图形符号更具有多样性，如图 1-7、图 1-8 所示。

实际电气电路中，一般符号及限定符号最为常用。

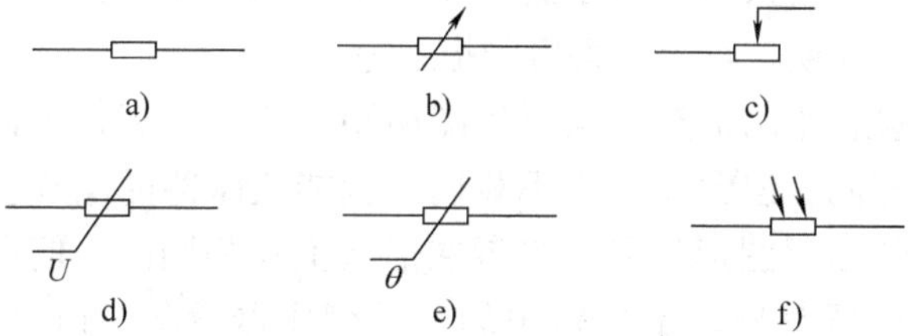

图 1-7　限定符号应用举例（一）

a）电阻器的一般符号　b）可调电阻器　c）带滑动触点的电阻器
d）压敏电阻器　e）热敏电阻器　f）光敏电阻器

2. 图形符号的分类

按照表示的对象及用途不同，图形符号分为电气图用图形符号及电气设备用图形符号两大类。电气图形符号种类繁多，在 GB/T 4728系列标准中将其分为 11 类，即：①导线和连接件；②基本无源元件；③半导体管和电子管；④电能的发生和转换；⑤开关、

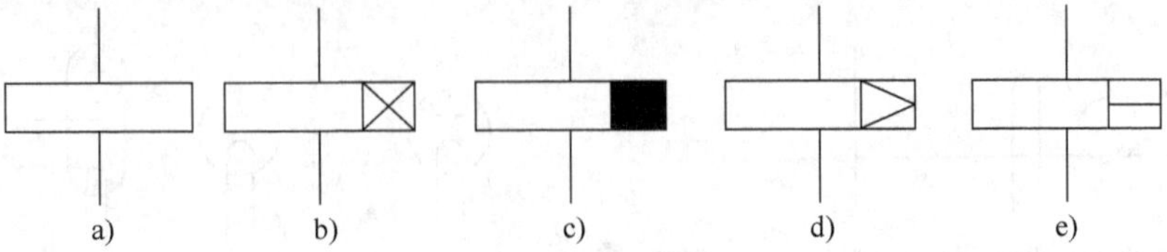

图1-8　限定符号应用举例（二）

a）继电器线圈的一般符号　b）缓慢吸合继电器线圈

c）缓慢释放继电器线圈　d）机械保持继电器线圈

e）快速继电器线圈

控制和保护器件；⑥测量仪表、灯和信号器件；⑦电信：交换和外围设备；⑧电信：传输；⑨建筑安装平面布置图；⑩二进制逻辑元件；⑪模拟元件。电气图用图形符号是构成电气图的基本单元，常用的电气图形符号见附录A。

电气设备用图形符号则主要适用于各种类型的电气设备或电气设备的部件，使操作人员了解其用途和操作方法，其主要用途为识别、限定、说明、命令、警告和指示等。

电气设备用图形符号与电气图用图形符号大多是不同的，有的虽然符号相同，但含义却大不相同。例如变压器的电气设备用图形符号和电气图用图形符号，二者在形式上是相同的，但电气图用符号中的变压器符号表示电路中的一类变压器设备，担负变压功能；而电气设备用图形符号中的变压器符号，则表示电气设备可通过变压器与电力线相连接的开关、控制器、连接器或端子相接，也可用于变压器包封或外壳上，还有的用于平面布置图上，表示变压器的安装位置。常用的电气设备用图形符号见附录B。

3. 图形符号的应用注意事项

1）图形符号一般均按未通电、无外力作用的“正常状态”表示。例如，开关未闭合，继电器、接触器的线圈未通电，按钮未按下等。

2）某些设备或元件有几个图形符号，在选用时应尽可能采用优选形，尽量采用最简单的形式，在同类图中使用同一种形式。如三相电力变压器、DS—110（120）系列时间继电器、GL—11（15、21、25）型电流继电器的图形符号。

3）为了突出主次或区别不同用途，相同的图形符号允许采用不同的符号大小、不同的图线宽度来表示。例如电力变压器与电压互感器、发电机与励磁机、主电路与副电路、母线与一般导线等的表示。

4）同一电气设备的三相及同类电气设备或元器件的图形符号应大小一致、图线等宽、整齐划一、排列匀称。

二、文字符号

文字符号用于标明电气设备、装置和元器件的名称、功能、状态及特征，一般标注在电气设备、装置和元器件之上或其近旁。文字符号还可以用来表示项目代号种类和功能。

1. 文字符号的分类

电气技术中的文字符号分为基本文字符号和辅助文字符号两类。

（1）基本文字符号　基本文字符号又分为单字母符号和双字母符号。电气设备常用基本文字符号见表 C-1。

1）单字母符号：单字母符号是将各种电气设备、装置和元器件分为 23 个大类，每个大类用一个字母符号（拉丁字母中除去“I”、“O”和“J”）来表示。

2）双字母符号：双字母符号由一个表示大类的字母与另一个字母组成，表示大类的字母在前，一般为单字母，另一个字母在后。如互感器属变压器“T”大类，其单字母符号是“T”，而电流互感器用“TA”，电压互感器用“TV”表示；又如指示灯属信号器件“H”大类，而红色指示灯用“HR”，绿色指示灯用“HG”以示区分。

（2）辅助文字符号　辅助文字符号也有很多，见表 C-2。辅助文字符号用于表示电气设备、装置和元器件、线路的功能、状态、特征及位置。如“ST”表示起动，“STP”表示停止；“ON”表示闭合，“OFF”表示断开；“RD”表示红色，“GN”表示绿色；“H”、

"L" 分别表示高、低等。

2. 文字符号的使用

电气图中的文字符号并不适用于各类电气产品的型号编制与命名。文字符号的字母书写采用拉丁字母大写正体，一般应优先采用单字母符号。只有当为了较详细、具体地标注电气设备、装置和元器件时，才采用双字母符号。

辅助文字符号既可与单字母符号组成双字母符号，如"KA"表示电流继电器，"MS"表示同步电动机；也可以单独使用，如"N"表示中性线，"PEN"表示保护接地与中性线共用（简称保护中性线）。

三、项目代号

在电气图上通常用一个图形符号表示的基本元器件、部件、组件、功能单元、设备、系统等，称为项目。项目有大有小，可能相差很多，大至电力系统、成套配电装置，以及发电机、变压器，小至电阻器、端子、连接片等，都可以称为项目。

项目代号是用以识别图形、表图、表格中和设备上的项目种类，并提供项目的层次关系、实际位置等信息的一种特定代码。由项目代号可以将不同的图或其他技术文件上的项目与实际设备中的该项目一一对应联系起来。如某一有功电能表 PJ1，是计量 2 号线路 W2 的，线路 W2 是在 5 号高压开关柜内，而开关柜的种类代号为 A，因而，此有功电能表的项目种类代号全称为" = A5—W2—P1"，其第 3 号接线端子则应称为" = A5—W2—P1∶3"，或简称为" = A5—W2—P1:3"。又如某照明灯的项目代号为" = S5 + 201—E3∶2"，则表示 5 号车间变电所 201 室 3 号照明灯的 2 号端子。

项目代号是由拉丁字母、阿拉伯数字及特定的前缀符号，按照一定规则组合而成的。一个完整的项目代号包括 4 个代号段，其名称及前缀符号见表 1-3。

图 1-9 所示为某 10kV 线路过电流保护的项目代号结构、前缀符号及其分解图。

表 1-3　项目代号的分段名称及前缀符号

分　段	名　称	前缀符号
第一段	高层代号	=
第二段	位置代号	+
第三段	种类代号	—
第四段	端子代号	:

段号	1	2	3	4
代号名称	高层代号	位置代号	种类代号	端子代号
前缀符号	=	+	—	:

a)

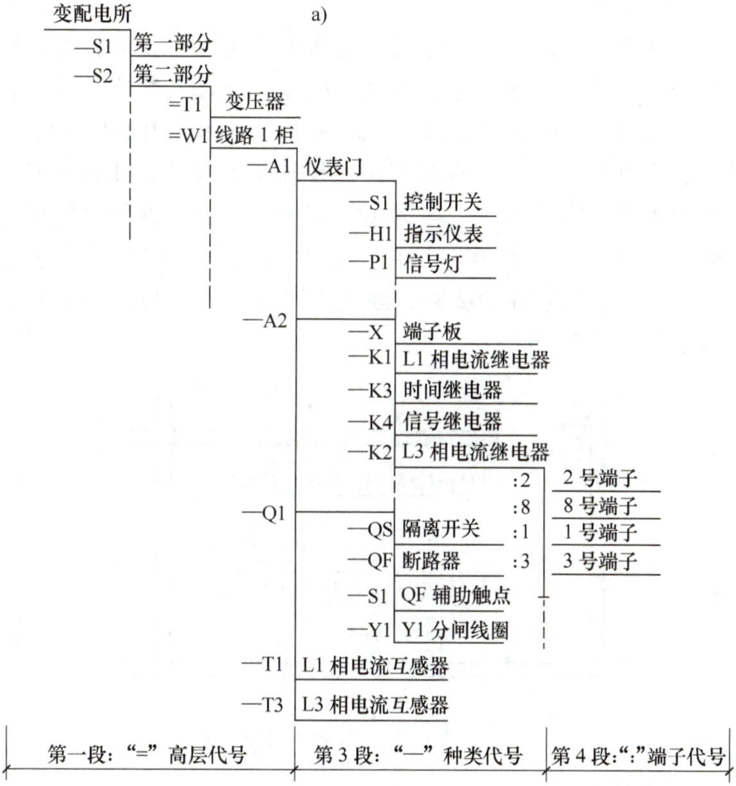

b)

图 1-9　项目代号结构、前缀及其分解图

a）项目代号结构及前缀符号　b）项目代号分解示例

1. 高层代号

系统或设备中任何较高层次（对给予代号的项目而言）项目的代号，称为高层代号。如电力系统、变电所、电力变压器、电动机、起动器等。由于各类子系统或成套配电装置、设备的划分方法不同，某些部分对其所属的下一级项目就是高层。例如，电力系统对其所属的变电所，电力系统的代号为高层代号，但对此变电所中某一开关（如高压断路器）的项目代号，则该变电所代号为高层代号。故高层代号具有项目总代号的含义，其命名是相对的，只能根据需要命名，但要在图样中加以说明。

2. 位置代号

项目在组件、设备、系统或建筑物中的实际位置的代号，称为位置代号。位置代号通常由自行规定的拉丁字母及数字组成。在使用位置代号时，应画出表示该项目位置的示意图。图 1-10 所示为某机械厂的中央控制室，内有控制屏、操作电源屏及继电保护屏等 3 列，各列用拉丁字母表示，各屏用数字表示，则位置代号用字母和数字组合而成表示。如 B 列屏的第 3 号控制屏的位置代号表示为“+B + 3”，它安装在 202 室，则全称表示为“+202 + B + 3”，可简化表示为“+202B3”。

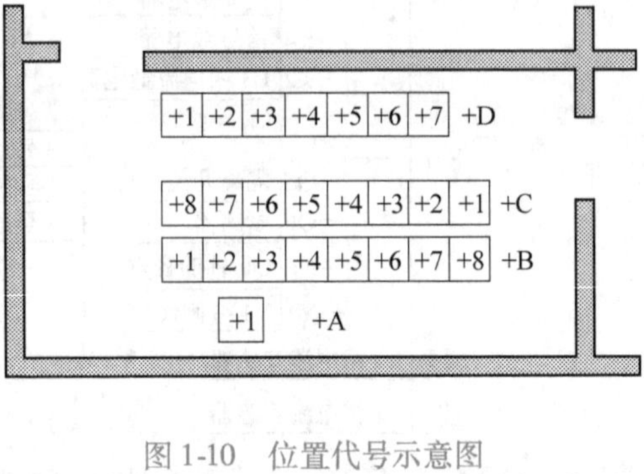

图 1-10　位置代号示意图

3. 种类代号

用以识别项目种类的代号，称为种类代号。项目种类是将各种电器元件、器件、设备、装置等，根据其结构和在电路中的作用来分类的，相近的项目归为同类，常用单字母符号命名，见表 C-1。

（1）种类代号的表达方法　种类代号通常有三种表达方法。

1）第一种方法：由字母代码和数字组成，如—A3、—T2、—K5、—R1 等，这是运用最多、最直观和最容易理解的表示方法。其中，字母代码为规定的文字符号（单字母、双字母或辅助字母符号，一般用单字母符号）。例如，某 2 号线路 W2 保护的第 3 个继电器可表示为"＝W2—K3"，其中"—"为种类代号段的前缀符号，"K"为项目种类（继电器）的字母代码，"3"为同一项目种类（继电器）的序号。

2）第二种方法：用顺序数字（1、2、3……）给图中每一个项目规定一个统一的数字序号，同时将这些顺序数字和它所相应代表的项目列表于图中或其他说明中，如—1、—2、—3……。

3）第三种方法：将不同类的项目分组编号，如继电器用 11、12、13……，信号灯用 21、22、23……，电阻用 31、32、33……，并将编号所代表的项目列表于图中、图后或其他说明中。

对于以上三种方法表示的项目的相似部分，如继电器的触点，可在数字后加"·"，再用数字区别。如第一种方法继电器 K5 的触点 K5. 1、K5. 2 等，第二种方法继电器 1. 1、1. 2、2. 1、2. 2 等，而第三种方法可表示为继电器 11. 1、11. 2、12. 1、12. 2 等，如图 1-11 所示。

（2）复合项目的种类代号　由若干项目组成的复合项目，其种类代号可采用字母代码加数字表示。如某高压开关柜 A3 中的第 2 个继电器，可表示为"—A3—K2"，或简化为"—A3K2"；某低压断路器 QF2 中的电动机 M1，热脱扣器 TR1 可表示为"—Q2—Ml"、"—Q2—T1"，或简化为"—Q2M1"，"—Q2T1"等。

4. 端子代号

用于同外电路进行电气连接的接线端子的代号，称为端子代号。端子代号是完整项目代号的一部分。当项目的端子有标记时，端子代号必须与项目上的端子标记一致；当项目的端子无标记时，应在图上自行设立端子代号。一般端子板（排）的代号用"X"表示，以区别于设备代号。参见图 4-31，端子板（排）代号为 X1，则相应

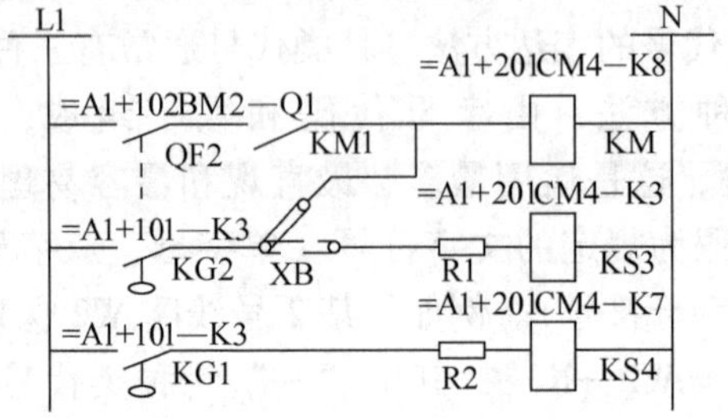

a)

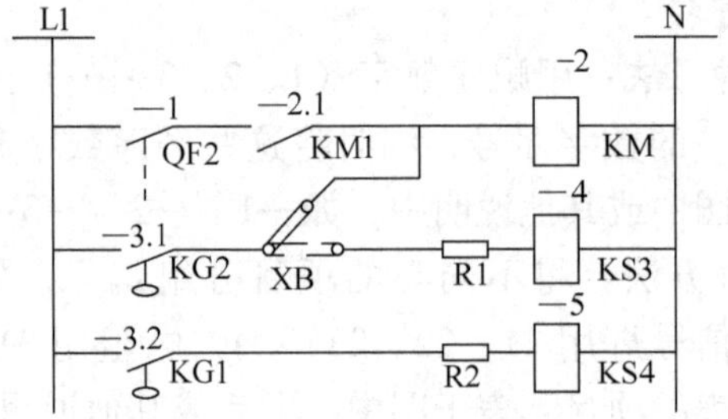

b)

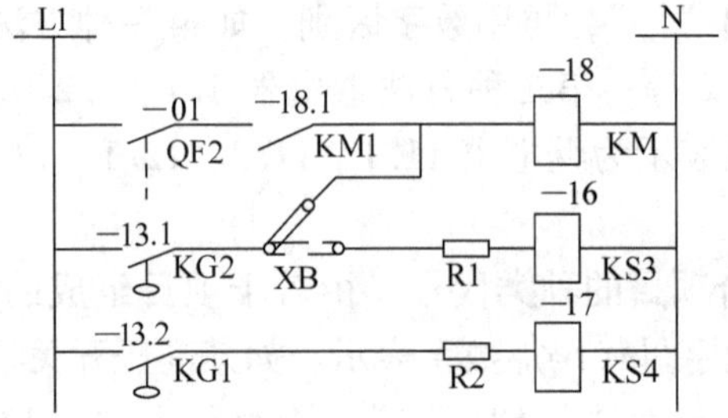

c)

图 1-11　种类代号的三种表达方法示例

a）第一种方法　b）第二种方法　c）第三种方法

的端子代号有 X1:1、X1:2、… X1:18，而 PJ1 第 2 号接线端子全称可标为“=A3+101+B+5—W1—P1:2”，简化为“=A3+101B5—W1P1:2”，其代表的意义为：装设在变电所 101 室 B 列第 5 台的 3 号高压开关柜中 1 号线路的有功电能表的 2 号端子。

5. 项目代号的应用

项目代号是用来识别项目的、由代号段组成的特定代码。一个项目可以由一个代号段组成，也可以由几个代号段组成。通常，项目代号可以单独表示一个项目，而其余大多应与种类代号组合起来，才能较完整地表示一个项目。

电气原理图中之所以要标注项目代号，是因为根据该原理图可以很方便地进行安装、检修、分析与查找事故，所以国家标准把它规定在电气工程图样的编制方法之中。但根据使用场合及详略要求的不同，在一张图上的某一项目代号不一定都有四个代号段。当不需要知道设备的实际安装位置时，则可省掉位置代号；当图中所有项目的高层代号相同时，可省掉高层代号而只需另外加以说明。

在集中表示法和半集中表示法的图中，项目代号只在符号旁标注一次；在分开表示法的图中，项目代号应在项目每一部分的符号旁都要标注出来。

四、回路标号

电路图中用来表示各回路的种类和特征的文字符号和数字标号，统称为回路标号。

1. 回路标号的一般原则

回路标号属于导线识别主标记中的“独立标记”符号，通常采用阿拉伯数字表示。根据国家标准规定，回路标号的一般原则主要有：

1）将导线按用途分组，每组给以一定的数字范围。

2）导线的标号一般由三位或三位以下的数字组成，当需要标明导线的相别或其他特征时，在数字的前面或后面（一般在前面）加注文字符号。

3）导线标号按“等电位原则”进行，即回路中连接在同一点上的所有导线具有相同电位，则标注相同的回路标号。

4）由线圈、触头、电阻、电容等元器件即减压元件所间隔的线段，应标注不同的回路标号。

5）标号应从交流电源或直流电源的正极开始，以奇数顺序号

1、3、5…或 101、103、105…开始，直至电路中一个主要减压元件为止，之后按偶数顺序号…6、4、2 或…106、104、102 至交流电源的中性线（或另一相线）或直流电源的负极。

6）某些特殊用途的回路则给以固定数字标号，如断路器跳闸回路用 33、133 等。

2. 回路标号的分类

回路标号根据标识电路的内容不同可分为直流回路的标号、交流回路的标号和电力拖动、自动控制电路的标号。

（1）直流回路的标号　在直流一次回路中，用个位数字的奇、偶数区分回路的极性；用十位数字的顺序区分回路中的不同线段，如正极回路用 1、11、21、31 …顺序标注，负极回路用 2、12、22、32…顺序标注；用百位数字区分不同供电电源的回路，如 A 电源的正、负极回路分别标注 101、111、121…和 102、112、122…，B 电源的正、负极回路分别标注为 201、211、221…和 202、212、222…。在直流二次回路中，正极回路的线段按奇数顺序标号，如 1、3、5…，负极回路的线段按偶数顺序标号，如 2、4、6…。

在同一回路中，经过电阻、电容、线圈等减压元件时，要改变标号的极性；对不能明确标明极性的线段，可任意选标奇数或偶数。

（2）交流回路的标号　在交流一次回路中，用个位数字的顺序区分回路的相别，用十位数字的顺序区分回路中的不同线段。如第一相回路按 1、11、21…顺序标号，第二相按 2、12、22…顺序标号，第三相按 3、13、23…顺序标号；交流二次回路的标号原则与直流二次回路的标号原则相似，回路的主要减压元件两侧的不同线段分别按奇数和偶数的顺序标号，如左侧用奇数，则右侧用偶数标号。元器件相互间的连接导线，可任意选标奇数或偶数。对于不同供电电源的回路，也可用百位数字的顺序标号进行区分。

（3）电力拖动、自动控制电路的标号　一次回路的标号由文字符号和数字标号两部分组成：文字符号用于标明一次回路中电器元件和线路的技术特性，如交流电动机定子绕组的首端用 U1、V1、W1，尾端用 U2、V2、W2 表示，三相交流电源端用 L1、L2、L3 表示；数字、标号用来区别同一文字标号回路中的不同线段，如三相交流电源端用 L1、L2、L3 标号，而开关以下用 U11、V12、W13，熔断器以下用 U21、V22、W23 标号等。

在二次回路中，除电器元件、设备、线路标注文字符号外，为简明起见，其他只标注回路标号。

第三节 电气图的分类

电气图的分类方法很多，一般可以根据对象的类别、对象的规模大小、使用场合及表达方式等的不同来分类，例如：按表达对象不同，可分为军用图、民用图、电力系统（发输变配电）用图、工矿企业生产用图、船用图、邮电通信用图、广播电视用图等；按表达相数的不同，可分单线图、三线图；按电路性质的不同，分为一次回路图、二次回路图；按负荷性质不同，分为动力用电图、照明用电图；按表达方式不同，分为概略类型的图和详细类型的图。

按照最新国家标准，电气信息文件分为六大类，分别是功能性文件、位置文件、接线文件、项目表、说明文件和其他文件。我们把电气图的类别也按照电气图所表达的电气信息内容来划分。

一、表示功能性信息的电气图

表示功能性信息的电气图按照其表示形式的不同分为功能性简图和功能性表图两类。其中功能性简图包括概略图、功能图、电路图、端子功能图、程序图等；功能性表图包括功能表图、顺序表图和时序图。

1. 概略图

概略图是指表示系统、分系统、装置、部件、设备、软件中各项目之间的主要关系和连接的相对的简图。概略图通常采用单线表示法，可作为教学、训练、操作和维修的基本文件。当概略图用来表示在过程流动路线中所包含的非电气装置时，称为流程简图。概略图一般用方框符号表示。图 1-12 所示为过电流保护概略图，它表示了当线路上发生短路故障时，起动用的电流继电器 KA 瞬时动作，使时间继电器 KT 起动，经一定的时限后，接通信号继电器 KS 和出口继电器 KM。KM 则接通断路器 QF 的跳闸回路，作用于 QF 跳闸。

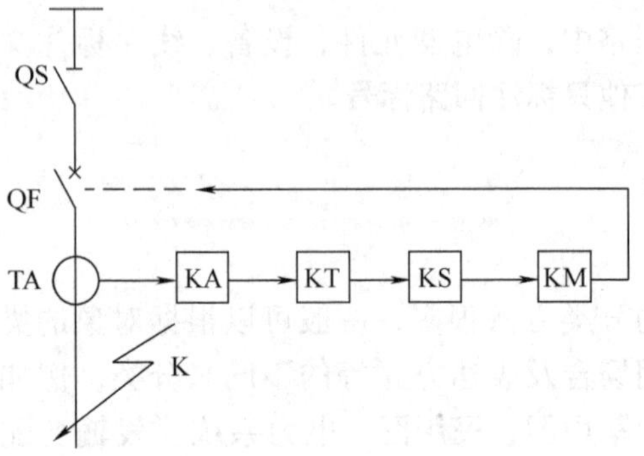

图 1-12　过电流概略图

KA—电流继电器　KT—时间继电器　KS—信号继电器　KM—中间继电器

该图是采用方框符号绘制，用以说明过电流保护系统的基本组成、相互关系及主要特征的简图，而并没有具体表示各具体元件及其连接关系。电气概略图往往是某一电气系统、装置、设备进行成套设计的第一张图，它们的用途主要是：作为进一步设计的依据；供操作和维修时参考；供有关部门了解设计对象的整体方案、简要工作原理和各部分的主要组成等。

2. 功能图

功能图是指用理论的或理想的电路来详细表示系统、分系统、装置、部件、设备、软件等的功能的简图。功能图不涉及具体的实施方法。比如用于分析和计算电路特性或状态的等效电路就属于功能图。图 1-13 所示为某异步电动机 T 形等效电路图，它将旋转电动机的电磁关系特性用静止的电路表示，它是分析和计算异步电动机电磁特性和运行状态的重要工具。

3. 电路图

电路图表示系统、分系统、装置、部件、设备、软件等实际电路的简图。它是采用按功能排列的图形符号来表示各元件及其连接关系，不需要考虑项目的实际尺寸、形状和位置。电路图可为了解电路所起的作用、编制接线文件、测试和寻找故障、安装和维修等

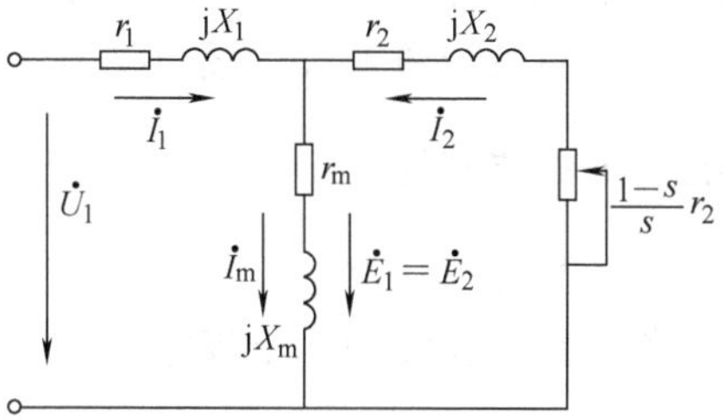

图 1-13 异步电动机 T 形等效电路图

r_1、X_1—定子绕组的电阻和漏电抗 r_2、X_2—折算后的转子绕组的电阻和漏电抗

r_m—与定子铁心损耗相对应的等效电阻

X_m—与主磁通相对应的励磁电抗 s—转差率

提供必要的信息。

4. 端子功能图

端子功能图是用来表示功能单元的各端子接口连接和内部功能的一种简图。

5. 程序图

程序图是详细表示程序单元、模块及其互连关系的简图。

6. 功能性表图

功能性表图中的功能表图是用步、“/”和装换描述控制系统的功能、特性和状态的表图。

7. 程序表图

程序表图是表示系统各个单元工作次序或状态的图（表），各单元的工作或状态按一个方向排列，并在图上成直角绘出过程步骤或时间，如描述手动控制开关功能的表图。

8. 时序表图

时序表图是按比例绘出时间轴的顺序表图。

二、表示位置信息的电气图

位置性信息图是表示成套装置、设备或装置中各个项目的布局、安装位置的图。位置信息图包括总平面图、安装图、安装简图、装配图、布置图。其中，安装图是表示各项目安装位置的平面图；而安装简图一般用图形符号绘制，用来表示某一区域或某一建筑物内电气设备、元器件或装置的位置及其连接布线图。

三、表示接线信息的电气图

接线信息类图表包括接线图（表）、单元接线图（表）、互连接线图（表）、端子接线图（表）、电缆配置图（表）五类。

1. 接线图（表）

表示成套装置、设备、元器件的连接关系，用以进行安装接线和检查、试验、维修的一种简图或表格，如图1-14所示。

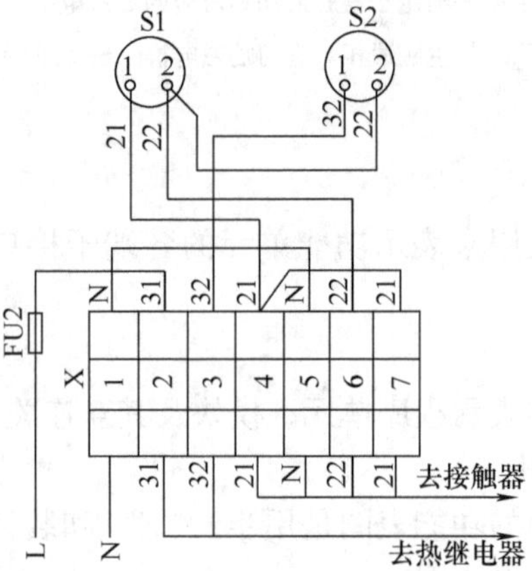

图1-14 接线图示例

2. 单元接线图（表）

单元接线图（表）是用来表示成套装置或设备中一个结构单元内的连接关系的图（表）。“结构单元”一般是指可独立运行的组件或某种组合体，如电动机、继电器、接触器等。

3. 互连接线图（表）

它是用来表示成套装置或设备的不同单元之间连接关系的接线图（表）。

4. 端子接线图（表）

端子接线图（表）是用来表示成套装置或设备的端子以及接在

端子上的内外接线的接线图（表）。

5. 电缆配置图（表）

电缆配置图（表）是用来提供二次电缆两端位置的一种接线图（表），也可用来提供电缆功能、特性和路径等相关信息。

四、表示项目信息的图表

表示项目信息的图表包括电气设备元器件表、设备表和备用元件表。电气设备元器件表和设备表，是把成套装置、设备和装置中各组成部分的代号、名称、型号、规格和数量等用表格形式列出。它一般不单独列出，而是列在相应的电路图中。

第四节　电气图的表示方法

由于表达的对象和用途不同，电气图的表示方法有很多差别。但因为电气图大多用简图表示，其表达的主要内容是元器件和连接线。图形符号、文字符号是组成电气图的主要要素，因此，各种电气图的表示方法又有一些共同点；而掌握这些共同点，对于识读电气图是十分重要的。

一、连接线的表示方法

连接线是指电气图上各种图形符号之间的连线。它用来表示能量的传输、信息的传递，也可以用来表示逻辑、功能的连接。

1. 连接线的基本绘制方法

按照电路图中连接线数量的不同，连接线的绘制可分为多线表示法、单线表示和混合法三种。

（1）多线表示法　每根连接线都单独用一条图线表示的方法，称为多线表示法。多线表示法绘制的图能详细、直观地表达各相或各线的内容，尤其是在各相或各线不对称的场合下宜采用这种表示法。但它图线多，作图麻烦，特别是在接线比较复杂的情况下，会使图显得繁杂而不能清晰易读，因此，它一般用在图形比较简单或相、线不对称的场合。

(2) 单线表示法　用一条图线表示两根或两根以上（大多是表示三相系统的三根）连接线的方法，称为单线表示法。单线表示法易于绘制，清晰易读。它应用于三相或多线对称或基本对称的场合。凡是不对称的部分，例如三相三线、三相四线制供配电系统电路中的互感器、继电器接线部分，则应在图的局部画成多线的图形符号来标明，或另外用文字符号说明。

(3) 混合表示法　在同一幅图中，部分采用单线表示法，其他部分采用多线表示法的方法。

2. 连接线的一般表示方法

连接线的一般符号如图 1-15a 所示，它根据实际表达内容的不同，用图线粗细、加图形符号及文字、数字来区分各种不同的导线，如图 1-15b 所示的母线及图 1-15c 所示的电缆等。

当用单线表示几根或导线组时，为表示清楚导线的实际根数，可在单线上加小短斜线（45°）表示：根数较少时，用斜线数量代表导线根数；根数较多时（一般如四根以上），用一根小短斜线旁加注数字表示，如图 1-15d 所示（n 表示导线根数）。

当需要标注连接线特征时，通常采用字母、数字符号标注，如：

图 1-15e①中，标注出导线为 BV 型，额定电压为 500V，相线截面积为 16mm^2，中性线截面积为 10mm^2。

图 1-15e②表示连接线为硬铜母线，相线截面宽×厚为 80mm×6mm，中性线截面宽×厚为 30mm×4mm。

图 1-15e③则表示为聚氯乙烯绝缘铝连接线，额定电压 500V，三相导线每相截面积为 70mm^2，中性线截面积 35mm^2，穿内径为 70mm 的焊接钢管沿墙明敷。

3. 图线粗细的表示

为了突出或区分电路、设备、元器件及电路功能，连接线可用不同粗细的图线表示。常见的如：发电机、变压器、电动机的圆圈符号不仅在大小、而且在图线宽度上与电压互感器和电流互感器的符号应有明显区别；电源主电路、一次电路、电流电路、主信号通路等采用粗实线，二次电路、电压电路等则采用一般实线或细实线，而母线通常比粗实线还要宽 2～3 倍。电路图、接线图中用以标明设

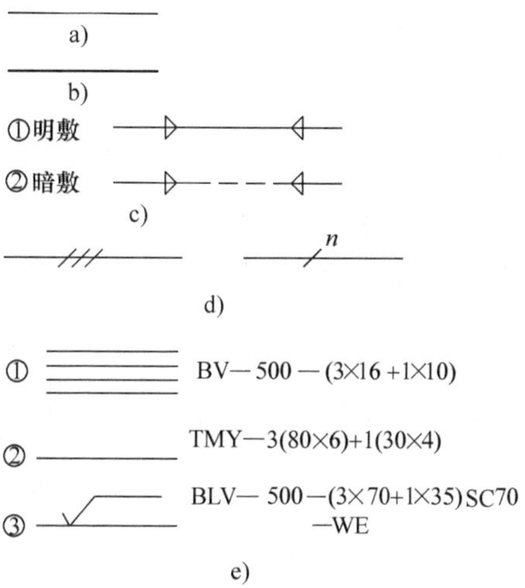

图 1-15　导线的一般表示方法及示例

a）一般符号　b）母线　c）电缆

d）导线根数的表示方法　e）线路特征的表示方法

备元件型号规格的标注框线，及设备元件明细表的分行、分列线，均用细实线。

4. 连接线连接点的表示

导线连接点有“T”形、“十”字形两种，其标注方法如图 1-16 所示。“T”形连接点可加实心圆点“・”，也可不加实心圆点，如图 1-16a 所示。对“十”字形连接点，则必须加实心圆点，如图 1-16b所示。凡交叉而不连接的两条或两条以上连接线，在交叉处不得加实心圆点，如图 1-16c 所示；并应避免在交叉处改变方向，也不得穿过其他连接线的连接点，如图 1-16d 所示。图 1-16e 为表示导线连接点的示例。图 1-16e 中连接点①是“T”形连接点，可标也可不标实心圆点；连接点②是属于“十”字形交叉连接点，必须加实心圆点；连接点③的“○”表示导线与设备端子的固定连接点；A 处表示两导线交叉而不连接。

5. 连接线的去向表示

通常用文字符号或数字符号表示导线的去向，表示同一根导线

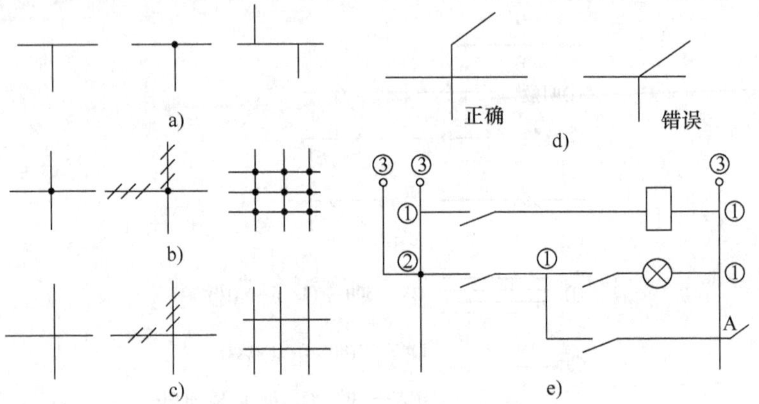

图 1-16　导线连接点的表示方法

a）“T”形连接点　b）“十”字形连接点　c）交叉而不连接

d）交叉处改变方向的画法　e）举例

的方法有连续表示法和中断表示法。连续表示法是指在连接线的首尾用相同的符号标识的方法，而中断表示法则将连接线中间断开，用符号标注其去向的方法。

（1）连接线的连续表示法　连续线可用多线和单线表示。当图线太多（如四条以上）时，为使图面清晰，易画易读，对于多条去向相同的连接线常用单线法表示。

当多条线的连接顺序不必明确表示时，可采用图 1-17a 的单线表示法，但单线的两端仍用多线表示；导线组的两端位置不同时，应标注相对应的文字符号，如图 1-17b 所示。当导线汇入用单线表示的一组平行连接线时，采用图 1-17c 所示的表示方法。汇接处用斜线表示时，其方向应能易于识别连接线进入或离开汇总线的方向，如图 1-17d 所示。当需要表示导线的根数时，可按图 1-17e 所示那样表示。这种形式在动力、照明平面布置（布线）图中较为常见。

（2）连接线的中断表示法　中断线的使用场合及表示方法常有以下三种：

① 去向相同的导线组，在中断处的两端标以相应的文字符号或

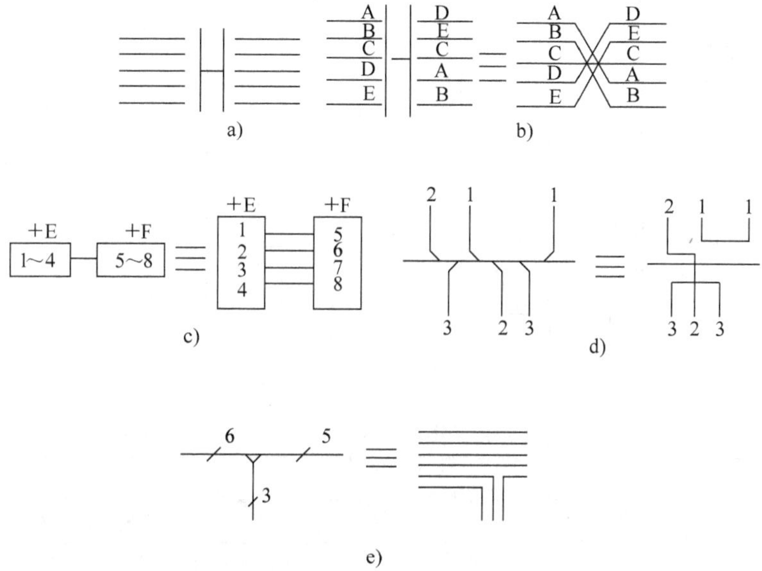

图 1-17　连接线的表示方法

数字编号，如图 1-18 所示。

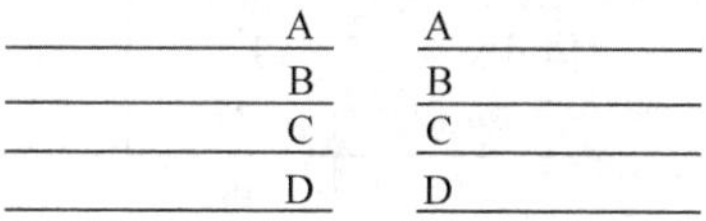

图 1-18　导线组的中断表示

② 两功能单元或设备、元器件之间的连接线，用文字符号及数字编号表示中断，如图 1-19 所示。

③ 连接线穿越图线较多的区域时，将连接线中断，在中断处加相应的标记，如图 1-20 所示。

6. 电气设备特定接线端子和特定导线线端的识别

与特定导线直接或通过中间电器相连的电气设备接线端子应按

表1-4中的字母进行标记。

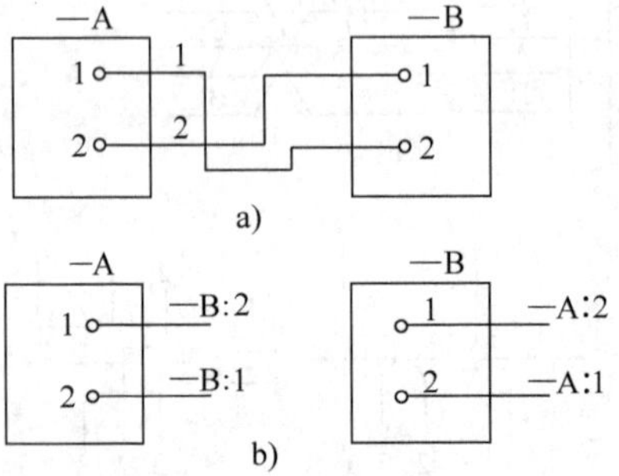

图1-19 用符号标记表示中断线

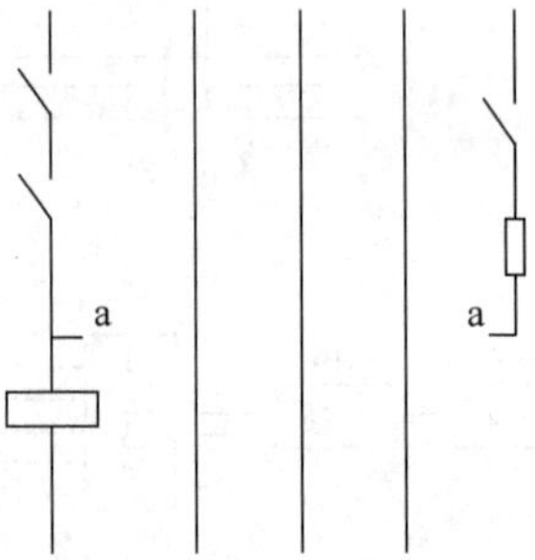

图1-20 穿越图面的中断线

表1-4 电器特定端子的标记和特定导线线端的识别

导体名称		标记符号			
		导线线端		电气设备端子	
		新符号	旧符号	新符号	旧符号
交流系统电源	导体1相	L1	A	U	D1
	2相	L2	B	V	D2
	3相	L3	C	W	D3
	中性线	N	N	N	O
直流系统电源	导体正极	L+	+	C	
	导体负极	L-	-	D	
	中间线	M		M	
保护接地（保护导体）		PE		PE	
不接地保护导体		PU		PU	
中性保护导体（保护接地线和中性线共用）		PEN		—	
接地导体（接地线）		E		E	
低噪声（防干扰）接地导体		TE		TE	
机壳或机架连接		MM*		MM*	
等电位连接		CC*		CC*	

* 只有当这些接线端子、保护导体或接地导体的电位不等时，才采用这些识别标记。

7. 绝缘导线的标记

对绝缘导线作标记的目的，是为了用以识别电路中的导线和已经从其连接的端子上拆下来的导线。GB4884—1985《绝缘导线的标记》对绝缘导线的标记作了规定，但电器（如旋转电机和变压器）端子的绝缘导线除外，其他设备（如电信电路或包括电信设备的电路）仅作参考。

绝缘导线的标记如下：

- 绝缘导线的标记
  - 主标记
    - 从属标记
      - 从属两端标记
      - 从属本端标记
      - 从属远端标记
    - 独立标记
    - 组合标记
  - 补充标记
    - 功能标记
    - 相位标记
    - 极性标记
    - 保护导线和接地线标记

（1）主标记　只标记导线或线束的特征，而不考虑其电气功能的标记系统，称为主标记。主标记又分为从属标记、独立标记和组合标记三种。

1）从属标记：以导线所连接的端子、线束所连接的设备的标记，作为导线或线束的标记系统，称为从属标记。

使用从属标记时，标记可以不包括设备标记，如图 1-21、图 1-23所示，也可以包括设备标记，如图 1-22、图 1-24 所示。如果单独使用端子标记容易引起混淆，则导线标记必须包括设备标记在内。从属标记又分为从属两端标记、从属本端标记和从属远端标记三种。

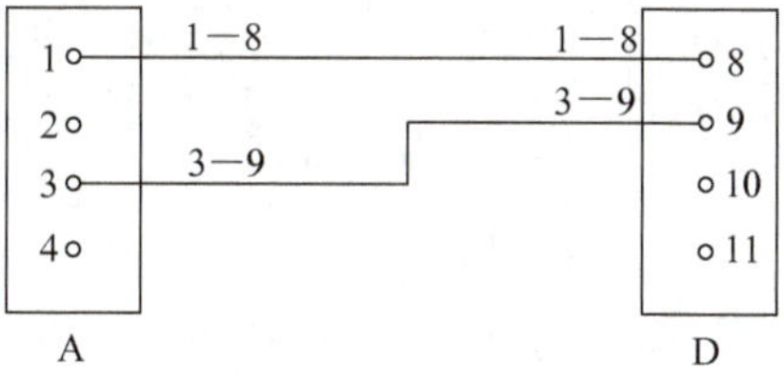

图 1-21　两根导线从属两端标记示例

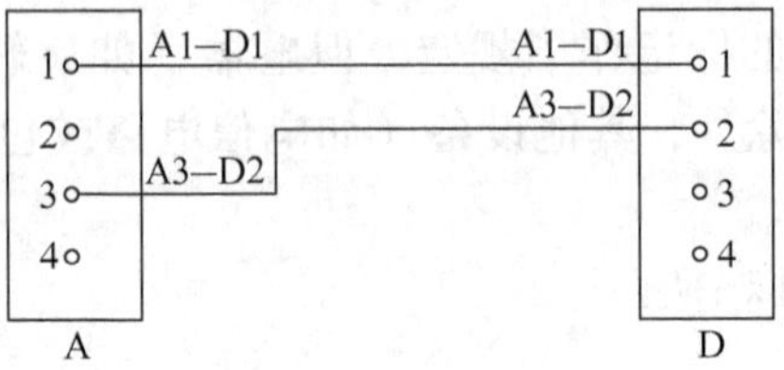

图 1-22　两根线束（电缆）从属两端标记示例

① 从属两端标记：对于导线，其每一端都标出与本端连接的端子标记及与远端连接的端子标记，如图 1-21 所示；对于线束，其每端的标记既标出与本端连接的设备的部件，又标出与远端连接的设备的部件，如图 1-22 所示。

② 从属本端标记：对于导线，其终端的标记与其所连接的端子标记相同，如图 1-23 所示；对于线束，其终端的标记标出其所连接的设备的部件。

③ 从属远端标记：对于导线，其终端的标记具有与远端所连接的端子的标记相同的标记系统；对于线束，其终端的标记标出远端所连接的设备的部件的标记系统。图 1-24 所示系统比图 1-21 所示两端标记更为简单，并便于确定故障点和进行维修。但它通常需要另画接线图或接线表，以便对任何接线在拆下后都能正确地进行重新连接。

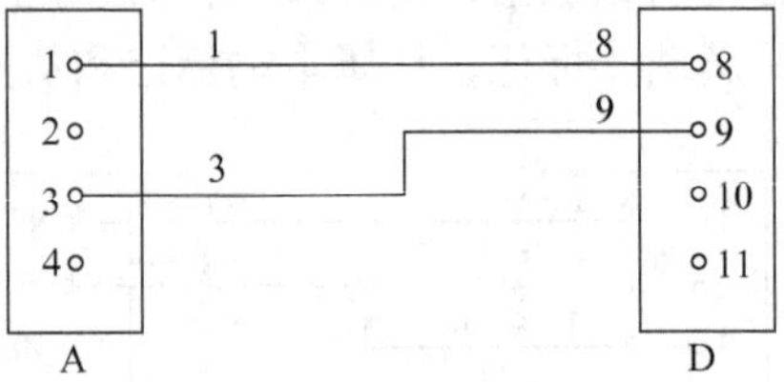

图 1-23　两根导线从属本端标记示例

2）独立标记：是与导线所连接的端子的标记或线束所连接的设备的标记无关的导线或线束的标记系统。通常用线路回路标号标记。

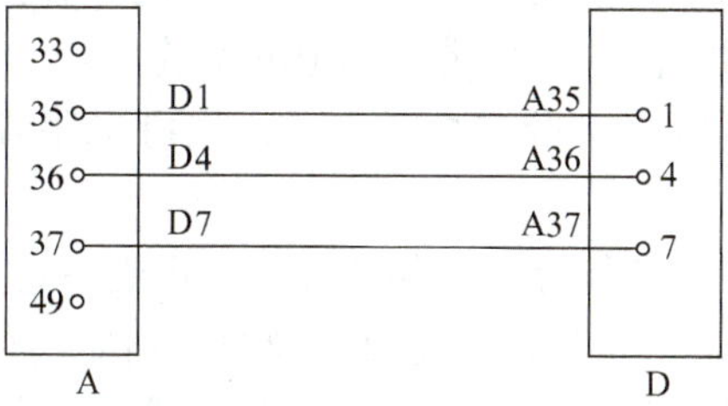

图 1-24　两根线束从属远端标记示例

3）组合标记：是从属标记与独立标记混合使用的标记系统。如图 1-25～图 1-27 所示，并允许简化导线上可能需要的中间标记。

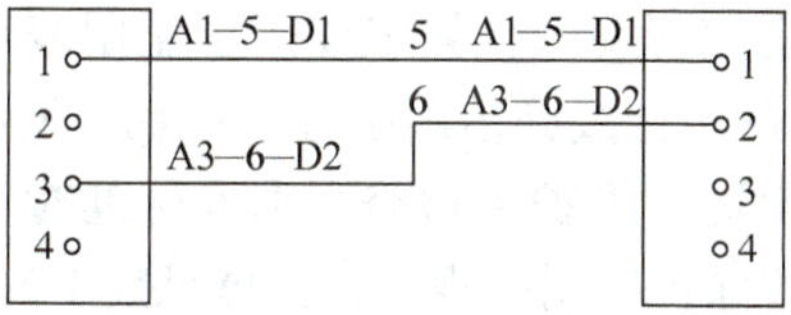

图 1-25　两根导线组合标记示例

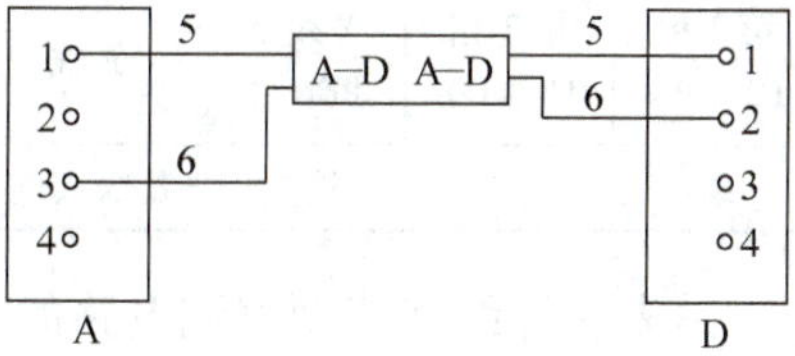

图 1-26　导线独立标记和线束从属两端标记的组合标记示例

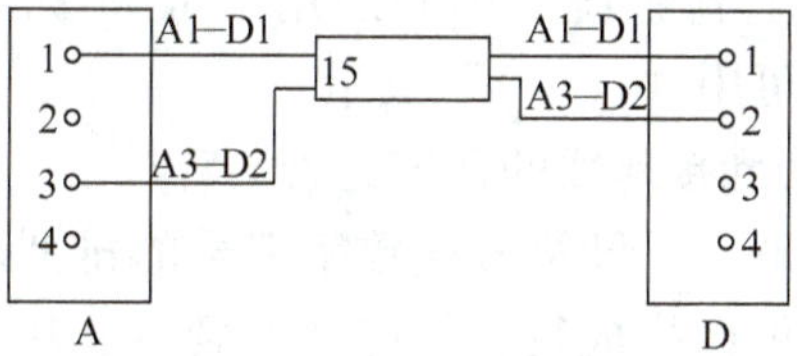

图 1-27　导线从属两端标记和线束独立标记的组合标记示例

（2）补充标记　补充标记用于对主标记作补充，它是以每一导线或线束的电气功能为依据进行标记的系统。

补充标记可以用字母或数字表示，也可采用颜色标记或有关符号表示。

补充标记分为功能标记、相位标记、极性标记等。

1）功能标记：是分别考虑每一导线的功能（例如，开关的闭合或断开、位置的表示、电流或电压的测量等）的补充标记，或者一起考虑几个导线的功能（例如，电热、照明、信号、测量电路）的补充标记。

2）相位标记：相位标记是表明导线连接到交流系统的某一相的补充标记。

相位标记采用大写字母、数字或两者兼用表示相序，具体见表1-4。交流系统中的中性线必须用字母N标明。同时，为了识别裸导线的相序，以利于运行维护和检修，国家标准对交流三相系统及直流系统中的裸导线涂色有明确规定，具体见表1-5。

表1-5　交流三相系统及直流系统中裸导线涂色

系统	交流三相系统					直流系统	
母线	第1相 L1（A）	第2相 L2（B）	第3相 L3（C）	N线及 PEN线	PE线	正极 L+	负极 L-
涂色	黄	绿	红	淡蓝	黄绿双色	褚	蓝

3）极性标记：是表明导线连接到直流电路的某一极性的补充标记。

用符号标明直流电路导线的极性时，正极用“+”标记，负极用“-”标记，直流系统的中间线用字母M标明。如可能发生混淆，则负极标记可用“（-）”表示。

4）保护导线和接地线的标记见表1-5。

在任何情况下，字母符号或数字编号的排列应便于阅读。它们可以排成列，也可以排成行，并应从上到下、从左到右、靠近连接线或元器件图形符号排列。

二、元件的基本表示方法

1. 元件的集中表示法和分开表示法

在不同电气图中，电器元件、器件和设备（以下统称元件）的功能、特性、外形、结构、安装位置及其连接，有不同的表示方法，它主要通过同一个电器元件的各种图形符号来表示，如电器元件的方框符号、简化外形符号、一般符号及其简单符号、各种符号要素和限定符号。

概略图、位置图、等效电路图、功能图等，通常采用方框符号、简化外形符号或简单的一般符号表示，但电路图和接线图往往用完整图形符号表示。

根据电气图的用途，完整图形符号又分别采用集中表示法、分开表示法和介于二者之间的半集中表示法。图 1-28 所示为完整图形符号的表示示例。

（1）集中表示法　它是把设备或成套装置中一个项目各组成部分的图形符号在简图上绘制在一起的方法。它只适于简单的电气图。

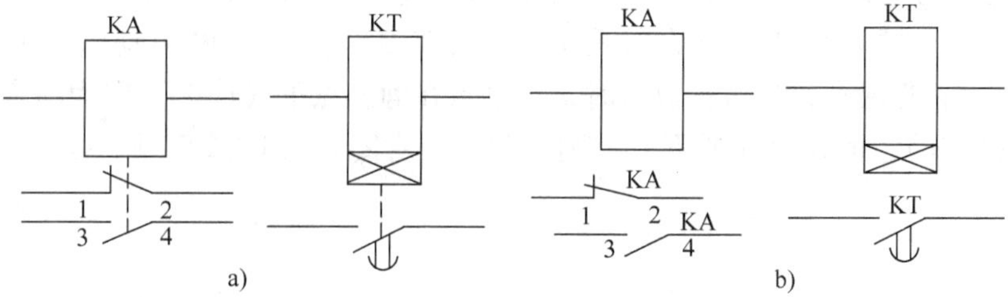

图 1-28　完整图形符号的表示示例

a）集中表示法　b）分开表示法

（2）分开表示法　又称为展开表示法。它是把同一项目中不同部分的图形符号，在简图上按不同功能和不同回路分开表示的方法。不同部分的图形符号用同一项目代号表示，如图 1-28b 所示。分开表示法可避免或减少图线交叉，因而使图面清晰，而且也给分析回路功能及标注回路标号带来了方便。电路图中的展开图一般使用分开表示法。

(3) 半集中表示法　为了使设备和装置的电路布局清晰，易于识别，把同一个项目中某些部分的图形符号在简图上集中表示，其他部分分开布置，并用机械连接符号（虚线）表示它们之间关系的方法，称为半集中表示法。其中，机械连接线可以弯折、分支或交叉。

2. 电器元件工作状态的表示方法

在电气图中，电器元件的可动部分均按“正常状态”表示。

3. 电器元件触点位置的表示方法

元件的触点分为两大类：一类是由电磁力或人工操纵的触点，如电继电器（电磁型、感应型、晶体管型继电器等）、接触器、开关、按钮等的触点；另一类是非电和非人工操纵的触点，如各种非电继电器（气体、速度、压力继电器等）、行程开关等的触点。

1）对于电继电器、接触器、开关、按钮等的触点，在同一电路中，在加电或受力后各触点符号的动作方向应一致。

对触点符号通常规定为“左开右闭，下开上闭”（国标中规定图形符号可以镜向表示），即：当触点符号垂直放置时，动触点在静触点左（或右）侧为动合（常开），而在右（或左）侧为动断（常闭）；当触点符号水平放置时，动触点在静触点下（或上）方为动合（常开），而在上（或下）方则为动断（常闭），如图 1-29 所示。

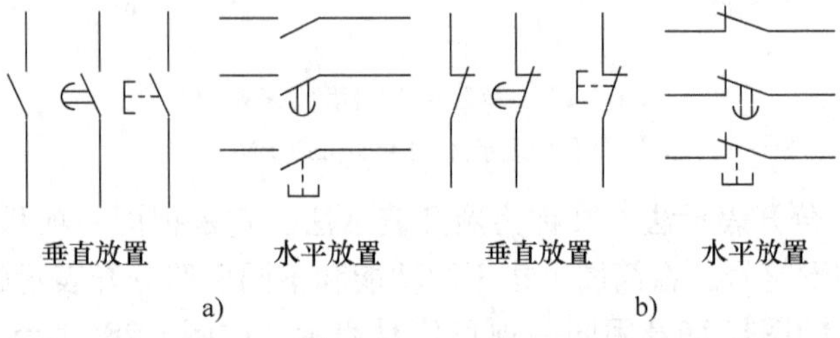

图 1-29　触点符号表示示例

a）动合触点　b）动断触点

2）对非电和非人工操纵的触点，必须在其触点符号附近表明运行方式。一般采用以下三种方法，如图 1-30 所示。

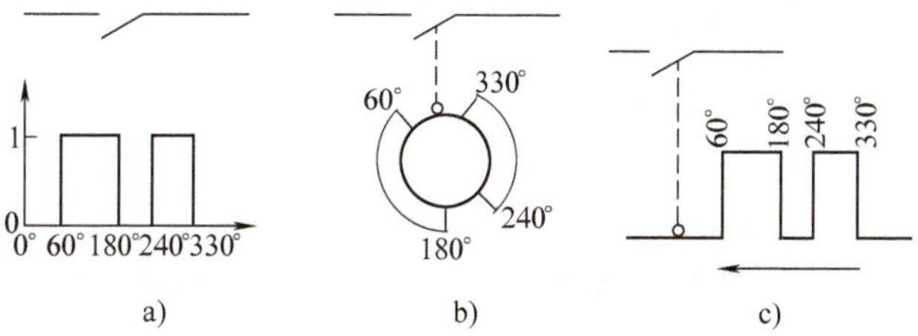

图 1-30　某行程开关触点位置表示方法

a）用图形表示　b）、c）用操作器件符号表示

图 1-30a 为用图形表示的形式，其横轴表示转轮的位置，纵轴“0”表示触点断开，而“1”表示触点闭合；图 1-30b 为用操作器件的符号表示，当凸轮推动圆球（60°～180°，240°～330°）时，触点闭合，其余为断开；图 1-30c 也是用操作器件符号表示，但把凸轮画成展开式，箭头为凸轮行进方向。

用表格法表示见表 1-6，“0”表示触点断开，“1”表示触点闭合。

表 1-6　某行程开关触点运行方式

角度/°	0～60	60～180	180～240	240～330	330～360
触点动态	0	1	0	1	0

4. 元器件的技术数据及有关注释和标志的表示方法

（1）元器件技术数据的表示方法　电器元器件的技术数据（如型号、规格、整定值等）一般标注在其图形符号的附近，如图 1-31 所示。

技术数据标注的位置通常为：当连接线为水平布置时，尽可能标在图形符号的下方；垂直布置时，标在项目代号的下方。技术数据也可以标在继电器线圈、仪表、集成块等的方框符号或简化外形符号内。

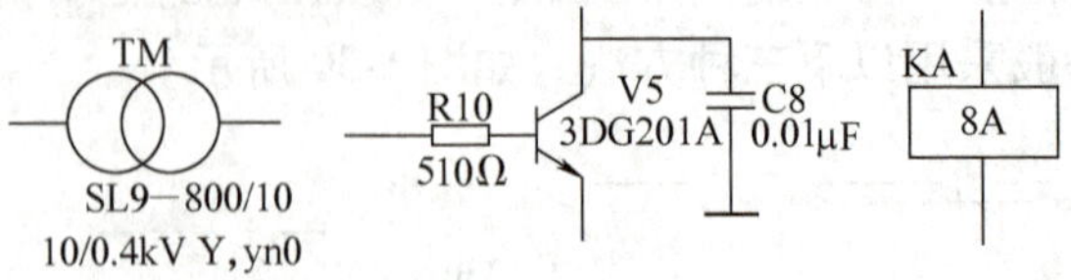

a)　　b)　　c)

图 1-31　元器件技术数据标注方法举例

a）电力变压器　b）电阻、晶体管、电容　c）电流继电器

在一、二次接线图等电气图中，技术数据常用表格的形式标注，见表 1-7 和表 1-8。表 1-7 为某工厂 10kV 变电所电气主接线图上的主要电气设备材料明细表（部分），表 1-8 为某变电所线路过电流保护二次回路图的元件明细表（部分）。电气主接线图上要写出“主要电气设备材料明细表”字样，而二次回路图中通常不另写文字“元件明细表”。

表 1-7　主要电气设备材料明细表

序号	代号	名称	型号规格	单位	数量	备注
1	TM1 ~ 2	电力变压器	SL9—800/10 10/0. 4kV	台	2	Y，yn0
2	TM3 ~ 4	电力变压器	SL9—630/10 10/0. 4kV	台	2	Y，yn0
3	TM5	电力变压器	SL9—1000/10 10/0. 4kV	台	1	Y，yn0
4	Y1、Y2	高压开关柜	JYN2—10—02	台	2	
5	Y3	高压开关柜	JYN2—10—23	台	1	
6	WB	硬母线	TMY—80 × 10	m		
⋮						

表 1-8　元件明细表

8	QS	组合开关	HZ10—10/1	只	1	
7	PJ1	有功电能表	DS2 200/5A	只	1	
6	M	储能电动机	HDZ1—5 ~220V 450W	只	1	
5	Y0	合闸线圈	~220V 5A	只	1	
4	YR	分闸脱扣器	CDT—10—114 ~220V	只	1	
3	KS	信号继电器	DX—11/0. 25	只	1	
2	KA2	电流继电器	GL—11/5 5A	只	1	
1	KA1	电流继电器	GL—15/5 5A	只	1	
序号	代号	名称	型号规格	单位	数量	备注

（2）注释和标志的表示方法　当元器件的某些内容不便于用图示形式表达清楚时，可采用注释的方式，如图 1-32 所示。

图中的注释可视情况放在它所需要说明的对象附近，并将加标记的注释放在图中其他部位；若图中注释较多，则应放在图样的边框附近，一般放在标题栏的上方。

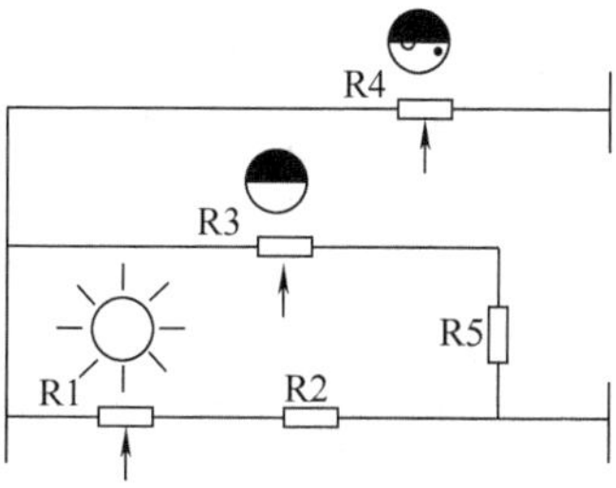

图 1-32　元件有关信息标志示例

5. 元件接线端子的表示方法

（1）端子及其图形符号　电器元件中用以连接外部导线的导电元件，称为端子。端子的图形符号为“○”。

装有多个互相绝缘并通常对地绝缘的端子的板、块或条，称为端子板。端子板常用加数字编号的方框表示。

（2）以字母、数字符号标志接线端子的原则和方法　电器元件接线端子标记由拉丁字母和阿拉伯数字组成，如 V1、1V1，也可不用字母而简化成 1、1.1 或 11 的形式。

接线端子的符号标志通常应遵守以下原则：

1）单个元件：单个元件的两个端点用连续的两个数字表示，如图 1-33a 中绕组的两个接线端子用 1 和 2 表示；单个元件中间各端子一般用自然递增数字表示，如图 1-33b 中绕组的中间抽头端子用 3 和 4 表示。

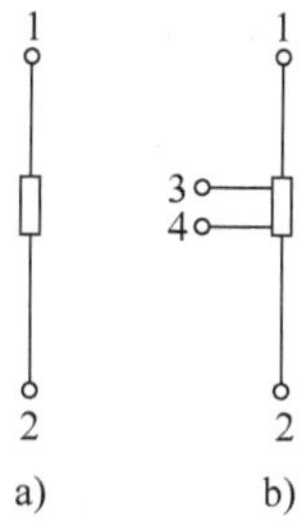

图 1-33　单个元件接线端子标志示例

2）相同元件组：如果几个相同的元件组合成一个组，则各元件的接线端子可按下述方式标志：

在数字前冠以字母，例如标志三相交流系统电器端子的字母 U1、V1、W1 等，如图 1-34a 所示。

若不需要区别相序时，可用数字标志，如图 1-34b 所示。

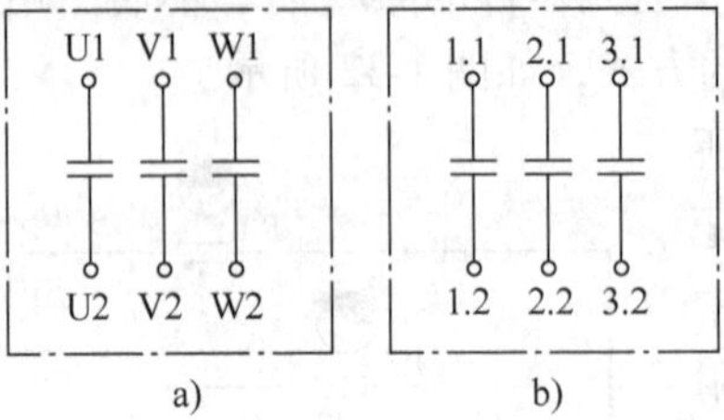

图 1-34　相同元件组接线端子标志示例

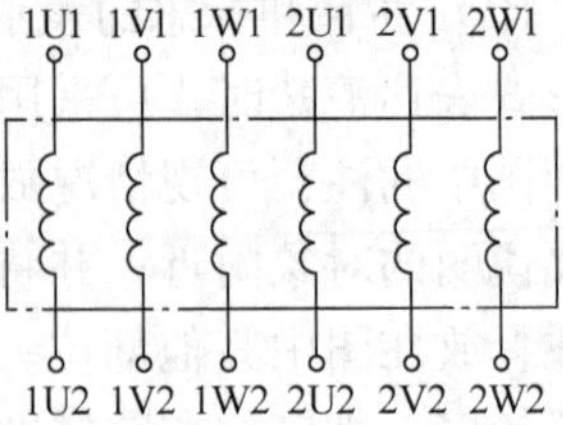

图 1-35　同类元件组接线端子标志示例

3）同类元件组：同类元件组用相同字母标志时，可在字母前冠以数字来区别。如图 1-35 中的两组三相异步电动机绕组的接线端子用 1U1、2U1……来标志。

4）与特定导线相连的电器接线端子，其标志见表 1-4。

（3）端子代号的标志方法　电阻器、继电器、模拟硬件和数字硬件的端子代号，应标在其图形符号轮廓线的外面；对于用于现场连接、试验和故障查找的连接器件（如端子、插头等）的每一连接点，都应标注端子代号；在画有围框的功能单元或结构单元中，端子代号必须标注在围框内，如图 1-36 所示。

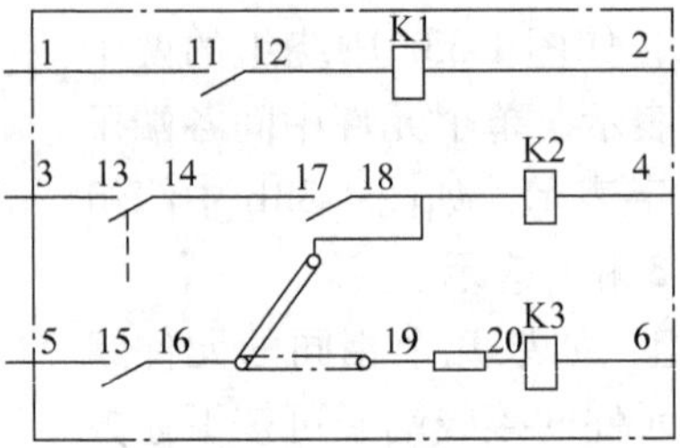

图 1-36　围框端子代号标志示例

三、电气图的简化画法

为了清晰、简明地表示电路，电路图应尽量简化。一般有下列几种简化情况：

（1）主电路的简化　在发电厂、变配电所和工厂电气控制设备等电路中，主电路通常为三相三线制或三相四线制的对称电路或基本对称电路。在电路图中，可将主电路或部分主电路简化成用单线表示的图，而对于不对称部分及装有电流互感器、热继电器的局部电路，则用多线图（一般为三线图）表示。图 1-37a 是三相三线制及三相四线制电路简化成用单线表示的方法，图 1-37b 则为对两相式电流互感器及热继电器用三线图表示的局部电路。

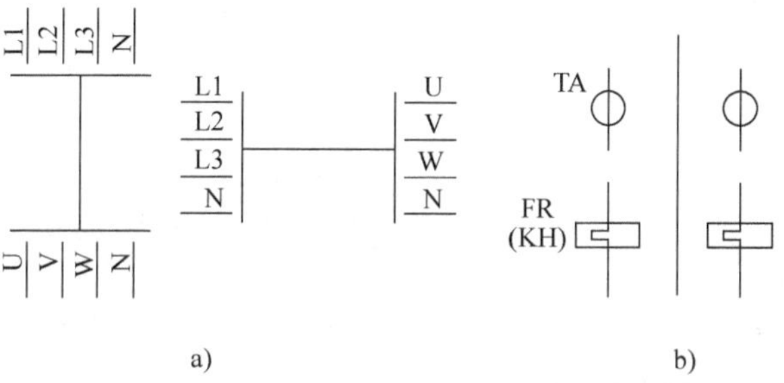

图 1-37　主电路的简化画法

（2）并联电路的简化　多个相同的支路并联时，可用标有公共连接符号的一个支路来表示，但仍要标出全部项目代号及并联支路数，如图 1-38a 所示。为了简化表示几条具有动合触点的并联支路，可简化成用一对动合触点支路表示，但各项目代号 K11、K13、K15 仍要标明。

图 1-38b 是表示含有熔断器 FU、二极管 VD、电阻 R、电容 C 的相同元件且连接关系相同的四个并联支路的简化画法。

（3）相同电路的简化　在同一张电气图中，相同电路仅需详细表示出其中一个，其余电路可用点画线围框表示，但仍要绘出各电路与外部连接的有关部分，并在围框内适当加以说明，如“电路同上”、“电路同左”等。但在供配电电气主接线图中，一般对相同的电路都要分别画出，只是在标注装置、设备的型号规格时用“设备同左”等字样简化。

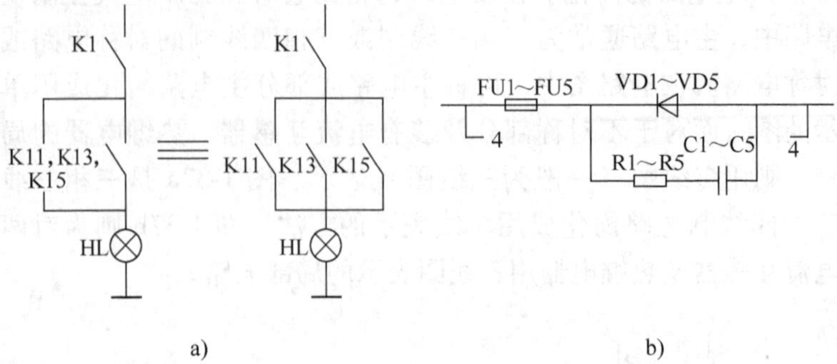

图 1-38　并联电路的简化画法示例

第五节　电气识图的基本要求和基本步骤

一、识图的基本要求

电工识图要做到“五个结合”，即：

(1) 结合电工基础知识识图　为了正确而迅速地识图，具备良好的电工基础知识是十分重要的。各种变配电所、电力拖动、照明以及电子电路等的设计，都离不开电工基础知识。例如，变配电所中各电路的串、并联设计及计算，为提高功率因数而采用补偿电容的计算及设备。又如，电力拖动中常用的笼型异步电动机的正、反转控制，是根据三相电源相序决定电动机旋转方向的原理从而达到实现电动机正、反转目的，而星-三角起动则利用的是电压的变动引起电动机起动电流及转矩变化的原理。

(2) 结合电器元件的结构和工作原理识图　电路由各种元器件、设备、装置组成。例如，电子电路中的电阻、电容、各种晶体管等，供配电高低压电路中的变压器、隔离开关、断路器、互感器、熔断器、避雷器以及继电器、接触器、控制开关、各类型高低压柜（屏）等等，只有掌握了它们的用途、主要构造、工作原理及与其他元器件的相互关系（如连接、功能及位置关系），才能看懂电路图。例如，某电路图中的 KA、KT、KS（参见图 4-35），分别为电流、时间、信号继电器，要看懂图，必须要把这几种继电器的功能、主要构造（线圈、触点）、动作原理（如时间继电器的延时闭合或延时断开）及相互关系搞清楚。又如电子电路的放大电路图，必须把晶体管、晶闸管、电阻、电容的基本构造、工作原理弄懂，才能识图。

（3）结合典型电路识图　一张复杂的电路图，总是由典型电路派生而来，或者由若干典型电路组合而成的。在识图时，抓住典型电路，分清主次环节及其与其他部分的相互联系，对于识图是很重要的。

典型电路，即常见、常用的基本电路。如供配电系统中电气主接线最常见、常用的是单母线接线，由此典型电路可导出单母线不分段、单母线分段接线，而单母线分段又有隔离开关（低压电路为刀开关）分段和断路器分段之分。又如电力拖动中的起动、制动、正反转控制电路，联锁电路，行程限位控制电路，电子电路中的整流电路和放大、振荡、调谐等电路，都是典型电路。

（4）结合电气图的绘制特点识图　掌握了电气图的主要特点及绘制电气图的一般规则，例如电气图的布局、图形符号及文字符号的含义、图线的粗细、主副电路的位置、电气触点的画法、电气图与其他专业技术图的关系等，对识图大有帮助。

（5）结合其他专业技术图识图　其他专业技术图包括土建图、管道图、机械设备图等，电气图往往同它们密切相关，各种电气布置图更是如此。因此，读这类电气图时应与相关图样一并识读。

二、识图的基本步骤

由于电气项目类别（如供配电、电力拖动、电子技术等）及其规模大小不同，电气图种类及数量相差较多，因此，电气图识读的内容及步骤也有所差别，甚至同一电气类别的电气图的阅读，也可能要交叉进行。这里按电气图类别分为两种情况分别叙述。

1. 供配电系统项目识图的基本步骤

识读供配电系统项目图的基本步骤一般是：从标题栏、技术说明到图形、元件明细表，从总体到局部，从电源到负载，从主电路到副电路，从电路到元件，从上到下，从左到右。

（1）看图样说明　包括首页的图样目录、技术说明、设备材料明细表和设计、施工说明书等，由此对工程项目的设计内容及总体要求大致有所了解，有助于抓住识图的重点内容。

（2）看电气原理图（原理接线图）　看电气原理图时，先要分清主电路和副电路，交流电路和直流电路，再按照先看主电路、后看副电路的顺序读图。

看主电路时，一般是由上而下即由电源经开关设备及导线向负载方向看；看副电路时，则从上到下、从左到右（少数也有从右到左的），即先看电源，再依次看各个回路，分析各副电路对主电路的控制、保护、测量、指示、监察功能，以及其组成和工作原理。

（3）看安装接线图　看安装接线图时，同样是先看主电路，再看副电路。看主电路时，从电源引入端开始，顺序经开关设备、线路到负载（用电设备）；看副电路时，从电源的一端到另一端，按元件连接顺序依次对回路进行分析。

安装接线图是由原理接线图绘制而来的，因此，看安装接线图时，要结合原理接线图对照识读。

另外，对各回路标号、端子板（排）上内外电路的连接等的分析，对识图也极为重要。

（4）看展开接线图　识读用分开表示法绘制的展开接线图（简称展开图）时，应结合电气原理图进行识读。

看展开图时，一般是先看各展开回路名称，然后从上到下、从左到右识读。要特别注意，在展开图中，同一电器元件的各部件是按其功能分别画在不同回路中的（同一电器元件的各部件均标注同一项目代号，其项目代号通常由文字符号和数字编号组成），因此，读图时要注意该元件各部件动作之间的相互联系。例如，图 4-35 中的电流继电器 KA1，其线圈在交流电路中，而一对动合触点在直流过电流保护回路与时间继电器 KT 线圈串联的回路中。当 10kV 线路发生过电流时，过电流反映在电流互感器 TA1 二次侧，电流经 U411 →KA1 线圈→N411，电流达到或超过 KA1 的整定值时，KA1 动合触点闭合，使时间继电器 KT 线圈通电，经一定延时，其延时闭合动合触点闭合，使信号继电器 KS 线圈通电，在直流信号回路中的 KS 的动合触点因闭合而发出信号。

同样要指出的是，一些展开图的回路在分析其功能时，往往不一定是按从左到右、从上到下顺序动作的，而可能是交叉的。

（5）看平面、剖面布置图　看电气布置图时，要先了解土建、管道等相关图样，然后看电气设备的位置（包括平面、立面位置），由投影关系详细分析各设备的具体位置及尺寸，并弄清各电气设备之间的相互连接关系、线路引入、引出走向等。

2. 其他类别图识读的基本步骤

其他类别的电气图，如电力拖动、电子电路、梯形图等，其识读的原则及步骤与供配电系统项目识图类似，具体为：

（1）看标题栏　由此了解电气项目名称、图名等有关内容，对该图的类型、作用、表达的大致内容有一个比较明确的认识和印象。

（2）看技术说明或技术要求　了解该图的设计要点、安装要求及图中未表达而需要说明的事项。

（3）看电气图形　这是识图最主要的内容，包括看懂该图的组成、各组成部分的功能、元件、工作原理、能量流或信息流的方向及各元件的连接关系等。由此对该图所表达电路的功能、工作原理有比较深入的理解。

识读电气图形的关键在于必须具有一定的专业知识，并且要熟悉电气图绘制的基本知识，熟知常用电气图形符号、文字符号和项目代号。

首先，根据绘制电气图的一般规则，概要了解该图的布局、主要元器件图形符号的布置、各项目代号的相互关系及相互连接等。

其次，按不同情况可分别用下列方法进行分析：

1）按能量流、信息流的流向逐级分析。如从电源开始分析到负载，或由信号输入分析到信号输出。此法适用于供配电及电子电路图。

2）按布局从主到次、从上到下、从左到右逐步分析。

3）按主电路、副电路（习惯称为二次回路）各单元进行分析。分析主电路，然后分析各二次回路与主电路之间、二次回路相互之间的功能及连接关系。这种办法适用于识读工厂供配电、电力拖动及自动控制方面的电气图。

再次，识读项目的组成单元（若干元件，或组件、部件）及各单元之间的连接关系或耦合方式，注意电气与机械机构之间的连接关系。

第四，由各元器件在电路中的作用，分析各回路乃至整个电路的功能、工作原理。

第五，由元件、设备明细表了解元件或设备名称、种类、型号、主要技术参数、数量等。

最后，除了读懂工作需要的本专业图样外，对有关的其他电气图、技术资料、表图等，以及相关的其他专业技术图也应有所了解，以便全面掌握该电气项目情况，并对识读本专业图样起到重要的帮助作用。

复习思考题

1. 电气制图的幅面分哪几种？
2. 常用的图线有哪几种，分别应用于什么场合？
3. 什么是连接线，其识别标记标注在什么位置？通常有哪些简化画法？
4. 围框用什么线表示，其主要作用是什么？
5. 什么叫做图样的比例，电气制图中常用的比例有哪些？
6. 电气图的基本构成有哪些？
7. 什么是主、副电路，它们各有哪些常用电气设备？
8. 什么叫电路图？
9. 电气符号包括哪些？
10. 图形符号通常由哪些组成，它分为哪两大类，两类之间有什么联系和区别？
11. 电气图形符号怎样应用？
12. 分两次画出发电机、电动机、变压器、电流互感器、电压互感器、母线、电缆（明敷及暗敷）、断路器、隔离开关、熔断器、避雷器、按钮（动合、动断）、指示灯、继电器（电流、时间、信号、中间四种）、热继电器、电能表（有功及无功）、插头和插座、连接片、电阻器、电容器、电感器、半导体二极管、NPN 型半导体管的图形符号。

13. 电气文字符号是由哪两种符号组成的？举例说明。

14. 说出下列文字符号的代表含义：TM、TA、TV、QF、QS、SA、SB、KA、KT、KS、KM、FU。

15. 说出下列文字符号的含义：DC、AC、ON、OFF、E、PU、PE、PEN、L、N。

16. 什么是项目，什么是项目代号？项目代号由哪些代号段组成？

17. 什么是端子代号，怎样应用？

18. 什么是回路标号，它是怎样规定和标注的？

19. 常用的电气图有哪几种？常用简图有哪些？

20. 简述电气图的主要特点。

21. 电气图中元件的“正常状态”是什么含义？试举三个例子说明。

22. 简图合理布局的原则和要点是什么？

23. 简图中电路及元件的布局方法有哪两种，各有什么用途？

24. 进行电路布局有哪些原则？

25. 图线布置有哪些形式？

26. 常用电器特定端子的识别标记符号有哪些？

27. 绝缘导线为什么要做标记？

28. 绝缘导线的主标记有哪三种，各代表什么意义？

29. 绝缘导线的补充标记有哪些，怎样表示？

30. 三相交流系统及直流系统中裸导线涂色是怎样规定的？

31. 电器元件图形符号有哪三种表示方法，各应用于什么场合？

32. 电器元件触点位置是怎样表示的？

33. 元件接线端子有什么用途，图形符号怎样表示？

34. 电气图的简化常有哪些方法？

35. 电气图识读的基本要求有哪些？

36. 简要说明识读电气图的基本步骤。

第二章

电工测量和电子电路图

培训学习目标 熟悉常用电工测量仪表电路和电子电路的功能、构成及工作原理，看懂接线图，掌握常用电工测量和电子电路的图形符号及文字符号。

第一节 电工测量电路图

一、概述

电气设备的安装、调试、监测及检修过程中，要借助各种电工仪器仪表对电流、电压、电阻、电能、电功率等进行测量，这种测量称之为电工测量。

按照 GBJ63—1990《电力装置的电测量仪表装置设计规范》的规定，电工测量仪表配置要求如下：

1）工厂电源进线端必须安装有功电能表和无功电能表，用于供电部门计费，并配备专门用于连接计费用电能表的电流、电压互感器。

2）在每一段母线都必须安装电压表，一般都加电压转换开关以分别测量三个线电压。对小电流接地系统，要装设绝缘监察装置（其中用三只电压表，正常运行时显示相电压；发生单相接地时，故障相电压接近为零，非故障相电压升高为线电压）。

3）降压变压器的两侧均应装设电流表以判断其负荷情况，装设电压表以了解其电压是否正常；当低压侧为三相四线制时，则每相都应装设电流表。对于电压在6~10kV、容量在315kV·A及以上的变压器，高压侧还应装设三相有功电能表和无功电能表，而容量在315kV·A以下的，一般把电能表装于低压侧，以省去电压互感器。

4）6~10kV高压配电线路应配置一只电流表以了解其负荷情况。如果需要计量电能，则还要装设三相有功电能表和无功电能表。

5）三相四线制的低压配电线路一般装设三只电流表（或一只电流表加电流转换开关），以测量各相电流，特别是照明电路；对于三相负荷平衡的动力线路，可只装一只电流表。如需计量电能，则一般应装设三相四线有功电能表；对负荷平衡的线路，也可以只装一只单相有功电能表，而实际耗用电能为其计量的三倍。

6）需要进行技术经济考核的75kW及以上电动机除装设电压表、电流表以了解电源电压及电动机运行状况是否正常外，还应装设三相三线有功电能表。

7）并联电力电容器电路应配置三只电流表以监视其三相负荷是否平衡。若需要计量无功电能，则应装设无功电能表。对1200V及以上的并联电力电容器组，应配置无功功率表测量无功功率。

按规定，三相负荷不平衡率大于10%的1200V及以上的电力用户线路及三相负荷不平衡率大于15%的1200V以下的供电线路，都应采用三只电流表分别测量三相电流。按照电工测量仪表电路中是否装设互感器，电工测量电路分为一次式和二次式两种：电工测量仪表不经过互感器而直接接入被测电路的为一次式（直接式），而电工测量仪表经过互感器接入所测电路的为二次式（间接式）。

二、电流测量电路

电流测量是常见的电工测量内容，电流的测量包括直流电流的测量和交流电流的测量，测量方法有直接测量和间接测量两种。

1. 直流电流测量电路

测量直流电流的常用仪表有：磁电式电流表、电压表、万用表、直流数字电压表。图2-1是磁电式电流表测量直流电流接线。

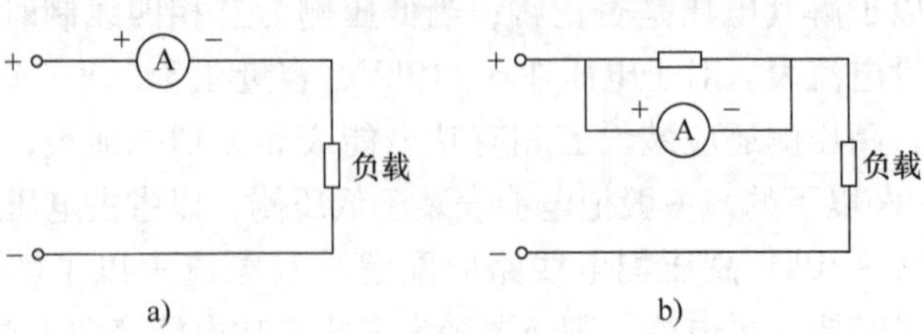

图 2-1 磁电式电流表测量直流电流接线
a）直接测量法 b）间接测量法

2. 交流电流测量电路

测量交流电流常用仪表有：电磁式电流表、电压表、万用表、电子电压表、数字万用表等。小电流常用直接测量法，而高压大电流则应用间接测量法。以下讲述的是用电磁式电流表测量交流电路电流。

（1）直接测量电流电路 如图 2-2a 所示，电流表直接串接在被测电路中，这种接线方式常用于低压（380V 及以下）、小电流（几十安培以下）的电路中。

（2）单相式电流互感器测量电路 如图 2-2b 所示，在一相线路（三相平衡线路中为 L2）中安装一只电流互感器，电流表串接在其二次侧。这种接线方式适用于测量高电压、大电流的三相平衡电路和单相电路。

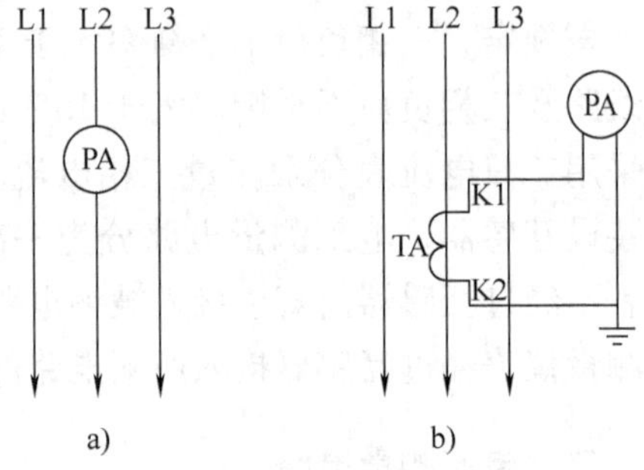

图 2-2 交流电流测量电路（一）
a）直接测量电路 b）单相式电流互感器测量电路

（3）两相电流互感器 V 形联结测量电路 如图 2-3a所示，L1、L3 两相接入电流互感器构成 V 形联结，也称为不完全Y（星）形联结。三只电流表分别串接在两只电流互感器的二次侧，其中，与 TA1、TA2 二次侧直接连接的电流表 PA1、PA2，分别测量 L1、L3 两相线路的电流，而连接在公共线路上的电流表 PA3，所流过的电流是 TA1、TA2 两只电流互感器二次电流的相量和，其读数正好是未接电流互感器的 L2 相线路的二次电流。因此，三只电流表分别测量出了各相电流值。这种接线广泛应用于三相平衡或不平衡的三相三线制线路中，既可用于测量，也可用于继电保护。

（4）两相电流互感器一只电流表的测量电路　如图 2-3b 所示，两只电流互感器的二次侧接一只电流表测量三相电流，其中，电流表通过电流转换开关与两相 V 形联结的电流互感器连接。通过转换开关的切换，即可分别测量三相电流。这种接线方式省去了两只电流表，可适用于三相平衡或不平衡的电路，但测量不如图 2-3a 所示电路方便。

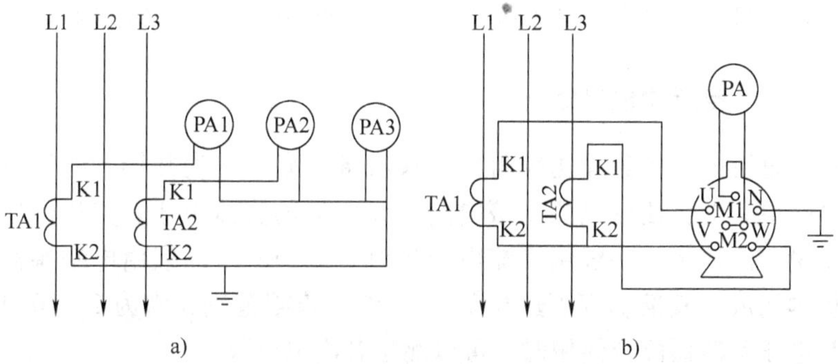

图 2-3　交流电流测量电路（二）

a）两相电流互感器 V 形接线测量电路　b）两相电流互感器一只电流表的测量电路

（5）三相电流互感器三只电流表测量电路　如图 2-4a 所示，此接线又称为三相Y（星）形联结，三只电流表分别与三相电流互感器的二次侧相接，可以分别测出各相电流。这种接线广泛应用于中性点直接接地的三相三线制特别是三相四线制电路中，既可用于测量，也可用于继电保护。

（6）三相电流互感器一只电流表测量电路　如图 2-4b 所示，一只电流表通过转换开关与Y形联结的三相电流互感器的二次侧相接，用一只电流表通过转换开关的切换，即可分别测出三相电流。它虽然省去了两只电流表，但不如图 2-4a 所示电路直观易读。

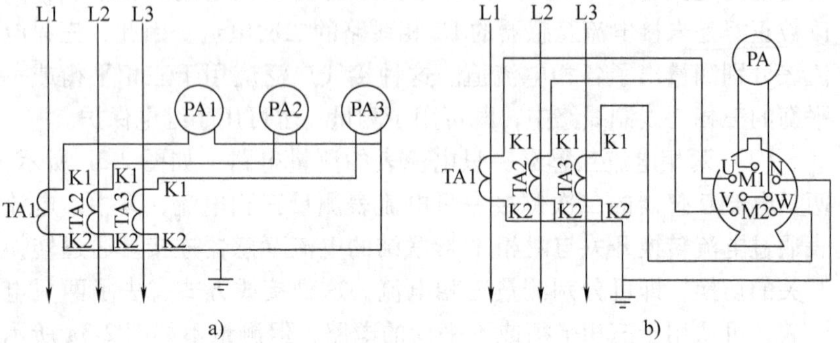

图 2-4 交流电流测量电路（三）

a）三相电流互感器三只电流表测量电路 b）三相电流互感器一只电流表测量电路

三、电压测量电路

直流电压的测量比较简单，只需将直流电压表并接到要测量的电路单元上，便可以测得该电路单元两端的直流电压。交流电压的测量方法较多，一般用交流电压表测量。交流电压表由电磁系测量机构构成，其准确度可达 0.2 ~ 0.5 级，量限范围通常为 1 ~ 1000V，与电压互感器配合使用时，可以测量各高电压值。

交流电压测量电路的常用接线方式如图 2-5 ~ 图 2-8 所示。

（1）直接测量电路 图 2-5a 所示为电压表 PV 经熔断器 FU 直接并联在两相线路上的测量电路，其所测值即为两相之间的线电压。这种接线方式应用于测量三相电压平衡的低压电路的线电压或单相电压。

（2）单相电压互感器测量电路 如图 2-5b 所示，电压表接在一只单相电压互感器的二次侧，用以测量线电压。这种接线方式用于测量高压电路的线电压。

（3）一只电压表测量三相电压的测量电路 如图 2-6a 所示，一只电压表经电压转换开关接线，测量三相线间电压。这种接线广泛应用于低压三相四线制电路中。

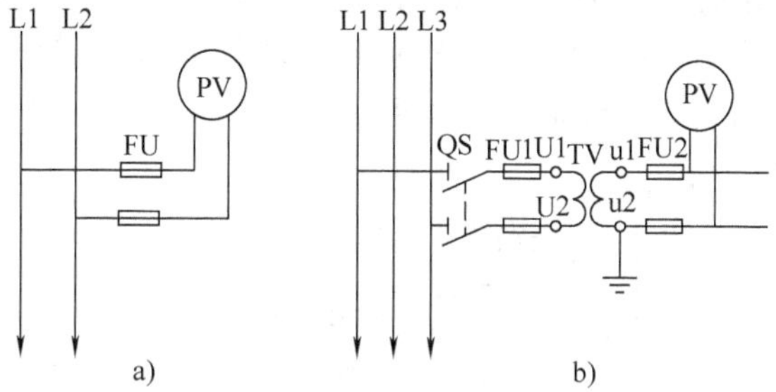

图 2-5　交流电压测量电路（一）
a）直接测量电路　b）单相电压互感器测量电路

（4）两只单相电压互感器接电压表的测量电路　如图 2-6b 所示，两只单相电压互感器接成 V/V 形，供电压表（一只或三只）接于三相三线制电路中测量线电压。它广泛应用于 6～10kV 高压电路中。

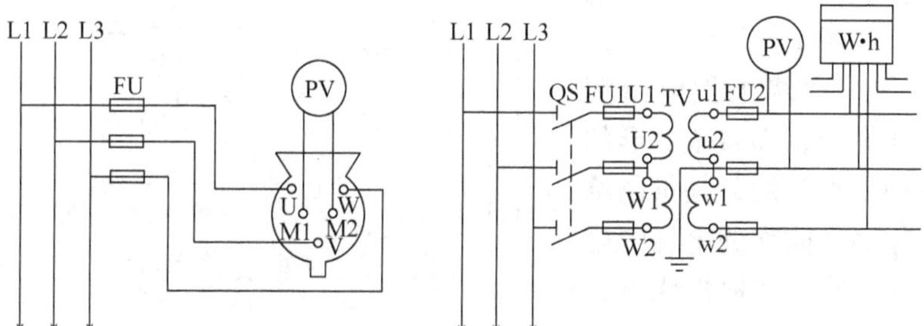

图 2-6　交流电压测量电路（二）
a）一只电压表测量三相电压的测量电路
b）两只单相电压互感器接电压表的测量电路

（5）三个单相电压互感器接三只电压表的测量电路　如图 2-7 所示，三个单相电压互感器接成 Y_0/Y_0 形，三只电压表接在相电压上。这种接线方式用于高压电路中供电给要求线电压的仪表、继电器，并供电给接相电压的绝缘监察电压表。在小电流接地的电力系统中，正常运行状态时三只电压表显示相电压，当发生单相接地故障时，故障相电压接近为零，非故障的两相电压升高为线电压。因此，三只电压表应按线电压值选择。

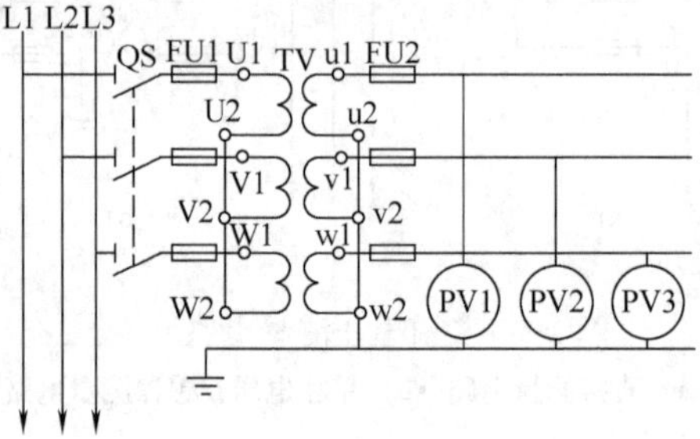

图 2-7　三个单相电压互感器接三只电压表的测量电路

（6）三个单相三绕组电压互感器接成Y_0/Y_0/▷（开口三角形）的测量电路　如图 2-8 所示，接成Y_0的二次绕组供电给测量线电压，而接成▷形的辅助二次绕组，是供电给用作绝缘监察的电压继电器 KV 的。这种接线方式广泛应用于 6 ~ 10kV 高压小电流接地系统。

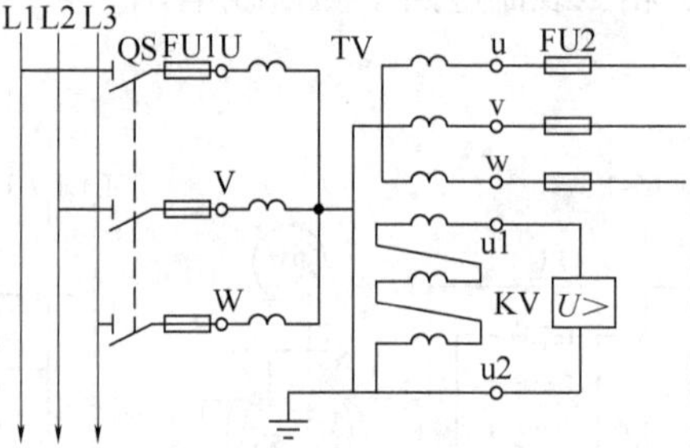

图 2-8　三只单相三绕组电压互感器的测量电路

四、功率测量电路

电功率测量分为有功功率测量和无功功率测量两种，它可以采用电动系功率表、静电系功率表和热电系功率表。由于电动系仪表的两组线圈能同时测出被测电路功率的电压、电流两个要素，又具有准确度高、标尺分度均匀、交直流两用等优点，因此功率表大多采用电动系测量机构。下述各功率测量电路中的功率表均属于电动系仪表。

功率表接线时，必须遵守“发电机端”规则，即功率表标有“ * ”号的电流端钮必须接电源端，而另一电流端钮接负载端，且电流线圈串接在电路中；功率表标有“ * ”号的电压端钮，可以接到电流端钮的任何一端，而另一电压端钮则跨接在负载的另一端。

1. 有功功率测量电路

（1）单元件有功功率表测量电路　图 2-9a 所示为单相有功功率表的电流线圈和电压线圈不经互感器而直接分别串、并联于单相电路中的测量电路。这种接线适用于低压小功率单相电路的有功功率的测量。图 2-9b 中有功功率表的电流线圈与电压线圈则分别经电流互感器（接成 V 形）和电压互感器的二次侧接入电路。它适用于测量高压大功率的三相平衡电路的有功功率。但这种接线的三相电路的实际有功功率，应为该功率表读数与电流互感器电流比 K_i、电压互感器电压比 K_u 乘积的三倍。

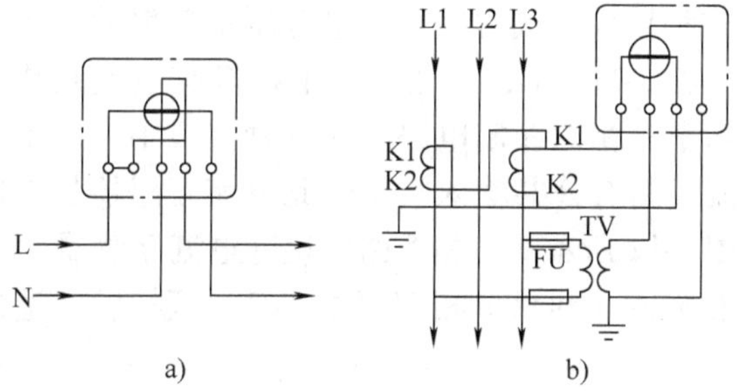

图 2-9　单元件有功功率表测量电路

（2）两元件三相有功功率表测量电路　图 2-10a 中，两元件三相有功功率表的两个电流线圈可任意串接在两条相线上，而两个电压线圈的输入端与电流线圈接在同一相线上，另一端共同接在未接电流线圈的相线上。这种接线用于测量低压小功率三相三线制电路的有功功率。图 2-10b 中两元件三相有功功率表的电流线圈和电压线圈分别接于电流互感器、电压互感器的二次侧。这种接线适用于测量高压大功率的三相三线制电路。

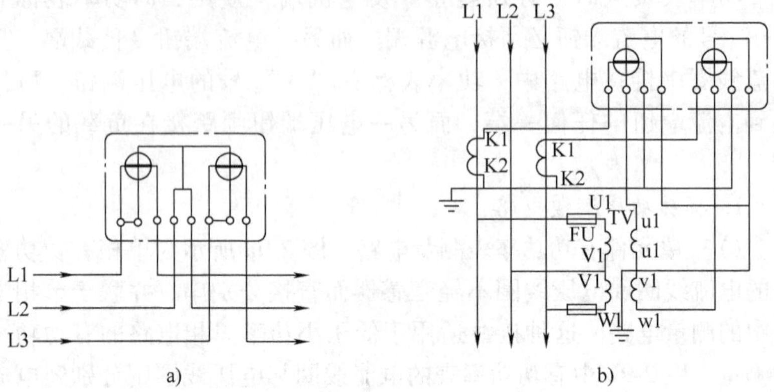

图 2-10　两元件三相有功功率表测量电路

（3）三元件三相有功功率表测量电路　图 2-11a 的三相电源进线分别接在三元件三相有功功率表的电流线圈和电压线圈的并联端子上，负载接在电流线圈的输出端，而三相电压线圈的公共端都接在 N 线上。这种接线方式适用于测量低压小功率的三相四线制电路的有功功率。图 2-11b 中，三相线路上都接有电流互感器，适用于测量低压大功率三相四线制电路。在这种接线中，由于功率表的电压线圈和电流线圈有公共输入端，因此电流互感器的二次侧不能接地或接零。图 2-12 所示的三相线路中接有电流互感器（两相 V 形联结）和电压互感器（两只单相双绕组 V/V 形联结），适用于高压大

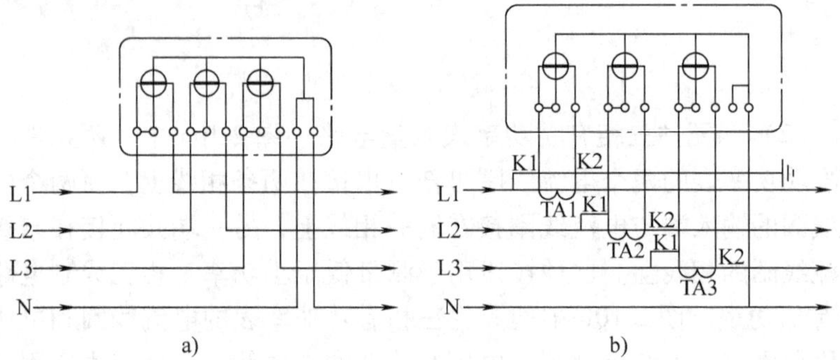

图 2-11　三元件三相有功功率表测量电路（一）

功率的三相三线制电路的测量。

2. 无功功率测量电路

单相和三相无功功率的测量，主要用于并联电力电容器的电路，可分别采用单相和三相无功功率表进行测量。其接线方法与测有功功率的接线相同，区别在于无功功率表的内部接线使电压磁通滞后于电压90°，所以可直接指示无功功率。

无功功率测量电路的常用接线方式如图2-13所示。

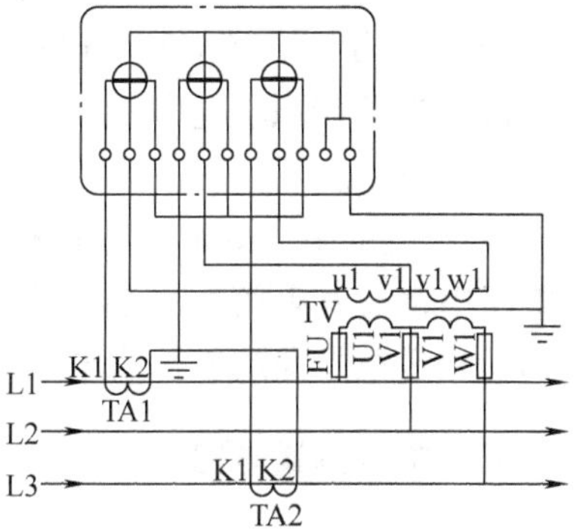

图2-12　三元件三相有功功率表测量电路（二）

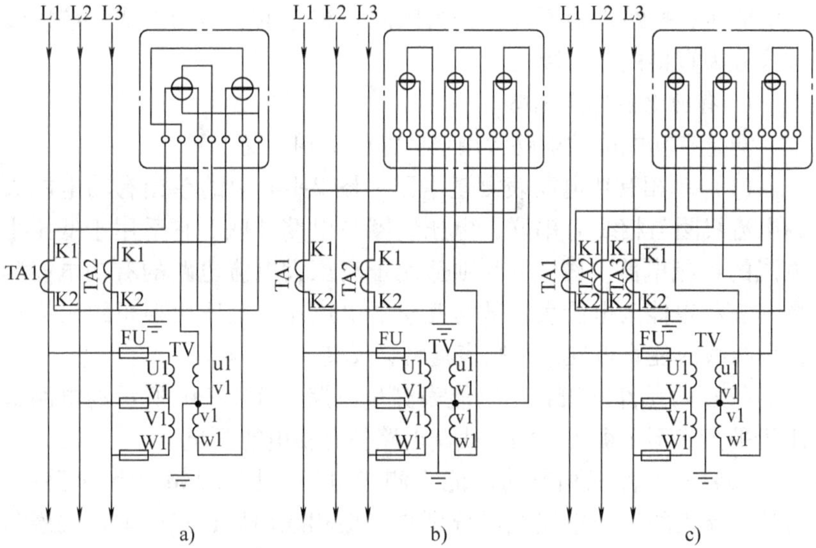

图2-13　无功功率测量电路的常用接线

a）两元件三相无功功率表测量电路　b)、c）三元件三相无功功率表测量电路

（1）两元件三相无功功率表测量电路　图 2-13a 中，两元件三相无功功率表的电流线圈和电压线圈分别与接在三相电路中的电流互感器（两相 V 形联结）和电压互感器（两只单相双绕组 V/V 形联结）的二次侧相联。这种接线适用于高压大电流的三相平衡电路的无功功率测量。

（2）三元件三相无功功率表测量电路　如图 2-13b、c 所示，三相电路中都装有电流互感器和电压互感器，它们分别用于高压大电流的三相负载平衡或不平衡电路无功功率的测量。

五、电能测量电路

测量电能使用电能表，分别用电动系直流电能表测量直流电能，用感应系交流电能表测量交流电能。这里讲述的是交流电能表的测量电路。

交流电能表的分类：按相数不同分为单相和三相；按三相线数不同分为三线和四线；按所反映的电能不同，分为有功电能表和无功电能表；按结构的不同，分为感应式和全电子多功能式；按接线方式分为直接式与间接式。

1. 有功电能测量电路

测量有功电能的电路常用接线如图 2-14 所示。

（1）单相有功电能表测量电路　图 2-14a 中的单相有功电能表的电流线圈与相线 L 串联，电压线圈与电路并联。它适用于低压小电流的单相电路。图 2-14b 则适用于高压大电流电路的有功电能测量（三相电能为电能表读数与互感器电流比、电压比乘积的三倍）。这种接线应注意极性，否则表盘将会反转。

（2）两元件三相有功电能表测量电路　图 2-14c 所示的电路适用于平衡或不平衡的三相三线制电路的有功电能测量。

（3）三元件三相有功电能表测量电路　图 2-14d 所示电路中，有功电能表的三个电流线圈分别与三根相线串联，三个电压线圈与三根相线并联，公共线接 N 线。它适用于平衡或不平衡的三相四线制低压小电流电路。

图 2-14c、d 中接入电压互感器和电流互感器时，可用于测量高电压大电流电路的有功电能。

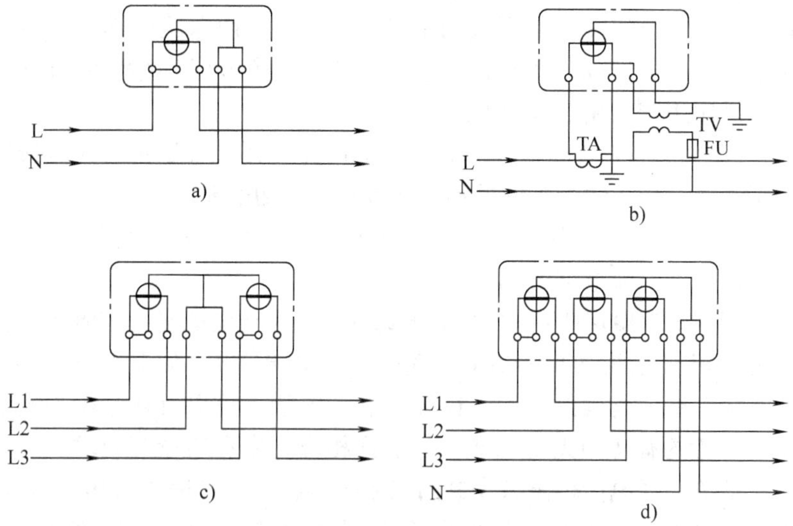

图 2-14　有功功率测量电路接线

a）单相有功电能表测量电路（直接式）　b）单相有功电能表测量电路（间接式）
c）两元件三相有功电能表测量电路　d）三元件三相有功电能表测量电路

2. 无功电能测量电路

测量无功电能的电路接线如图 2-15 所示。

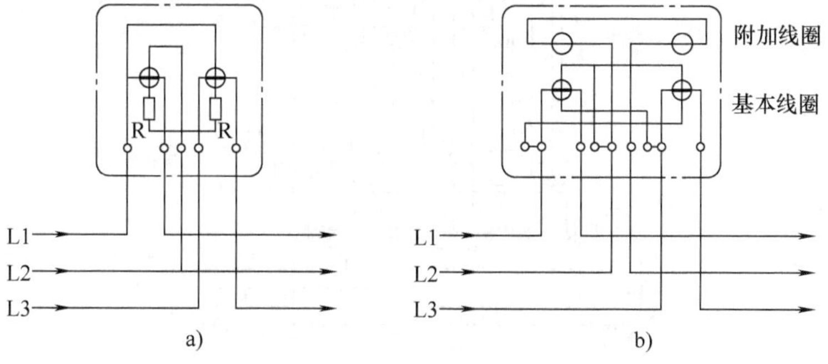

图 2-15　无功电能测量电路接线

a）移相 60°型无功电能表测量电路　b）两元件三相无功电能表测量电路

（1）移相 60°型无功电能表测量电路　如图 2-15a 所示，在两元件无功电能表的两个电压线圈中串接电阻 R，使电压线圈的电压与流过其中的电流成 60°的相位差，即构成了移相 60°型无功电能表。它广泛应用于三相三线制电路中。

（2）两元件三相无功电能表测量电路　图 2-15b 所示的接线适用于测量三相三线制平衡或不平衡电路的无功电能。

图 2-15 所示测量电路若接入电压互感器和电流互感器，可用于测量高压大电流电路的无功电能。

（3）ZFB405/410 系列全电子式有功、无功电能复合表测量电路

图 2-16 所示为某 6～10kV 线路使用的 ZFB410CT 型全电子式多功能三相三线电能表的接线。这种新型的电能表可以直接精确地测量出每一相的有功和无功电能，并依据相应费率和需量等要求进行处理。该静止式电能表配有先进的费率控制模块，仪表集日历、时钟、八个电能费率、八个最大需量费率、数据通信和脉冲输出等功能于一体，是目前国内先进的三相多功能全电子式电能表。

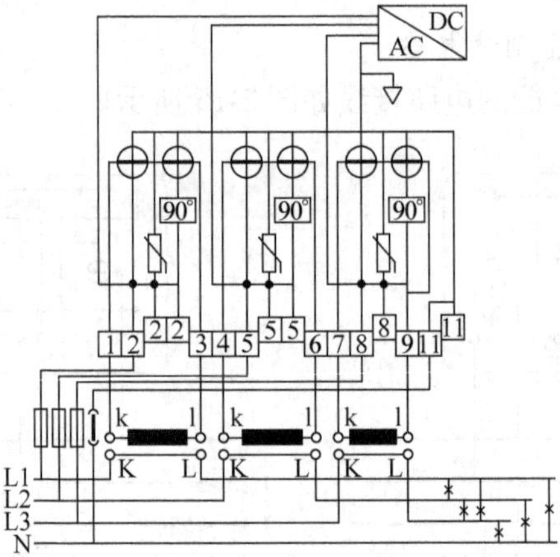

图 2-16　ZFB410CT 型全电子式多功能三相三线电能表的接线

六、功率因数测量电路

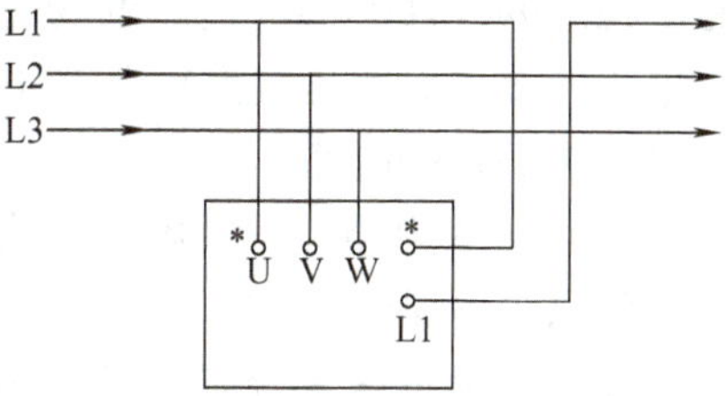

图 2-17 三相功率因数测量电路

为了使工厂或负荷的功率因数达到规定要求，需要进行无功功率补偿，电路中便要测量功率因数。功率因数测量电路的接线方式如图 2-17 所示。这种接线适用于低压小电流电路的测量；若接入互感器，则可用于高压大电流电路功率因数的测量。

第二节 电子电路图

随着电子技术的发展，工业与日常生活中普遍使用各种电子设备。以电子元器件为核心组成的电路称为电子电路。电子电路图与电气线路图有共性的原则，但也有其特殊性，因此掌握其识图方法是十分必要的。本节主要讲解电子电路的方框图、电原理图、印制板图的识读。

一、概述

电子电路的特点是其组成元器件（如电阻、电容、晶体管等）的数量很多，常见电子元器件有电阻、电容、二极管、晶体管、晶闸管、集成电路等，这些电子元器件经过组合形成各种电路，完成相应功能。

1. 基本电子单元电路

（1）整流电路　整流电路是把交流电变为直流电的电路。该电路一般利用具有单向导电特性的器件，把方向和大小交变的交流电变换为脉动直流电。

（2）滤波电路　滤波电路是把脉动的直流电变成波形平滑直流电的电路。滤波的任务是把整流输出电压中的波动成分尽可能地减小，并改造成接近恒稳的直流电。

（3）稳压电路　交流电经过整流可以变成直流电，但其电压仍是不稳定的，其中供电电压的变化或用电电流的变化，都能引起电源电压的波动。稳压电路就是当电网发生波动或变化时，能使直流输出电压稳定的电路。

（4）放大电路　放大电路是指能把微弱的电信号转换为较强电信号的电子电路。

2. 识读电子电路原理图的方法

电子电路原理图又称电原理图，识读电原理图的方法如下：

（1）根据用途，画出为框图　看到一个电子电路原理图后，首先要了解这个电路的用途，然后看一下它是由哪些基本单元电路组成的，再根据这些组成部分把整个电路分成若干部分，把各部分电路及各部分之间的关系用框图的形式表示出来，进而通过框图对电路进行粗略的分析，达到理解整个原理的目的。

（2）从头尾入手，分析输入输出关系　从头尾入手是指要抓住两头，即抓住被分析电路的输入、输出，分析输入信号和输出信号电路间的关系。

（3）以信号流动方向为线索，抓住重点元器件入手分析　重点元器件主要是指晶体管、集成电路等，以这些重点元器件为中心，分析这些元器件在整个电路中的作用，看其构成了什么基本单元电路，哪些元器件是属于这个基本单元电路的。分析电路时，要以信号流动方向为线索，逐级分析信号的传递及变换过程。

3. 识读印制板图的基本方法

印制板图是根据电原理图绘制出的用以制造印制板的图形。印制板图需要根据各元器件的实际方向、位置、体积大小绘制。印刷板图不像电子电路原理图中元器件的排列那样有规律，所以读起来不如电子电路原理图那么方便。印制板图的识读方法如下：

（1）从重点元器件开始读图　重点元器件是指集成电路、晶体管、开关件等元器件，以这些元器件为读图开端，看这些元器件周围连接了哪些电阻、电容、电感等附属元器件，附属元器件起何作用。

（2）找准电源和地线　大面积铜箔是地线，且电路板上的地线一般是相通的。开关件的金属外壳、导线的屏蔽层也是地线。

（3）确定一个读图方向，根据一些基本单元电路的特点来读图　识读印制电路图一般要先确定一个方向，根据一些基本单元电路的特点，逐步依次仔细识读。比如识读到输出变压器，那么附近的晶体管是功放管；识读到振荡电路中振荡线圈，那么附近的晶体管是振荡管。

在识读印制板图时，有时应该注意的是，要将比较复杂、一时难以看懂的印制电路画成原理图，这样有助于读图。

二、电子电路框图

图2-18 所示为某彩色电视机的框图，由图可看出，该彩色电视机由预选器、调谐器、图像中放、伴音中放、解码、扫描、伴音低放、末级视放、帧输出、行推动、行输出、显像管等部分组成。该框图有三个特点：一是框图中所代表的内容都是以文字符号来注解的，而且各框外都不标项目代号；二是框可以多层排列，布局匀称；三是框图中信号流向是自左向右，而反馈信号是自右向左的。

图 2-19 所示的框图是某调频多工广播装置框图，由框图可知该装置包括低通滤波器、压缩器、失真校正器、分频器、调频器、放大器等部分组成。该框图的特点是框图符号全部采用《电气图用图形符号》中的符号。

图 2-20 所示为 MCS-51 系列单片微型计算机框图，由图中可知，该机型由 8031 单片机、74LS373 地址锁存器芯片、2716 程序存储器等组成。地址总线和数据总线以空心粗箭头绘制，表明地址线和数据线是总线结构，而单根控制线仍用一根细实线表示，在计算机行业这是一种习惯画法。

三、电子电路原理图

电子电路原理图是表示其工作原理和电子元器件连接关系的简图，在很多场合下一张电子电路原理图就可以作为完整的电气技术文件，而其他图样却无这种作用。

在识读电子电路原理图时要熟悉以下几点绘制原则：

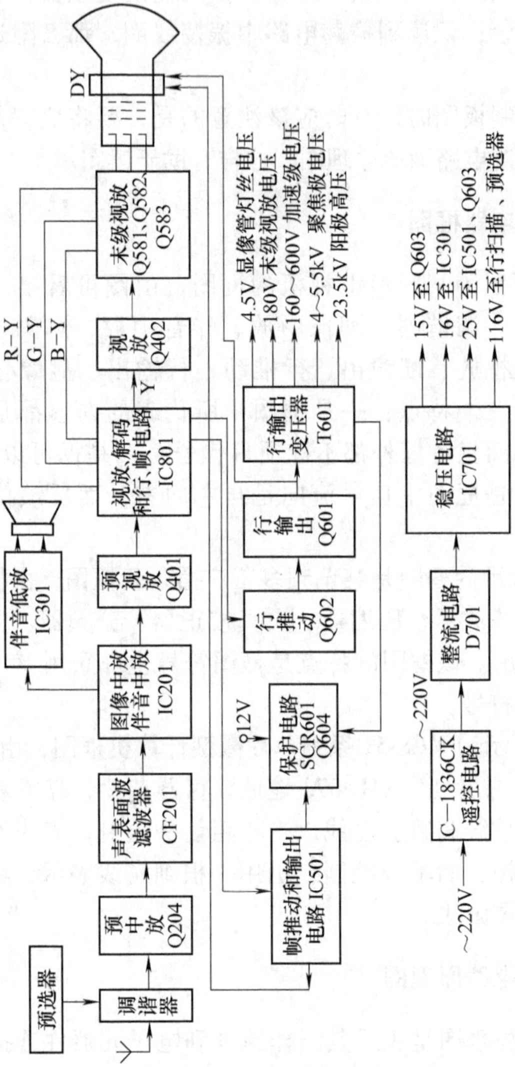

图2-18 某彩色电视机的框图

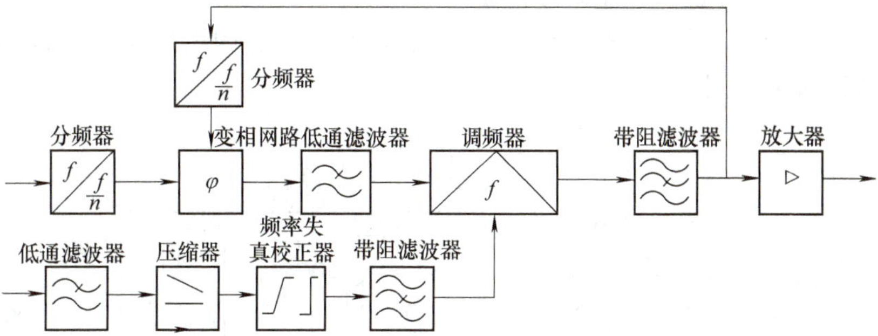

图 2-19　某调频多工广播装置框图

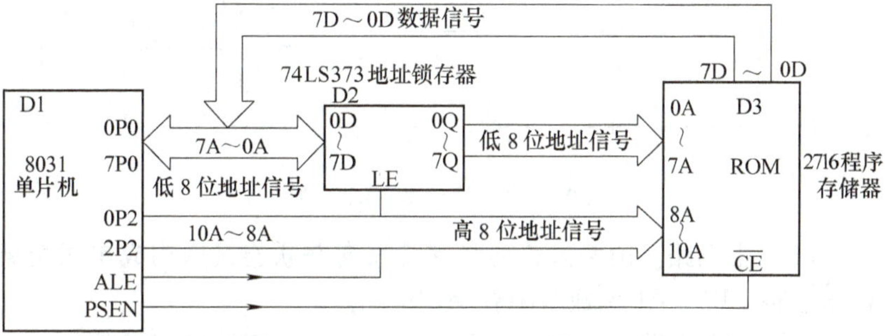

图 2-20　MCS-51 系列单片微型计算机框图

1）图上的每个图形符号常标注有相应的项目代号，且相同元器件按顺序编号，如 V1、V2、V3、R1、R2 等，但均省去了项目代号的前缀符号。

2）图上标注有电子元器件的型号、参数或测试点的波形图、对地电压值等。

3）集成电路常以实线方框表示并标注引脚号或用图形符号注释，若有特殊需要，在电路图空白处提供集成电路外形图和引脚顺序号。

4）集成门电路、触发器以其逻辑图符号画出。

下面以晶闸管炉温自动调节电路和晶闸管直流电动机调速装置电路为例，识读电子电路原理图。

1. 晶闸管炉温自动调节电路

图 2-21 所示为晶闸管炉温自动调节电路 。因电炉是电阻性负载，故在图中以 R_L 表示。

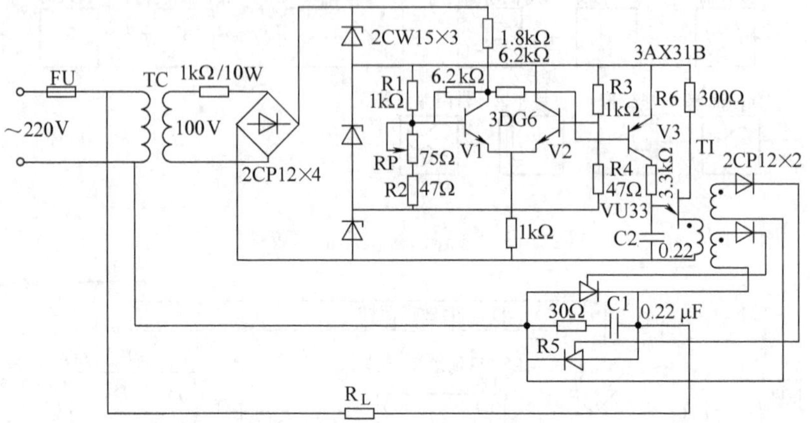

图 2-21　晶闸管炉温自动调节电路

（1）主电路　由两只普通晶闸管反向并联连接后构成单相交流调压电路，R5、C1 构成了阻容保护电路。

（2）控制电路　控制变压器 TC 二次侧交流电经四只整流二极管组成的整流桥整流，再经稳压管稳压，提供给调节电路直流电源。V1、V2 组成差动放大器，R1、R2、R3、R4 构成 V1、V2 分压式偏置电路，同时这四只电阻又是温度测量桥的四个桥臂。R4 是铂电阻，其阻值随温度升高而增大，随温度降低而减小，它是置于电炉中的测温元件。单结晶体管 VU33、V3、C2、R6、TI 构成晶闸管触发电路。

（3）自动调节过程　调节 RP，即预先设定某炉温值，假设电桥是平衡的。当炉温与设定温度相比偏低时，R4 电阻减小，电桥失去平衡，V2 基极电位下降，集电极电流减小，因而 V1、V2 的基极电位下降，从而使 V1 集电极电流增加，集电极电位下降，使得 V3 发射极电流增加，即对 C2 的充电电流增加，使得触发脉冲相位前移即触发延迟角减小，晶闸管导通角增加，炉温上升。当炉温偏高时，情况正好相反，因此达到了温度自动控制的目的。要改变炉温，只要调节 RP 即可。

2. 晶闸管直流电动机调速装置

SJDI 型晶闸管直流电动机调速装置的主要技术数据如下：电源电压：220V、50Hz 交流电；输出电压：180V 直流电；调速范围：$D=30$，无级调节；转差率：$s \leqslant 5\%$。图 2-22 所示为该装置的原理框图，电路如图 2-23 所示。

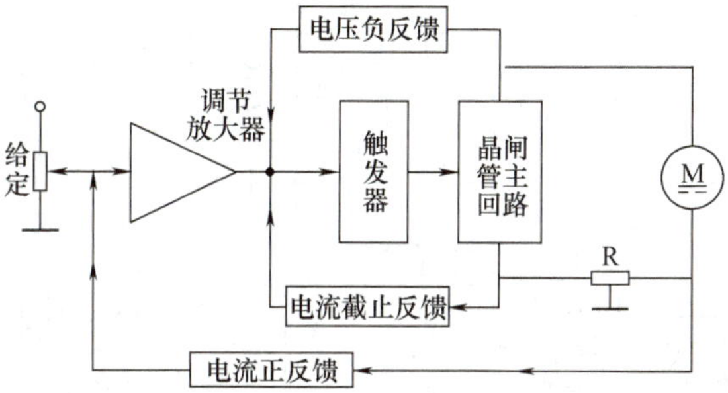

图 2-22 晶闸管直流电动机调速装置的原理框图

（1）主电路 采用 V1、V2、V3、V4 组成的单相半控桥式整流电路得到可调直流电压，供给直流电动机用作电枢电压无级调速。每个整流元件两端均并联阻容电路（如 C13、R25 等），用于整流元件的关断过电压保护；R29、C17 用于可控整流电路交流侧过电压保护；R26、R28、C14、C16 用于整流电路直流侧过电压保护。V10 用于防止半控桥电感性负载时失控，L 是平波电抗器，因整流输出电压和电流是脉动的，为了提高电动机转速的稳定性，减少输出脉动性，在主电路中串入了 L。FU2 用于过电流保护。RP7 并联在电动机两端，用于电压反馈取样。R30、R31 串联在主电路中，用来取得电流反馈信号。

交流电源经 UR1 整流后供给他励直流调速电动机励磁电流。他励直流电动机如果失磁或弱磁，会发生“飞车”，会损坏电动机。该装置在电动机励磁回路接入了欠电流继电器 KUC 用于失磁或弱磁保护。当电动机失磁或弱磁时，KUC 串入控制电路的触点不能吸合，主电路无法起动，从而保证了设备的安全。

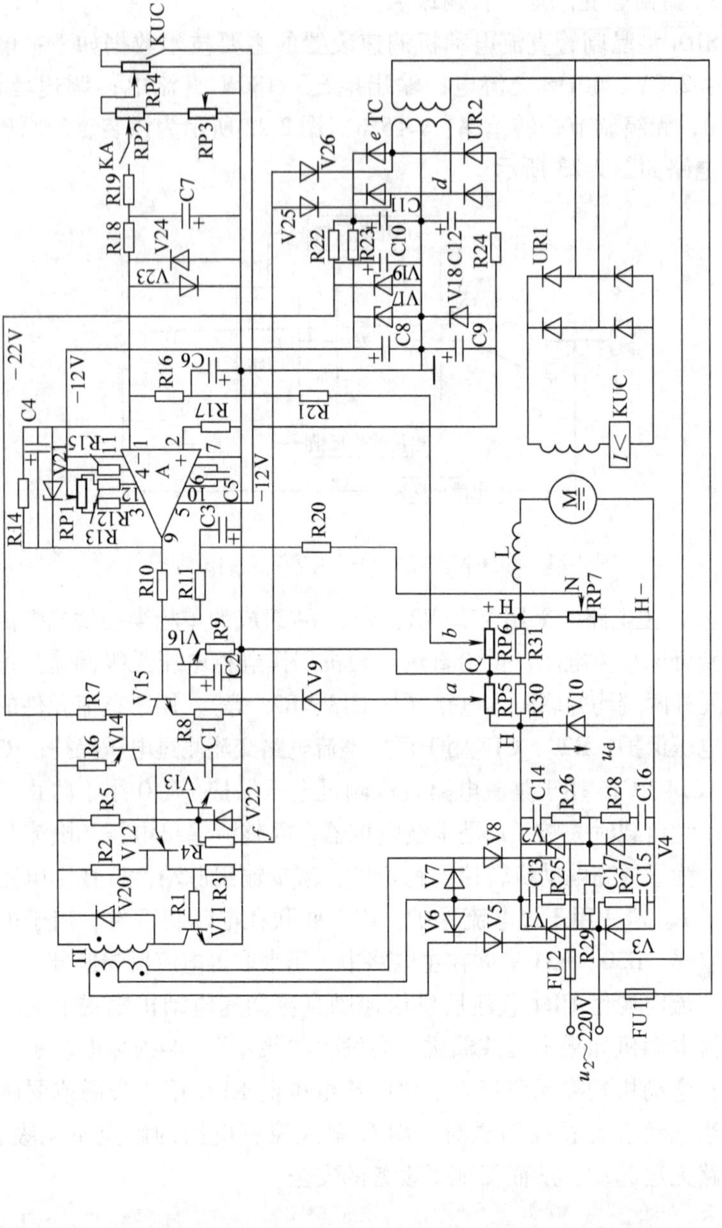

图2-23 晶闸管直流电动机调速装置的电路图

当触发延迟角 φ 从 0°～180°变化时，整流输出平均电压 U_d 从 $0.9U_2$～0 变化，U_d 的计算公式为

$$U_d = 0.9U_2 \frac{1+\cos\varphi}{2}$$

式中，U_2 为整流输入交流电压有效值。

当 $\varphi=0°$、$U_2=220V$ 时，$U_d=198V$。实际上 φ 移不到 0°，且考虑到整流元件压降等因素，在纯电阻负载上，U_d 最大约为 180V。在电动机负载时，考虑到电动机反电动势的作用，空载时 U_d 可上升到 250V 左右。为了保证电动机一定的硬度特性，必须留有 φ_{min}。因此实际使用中的最高电压在电动机空载时约为 220 V，故装置配用的直流电动机额定电压应为 220V。

（2）触发电路　触发电路采用单结晶体管触发电路，控制变压器二次侧交流电源经整流、滤波、稳压后提供控制电路所需的直流电源。电源经 V14 对电容 C1 充电。当充电到 V12 的峰点电压时，V12 导通，C1 经 V12 放电，在 R3 上形成正向尖脉冲，经 V11 放大，由脉冲变压器 TI 输出去触发主电路中两只晶闸管（V1、V2）。触发脉冲的相位由 C1 充电的快慢程度决定。充电电流越大，则 φ 越前移；充电电流越小，则 φ 越后移。正常工作时，充电电流的大小由 V14 的基极电压决定。在触发电路中，V20 是为了保护 V11 而设置的续流通路。V5、V6、V7、V8 用来保护晶闸管 V1、V2 的门极。另外，该触发电路采用了由 V13 及相关元器件组成的外同步电路，实现同步及扩大移相范围。

（3）放大电路　由 A 及相关元件构成前置放大器，V14、V15 等构成主放大器。在前置放大器中，其输入为给定信号、电流反馈信号的叠加。C5 为防振电容；RP1 是平衡电位器；V21 构成输出内限幅电路；C4 是积分电容，作用是提高系统的稳定性，防止负载突变引起的对系统的冲击。V23、V24 构成输入限幅电路，防止放大器的堵塞。R14 是决定放大倍数的反馈电阻，R14 越大，前置放大倍数越大。主放大器的输入信号（即 V15 的基极电压）为前置放大器输出信号与电压反馈信号的叠加。V15 的基极电压越高，则 V14 的集电极电流就越大，即对电容 C1 充电时，C1 上的电压上升得越快，送出触

发脉冲的时刻就越早，整流输出电压就越大，电动机转速就越快。

（4）给定电压　正常工作时，KUC 和 KA 的触点闭合，－12V 稳压电源经 RP4、RP2、RP3 分压后再经 R19、C7、R18 滤波得到给定电压。RP4 是高速上限调节电位器；RP3 是低速下限调节电位器；RP2 供给给定电压用于调速。

（5）电压反馈　当负载增加、电动机端电压下降、转速降低时，与负载并联的 RP7 端点 N 的电位随电枢两端电压的降低而升高。从而使 V15 的基极电压提高，使 φ 前移，整流输出电压提高，电动机转速上升，所以电压反馈为负反馈。调节 RP7 可调节电压负反馈强度。

（6）电流反馈　从 RP5 和 RP6 上分别取得的电流反馈信号从 a、b 两点引出。从 b 点引出的电流反馈信号经 R21、R16 与给定信号叠加。当负载转矩增加时，转速下降，电动机电枢电流增加，b 点的电位较负载增加前低，使前置放大器输入电压信号降低、输出电压增大，φ 前移，整流输出电压提高，转速上升。因此该电流反馈为正反馈。调节 RP6 可调节正反馈强度由 a 点引出的电流反馈信号经 V9 送到 V16 基极，当电枢电流小于电动机额定电流的 1.2 倍，V16 处于截止状态；当电动机过载，电流上升到额定电流的 1.2 倍及以上时，a 点电位上升到足以使 V16 导通（$U \geqslant 1.4V$），这时 V16 对 V15 的输入电流起分流作用，使 C1 充电到 V12 峰点电压的速度减慢，φ 后移，整流输出电压减小，电枢电流下降。特别是电动机处于严重过载或堵转时，电枢电流大增，这时 V16 良好导通，电流被彻底限制（触发脉冲后移或无触发脉冲），起到了保护作用。由分析可知该电流反馈为负反馈，又因为此负反馈只有在电枢电流增大到某一值时才起作用，正常运转时不起作用，故称之为电流截止负反馈。调节 RP5 可调节截止电流值。

综上所述，SJDI 型晶闸管直流电动机调速装置为适配 220V 直流调速电动机的小功率直流调速装置（采用单相半控桥式整流供电），采用了电压负反馈作为电路的主反馈，稳定转速；采用电流正反馈作为补偿控制，减小电枢电阻降压引起的转速降落；采用电流截止负反馈作为限流保护。因采用半控桥式整流供电，因而电动机只能单一方向旋转。若需反转，可以采用接触器控制改变电枢电压极性实现，也可加装能耗制动装置。

四、印制板电路图

电子设备中使用的电子元器件繁多，其连接线复杂。为了提高设备工作的可靠性，缩小设备的体积和便于机械化加工制作与维修，将各种元器件整齐有序地排列在薄型绝缘板（如环氧树脂纤维板）上，各元器件的连接线，尤其是一些公用线，不是采用普通导线，而是采用金属液体，经过化学处理，直接敷涂在绝缘板表面上而形成导电条，用这种方法制成的电路板称为印制电路板，简称印制板。指导这些印制板加工制作、焊接及维修的图样就称为印制板电路图。按照用途的不同，印制板电路图一般有三种：一种是为制作电路板提供拍照制板的图样，称为布线图或黑白图；一种是为装配人员提供的图样，称为装配图；还有一种是为用户维修提供的图样称为混合图，即它把布线图和装配图重合在一起。

1. 印制电路板布线图

印制电路板布线图用来提供印制板的外形尺寸、导电图形的形状、尺寸，安装孔的孔径和定位尺寸及技术要求等内容。

在无特殊说明的情况下，尺寸数字的单位均为毫米（mm），布线图是在模数为 1.25mm 或 2.5mm 的网格中绘制的，这样可省去标注大量尺寸，如图 2-24 所示。各元器件位置用坐标网格确定。由于布线图中对于孔的加工定位十分重要，因此布线图中单个孔的圆心是在网格的交点上：按圆形分布的一组孔，其圆心必在坐标网格的交点上，孔组中至少有一孔的中心位于圆心的同一坐标网格线上；按矩形分布的一组孔，至少有一孔的中心在坐标网格的交点上，而且所有孔都与网格线重合。内部工艺孔尺寸的标注是在主视图的上方用尺寸线法标注，而各孔直径（ϕ）是在图形右侧统一标注的，如图 2-24 中标注的“28—ϕ1.0”表示 28 个直径均为 1mm 的孔。

在布线图中导电图形一般有四种表示方式：双轮廓线；双轮廓线内涂色（连接点不涂色）；双轮廓线内画剖面线（方向须与网络有明显区别）；单线表示（印制导线的宽度小于 1mm 或宽度一致时的表示方法，配注文字说明）。这四种表示方法如图 2-25 所示。

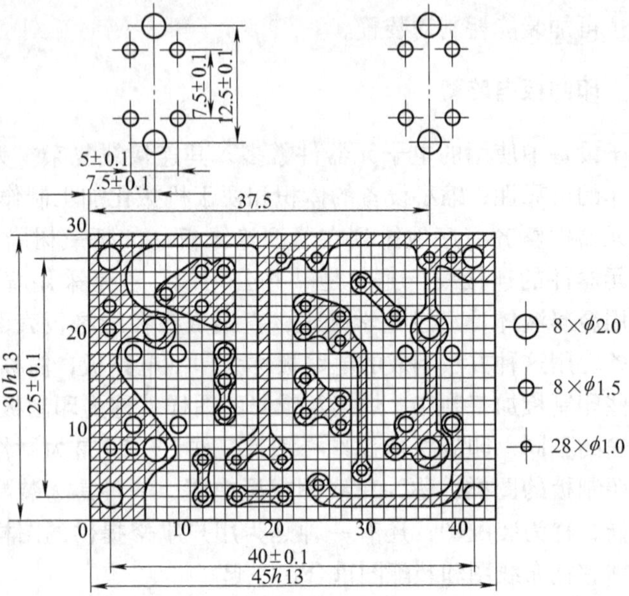

图 2-24　印制电路布线图示例

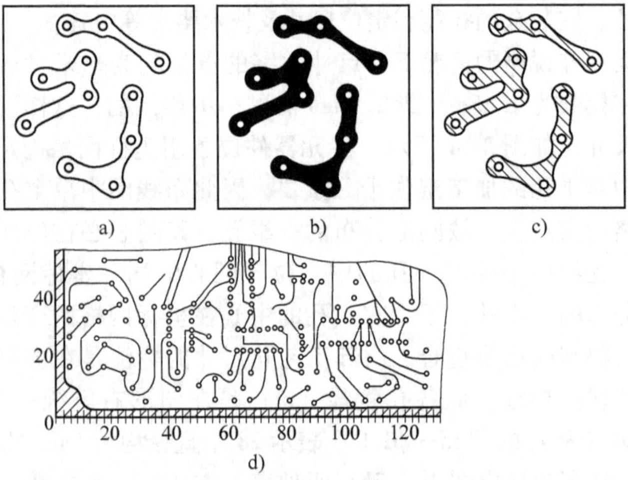

图 2-25　印制电路图形表示方法

a）双轮廓线　b）双轮廓线涂色　c）双轮廓线画剖面线　d）单线

注：1. 4 - ϕ2.5、100 - ϕ0.8。

2. 印制导线宽度为 0.5mm，间距不小于 0.7mm。

2. 印制电路板装配图

表示各种元器件和结构件等与印制板连接关系的简图称为印制板组装件装配图，简称印制板装配图。

在装配图上，元器件、结构件可以用它们的外形表示，也可以用图形、文字符号表示（如 R1、C1、V1等）；图样也可标有必要的外形尺寸、安装尺寸等；各种元器件的极性要在图中标出；装配图中一般不画出导电图形，如果表示反面导电图形时，用虚线和色线画出，如图 2-26 所示。

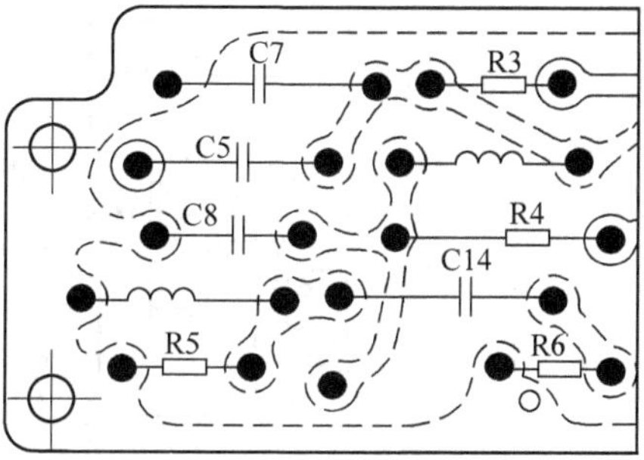

图 2-26 印制电路图形在装配图上的表示方法

装配图中还有一些技术要求和说明，用以指导元器件、结构件的装配和连接。图上的点（·）和数字是定位标志。另外，重复出现的单元图形是可以采用简化方法绘制的，如图 2-27 所示，图上表示了第 2、3 单元和第 1 单元装配完全相同。

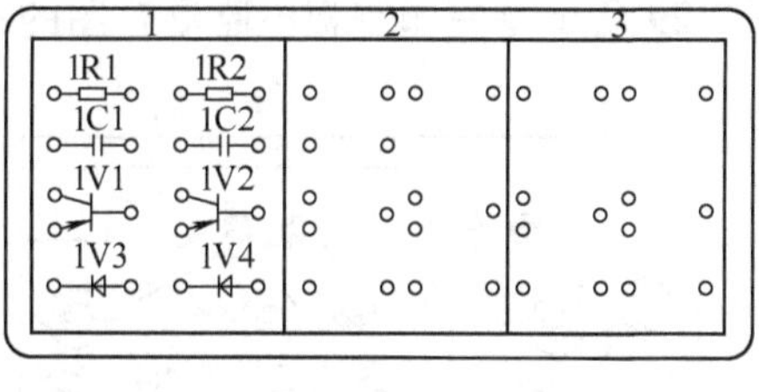

图 2-27 相同装配单元的简单表示方法

图 2-28 所示的某印制板装配图，在图中标出了外轮廓尺寸和四个安装孔尺寸，较复杂的元件“1”采用了简化外形画法并标注了安装要求。电阻、电容、晶体管这些简单的元器件采用图形符号，从图形符号上可以看出安装时的极性。

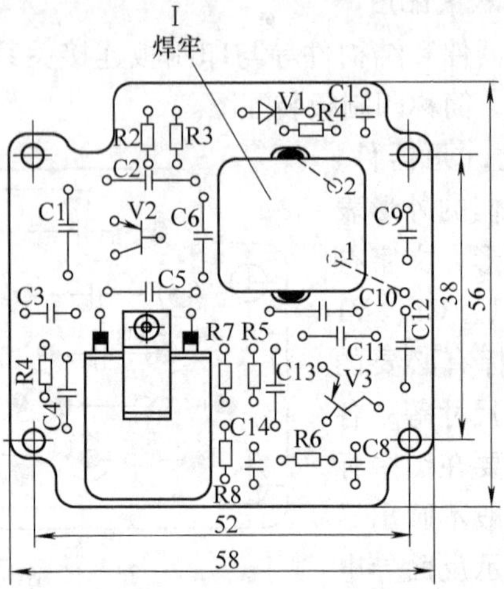

图 2-28　印制电路板装配图

3. 印制板电路混合图

为便于用户维修，在给用户的图样中，除有电路图外，还有印制板电路图，这种图实际上是布线图和装配图的统一，通常是以双色绘制，某一种颜色用以表示印制板的正面，另一种颜色则表示印制板的反面。图 2-29 所示是一印制板电路混合图的示意图。

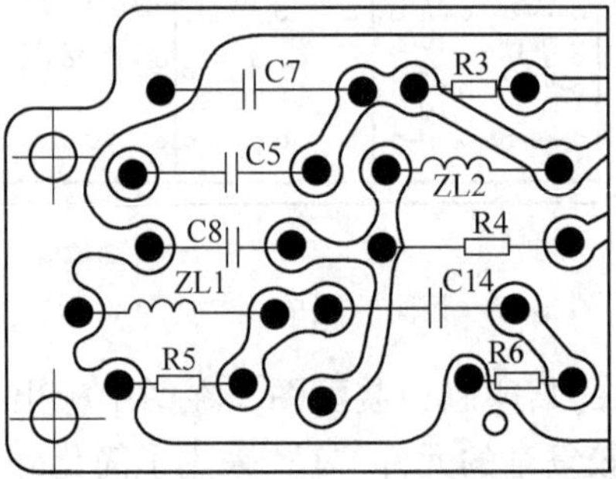

图 2-29　印制电路混合图

复习思考题

1. 电工测量电路有什么作用？
2. 常用电工测量仪表有哪些？各有什么用途？
3. 什么情况下使用或不用电压互感器和电流互感器？
4. 什么是电压互感器的 V/V 形接线和电流互感器的 V 形接线方式？
5. 电压、电流转换开关用在什么场合？
6. 三相三线有功功率、无功功率测量电路有什么异同点？
7. 三相三线有功电能、无功电能测量电路有什么异同点？
8. 三相功率因数测量电路接线时应注意什么问题？为什么？
9. 什么是电子电路图？
10. 电子电路框图的作用是什么？它有几种表现形式？
11. 什么是印制板电路图？它一般由哪几种图形组成？作用分别是什么？
12. 识读和分析电子设备电路图的一般步骤是什么？

第三章

工厂常用电气控制电路图识读

培训学习目标　熟悉电气控制系统原理图的基本组成，掌握电力拖动系统的起动、反向运行、制动、调速和保护等基本控制环节，熟悉工厂常用机床控制电路图。

第一节　工厂常用电气控制电路

工厂电气控制系统中的电气控制电路是由各种电器如接触器、继电器、按钮、开关等组成，这些电器的组合能实现电力拖动系统的起动、制动、反向、调速和保护等功能。在各类工厂中，尽管控制系统中采用许多新技术，但多是由基本电器控制环节组合而成，因此，电气控制设备的读图，只要了解其绘制依据，熟悉电气控制系统图的基本组成，找出其典型电路，然后加以分析研究，就很容易弄清整个电路的工作原理。

一、工厂常用电气控制电路图概述

在工厂电气控制系统中，常见的电气控制图主要有三种形式，即电气原理图、接线图和安装图。

（1）电气原理图　工厂中的电气原理图用来表示机床和其他机械装置的动作原理，不表示电器元件的实际结构尺寸、安装位置和实际的接配线方法。电气原理图能够清晰地反映出控制电器和负载的相互关系，以及电气动作原理。电气原理图是绘制安装接线图的基本依据，在调试和寻找故障时有重要作用。

工厂中的常见机床控制系统，其电气原理图的绘制特点是将主电路和辅助电路分开绘制。一般把交流电源和起拖动作用的电动机之间的电路称为主电路，它由电源开关、熔断器、热继电器的热元件、接触器的主触点、电动机以及其他按要求配置的起动电器等电器元件连接而成。一般，主电路中通过的电流较大，其结构形式和所使用的电器元件大同小异。除了主电路以外的电路称为辅助电路，其主要作用是通过主电路对电动机实施一系列预定的控制。辅助电路的结构和组成元件随控制要求的异同而变化，辅助电路中通过的电流一般较小（在5A以下）。

主电路用粗实线画在辅助电路的左侧或上部，辅助电路用细实线画在主电路的右侧或下部。例如接触器的主触点、热继电器的发热元件画在主电路中，而将接触器的线圈和辅助触点、热继电器的动断触点画在辅助电路中。有时接触器的线圈和辅助触点也可能不画在一起。但是，这些电器元件（如接触器主触点、线圈、辅助触点等）会用同一项目代号标明。因此看图时要注意：无论主电路或辅助电路，凡标有相同代号的就是同一个电器元件。电路图中的开关、接触器和继电器的触点都是按照正常状态，即没有电压或电流以及外力作用的情况绘制的。

（2）接线图　接线图是电气原理图具体的实现形式，可直接用于安装配线，现场中常被称作电气安装接线图。电气安装接线图只表示电器元件的安装位置、实际配线方式，而不明确表示电路原理和电器元件间的控制关系。接线图的特点是所有电气设备和电器元件按其所在的实际位置绘制在图纸上，如接触器或继电器的线圈、主触点和辅助触点是按照实际元器件的结构画在一起的，再用短长线或虚线框起来，这样来表示它们是一个电器元件，图中每个电器元件均用同一代号标注。

（3）安装图　电气安装图用来表示电气设备和电器元件的实际安装位置，是生产机械电气控制设备制造、安装和维修必不可少的技术文件。安装图可集中画在一张图上，或将控制柜、操作台的电器元件布置图分别画出，但图中各电器元件的代号应与有关原理图和元器件清单上的代号相同。在安装图中，机械设备轮廓是用双点划线画出的；所有可见的和需要表达清楚的电器元件及设备，用粗实线绘出其简单的外形轮廓。其中电器元件不需标注尺寸。电气安装图的识读比较简单，图 3-1 所示为某机床的电气安装图。

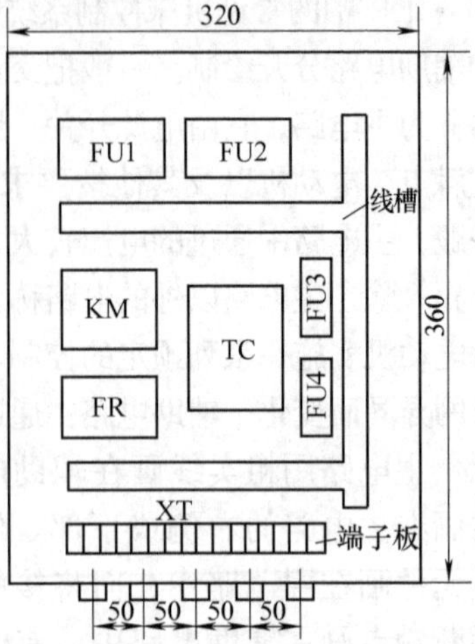

图 3-1 某机床电气安装图

二、工厂常用电路图的规定

1. 电气原理图的电气常态位置

在识读电气原理图时，一定要注意图中所有电器元件的可动部分通常表示的是在电器非激励或不工作时的状态和位置，即常态位置。常见器件的常态位置是：

1）继电器和接触器的线圈处在非激励状态。

2）断路器和隔离开关在断开位置。

3）零位操作的手动控制开关在零位状态，不带零位的手动控制开关在图中规定的位置。

4）机械操作开关和按钮在非工作状态或不受力状态。

5）保护用电器处在设备正常工作状态。

2. 原理图中连接端上的标志和编号

在电气原理图中，三相交流电源的引入线采用 L1、L2、L3 来标记，中性线以 N 表示。电源开关之后的三相交流电源主电路分别按 U、V、W 顺序标志，分级三相交流电源主电路采用文字代号 U、V、W 的前面加阿拉伯数字 1、2、3 等标记，如 1U、1V、1W 及 2U、2V、2W 等。电动机定子三相绕组首端分别用 U、V、W 标记，尾端分别用 U′、V′、W′标记。双绕组的中点则用 U″、V″、W″标记。

3. 控制电路原理图中的其他规定

在设计和施工图中，主电路部分以粗实线绘出，辅助电路则以细实线绘制。完整的电气原理图还应标明主要电器的有关技术参数和用途。例如电动机应标明用途、型号、额定功率、额定电压、额定电流、额定转速等。根据电气原理图的简易或复杂程度，既可完整地画在一起，也可按功能分块绘制，但整个电路的连接端统一用字母、数字加以标志，这样可方便地查找和分析其相互关系。

三、工厂电气原理图的识读

识读电气原理图的一般方法是先看主电路，再看辅助电路，并通过辅助电路来分析主电路的控制程序。

1. 识读主电路的方法步骤

（1）研究受控电器元件或部件　受控电器元件或部件是控制系统的核心器件，识读电气图时首先要看清楚这些器件的类别、用途、接线方式、特殊要求等。以电动机为例，从类别上讲，有交流电动机和直流电动机之分；而交流电动机又有异步电动机和同步电动机之分；异步电动机又分为笼型异步电动机和绕线转子异步电动机。从用途来讲，有的电动机带动机械主轴，有的电动机带动冷却液泵。

（2）研究受控电器元件是怎样控制的　控制电器元件的方法很多，有的直接用开关控制，有的用接触器或继电器控制，有的用各种起动器控制。

（3）研究电源　主要研究电源电压和供电方式，电源电压是380V还是220V；供电方式是交流电还是直流电，交流电一般由母线汇流排或配电柜供电，直流电一般由直流发电机直接供电。

2. 识读辅助电路的方法步骤

（1）研究电源　要搞清楚辅助电路电源的种类是交流电还是直流电，电源是从什么地方接来的以及电压等级。通常辅助电路的电源是从主电路的两根相线上接来的，其电压为380V。如果是从主电路的一根相线和一根中性线上接来的，电压就是单相220V。如果是从控制变压器上接来的，常用电压为36V等。当辅助电源为直流电时，其电压一般为24V、12V、6V等。

（2）看辅助电路是如何控制主电路的　在电路图中，整个辅助电路可以看成是一个大回路，习惯上我们称为二次回路。在这个大回路中又可分成几个具有独立性的小回路。每个小回路控制一个功能动作。当某个小回路形成闭合回路时，控制主电路的电器元件（如接触器或继电器）就有动作，接通或断开。

（3）研究电器元件之间的相互关系和线路走向、作用　电路中电器元件之间的相互关系不仅表现在同一回路中，有时还表现在不同的几个回路中，这就是控制电路中的电气联锁。

图 3-2 所示为某机床电气控制系统的电气原理图。

电源开关	主电动机	冷却泵电动机	控制变压器	主电动机控制	冷却泵电动机控制	照明灯

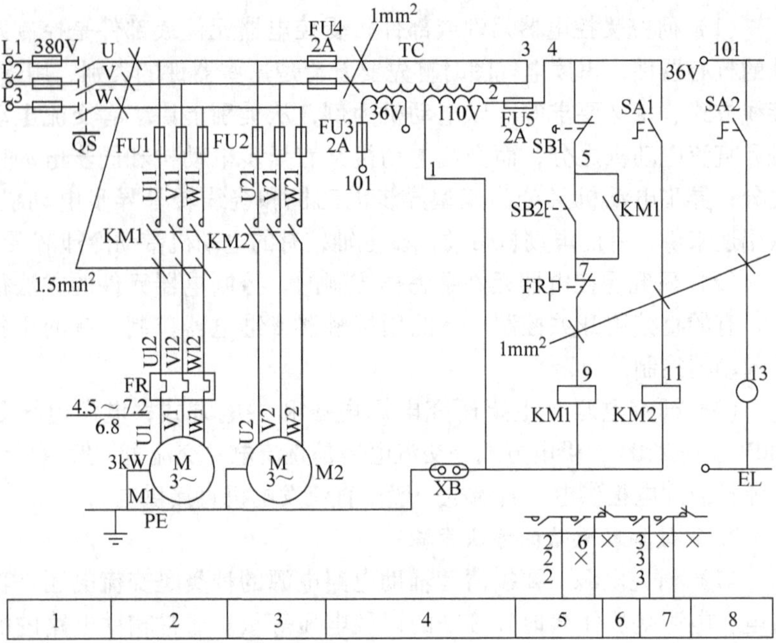

图 3-2　某机床电气控制系统的电气原理图

四、工厂电气接线图的识读

识读电气接线图，一般是先看主电路，再看辅助电路。看主电路是从引入的电源线开始，顺次往下看，直至被控电器元件（如电动机）。主要目的是要弄清用电器设备是怎样获得三相电源的，三相电源线经过了哪些电器元件才到达用电设备，以及为什么要经过这些电器元件。看辅助电路要按每个小回路去看。看每个小回路时，先从电源起始点（相线）去看，看其经过哪些电器元件又回到另一相电源（或中性线）。按

（3）研究电器元件之间的相互关系和线路走向、作用　电路中电器元件之间的相互关系不仅表现在同一回路中，有时还表现在不同的几个回路中，这就是控制电路中的电气联锁。

图 3-2 所示为某机床电气控制系统的电气原理图。

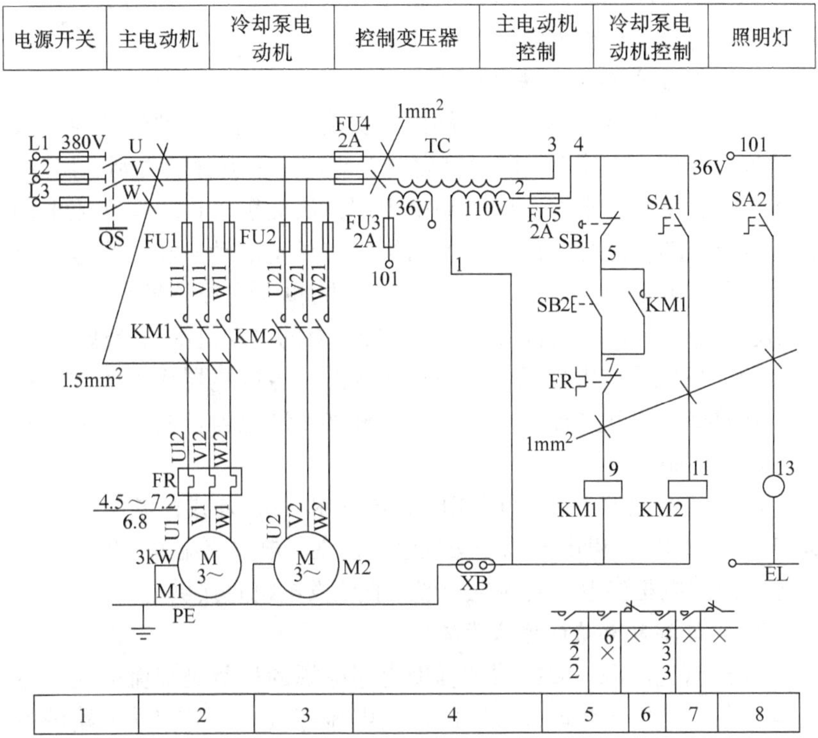

图 3-2　某机床电气控制系统的电气原理图

四、工厂电气接线图的识读

识读电气接线图，一般是先看主电路，再看辅助电路。看主电路是从引入的电源线开始，顺次往下看，直至被控电器元件（如电动机）。主要目的是要弄清用电器设备是怎样获得三相电源的，三相电源线经过了哪些电器元件才到达用电设备，以及为什么要经过这些电器元件。看辅助电路要按每个小回路去看。看每个小回路时，先从电源起始点（相线）去看，看其经过哪些电器元件又回到另一相电源（或中性线）。按整地画在一起，也可按功能分块绘制，但整个电路的连接端统一用字母、数字加以标志，这样可方便地查找和分析其相互关系。

三、工厂电气原理图的识读

识读电气原理图的一般方法是先看主电路，再看辅助电路，并通过辅助电路来分析主电路的控制程序。

1. 识读主电路的方法步骤

（1）研究受控电器元件或部件　受控电器元件或部件是控制系统的核心器件，识读电气图时首先要看清楚这些器件的类别、用途、接线方式、特殊要求等。以电动机为例，从类别上讲，有交流电动机和直流电动机之分；而交流电动机又有异步电动机和同步电动机之分；异步电动机又分为笼型异步电动机和绕线转子异步电动机。从用途来讲，有的电动机带动机械主轴，有的电动机带动冷却液泵。

（2）研究受控电器元件是怎样控制的　控制电器元件的方法很多，有的直接用开关控制，有的用接触器或继电器控制，有的用各种起动器控制。

（3）研究电源　主要研究电源电压和供电方式，电源电压是380V还是220V；供电方式是交流电还是直流电，交流电一般由母线汇流排或配电柜供电，直流电一般由直流发电机直接供电。

2. 识读辅助电路的方法步骤

（1）研究电源　要搞清楚辅助电路电源的种类是交流电还是直流电，电源是从什么地方接来的以及电压等级。通常辅助电路的电源是从主电路的两根相线上接来的，其电压为380V。如果是从主电路的一根相线和一根中性线上接来的，电压就是单相220V。如果是从控制变压器上接来的，常用电压为36V等。当辅助电源为直流电时，其电压一般为24V、12V、6V等。

（2）看辅助电路是如何控制主电路的　在电路图中，整个辅助电路可以看成是一个大回路，习惯上我们称为二次回路。在这个大回路中又可分成几个具有独立性的小回路。每个小回路控制一个功能动作。当某个小回路形成闭合回路时，控制主电路的电器元件（如接触器或继电器）就有动作，接通或断开。

动作顺序对各个小回路逐一分析研究，具体方法如下：

1. 与电路原理图对照着看

虽然接线图是根据电路原理图绘制的，但它并不明显表示电路的工作原理，特别是辅助电路，在接线图上根本分辨不出各个小回路，因此在看接线图时，必须对照电路原理图，搞清楚各个电器元件的作用，主电路和辅助电路各是由哪些元器件组成的，相互之间是如何接线的，它们是怎样完成电气动作的。

2. 根据回路线号了解主电路、辅助电路的走向和连接方法

回路线号是电气设备与电气设备、电器元件与电器元件、导线与导线间的连接标记。连接两个电气设备或电器元件的导线，其两端在图样上具有同一个线号。也就是说，凡是具有同一线号的导线都是同一根导线。线号的作用是：根据线号了解线路走向并进行布线，根据线号了解元器件及电路连接方法；根据线号了解辅助电路是经过哪些电器元件而构成回路的。图 3-3 所示为某电气设备的接线图。

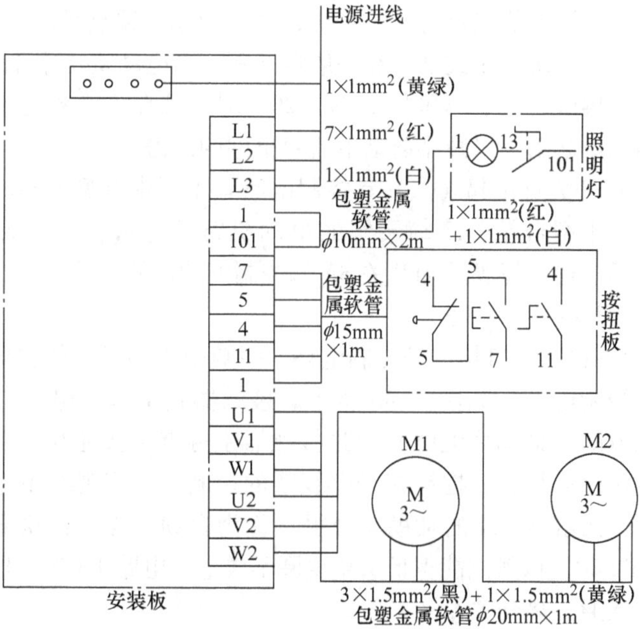

图 3-3　某电气设备的接线图

第二节　电气控制电路图中基本环节的识读

任何复杂的控制系统或电路，都是由一些比较简单的基本控制环节、保护环节根据不同控制要求连接而成，因此掌握和识读这些基本环节电路图非常必要。

一、三相笼型异步电动机控制电路图的识读

三相笼型异步电动机由于其结构简单、坚固耐用、价格便宜、维修方便等，而获得了广泛的应用。下面就三相笼型异步电动机的起动、制动、正反转控制和调速控制图的识读加以详细说明。

1. 笼型异步电动机起动控制电路

笼型异步电动机起动控制电路有直接起动和减压起动两种方式。直接起动控制的优点是电气设备少，电路简单。缺点是起动电流大，易引起供电系统电压波动。在一般情况下，当电动机功率小于10kW或不超过供电变压器容量的15%～20%时，都允许直接起动。否则应采用减压起动，以减小起动电流对电网的冲击。

（1）开关直接起（点）动控制电路　工厂中常见的砂轮机、三相风扇、小型台钻、冷却泵等的电动机常用这种控制电路，如图3-4a所示。通过操纵手动开关SA来控制电动机的起动和停止，熔断器FU起短路保护作用。

（2）接触器直接起动控制电路　一般中小型机床的主电动机采用这种控制电路，如图3-4b所示。接触器直接起动电路分为两部分，主电路（即动力电路）通过接触器主触点的接通与断开，控制电路通过触点组合，控制接触器线圈的通断电，实现对主电路的通断控制。接触器KM的辅助动合触点称为自锁触点，当松开可复位按钮SB2时，该触点能保证KM线圈不失电。电路工作过程如下：

先接通隔离开关QS。

起动：按下SB2，KM线圈得电，KM的动合触点闭合并自锁。

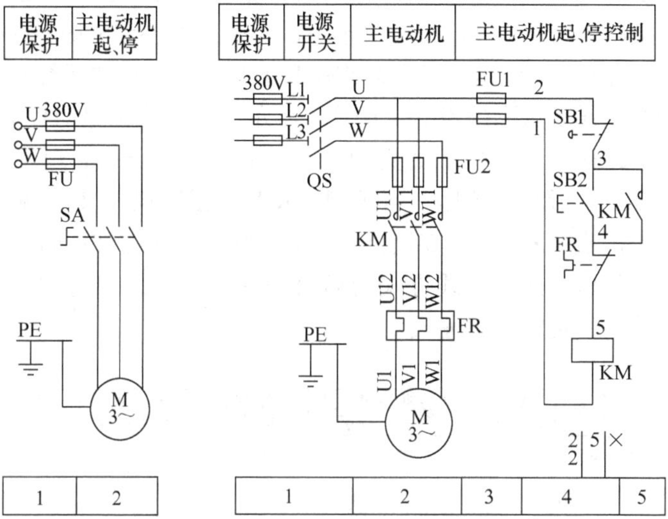

a)　　b)

图 3-4　笼型异步电动机直接起动控制电路

a）开关直接起（点）动控制　b）接触器直接起动控制

同时 KM 的主触点闭合，电动机起动运转。

停止：按下 SB1，KM 线圈失电，自锁解除。同时 KM 主触点断开，电动机自动停转。

当电动机由于过载、缺相运转等故障引起工作电流增大时，经一定的时间，热继电器 FR 的动断触点动作，切断控制电路电源，从而迫使电动机停转，实现电动机的过载保护。FU 仍作为短路保护。

（3）减压起动控制电路　三相笼型异步电动机容量在 10kW 以上且因其他原因不允许直接起动时，应采用减压起动。常用的减压起动方法有Y-△减压起动、定子绕组串电阻或电抗器减压起动或自耦变压器减压起动。

1）Y-△减压起动控制电路。Y-△减压起动是指在电动机起动时，控制定子绕组首先接成星形，至起动即将完成时再换接成三角形进行正常运行的起动方法。用这种方法，在电动机起动时，起动电流仅为直接起动时的1/3，相应的起动转矩亦为直接起动时的1/3，因此，Y-△减压起动仅适用于空载或轻载下起动，且正常运行时电动机定子绕组联结成△形的设备。图 3-5 所示为Y-△减压起动控制电路，图中主电路通过三组接触器主触点的通断配合，分别将电动机的定子绕组接成星形和三角形。当 KM1、KM3 线圈得电，其主触点闭合时，绕组接成星形；当 KM1、KM2 线圈得电，其主触点闭合时，绕组接成三角形。两种换线方式的切换是由控制电路中的时间继电器按时间原则，定时自动完成。

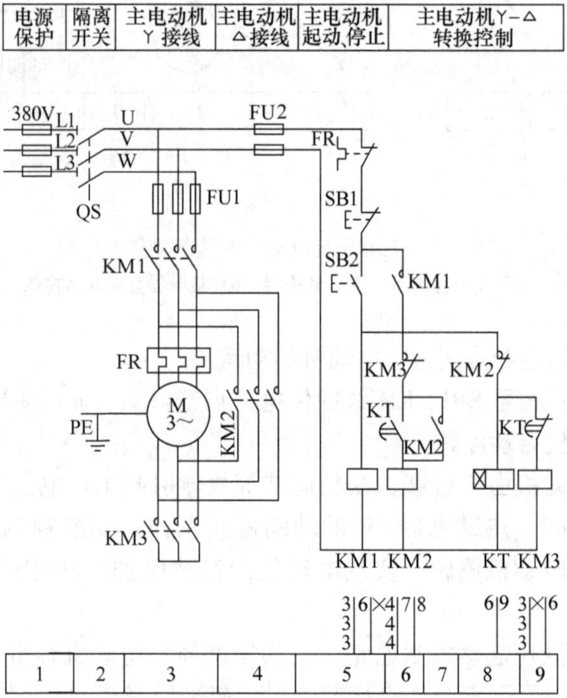

图 3-5　Y-△减压起动控制电路

电路的工作过程如下：

① 起动：

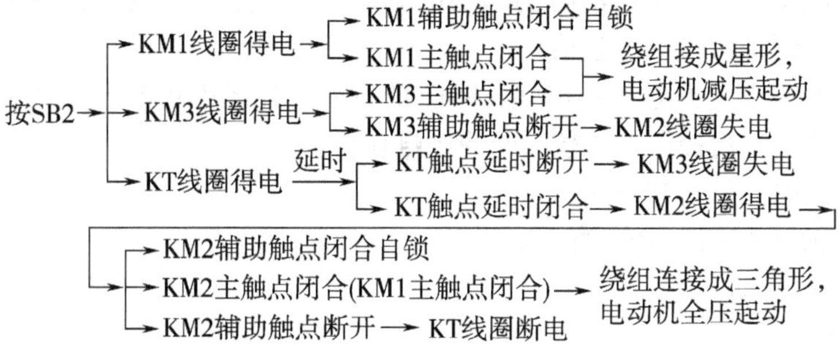

② 停止：按 SB1，控制电路断电，控制电路恢复常态，电动机停止运转。

在电路图中，动断触点 KM2 和 KM3 构成电气联锁，保证电动机绕组只能采用一种形式。

2）定子绕组串电阻减压起动控制电路。电动机三相定子绕组在起动时串接分压电阻，使定子绕组上的压降降低，电动机起动后，再将电阻短接，使电动机在全压下正常运行，这就是定子绕组串电阻减压起动方法，如图 3-6 所示，常用于中小型设备的减压起动和

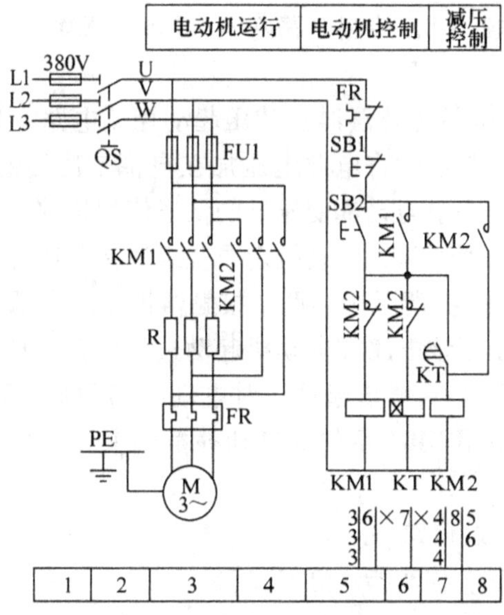

图 3-6　定子绕组串电阻减压起动控制电路

用来限制机床点动调整时的起动电流，对大容量电动机则往往采用串电抗器来实现减压起动。

电路中，主电路由 KM1、KM2 的主触点构成串接电阻和短接电阻控制，并由控制电路按时间原则自动切换。

电路的工作过程如下：

① 先接通电源开关 QS。

② 起动：

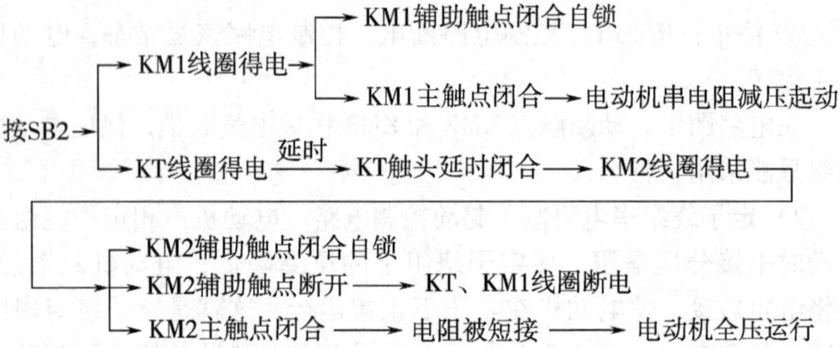

③ 停止：按 SB1，控制电路断电，KM1、KM2 释放，电动机断电停止。

3）自耦变压器（补偿器）减压起动控制电路　自耦变压器减压起动方法是，起动时将电源电压加在自耦变压器的高压绕组上，而电动机的定子绕组与自耦变压器的低压绕组连接。当电动机起动后，将自耦变压器切除，电动机定子绕组直接与电源连接，在全压下正常运行。图 3-7 所示为用两个接触器控制的自耦变压器减压起动控制电路。由于该电路在电动机起动过程中会出现二次浪涌冲击电流，故仅适用于不频繁起动。对电动机容量在 30kW 以下的设备，工厂中常采用 XJ01 系列的自动补偿器来实现减压起动的自动控制。

电路的工作过程如下：

① 接通电源，停车指示灯 HL3 亮。

② 起动：

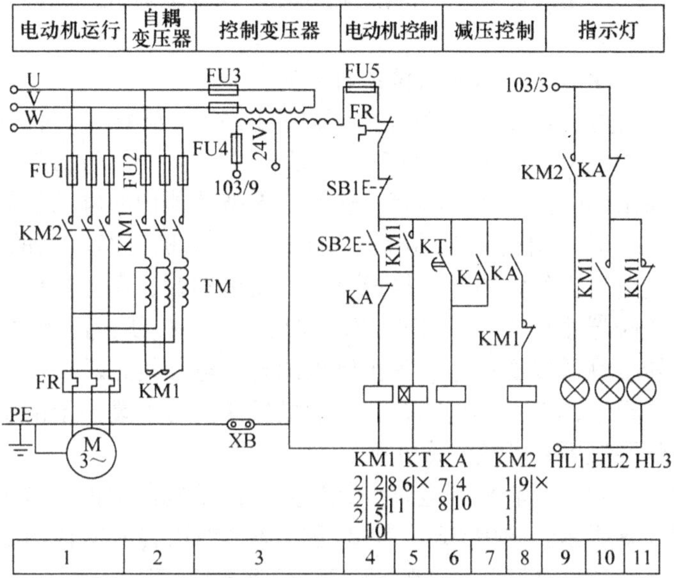

图 3-7　自耦变压器减压起动控制电路

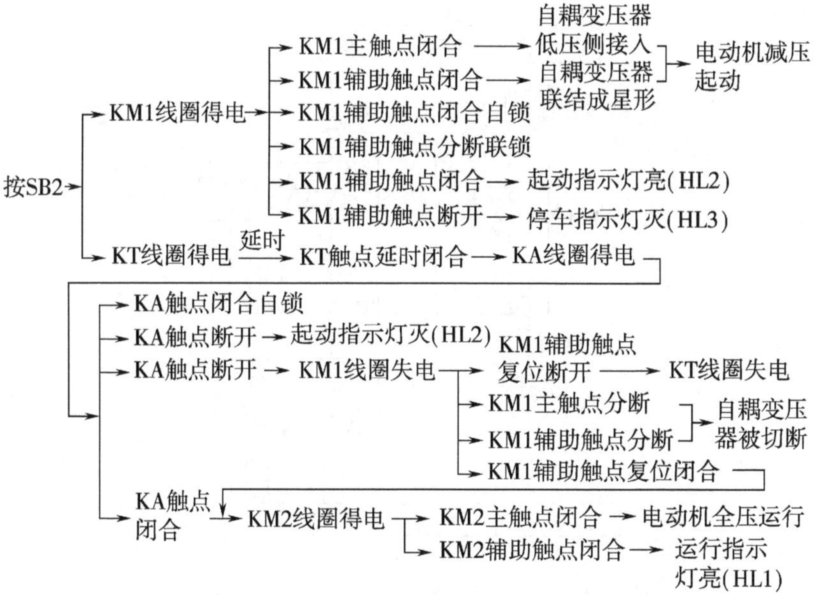

③ 停止：按下 SB1，控制电路断电，所有控制电器恢复常态，电动机停转。

2. 笼型异步电动机正反转控制电路

生产机械往往要求运动部件可以实现正、反两个方向的运动，例如大多数机床主轴的正向和反向转动，机床工作台的前进、后退，起重机械吊钩的上升和下降等，这就要求拖动他们的电动机能作正反向旋转。对三相交流电动机，只要改变电动机三相电源的相序，就能改变电动机的转向。在构成可逆控制电路时，在主电路中，采用两组接触器主触点构成正转相序和反转相序接线；控制电路中，控制正转接触器线圈得电，其主触点闭合，电动机正转，或反转接触器线圈得电，其主触点闭合，电动机反转。再配置一定的机械联锁、电气联锁等，可使电路可靠工作。

（1）典型正反转控制电路　笼型异步电动机典型正反转控制电路如图 3-8 所示。图中 SB1、SB2 是用来实现正转或反转的复合按

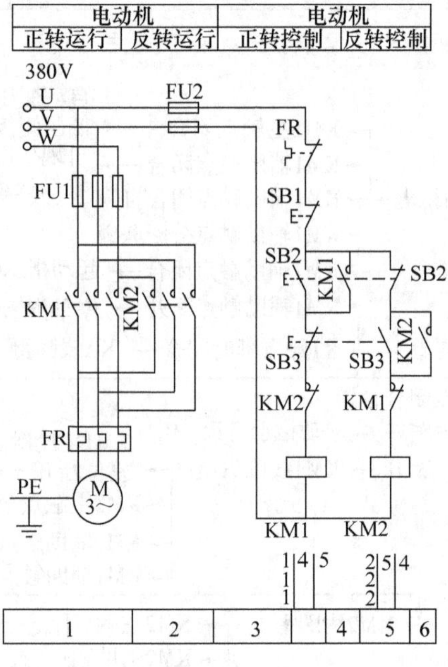

图 3-8　笼型异步电动机典型正反转控制电路

钮，具有机械联锁功能。另外用于正、反转控制的接触器 KM1 和 KM2 的动断触点分别串接在对方的工作线圈里构成电气联锁。电路的工作过程如下：

1）正转：

按SB2 → KM1线圈得电 →
- → KM1辅助触点闭合自锁
- → KM1辅助触点（动断触点）断开，KM2线圈无法通电，联锁
- → KM1主触点闭合 → 电动机正转

2）由正转→反转：

按SB3 → KM1线圈失电 →
- → KM2辅助触点（动断触点）闭合 → KM2线圈得电 →
- → KM2主触点断开

KM2线圈得电 →
- → KM2辅助触点闭合自锁
- → KM2辅助触点（动断触点）断开，使KM1线圈无法得电，联锁
- → KM2主触点闭合 → 电动机反转

3）电动机由停车→反转、由反转→正转控制过程，其原理同上述工作过程。

（2）行程开关控制的正反转控制电路　机械设备中如铣床、刨床的工作台、高炉的加料设备等均需自动往返运行，而自动往返的可逆运行通常是利用行程开关来检测往返运动的相对位置，进而控制电动机的正反转，来实现生产机械的往返运动。

图 3-9 所示为行程开关控制的正反转控制电路，图中 SB1、SB2、SB3 为手动控制按钮，SQ3、SQ4 为限位开关，起限位作用，避免工作台超越允许极限位置，SQ1、SQ2 为反向转正向和正向转反向行程开关。

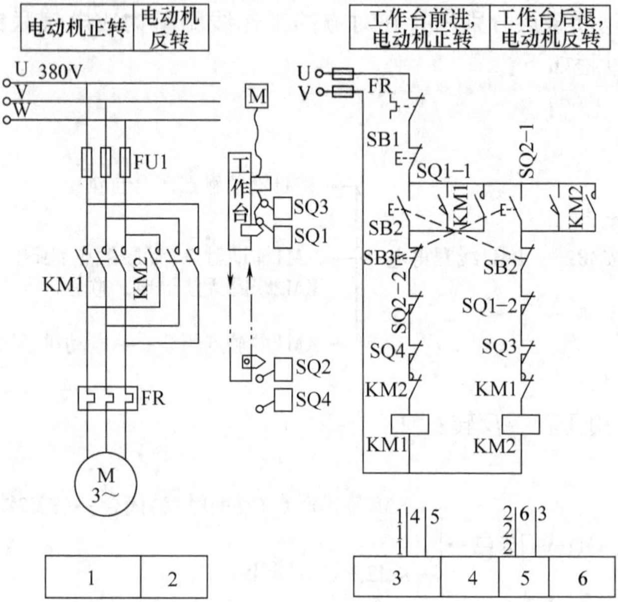

图 3-9　行程开关控制的正反转控制电路

自动往返控制过程如下：

→预置条件（SQ1被压动）

→按SB2→KM1线圈得电→
- →KM1辅助触点闭合自锁
- →KM1辅助触点分断联锁
- →KM1主触点闭合→电动机正转，工作台前移

→SQ2压下→
- →SQ2−2断开→KM1线圈失电
- →SQ2−1闭合→KM2线圈得电

→
- →KM2辅助触点闭合自锁
- →KM2辅助触点分断联锁
- →KM2主触点闭合→电动机反转，工作台后移→原位开关SQ1压下

3. 笼型异步电动机制动控制电路

三相笼型异步电动机从切断电源到完全停止旋转总要经过一段时间（由于惯性作用），影响生产效率，并造成停机位置随机，影响准确定位。为缩短辅助时间，提高生产效率和加工精度，必须对电动机实施制动。常用的电气制动方式有反接制动和能耗制动。

（1）反接制动　所谓反接制动，就是改变通入异步电动机定子绕组中的三相电源相序，使定子绕组产生反向旋转磁场，从而使转子受到与其转向相反的制动转矩而制动停转。图 3-10 所示为反接制动控制电路，图中 KS 为速度继电器，其转子与电动机的轴相连。当电动机转动时，KS 的动合触点闭合。电动机停车或转速接近零时，KS 动合触点打开。KM1、KM2 为电动机正常运转和反接制动接触器，R 为反接制动电阻，其作用是防止反接制动过程中电流过大。

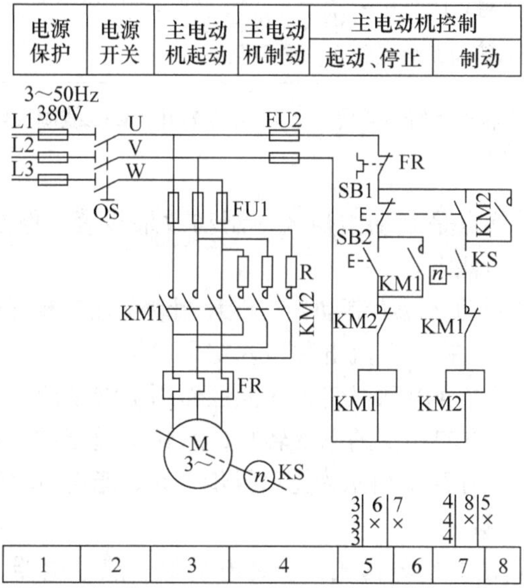

图 3-10　反接制动控制电路

工作过程如下：

1）正常运转：

合上QS → 按下SB2 → KM1线圈得电 →
- → KM1动合辅助触点闭合自锁
- → KM1主触点闭合，电动机开始运转，KS触点闭合
- → KM1动断辅助触点断开，联锁保护

2）制动过程（运转中）：

按下SB1 → KM1线圈失电 →
- → KM1主触点断开 → 电动机脱离三相电源
- → KM1动断辅助触点闭合 → KM2线圈得电 →
  - → KM2动合辅助触点闭合自锁
  - → KM2主触点闭合 → 改变电源相序后，电源接入电动机，进入反接制动 → 电动机转速下降接近零时，KS触点断开，KM2线圈失电，触点动作，反接制动结束
  - → KM2动断辅助触点断开，联锁保护
- → KM1动合辅助触点断开

这种制动优点是制动力矩大，制动效果显著，但在制动时冲击较强烈，能量消耗大。

（2）能耗制动（动力制动）　能耗制动是在三相异步电动机脱离三相交流电源后，将一直流电源接入定子绕组，使定子绕组产生一个恒定的静止磁场，当电动机转子在惯性作用下继续旋转时，在转子中产生一与其旋转方向相反的电磁转矩，对转子起制动作用，将电动机很快制动停车。图 3-11 所示为笼型异步电动机能耗制动控制电路图。

1）电路识读

① 主电路由两部分构成，一是电动机、热继电器、接触器主触点 KM1、熔断器、电源开关及三相电源，这是电动机的运转控制部分。二是电动机、接触器主触点 KM2、桥式整流器、控制变压器等，这是电动机的能耗制动控制部分。

② 辅助电路从 U、V 两相获得电源，经熔断器、热继电器、保

护供给控制电路（KM1、KM2、KT、TC 等电路）。

2）电路工作过程

① 起动过程：合上电源开关 QS，按下起动按钮 SB2，KM1 得电动作，电动机起动运转。KM2 回路因联锁而使 KM2 主触点处于常态。

② 制动过程：图 3-11a 中，当按下复合按钮锁 SB1 时，其动断触点切断 KM1 线圈电源，同时其动合触点将 KM2 线圈电路接通，KM1 和 KM2 主触点使主电路中电动机在断开三相交流电源后接入直流电源进行制动。当松开 SB1 时，KM2 线圈断电，制动停止。而图 3-11b 中，当压下复合按钮 SB1 以后，KM1 线圈失电，KM2 和时间继电器 KT 的线圈得电并自锁，电动机制动，松开 SB1 后，由 KT 的延时动断触点断开 KM2 线圈回路，制动结束，实现了自动控制的能耗制动。

电路图中 RP 的作用是调节制动电流的大小。KT 的动作时间应保证电动机完全停转后切断直流电源。

能耗制动的优点是制动转矩随电动机的惯性转速下降而减小，因而制动平稳。

4. 调速控制电路

图 3-12 所示为双速电动机三角形-双星形调速控制电路图，图中主电路接触器 KM1 的主触点闭合，构成三角形联结，KM2 和 KM3 的主触点闭合构成双星形联结。控制电路有三种，图 3-12a 控制电路由复合按钮 SB2 接通接触器 KM1 的线圈电路，KM1 主触点闭合，电动机低速运行。SB3 接通 KM2 和 KM3 的线圈电路，其主触点闭合，电动机高速运行。为防止两种接线方式同时存在，KM1 和 KM2 的动断触点在控制电路中构成联锁。图 3-12b 控制电路采用选择开关 SA，选择接通 KM1 线圈电路或 KM2、KM3 的线圈电路，即选择低速运行或者高速运行。图 3-12a、b 的控制电路用于小功率电动机，图 3-12c 的控制电路用于较大功率的电动机，选择开关 SA 选择低速运行或高速运行。SA 位于“1”的位置，选择低速运行，接通 KM1 线圈电路，直接起动低速运行；SA 位于“2”的位置，选择高速运行，首先接通 KM1 线圈电路低速起动，然后由时间继电器 KT 切断 KM1 的线圈电路，同时接通 KM2 和 KM3 的线圈电路，电动机的转速自动由

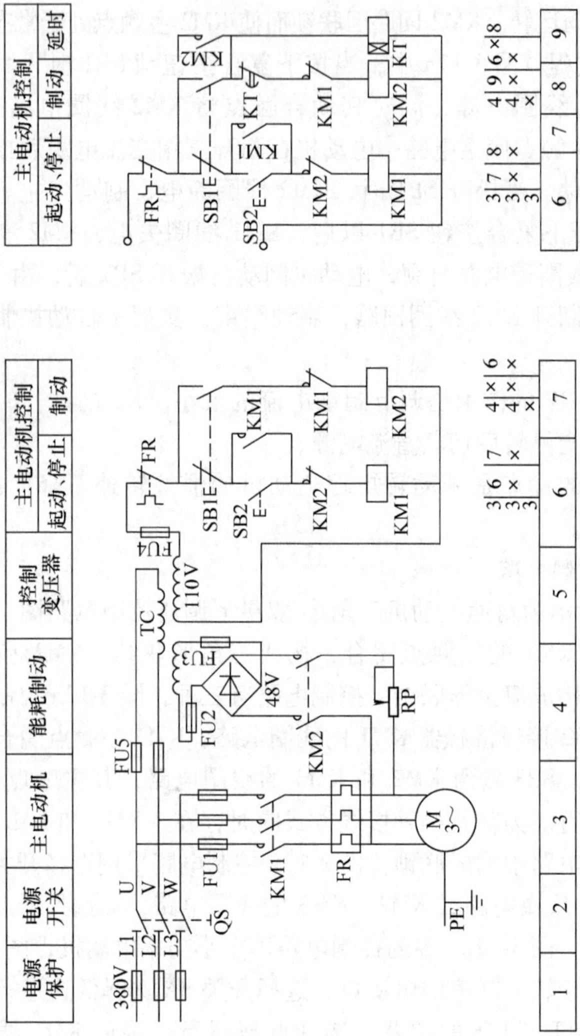

图 3-11 笼型异步电动机能耗制动控制电路

a）复合按钮控制方案 b）时间继电器控制方案

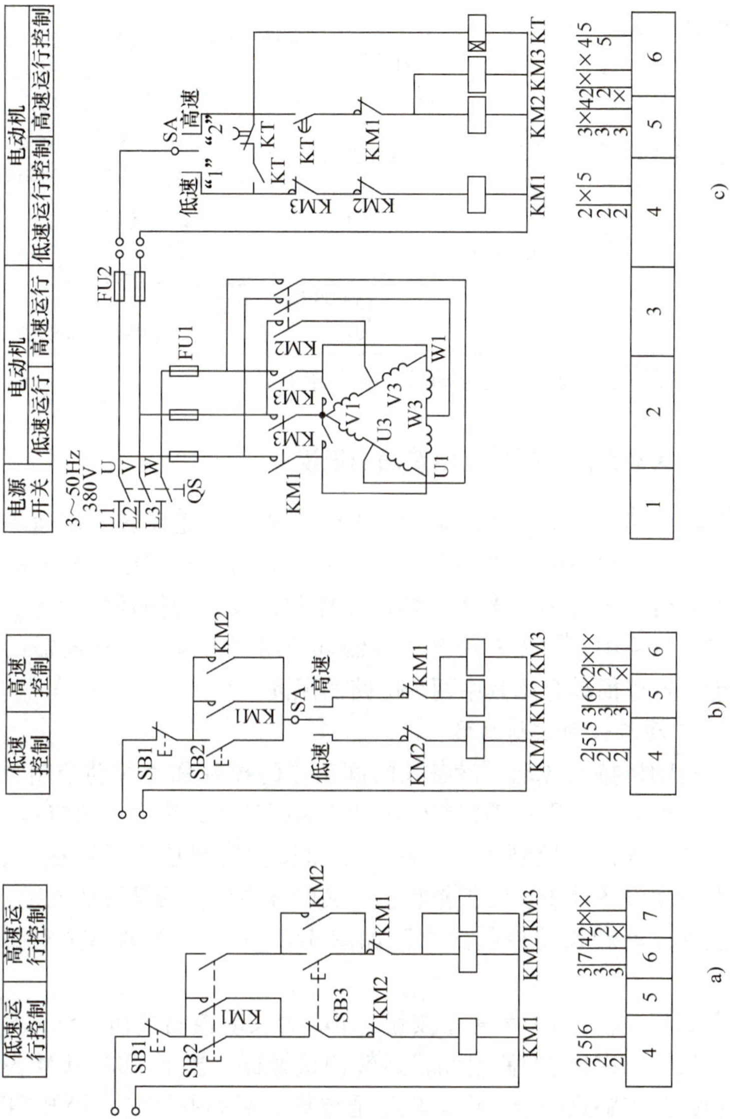

图 3-12　双速电动机三角形-双星形调速控制电路

低速切换到高速。

电路工作过程如下：

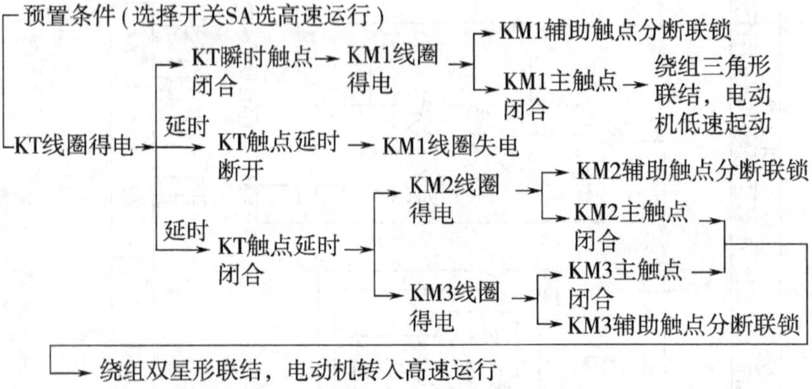

二、其他常用典型控制电路图的识读

实际应用中除了上述对电动机起动、制动和正反转、调速等控制外，还有其他一些控制要求，例如调整时的点动控制、多电动机起动的先后顺序控制、多条件多地点控制以及自动循环控制等。在设备控制电路中，常需多种基本控制环节组合，从而完成所需的控制功能。这里简单介绍其中两个电路的识读。

1. 点动与长动控制电路

使电动机持续转动、设备长时间工作的控制称为长动控制。而在试车调整时，利用手动控制使电动机断续转动，称为点动控制。

一般电气设备控制中，点动控制和长动控制总是联系在一起，这样既可使设备处于正常工作状态，又可方便设备的维修和调整。

实现点动和长动控制的电路如图 3-13 所示（未画出主电路部分）。

图 3-13a 中，SB1 为停止按钮，SB2 为长动控制按钮，SB3 为点动控制按钮。KM 为控制电动机运转的接触器。按下 SB2，KM 得电并自锁，其主触点闭合，电动机接通电源，起动并运转。松开 SB2，因 KM 辅助触点实现了自锁，电动机仍运转。SB1 按下后，KM 断电释放，电动机才停转，从而实现了长动控制。若按下 SB3，KM 线圈

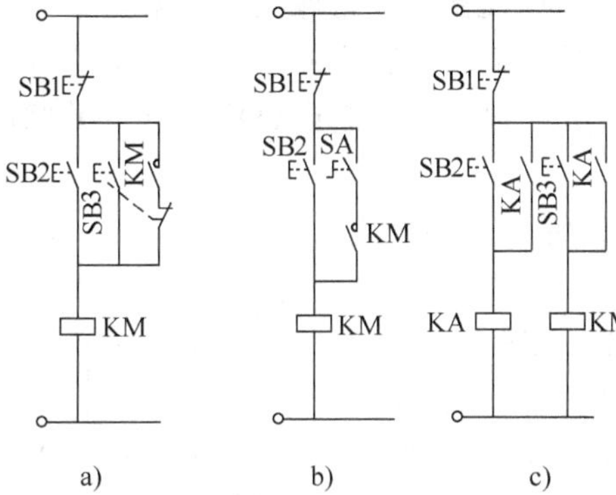

图 3-13　点动与长动控制电路

a）利用按钮控制　b）利用选择开关控制　c）利用中间继电器控制

得电，其主触点闭合，电动机起动运转，因 SB3 是复合按钮，按下时，其动断触点断开，故虽 KM 线圈得电，但并不能自锁，当松开 SB3 时，KM 即断电释放，其主触点断开，电动机停转，实现了点动控制。

图 3-13b 中，SB1 是停止按钮，SA 为选择长动与点动的选择开关。合上选择开关 SA，按下起动按钮 SB2，KM 得电并自锁，其主触点把电动机与电源接通实现长动控制。当断开 SA，按下起动按钮 SB2，KM 线圈得电，但并不能自锁，电动机起动运转。一旦松开 SB2，KM 即断电释放，电动机停转，实现点动控制。

图 3-13c 中，KA 为中间继电器，SB2 为长动控制按钮，SB3 为点动控制按钮。按下 SB2，KA 得电并自锁，其动合触点闭合使 KM 得电动作，电动机接通电源运转，因 KA 已自锁，故松开 SB2，KM 线圈仍得电，电动机仍运转，这样就实现了长动控制。调整时，当按下 SB3，KM 线圈得电，电动机接通电源运转，因 KA 不得电，KM 无法自锁，所以松开 SB3 后，KM 即断电释放，电动机停转，实现了点动控制。

2. 多地点与多条件控制电路

在许多大型设备上，为了操作方便，常要求能在两个或多个地点进行控制；在某些设备上，为保证操作安全，需要满足若干条件以后，设备才能开始工作，这样的控制要求即称为多地点或多条件控制。实现的方法通常是在控制电路中串联或并联电器的动断或动合触点。

图 3-14a、b 所示为多地点与多条件控制电路，图 3-14a 中，按钮 SB2、SB3、SB4 的动合触点并联在一起，实现“或”逻辑关系。按钮 SB1、SB5、SB6 动断触点串联在一起，实现“与”逻辑关系。SB2、SB3、SB4 的任一动合触点闭合，均可使 KM 得电动作，接通电路。SB1、SB5、SB6 中的任一动断触点打开，都能使 KM 断电释放，切断电路。这个电路中可以将起动按钮和停止按钮两个一组分别安装在三个不同的地方。图 3-14b 中，SB4、SB5、SB6 三个起动按钮的动合触点串联在一起，实现“与”逻辑关系，停止按钮 SB1、SB2、SB3 的动断触点并联在一起，实现“或”逻辑关系。因此只有 SB4、SB5、SB6 的动合触点全部闭合，KM 线圈才能得电并依靠其辅助动合触点构成自锁，从而接通电路。同样，要使 KM 线圈失电，切断电路的条件是 SB1、SB2、SB3 的所有动断触点全部打开，像这样的控制就是多条件控制。

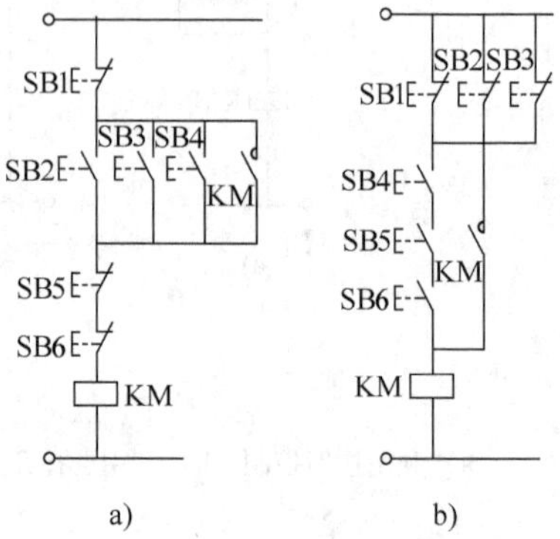

图 3-14　多地点和多条件控制电路
a）多地点控制　b）多条件控制

第三节　常用机床控制电路

前面已对常用控制电器与继电器、接触器控制的基本环节进行了读图分析，本节将学习工厂常用机床控制电路，进一步学会阅读与分析工厂电气设备控制电路的方法；加深对典型控制环节的理解；为生产机械电气电路的安装、调整、维修打下一定基础。

学习本节时首先要了解典型生产机械的基本结构和运动情况，按照“化整为零”的方法，把整个控制系统分解成若干个基本控制电路，逐一进行分析，由此总结归纳出生产机械的电气控制规律，达到举一反三的目的。

一、车床电气控制电路

车床是一种应用最为广泛的金属切削机床，它能够切削各种工件的外圆、内圆、平面以及攻螺纹，也可以用钻头、铰刀等进行加工。这里以C650型卧式车床为例，介绍车床电路的识读方法。

1. 了解控制要求

C650型卧式车床属于中型车床，可加工的最大工件回转直径为1020mm，最大工件长度为3000mm。车床的主轴由床身上的主轴电动机拖动旋转，带动装夹在其端头的工件转动；刀具安装在刀架上，与床鞍一起随溜板箱沿主轴轴线方向实现进给移动，主轴的转动和溜板箱的移动均由主轴电动机驱动。由于加工的工件比较大，加工时工件的转动惯量也比较大，需停车时不易立即停止，必须有停车制动装置。在加工过程中，还需提供切削液，并且为减轻工人劳动强度和节省辅助工作时间，要求带动刀架移动的溜板箱能快速移动。

C650型卧式车床采用三台电动机控制（见图3-15）。其中M1为主轴电动机，完成主轴运动和刀具进给运动的驱动；该电动机采用直接起动方式，能正反两个方向旋转，并能正反两方向制动；为加工调整方便，该车床还具有点动功能。冷却泵电动机M2，在加工时提供切削液，采用直接起停方式，并且为连续工作状态。快速移动电动机M3完成刀架溜板箱快速移动的驱动，可随时手动控制起停。

2. C650型卧式车床控制电路分析

C650型卧式车床的电气控制系统电路如图3-15所示，使用的电器元件符号与功能说明见表3-1。

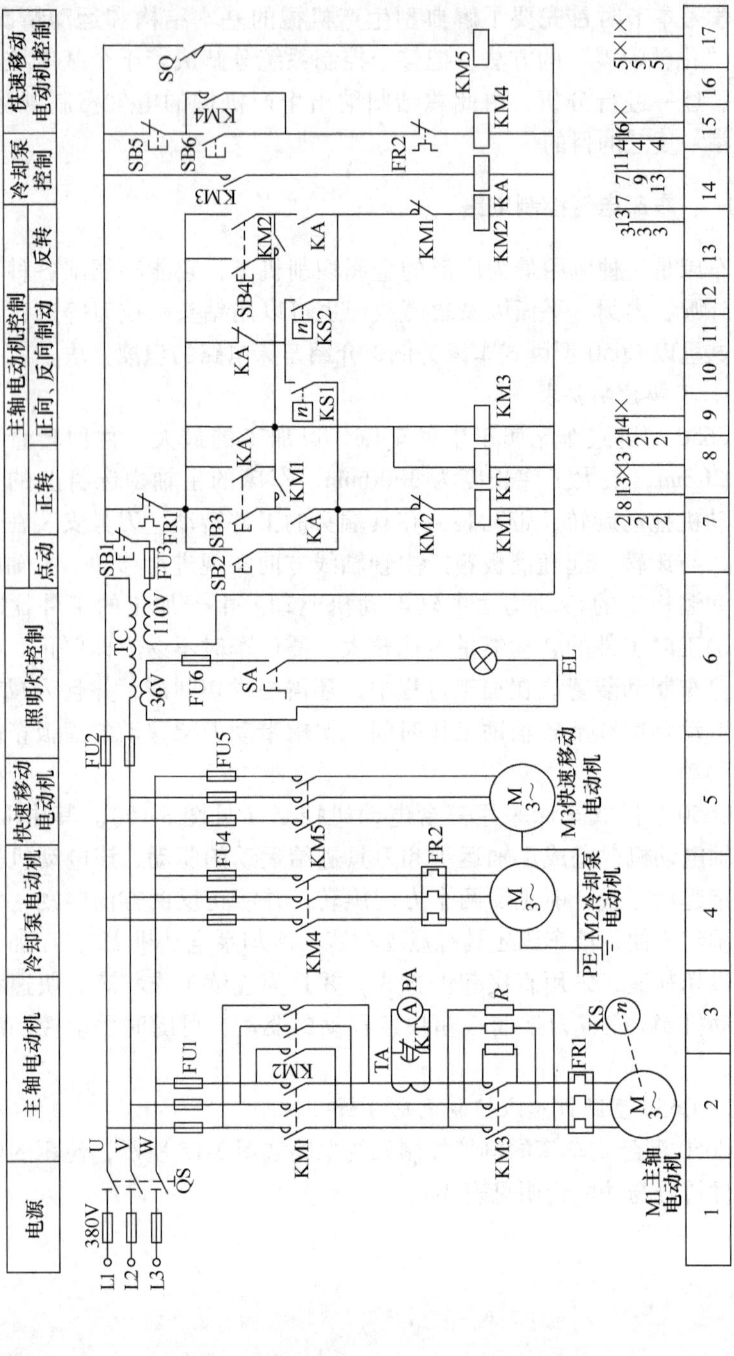

图 3-15　C650型卧式车床控制电路

表 3-1 电器元件符号及功能

符 号	名称及用途	符 号	名称及用途
M1	主轴电动机	SB1	总停按钮
M2	冷却泵电动机	SB2	主轴电动机正向点动按钮
M3	快速移动电动机	SB3	主轴电动机正转按钮
KM1	主轴电动机正转接触器	SB4	主轴电动机反转按钮
KM2	主轴电动机反转接触器	SB5	冷却泵电动机停转按钮
KM3	短接限流电阻接触器	SB6	冷却泵电动机起动按钮
KM4	冷却泵电动机起动接触器	TC	控制变压器
KM5	快速移动电动机起动接触器	FU1-6	熔断器
KA	中间继电器	FR1	主轴电动机过载保护热继电器
KT	通电延时时间继电器	FR2	冷却泵电动机保护热继电器
SQ	快速移动电动机点动行程开关	*R*	限流电阻
SA	开关	EL	照明灯
KS	速度继电器	TA	电流互感器
PA	电流表	QS	隔离开关

（1）主电路分析 图 3-15 所示的主电路中有三台电动机的驱动电路，隔离开关 QS 将三相电源引入，电动机 M1 电路接线分为三部分，第一部分由正转控制交流接触器 KM1 和反转控制交流接触器 KM2 的两组主触点构成电动机的正反转电路。第二部分为电流表 PA 经电流互感器 TA 接在主电动机 M1 的动力电路上，以监视电动机绕组工作时的电流变化。为防止电流表被起动电流冲击而损坏，利用时间继电器 KT 的动断触点，在起动的短时间内将电流表暂时短路。第三部分为串联限流电阻控制部分，交流接触器 KM3 的主触点控制限流电阻 R 的接入和切除。在进行点动调整时，为防止连续的起动电流造成电动机过载，串接限流电阻 R，以保证电路设备正常工作。速度继电器 KS 的速度检测部分与电动机的主轴同轴相连，在停车制动过程中，当主轴电动机转速为零时，其动合触点可将控制电路中反接制动相应电路切断，完成停车制动。

电动机 M2 由交流接触器 KM4 的主触点控制其动力电路的接通与断开，电动机 M3 由交流接触器 KM5 控制。

为保证主电路的正常运行，主电路中还设置了采用熔断器的短路保护环节和采用热继电器的电动机过载保护环节。

（2）控制电路分析　控制电路可划分为主轴电动机 M1 的控制电路和电动机 M2 与 M3 的控制电路两部分。由于主轴电动机控制电路部分较复杂，因而还可以进一步将主轴电动机控制电路划分为正反转起动和点动控制电路与停车制动控制电路，如图 3-16 所示。下面对各部分控制电路逐一进行分析。

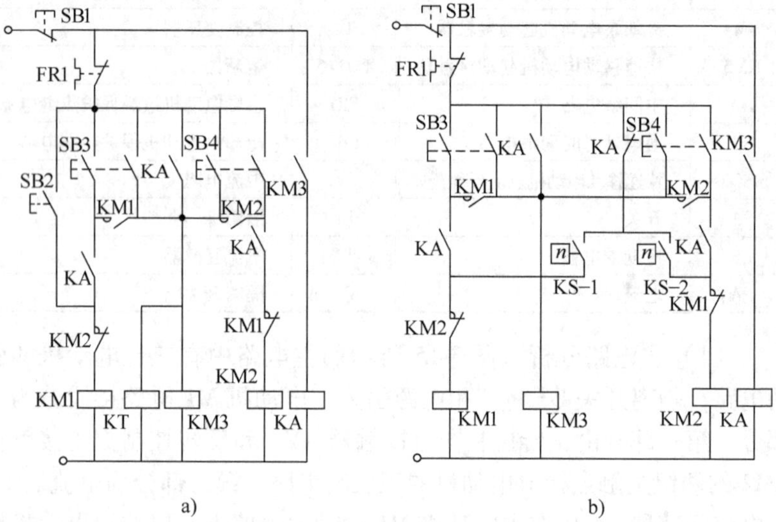

图 3-16　主轴电动机的基本控制电路

a）主轴电动机正反转与点动控制电路　b）主轴电动机反接制动控制电路

1）主轴电动机正反转起动与点动控制：由图 3-15、图 3-16a 可知，当正转起动按钮 SB3 压下时，其两动合触点同时动作闭合，一动合触点接通交流接触器 KM3 的线圈电路和时间继电器 KT 的线圈电路，时间继电器的动断触点在主电路中短接电流表 PA，经延时断开后，电流表接入电路正常工作；KM3 的主触点将主电路中限流电阻短接，其辅助动合触点同时将中间继电器 KA 的线圈电路接通，KA 的动断触点将停车制动的基本电路切除，其动合触点与 SB3 的动合触点均在闭合状态。控制主电动机的交流接触器 KM1 的线圈电路得电工作，其主触点闭合，电动机正向直接起动，起动结束。反向直接起动控制过程与其相同，只是起动按钮为 SB4。

SB2 为主轴电动机点动控制按钮。按下 SB2 点动按钮，直接接通 KM1 的线圈电路，电动机 M1 正向直接起动，这时 KM3 线圈电路并没接通，因此其主触点不闭合，限流电阻 R 接入主电路限流，KM3 辅助动合触点不闭合，KA 线圈不能得电工作，从而使 KM1 线圈电路不能持续通电。松开按钮，M1 停转，实现了主轴电动机串联电阻限流的点动控制。

2）主轴电动机反接制动控制电路：图 3-16b 所示为主轴电动机反接制动控制电路。C650 型卧式车床采用反接制动的方式进行停车制动，停止按钮按下后开始制动过程。当电动机转速接近零时，速度继电器的触点打开，结束制动。这里以原工作状态为正转时进行停车制动过程为例，说明电路的工作过程。当电动机正向转动时，速度继电器 KS 的动合触点 KS2 闭合，制动电路处于准备状态，按下停车按钮 SB1，切断电源，KM1、KM3、KA 线圈均失电，此时控制反接制动电路不工作的 KA 动断触点恢复原状闭合，与 KS2 触点一起将反向起动接触器 KM2 的线圈电路接通，电动机 M1 反向起动，反向起动转矩将平衡正向惯性转动转矩，强迫电动机迅速停车。当电动机速度趋于零时，速度继电器触点 KS2 复位打开，切断 KM2 的线圈电路，完成正转的反接制动。反转时的反接制动工作过程相似，此时反转状态下，KS1 触点闭合，制动时，接通接触器 KM1 的线圈电路，进行反接制动。

3）刀架的快速移动和冷却泵电动机的控制：刀架的快速移动是由转动刀架手柄压动位置开关 SQ，接通快速移动电动机 M3 的控制接触器 KM5 的线圈电路，使 KM5 的主触点闭合，M3 电动机起动，经传动系统驱动溜板箱带动刀架快速移动。

冷却泵电动机 M2 由起动按钮 SB6、停止按钮 SB5 控制接触器 KM4 线圈电路的通断，以实现电动机 M3 的长动工作控制。

二、磨床电气控制电路

磨床是用砂轮的周边或端面进行机械加工的精密机床。根据用途不同，磨床可分为：外圆磨床、内圆磨床、平面磨床、无心磨床以及专用磨床，如螺纹磨床、球面磨床、齿轮磨床、导轨磨床等。砂轮作为磨床上的主要切削工具，一般不需要调速，都采用三相异步电动机拖动。磨床的加工形式是磨削加工，砂轮的旋转是主运动，辅助运动为砂轮架的上下移动、砂轮架的横向（前后）进给和工作台的纵向（左右）进给。以 M7120 型平面磨床电路为例，介绍磨床电路。

1. 了解控制要求

平面磨床是一种精密机床，为保证加工精度，使其运行平稳，确保工作台往复运动换向时惯性小、无冲击，特采用液压传动，实现工作台往复运动及砂轮箱横向进给。

磨削加工时无调速要求，但有高速磨削要求，通常采用两极笼型异步电动机拖动。为提高砂轮主轴刚度，以提高加工精度，常采用装入式笼型异步电动机直接拖动。为减小工件在磨削加工中的热变形，并冲走磨屑，以保证加工精度，需使用切削液。为了磨削小工件的需要，也为工件在磨削过程中受热能自由伸缩，采用电磁吸盘来吸持工件。

为此，M7120 型平面磨床由砂轮电动机、液压泵电动机、冷却泵电动机分别拖动，且只需单方向旋转，冷却泵电动机与砂轮电动机具有同时或顺序联锁关系（即砂轮电动机起动后才可以开动冷却泵电动机）；电磁吸盘没有工作时，其他电动机一律不可起动即应具有电气联锁，以避免加工过程中物件飞出工作台伤人。

为了使操作工人与维修人员知道设备工作在什么状态，要求设备有各工作状态显示，以便查阅。

2. 电气控制电路图分析

M7120 型平面磨床的电气控制电路如图 3-17（见文后插页）所示，图中分为主电路、控制电路、电磁工作台控制电路及照明与指示灯电路四部分。

（1）主电路分析　主电路中共有四台电动机，其中 M1 是液压泵电动机，实现工作台的往复运动；M2 是砂轮电动机，带动砂轮转动来完成磨削加工工作；M3 是冷却泵电动机；它们只要求单向旋转，分别用接触器 KM1、KM2 控制。冷却泵电动机 M3 只有在砂轮电动机 M2 运转后才能运转。M4 是砂轮升降电动机，用于磨削过程中调整砂轮与工件之间的位置。

M1、M2、M3 因长期工作，所以都装有过载保护。M4 为短期工作，不设过载保护。四台电动机共用一组熔断器 FU1 作短路保护。

（2）控制电路分析

1）液压泵电动机 M1 的控制：合上总开关 QS1 后，整流变压器一个二次绕组输出 135V 交流电压，经桥式整流器 UR 整流后得到直流电压，使电压继电器 KV 获电动作，其动合触点（7 区）闭合，为起动电动机做好准备。如果 KV 不能可靠动作，则各电动机均无法运行。因为平面磨床的工件靠直流电磁吸盘的吸力将工件吸牢在工作台上，只有具备可靠的直流电压后，才允许起动砂轮和液压系统，以保证安全。

当 KV 吸合后，按下起动按钮 SB3，接触器 KM1 线圈通电吸合并自锁，液压泵电动机 M1 起动运转，HL2 灯亮。若按下停止按钮 SB2，接触器 KM1 线圈断电释放，电动机 M1 断电停转。

2）砂轮电动机 M2 及冷却泵电动机 M3 的控制：按下起动按钮 SB5，接触器 KM2 线圈获电动作，砂轮电动机 M2 起动运转。由于冷却泵电动机 M3 通过接插器 X1 和 M2 联动控制，所以 M3 与 M2 同时起动运转。当不需要冷却时，可将插头拉出。按下停止按钮 SB4 时，接触器 KM2 线圈断电释放，M2 与 M3 同时断电停转。

两台电动机的热继电器 FR2 和 FR3 的动断触点都串联在 KM2 线圈电路中，只要有一台电动机过载，就会使 KM2 失电。因切削液循环使用，经常混有污垢杂质，很容易引起电动机 M3 过载，故用热继电器 FR3 进行过载保护。

3）砂轮升降电动机 M4 的控制：砂轮升降电动机只有在调整工件和砂轮之间位置时才使用，所以用点动控制。当按下点动按钮 SB6 时，接触器 KM3 线圈获电吸合，电动机 M4 起动正转，砂轮上升。达到所需位置时，松开 SB6，KM3 线圈断电释放，电动机 M4 停转，砂轮停止上升。

按下点动按钮 SB7，接触器 KM4 线圈获电吸合，电动机 M4 起动反转，砂轮下降。当到达所需位置时，松开 SB7，接触器 KM4 线圈断电释放，电动机 M4 停转，砂轮停止下降。

为了防止电动机 M4 的正、反转电路同时被接通，故在对方电路中串入接触器 KM4 和 KM3 的动断触点进行联锁控制。

（3）电磁吸盘控制电路的分析　电磁吸盘是固定加工工件的一种夹具。利用通电导体在铁心中产生的磁场吸牢铁磁材料的工件，以便加工。它与机械夹具比较，具有夹紧迅速、不损伤工件、一次能吸牢若干个小工件、以及工件发热可以自由伸缩等优点。因而电磁吸盘在平面磨床上用得十分广泛。

电磁吸盘结构如图 3-18 所示。其外壳是钢制箱体，中部的心体上绕有线圈，吸盘的盖板用钢板制成，钢制盖板用非磁性材料如铅锡合金隔离成若干小块。当线圈通上直流电以后，吸盘的心体被磁化，产生磁场，磁通便以心体和工件作回路，工件被牢牢吸住。

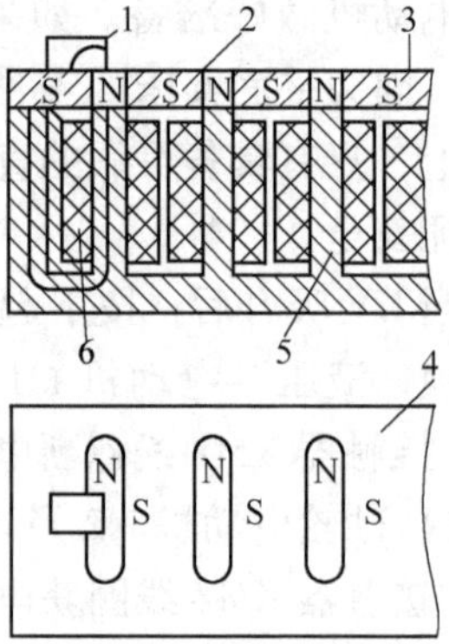

图 3-18　电磁吸盘

1—工件　2—绝磁材料　3—工作台

4—盖板　5—心体　6—绕组

电磁吸盘的控制电路包括整流装置、控制装置和保护装置三个部分。整流装置由变压器 TC 和单相桥式全波整流器 UR 组成，供给 110V 直流电源。控制装置由按钮 SB8、SB9、SB10 和接触器 KM5、KM6 等组成。

1）充磁过程：按下充磁按钮 SB8，接触器 KM5 线圈获电吸合，KM5 主触点（18、21 区）闭合，电磁吸盘 YH 线圈获电，工作台充磁吸住工件。同时其自锁触点闭合，联锁触点断开。

磨削加工完毕，在取下加工好的工件时，先按 SB9，切断电磁吸盘 YH 的直流电源。由于吸盘和工件都有剩磁，所以需要对吸盘和工件进行去磁。

2）去磁过程：按下点动按钮 SB10，接触器 KM6 线圈获电吸合，

KM6 的两副触点（18，21 区）闭合，电磁吸盘通入反向直流电，使工作台和工件去磁。去磁时，为防止因时间过长而使工作台反向磁化，再次吸住工件，因而接触器 KM6 采用点动控制。

保护装置由放电电阻 R 和电容 C 以及电压继电器 KV 组成。电阻 R 和电容 C 的作用是：电磁吸盘是一个大电感，在充磁吸工件时，存储了大量磁场能量。当它脱离电源时的一瞬间，吸盘 YH 的两端产生较大的自感电动势，会使线圈和其他电器损坏，故用电阻和电容组成放电回路。利用电容 C 两端的电压不能突变的特点，使电磁吸盘线圈两端电压变化趋于缓慢，利用电阻消耗电磁能量。如果参数选配得当，此时 RLC 电路可以组成一个衰减振荡电路，对去磁十分有利。电压继电器 KV 的作用是：在加工过程中，若电源电压不足，则电磁吸盘将不能吸牢工件，会导致工件被砂轮打出，易造成严重事故。因此，在电路中设置了电压继电器 KV，将其线圈并联在直流电源上，其动合触点（7 区）串联在液压泵电动机和砂轮电动机的控制电路中，若电磁吸盘不能吸牢工件，KV 就会释放，使液压泵电动机和砂轮电动机停转，保证了安全。

（4）照明和指示灯电路的分析　图中 EL 为照明灯，其工作电压为 24V，由变压器 TC 供给。QS2 为照明负荷隔离开关。

HL1、HL2、HL3、HL4 和 HL5 为指示灯，其工作电压为 6V，也由变压器 TC 供给，五个指示灯的作用是：

HL1 亮，表示控制电路的电源正常；不亮，则表示电源有故障。

HL2 亮，表示液压泵电动机 M1 处于运转状态，工作台正在进行往复运动；不亮，则表示 M1 停转。

HL3 亮，表示冷却泵电动机 M3 及砂轮电动机 M2 处于运转状态；不亮，则表示 M2、M3 停转。

HL4 亮，表示砂轮升降电动机 M4 处于工作状态；不亮，则表示 M4 停转。

HL5 亮，表示电磁吸盘 YH 处于工作状态（充磁或去磁）；不亮，则表示电磁吸盘未工作。

M7120 型平面磨床电器元件明细表见表 3-2。

表 3-2 M7120 型平面磨床电器元件明细表

代号	元件名称	用途	代号	元件名称	用途
M1	电动机	驱动液压泵	SB6	按钮	砂轮上升
M2	电动机	驱动砂轮	SB7	按钮	砂轮下降
M3	电动机	驱动冷却泵	SB8	按钮	电磁吸盘充磁
M4	电动机	砂轮升降	SB9	按钮	停止充磁
KM1	交流接触器	控制 M1	SB10	按钮	电磁吸盘去磁
KM2	交流接触器	控制 M2	UR	整流器	整流
KM3	交流接触器	点动控制 M4、砂轮架上升	KV	电压继电器	欠电压保护
KM4	交流接触器	点动控制 M4、砂轮架下降	*R*	电阻	放电保护
KM5	交流接触器	电磁吸盘充磁	*C*	电容	放电保护
KM6	交流接触器	点动控制电磁吸盘去磁	YH	电磁吸盘	吸牢工件
FR1	热继电器	M1 过载保护	FU1	熔断器	电源总短路保护
FR2	热继电器	M2 过载保护	FU2	熔断器	
FR3	热继电器	M3 过载保护	FU3	熔断器	控制电路短路保护
SB1	按钮	总停止	FU4	熔断器	
SB2	按钮	液压泵停止	FU5	熔断器	整流短路保护
SB3	按钮	液压泵起动	FU6	熔断器	照明指示短路保护
SB4	按钮	砂轮停止	QS1	开关	电源总开关
SB5	按钮	砂轮起动	QS2	开关	照明开关

三、钻床电气控制电路

钻床是一种孔加工机床。可用来钻孔、扩孔、铰孔、攻螺纹及修刮端面等多种形式的加工。钻床按用途和结构可分为立式钻床、台式钻床、多轴钻床、摇臂钻床及其他专用钻床等。在各类钻床中，摇臂钻床操作方便、灵活，适用范围广、具有典型性，特别适用于单件或批量生产中带有多孔大型零件的孔加工，是一般机械加工车间常见的机床。下面对 Z3040 型摇臂钻床进行重点分析。

1. 控制要求

根据摇臂钻床的结构及运动情况，对其控制情况提出如下要求：

1）摇臂钻床运动部件较多，为简化传动装置，要求采用多电动机拖动，通常设有主轴电动机、摇臂升降电动机、立柱夹紧放松电动机及冷却泵电动机。

2）摇臂钻床为适应多种形式的加工，要求主轴及进给有较大的调速范围。主轴在一般速度下的钻削加工常为恒功率负载；而低速时主要用于扩孔、铰孔、攻螺纹等加工，这时则为恒转矩负载。

3）摇臂钻床的主运动与进给运动皆为主轴的运动，为此，这两个运动由一台主轴电动机拖动，分别经主轴与进给传动机构实现主轴旋转和进给。所以主轴变速机构与进给变速机构均装在主轴箱内。

4）为加工螺纹，要求主轴可以正反转。摇臂钻床主轴正反转一般由机械方法获得，因此，主轴电动机只需单方向旋转。

5）具有必要的联锁与保护。

2. 电气图分析

该摇臂钻床具有两套液压控制系统，一个是操纵机构液压系统，一个是夹紧机构液压系统。前者安装在主轴箱内，用以实现主轴正反转、停车制动、空挡、预选及变速；后者安装在摇臂背后的电器盒下部，用以夹紧松开主轴箱、摇臂及立柱。

（1）主电路分析　图 3-19 所示为 Z3040 型摇臂钻床电气控制电路图。图中 M1 为主轴电动机，M2 为摇臂升降电动机，M3 为液压泵电动机，M4 为冷却泵电动机。

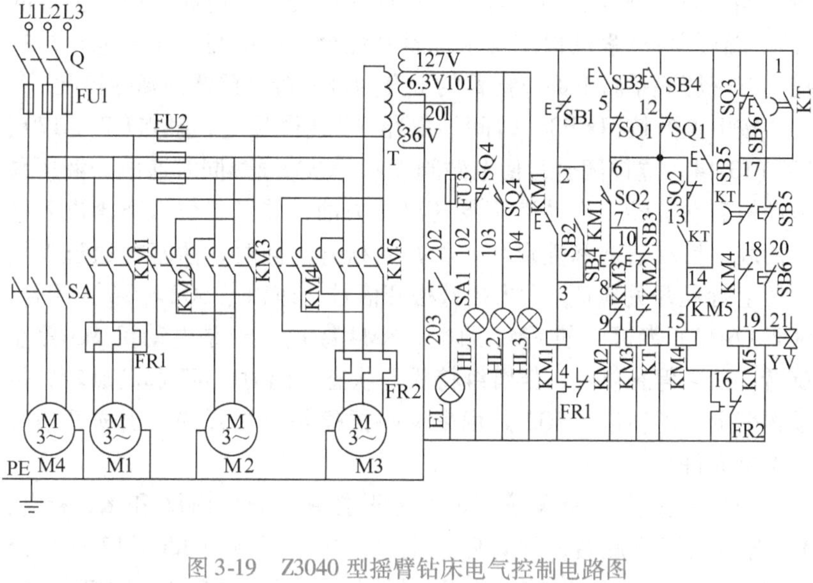

图 3-19　Z3040 型摇臂钻床电气控制电路图

M1 为单方向旋转，由接触器 KM1 控制，主轴的正反转则由机床液压系统操纵机构配合正反转摩擦离合器实现，并由热继电器 FR1 作电动机长期过载保护。

M2 由转接触器 KM2、KM3 控制实现正反转。控制电路保证在操纵摇臂升降时，首先使液压泵电动机起动旋转，供出压力油，经液压系统将摇臂松开，然后才使电动机 M2 起动，拖动摇臂上升或下降。当移动到位后，控制电路又保证 M2 先停下，再自动通过液压系统将摇臂夹紧，最后液压泵电动机才停下。M2 为短时工作，不设长期过载保护。

M3 由接触器 KM4、KM5 实现正反转控制，并有热继电器 FR2 作长期过载保护。

M4 电动机容量小，仅为 0.125kW，由开关 SA 控制。

（2）控制电路分析　由按钮 SB1、SB2 与 KM1 构成主轴电动机 M1 的单方向旋转起动－停止电路。M1 起动后，指示灯 HL3 亮，表示主轴电动机在旋转。

由摇臂上升按钮 SB3、下降按钮 SB4 及正反转接触器 KM2、KM3 组成具有双重联锁的电动机正反转点动控制电路。由于摇臂的升降控制须与夹紧机构液压系统紧密配合，所以与液压泵电动机的控制有密切关系。下面以摇臂的上升为例分析对摇臂升降的控制。

按下上升按钮 SB3，时间继电器 KT 线圈通电，触点 KT(1-17)、KT（13-14）立即闭合，使电磁阀 YV、KM4 线圈同时通电，液压泵电动机起动旋转，拖动液压泵送出压力油，并经二位六通阀进入松开油腔，推动活塞和菱形块，将摇臂松开。同时，活塞杆通过弹簧片压上行程开关 SQ2，发出摇臂松开信号，即触点 SQ2（6-7）闭合，SQ2（6-13）断开，使 KM2 通电，KM4 断电。于是电动机 M3 停止旋转，油泵停止供油，摇臂维持松开状态。同时，M2 起动旋转，带动摇臂上升。所以，SQ2 是用来反映摇臂是否松开并发出松开信号的电器元件。

当摇臂上升到所需位置时，松开按钮 SB3，KM2 和 KT 断电，M2 电动机停止旋转，摇臂停止上升。但由于触点 KT（17-18）经 1～3s延时闭合，触点 KT（1-17）经同样时间延时断开，所以 KT 线圈断电经 1～3s 延时后，KM5 通电，YV 断电。此时 M3 反向起动，拖动液压泵供给压力油，经二位六通阀进入摇臂夹紧油腔，反向推动活塞和菱形块，将摇臂夹紧。同时，活塞杆通过弹簧片压下行程开关 SQ3，使触点 SQ3（1-17）断开，使 KM5 断电，油泵电动机 M3 停止旋转，摇臂夹紧完成。所以 SQ3 为摇臂夹紧信号开关。

时间继电器 KT 是为保证夹紧动作在摇臂升降电动机停止运转后而设的，KT 延时的长短，依摇臂升降电动机切断电源到停止惯性作用的时间来调整。

摇臂升降的极限保护由组合开关 SQ1 来实现。SQ1 有两对动断触点，当摇臂上升或下降到极限位置时相应触点动作，切断对应上升或下降接触器 KM2 或 KM3，使 M2 停止旋转，摇臂停止移动，实现极限位置保护。SQ1 开关的两对触点平时应调整在同时接通位置，一旦动作时，应使一对触点断开，而另一对触点仍保持闭合。

摇臂自动夹紧程度由行程开关 SQ3 控制。如果夹紧机构液压系统出现故障不能夹紧，那么触点 SQ3（1-17）不能断开，或者 SQ3 开关安装调整不当，摇臂夹紧后仍不能压下 SQ3，这时都会使电动机 M3 处于长期过载状态，易将电动机烧毁。为此，M3 采用热继电器 FR2 作过载保护。

主轴箱和立柱松开与夹紧的控制：主轴箱和立柱的夹紧与松开是同时进行的。当按下松开按钮 SB5，KM4 通电，M3 电动机正转，拖动液压泵，送出压力油，这时 YV 处于断电状态，压力油经二位六通阀，进入主轴箱松开油腔与立柱松开油腔，推动活塞和菱形块，使主轴箱和立柱完成松开动作。在松开的同时，通过行程开关 SQ4 控制指示灯发出信号。当主轴箱与立柱松开时，开关 SQ4 不受压，触点 SQ4（101-102）闭合，指示灯 HL1 亮，表示确已松开，可操作主轴箱和立柱移动。当夹紧时，将压下 SQ4 触点（101-103）闭合，指示灯 HL2 亮，表示可以进行钻削加工。

安装机床后，接通电源，可利用主轴箱和立柱的夹紧、松开来检查电源相序，当电源相序正确后，再调整电动机 M2 的接线。

四、铣床电气控制电路

铣床可用于平面、斜面和沟槽等的加工，安装分度头后可铣切直齿齿轮、螺旋面，使用回转工作台可以铣切凸轮和弧形槽，是一种常用的通用机床。

一般中小型铣床都采用三相笼型异步电动机拖动，并且主轴旋转主运动与工作台进给运动分别由单独的电动机拖动。铣床主轴的主运动为刀具的切削运动，它有顺铣和逆铣两种加工方式；工作台的进给运动有水平工作台左右（纵向）、前后（横向）以及上下（垂向）方向的运动，有回转工作台的回转运动，这里以 X62W 型万能铣床为例来说明。

1. 机床运动与传动概述

X62W 型万能铣床主要由床身、主轴、刀杆、横梁、工作台、回转工作台、横溜板和升降台等几部分组成，箱形的床身固定在底座上，在床身内装有主轴的传动机构和变速操纵机构。在床身的顶部有水平导轨，上面装着带有一或两个刀杆支架的悬梁。刀杆支架用来支承铣刀心轴的一端，心轴另一端则固定在主轴上，由主轴带动铣刀切削。悬梁可以水平移动，刀杆支架可以在悬梁上水平移动，以便安装不同的心轴。在床身的前面有垂直导轨，升降台可沿着它上下移动。在升降台上面的水平导轨上，装有可在平行主轴轴线方向移动（横向移动或前后移动）的溜板。溜板上部有可转动部分，工作台就在溜板上部的可转动部分的导轨上作垂直于主轴轴线方向的移动（纵向移动）。工作台上有 T 形槽来固定工件。这样安装在工作台上的工件就可以在三个坐标轴的六个方向上调整位置或进给。

此外，由于回转工作台可以绕中心转过一个角度（通常是 ±45°），使工作台在水平上除了能在平行于或垂直于主轴轴线方向进给外，还能在倾斜方向进给，因此可以加工螺旋槽，故称为万能铣床。

2. 控制电路图分析

图 3-20 所示为 X62W 型万能铣床的电气控制电路。电路分为主

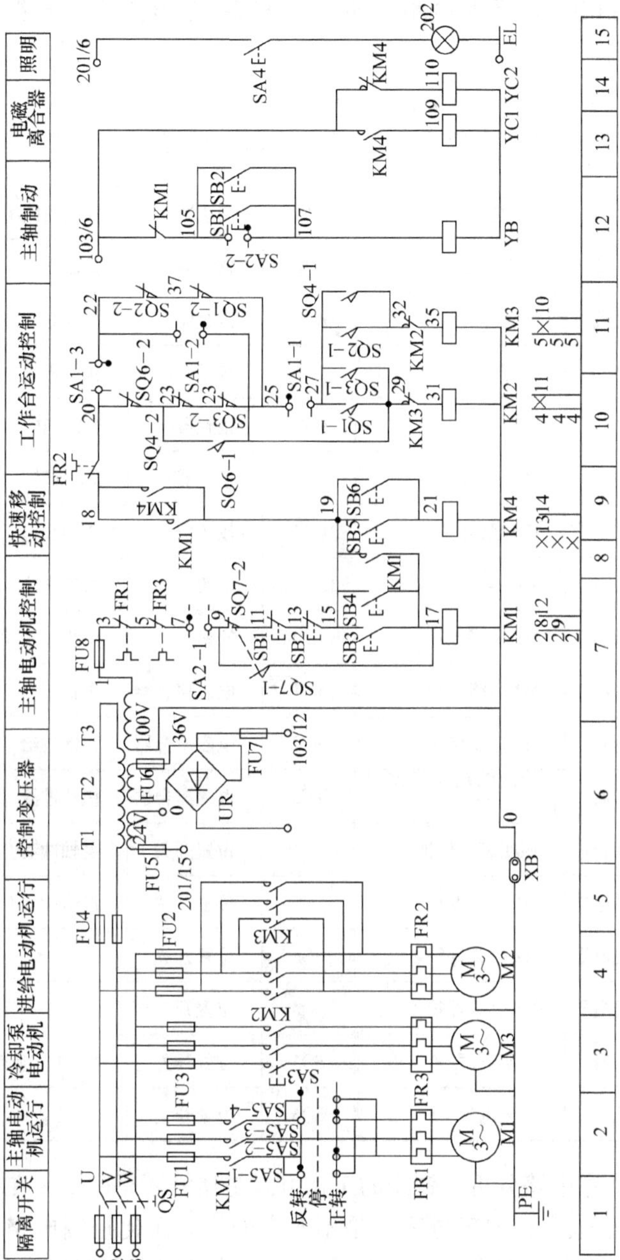

图 3-20　X62W型万能铣床的电气控制电路

电路、控制电路和照明电路三部分。铣床控制电路所用电器元件说明见表3-3。

表3-3 X62W型万能铣床电器元件明细表

代号	元件名称	用　途	代号	元件名称	用　途
M1	电动机	驱动主轴	T3	变压器	控制回路电源
M2	电动机	驱动进给	UR	整流器	整流器
M3	电动机	驱动冷却泵	KM1	接触器	主轴起动
QS	开关	总开关	KM2	接触器	快速进给
SA1	开关	圆工作台开关	KM3	接触器	M2 正转
SA2	开关	换刀开关	KM4	接触器	M2 反转
SA3	开关	冷却泵开关	SB1、SB2	按钮	M1 起动
SA5	开关	M1 换向开关	SB3、SB4	按钮	快速进给点动
FU1	熔断器	M1 短路保护	SB5、SB5	按钮	停止、制动
FU2	熔断器	M2 短路保护	YC1	电磁离合器	主轴制动
FU3	熔断器	M3 短路保护	YC2	电磁离合器	正常进给
FU4	熔断器	控制电路总短路保护	YC3	电磁离合器	快速进给
FU5	熔断器	照明短路保护	SQ1	位置开关	主轴冲动开关
FR1	热继电器	M1 过载保护	SQ2	位置开关	进给冲动开关
FR2	热继电器	M2 过载保护	SQ3	位置开关	
FR3	热继电器	M3 过载保护	SQ4	位置开关	
T1	变压器	照明电源	SQ5	位置开关	M2 正、反转及联锁
T2	变压器	整流电源	SQ6	位置开关	

（1）主电路分析　铣床的工作方式是逆铣还是顺铣，在开始工作以前即已选定，加工过程中是不改变的。为简化控制电路，主轴电动机 M1 正转接线与反转接线是通过组合开关 SA5 手动切换，接

触器 KM1 的主触点只控制电源的接入与切断。

进给电动机 M2 在工作过程中，频繁变换转动方向，因而仍采用接触器方式构成正转与反转接线。

冷却泵电动机 M3 根据加工需要提供切削液，电路中采用转换开关 SA3，在主电路中手动直接接通和断开定子绕组的电源。

（2）控制电路分析

1）主轴电动机 M1 的控制

① 主轴电动机起动控制：主轴电动机空载直接起动前，由组合开关 SA5 选定电动机的转向，控制电路中选择开关 SA2 选定主轴电动机为正常工作方式，即 SA2—1 触点闭合，SA2—2 触点断开，然后通过压动起动按钮 SB3 或 SB4，接通主轴电动机起动控制接触器 KM1 的线圈电路，其主触点闭合，主轴电动机按给定方向起动旋转。压动停止按钮 SB1 与 SB2，主轴电动机停转，SB3、SB4、SB1 与 SB2 分别位于两个操作板上，从而实现主轴电动机的两地操作控制。

② 主轴电动机制动及换刀制动：为使主轴能迅速停车，控制电路采用电磁制动器进行主轴的停车制动。按下停车按钮 SB1 或 SB2，其动断触点使接触器 KM1 的线圈失电，电动机定子绕组脱离电源，同时其动合触点闭合，接通电磁制动器 YB 的线圈电路，对主轴进行停车制动。

当进行换刀和上刀操作时，为了防止主轴意外转动造成事故以及为上刀方便，主轴也需处在断电停车和制动的状态。此时工作状态选择开关 SA2 由正常工作状态位置扳到上刀制动状态位置，即 SA2—1 触点断开，切断接触器 KM1 的线圈电路，使主轴电动机不能起动；SA2—2 触点闭合，接通电磁制动器 YB 的线圈电路，使主轴处于制动状态不能转动，保证上刀换刀工作的顺利进行。

③ 主轴变速时的瞬时点动控制：变速时，变速手柄被拉出，然后转动变速手轮选择转速，转速选定后将变速手柄复位。因为变速是通过机械变速机构实现的，变速手轮选定应进入啮合的齿轮后，齿轮啮合到位即可输出选定转速。但是当齿轮没有进入正常啮合状态时，则需要主轴有瞬时点动的功能，以调整齿轮位置，使齿轮进

入正常啮合。实现瞬时点动是由复位手柄与行程开关 SQ7 组合构成点动控制电路。变速手柄在复位的过程中压动瞬时点动行程开关 SQ7，SQ7 的动合触点闭合，使接触器 KM1 的线圈得电，主轴电动机 M1 转动，SQ7 的动断触点切断 KM1 线圈电路的自锁，使电路随时可被切断。变速手柄复位后，松开行程开关 SQ7，电动机 M1 停转，完成一次瞬时点动。手柄复位时要求迅速、连续，一次不到位应立即拉出，以免行程开关 SQ7 没能及时松开，电动机转速上升，在齿轮未啮合好的情况下打坏齿轮。一次瞬时点动不能实现齿轮良好啮合时，应立即拉出复位手柄，重新进行复位瞬时点动的操作，直至完全复位，保证齿轮正常啮合。

2）进给电动机 M2 的控制：进给电动机 M2 的控制电路分为三部分：第一部分为顺序控制部分，当主轴电动机起动后，其控制起动接触器 KM1 辅助动合触点闭合，进给电动机控制接触器 KM2 与 KM3 的线圈电路方能通电工作；第二部分为工作台各进给运动之间的联锁控制部分，可实现水平工作台各运动之间的联锁，也可实现水平工作台与回转工作台之间的工作联锁；第三部分为进给电动机正反转接触器线圈电路部分。

① 水平工作台纵向进给运动的控制：水平工作台纵向进给运动由操作手柄与行程开关 SQ1、SQ2 组合控制。纵向操作手柄有左右两个工作位和一个中间不工作位。手柄扳到工作位时，带动机械离合器，接通纵向进给运动的机械传动链，同时压动行程开关，行程开关的动合触点闭合，使接触器 KM2 或 KM3 线圈得电，其主触点闭合，进给电动机正转或反转，驱动工作台向左或向右移动进给。行程开关的动断触点在运动联锁控制电路部分构成联锁控制功能。通过选择开关 SA1 选择水平工作台或回转工作台工作。SA1—1 与 SA1—3 触点闭合，构成水平工作台运动联锁电路，SA1—2 触点断开，切断回转工作台工作电路。水平工作台控制电路与回转工作台控制电路分别见图3-21a、b。工作台纵向进给的控制过程如下所述：电路由 KM1 辅助动合触点开始，工作电流经 SQ6—2→SQ4—2→SQ3—2→SA1—1→SQ1—1→KM3→KM2 线圈，或者由 SA1—1 经 SQ2—1→KM2→KM3 线圈。

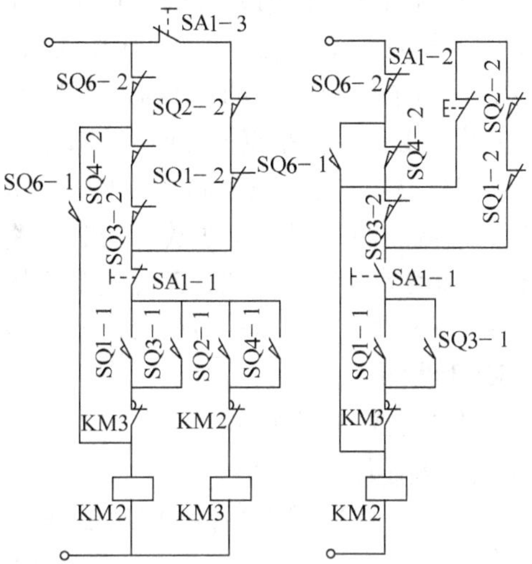

a)　　　　b)

图 3-21　工作台控制电路

a）水平工作台控制电路　b）回转工作台控制电路

工作台纵向进给过程如下：

纵向手柄扳在右位 → 合上纵向进给机械离合器
纵向手柄扳在右位 → 纵向压下SQ1 (SQ1—2断开、SQ1—1闭合) → KM2线圈得电 → 电动机M2正转，工作台右移

纵向手柄扳在左位 → 合上纵向进给机械离合器
纵向手柄扳在左位 → 压下SQ2 (SQ2—2断开、SQ2—1闭合) → KM3线圈得电 → 电动机M2反转，工作台左移

手柄扳到中间位时，纵向机械离合器脱开，行程开关 SQ1 与 SQ2 不受压，因此进给电动机不转动，工作台停止移动。工作台的两端安装有限撞块，当工作台运行达到终点位时，撞块撞击手柄，使其回到中间位置，实现工作台的终点停车。

② 水平工作台横向和垂向进给运动控制：水平工作台横向和垂向进给运动的选择和联锁通过十字复式手柄和行程开关 SQ3、SQ4 组合控制，操作手柄上有上、下、前、后四个工作位置和一个中间

不工作位置，扳动手柄到选定运动方向的工作位，即可接通该运动方向的机械传动链，同时压动行程开关 SQ3 或 SQ4，行程开关的动合触点闭合使控制进给电动机转动的接触器 KM2 或 KM3 的线圈得电，电动机 M2 转动，工作台在相应的方向上移动；行程开关的动断触点像纵向行程开关一样，在联锁电路中，构成运动的联锁控制。工作台横向与垂向进给控制过程如下所述：控制电路由主轴电动机控制接触器 KM1 的辅助动合触点开始，工作电流经 SA1—3→SQ2—2→SQ1—2→SA1—1→SQ3—1→KM3→KM2 线圈，或者由 SA1—1 经 SQ4—1→KM2→KM3 线圈。

工作台横向与垂向进给过程如下：

十字复合手柄扳在上方 → 合上垂直进给机械离合器
十字复合手柄扳在上方 → 纵向压下SQ3（SQ3—2断开、SQ3—1闭合）→ KM2线圈得电 → 电动机M2正转，工作台上移

十字复合手柄扳在下方 → 合上垂直进给机械离合器
十字复合手柄扳在下方 → 压下SQ4（SQ4—2断开、SQ4—1闭合）→ KM3线圈得电 → 电动机M2反转，工作台下移

十字复合手柄扳在右方（前）→ 合上横向进给机械离合器
十字复合手柄扳在右方（前）→ 纵向压下SQ3（SQ3—2断开、SQ3—1闭合）→ KM2线圈得电 → 电动机M2正转，工作台前移

十字复合手柄扳在左方（后）→ 合上横向进给机械离合器
十字复合手柄扳在左方（后）→ 压下SQ4（SQ4—2断开、SQ4—1闭合）→ KM3线圈得电 → 电动机M2反转，工作台后移

十字复合操作手柄扳在中间位置时，横向与垂向的机械离合器脱开，行程开关 SQ3 与 SQ4 均不受压，因此进给电动机停转，工作台停止移动。固定在床身上的挡块，当工作台移动到极限位置时撞击十字手柄，使其回到中间位置，切断电路，工作台在进给终点停车。

③ 水平工作台进给运动的联锁控制：由于操作手柄在工作时只存在一种运动选择，因此，只要铣床直线进给运动之间的联锁满足两操作手柄之间的联锁即可实现。联锁控制电路（如前一章联锁电路所述）由两条电路并联组成，纵向手柄控制的行程开关 SQ1、SQ2 的动断触点串联在一条支路上，十字复合手柄控制的行程开关 SQ3、

SQ4 动断触点串联在另一条支路上，扳动任一操作手柄，只能切断其中一条支路，另一条支路仍能正常通电，使接触器 KM2 或 KM3 的线圈不失电。若同时扳动两个操作手柄，则两条支路均被切断，接触器 KM2 或 KM3 断电，工作台立即停止移动，从而防止机床设备发生事故。

④ 水平工作台的快速移动：水平工作台选定进给方向后，可通过电磁离合器接通快速机械传动链，实现工作台空行程的快速移动。快速移动为手动控制，按下起动按钮 SB5 或 SB6，接触器 KM4 的线圈得电，其动断触点断开，使正常进给电磁离合器 YC2 线圈失电，接通快速移动传动链，水平工作台沿给定的进给方向快速移动。松开按钮 SB5 或 SB6，KM4 线圈失电，恢复水平工作台的工作进给。

⑤ 回转工作台的运动控制：回转工作台工作时，工作台选择开关 SA1 的 SA1—1 和 SA1—3 两触点断开，SA1—2 触点闭合，构成如图 3-21b 所示的回转工作台控制电路，此时水平工作台的操作手柄均扳到中间不工作位。控制电路由主轴电动机控制接触器 KM1 的辅助动合触点开始，工作电流经 SQ6—2→SQ4—2→SQ3—2→SQ1—2→SQ2—2→SA1—2→KM3→KM2 线圈，KM2 主触点闭合，进给电动机 M2 正转，拖动回转工作台转动，回转工作台只能单方向旋转。回转工作台的控制电路串联了水平工作台工作行程开关 SQ4 - 1 的切断触点，因此水平工作台任一操作手柄扳到工作位置，都会压到行程开关，切断回转工作台的控制电路，使其立即停止转动，从而起着水平工作台进给运动和回转工作台转动之间的联锁保护控制。

⑥ 水平工作台变速时的点动控制：水平工作台变速瞬时点动控制原理与主轴变速瞬时点动控制相同。变速手柄拉出后选择转速，再将手柄复位。变速手柄在复位的过程中压动瞬时点动行程开关 SQ6，SQ6 的动合触点闭合接通接触器 KM2 的线圈电路，使进给电动机 M2 转动；动断触点切断 KM2 线圈电路自锁。变速手柄复位后，松开行程开关 SQ6。与主轴瞬时点动操作相同，也要求手柄复位时迅速、连续，一次不到位，要立即拉出变速手柄，再重复瞬时点动的操作，直到实现齿轮处于良好啮合状态后，进入正常工作。

五、镗床电气控制电路

镗床是一种精密加工机床，主要用于加工精确的孔和孔间距离及要求较为精确的零件。按不同用途，镗床可分为卧式镗床、立式镗床、坐标镗床和专用镗床等。在生产中使用较广泛的有卧式镗床和坐标镗床，其中坐标镗床加工精度很高，适合于加工高精度坐标孔距的多孔零件，而卧式镗床具有万能性特点，它不但能完成孔加工，而且还能完成车端面及内外圆、铣削平面等的加工。下面以T68型卧式镗床为例进行分析。

1. 电气控制特点

镗床的工艺范围广，因而它的调速范围大，运动多。其电气控制特点是：

1）为适应各种工件加工工艺的要求，主轴应在大范围内调速，多采用交流电动机驱动的滑移齿轮变速系统。目前，国内有采用单电动机拖动的，也有采用双速或三速电动机拖动的。后者可精简机械传动机构。由于镗床主拖动要求恒功率拖动，所以采用“△-YY”双速电动机。

2）由于采用滑移齿轮变速，因此为防止顶齿现象，要求主轴系统变速时作低速断续冲动。

3）为适应加工过程中调整的需要，要求主轴可以正、反向点动调整，这是通过主电动机低速点动来实现的。同时还要求主轴可以正反向旋转，这是通过主轴电动机的正反转来实现的。

4）主轴电动机低速时可以直接起动，在高速时控制电路要保证先接通低速系统，经延时再接通高速系统以减小起动电流。

5）主轴要求快速而准确的制动，所以必须采用效果好的停车制动。卧式镗床常用直流制动（也有的采用电磁铁制动）。

6）由于进给部件多，快速进给用另一台电动机拖动。

2. 电路分析

图3-22所示为T68型卧式镗床电气控制电路图，其电器元件明细表见表3-4。

五、镗床电气控制电路

镗床是一种精密加工机床，主要用于加工精确的孔和孔间距离及要求较为精确的零件。按不同用途，镗床可分为卧式镗床、立式镗床、坐标镗床和专用镗床等。在生产中使用较广泛的有卧式镗床和坐标镗床，其中坐标镗床加工精度很高，适合于加工高精度坐标孔距的多孔零件，而卧式镗床具有万能性特点，它不但能完成孔加工，而且还能完成车端面及内外圆、铣削平面等的加工。下面以T68型卧式镗床为例进行分析。

1. 电气控制特点

镗床的工艺范围广，因而它的调速范围大，运动多。其电气控制特点是：

1）为适应各种工件加工工艺的要求，主轴应在大范围内调速，多采用交流电动机驱动的滑移齿轮变速系统。目前，国内有采用单电动机拖动的，也有采用双速或三速电动机拖动的。后者可精简机械传动机构。由于镗床主拖动要求恒功率拖动，所以采用“△-YY”双速电动机。

2）由于采用滑移齿轮变速，因此为防止顶齿现象，要求主轴系统变速时作低速断续冲动。

3）为适应加工过程中调整的需要，要求主轴可以正、反向点动调整，这是通过主电动机低速点动来实现的。同时还要求主轴可以正反向旋转，这是通过主轴电动机的正反转来实现的。

4）主轴电动机低速时可以直接起动，在高速时控制电路要保证先接通低速系统，经延时再接通高速系统以减小起动电流。

5）主轴要求快速而准确的制动，所以必须采用效果好的停车制动。卧式镗床常用直流制动（也有的采用电磁铁制动）。

6）由于进给部件多，快速进给用另一台电动机拖动。

2. 电路分析

图3-22所示为T68型卧式镗床电气控制电路图，其电器元件明细表见表3-4。

SQ4 动断触点串联在另一条支路上，扳动任一操作手柄，只能切断其中一条支路，另一条支路仍能正常通电，使接触器 KM2 或 KM3 的线圈不失电。若同时扳动两个操作手柄，则两条支路均被切断，接触器 KM2 或 KM3 断电，工作台立即停止移动，从而防止机床设备发生事故。

④ 水平工作台的快速移动：水平工作台选定进给方向后，可通过电磁离合器接通快速机械传动链，实现工作台空行程的快速移动。快速移动为手动控制，按下起动按钮 SB5 或 SB6，接触器 KM4 的线圈得电，其动断触点断开，使正常进给电磁离合器 YC2 线圈失电，接通快速移动传动链，水平工作台沿给定的进给方向快速移动。松开按钮 SB5 或 SB6，KM4 线圈失电，恢复水平工作台的工作进给。

⑤ 回转工作台的运动控制：回转工作台工作时，工作台选择开关 SA1 的 SA1—1 和 SA1—3 两触点断开，SA1—2 触点闭合，构成如图 3-21b 所示的回转工作台控制电路，此时水平工作台的操作手柄均扳到中间不工作位。控制电路由主轴电动机控制接触器 KM1 的辅助动合触点开始，工作电流经 SQ6—2→SQ4—2→SQ3—2→SQ1—2→SQ2—2→SA1—2→KM3→KM2 线圈，KM2 主触点闭合，进给电动机 M2 正转，拖动回转工作台转动，回转工作台只能单方向旋转。回转工作台的控制电路串联了水平工作台工作行程开关 SQ4 -1 的切断触点，因此水平工作台任一操作手柄扳到工作位置，都会压到行程开关，切断回转工作台的控制电路，使其立即停止转动，从而起着水平工作台进给运动和回转工作台转动之间的联锁保护控制。

⑥ 水平工作台变速时的点动控制：水平工作台变速瞬时点动控制原理与主轴变速瞬时点动控制相同。变速手柄拉出后选择转速，再将手柄复位。变速手柄在复位的过程中压动瞬时点动行程开关 SQ6，SQ6 的动合触点闭合接通接触器 KM2 的线圈电路，使进给电动机 M2 转动；动断触点切断 KM2 线圈电路自锁。变速手柄复位后，松开行程开关 SQ6。与主轴瞬时点动操作相同，也要求手柄复位时迅速、连续，一次不到位，要立即拉出变速手柄，再重复瞬时点动的操作，直到实现齿轮处于良好啮合状态后，进入正常工作。

表 3-4 T68 型卧式镗床电器元件明细表

代号	元件名称	用 途	代号	元件名称	用 途
M1	电动机	驱动主轴	SB4	按钮	主轴正转点动
M2	电动机	驱动快速移动	SB5	按钮	主轴反转点动
KM1	接触器	主轴正转	SQ	行程开关	接通主电动机高速挡
KM2	接触器	主轴反转	SQ1	行程开关	主轴自动进刀与工作台自动进给间的联锁
KM3	接触器	短路限流电阻	SQ2	行程开关	
KM4	接触器	主轴低速	SQ3	行程开关	主轴变速
KM5	接触器	主轴高速	SQ4	行程开关	进给变速
KM6	接触器	M2 正转	SQ5	行程开关	进给变速冲动
KM7	接触器	M2 反转	SQ6	行程开关	主轴变速冲动
KA1	中间继电器	接通主轴正转	SQ7	行程开关	M2 反转限位
KA2	中间继电器	接通主轴反转	SQ8	行程开关	M2 正转限位
KT	时间继电器	高速延时起动	TC	控制变压器	控制照明电源
KS1	速度继电器	反向速度控制	FR	热继电器	M1 过载保护
KS2	速度继电器	正向速度控制	FU1	熔断器	电源总短路保护
QS1	开关	电源总开关	FU2	熔断器	M2 短路保护
SB1	按钮	主轴停止	FU3	熔断器	照明短路保护
SB2	按钮	主轴正转起动	FU4	熔断器	控制电路短路保护
SB3	按钮	主轴反转起动	R	电阻	M1 反接制动

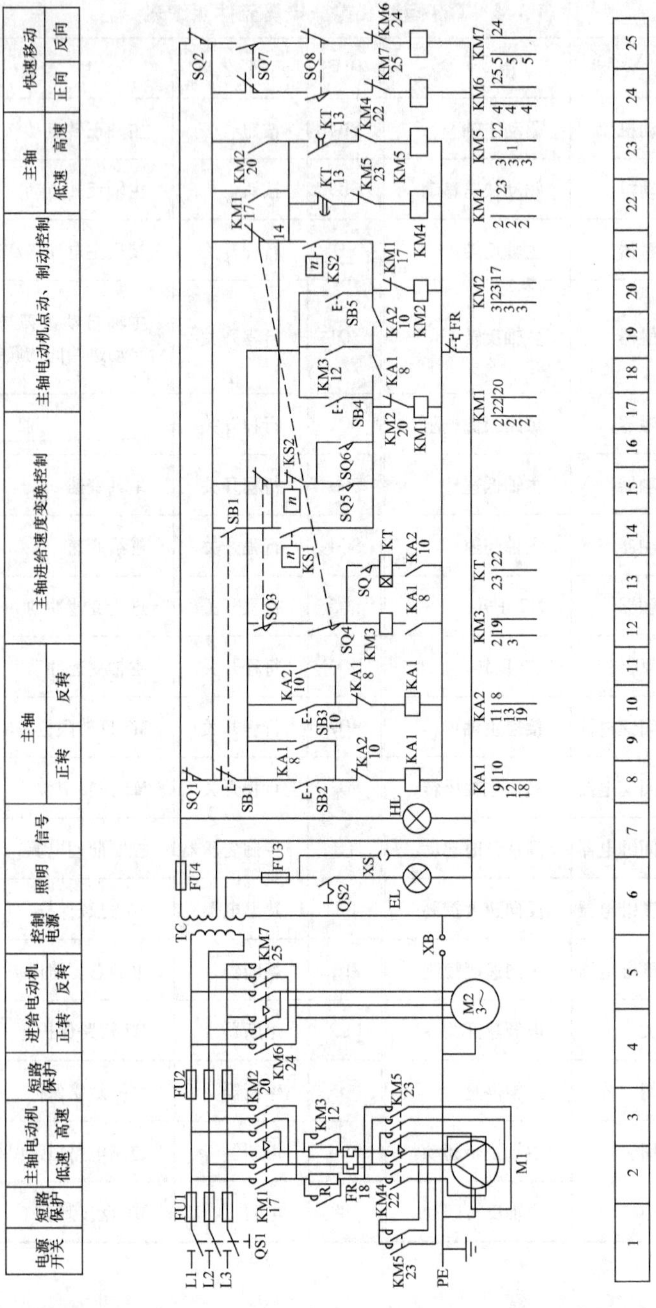

图 3-22　T68型卧式镗床电气控制电路图

(1) 主电路分析 T68 型卧式镗床共由两台三相异步电动机驱动，即主拖动电动机 M1 和快速移动电动机 M2。熔断器 FU1 作为电路的总短路保护，FU2 作为快速移动电动机和控制电路的短路保护。M1 设置热继电器作过载保护，M2 是短期工作，所以不设置热继电器。M1 用接触器 KM1 和 KM2 控制正反转，接触器 KM3、KM4 和 KM5 作三角形 - 双星形变速切换。M2 用接触器 KM6 和 KM7 控制正反转。

(2) 控制电路分析

1) 主轴电动机 M1 的控制

① 主轴电动机的正反转控制：按下正转起动按钮 SB2，中间继电器 KA1 线圈获电吸合，KA1 动合触点（12 区）闭合，接触器 KM3 线圈得电（此时位置开关 SQ3 和 SQ4 已被操纵手柄压合），KM3 主触点闭合，将制动电阻 R 短接，而 KM3 动合辅助触点（19 区）闭合，接触器 KM1 线圈获电吸合，KM1 主触点闭合，接通电源。KM1 的动合触点（22 区）闭合，KM4 线圈获电吸合，KM4 主触点闭合，电动机 M1 接成△正向起动，空载转速为 1500r/min。

反转时只需按下反转起动按钮 SB3，动作原理同上，所不同的是中间继电器 KA2 和接触器 KM2 获电吸合。

② 主轴电动机 M1 的点动控制：按下正向点动按钮 SB4，接触器 KM1 线圈获电吸合，KM1 动合触点（22 区）闭合，接触器 KM4 线圈获电吸合。这样，KM1 和 KM4 的主触点闭合，便使电动机 M1 接成△并串电阻 R 点动。

同理，按下反向点动按钮 SB5，接触器 KM2 和 KM4 线圈获电吸合，M1 反向点动。

③ 主轴电动机 M1 的停车制动：假设电动机 M1 正转，当速度达到 120r/min 以上时，速度继电器 KS2 动合触点闭合，为停车制动做好准备。若要 M1 停车，就按 SB1，则中间继电器 KA1 和接触器 KM3 断电释放，KM3 动合触点（19 区）断开，KM1 线圈断电释放，KM4 线圈也断电释放。由于 KM1 和 KM4 主触点断开，因此电动机 M1 断电作惯性运转。紧接着，接触器 KM2 和 KM4 线圈获电吸合，

KM2 和 KM4 主触点闭合，电动机 M1 串电阻 R 反接制动。当转速降至 120r/min 以下时，速度继电器 KS2 动合触点（21 区）断开，接触器 KM2 和 KM4 断电释放，停车反接制动结束。

如果电动机 M1 反转，当速度达到 120r/min 以上时，速度继电器 KS1 动合触点闭合，为停车制动作好准备。以后的动作过程与正转制动相似，读者可自行分析。

④ 主轴电动机 M1 的高、低速控制：若选择电动机 M1 在低速（△联结）运行，可通过变速手柄使变速行程开关 SQ（13 区）处于断开位置，相应的时间继电器 KT 线圈断电，接触器 KM5 线圈也断电，电动机 M1 只能由接触器 KM4 接成△联结。

如果需要电动机在高速运行，应首先通过变速手柄使限位开关 SQ 压合，然后按正转起动按钮 SB2（或反转起动按钮 SB3），KA1 线圈（反转时为 KA2 线圈）获电吸合，时间继电器 KT 和接触器 KM3 线圈同时获电吸合。由于 KT 两副触点延时动作，故 KM4 线圈先获电吸合，电动机 M1 接成△低速起动，一段时间后 KT 的动合触点（22 区）延时断开，KM4 线圈断电释放，KT 的动断触点（23 区）延时闭合，KM5 线圈获电吸合，电动机 M1 成YY联结，以高速（空载时为 3000r/min ）运行。

⑤ 主轴变速及进给变速控制：该机床主轴的各种速度是通过变速操纵盘以改变传动链的传动比来实现的。主轴在工作过程中要变速，不必按停止按钮，可直接进行变速。设 M1 原来运行在正转状态，速度继电器 KS2（21 区）早已闭合。将主轴变速操纵盘的操作手柄拉出，与变速手柄有机械联系的行程开关 SQ3 不再受压而断开，KM3 和 KM4 线圈先后断电释放，电动机 M1 断电，由于行程开关 SQ3 动断触点（15 区）闭合，KM2 和 KM4 线圈获电吸合，电动机 M1 串接电阻 *R* 反接制动。速度继电器 KS2（21 区）动合触点断开后，M1 停车，便可转动变速操纵盘进行变速。变速后，将变速手柄推回原位，SQ3 重新压合，接触器 KM3、KM1 和 KM4 线圈获电吸合，电动机 M1 起动，主轴以新选定的速度运转。

变速时，若因齿轮卡住手柄推不上时，此时变速冲动行程开关 SQ6 被压合，速度继电器的动断触点 KS2（15 区）已恢复闭合，接触器 KM1 线圈获电吸合，电动机 M1 起动。当速度高于 120r/min 时，KS2 动合触点（15 区）又断开，KM1 线圈断电释放，电动机 M1 又断电。速度达到 120r/min 时，KS2 动断触点又闭合了，从而再次接通低速旋转电路而重复上述过程。这样，主轴电动机就被间歇地起动和制动而低速旋转，以便齿轮顺利啮合。直到齿轮啮合好，手柄推上后，压下行程开关 SQ3，松开 SQ6 ，将冲动电源切断。同时，由于 SQ3 的动合触点（13 区）闭合，主轴电动机起动旋转，主轴获得所选定的转速。

进给变速的操作和控制与主轴变速的操作和控制相同，只是在进给变速时，拉出的操作柄是进给变速器操纵盘的手柄，与该手柄有机械联系的是行程开关 SQ4，进给变速冲动的行程开关是 SQ5。

2）快速移动电动机 M2 的控制：主轴的轴向进给、主轴箱（包括尾座）的垂向进给、工作台的纵向和横向进给等的快速移动，是由电动机 M2 通过齿轮、齿条等来完成的。将快速手柄扳到正向快速位置时，压合行程开关 SQ8，接触器 KM6 线圈获电吸合，电动机 M2 正转起动，实现快速正向移动。将快速手柄扳到反向快速位置，行程开关 SQ7 被压合，KM7 线圈获电吸合，电动机 M2 反向快速移动。

3）联锁保护装置：为了防止在工作台或主轴箱自动快速进给时又将主轴进给手柄扳到自动快速进给的误操作，采用了与工作台和主轴箱进给手柄有机械连接的行程开关 SQ1（在工作台后面）。当上述手柄扳到工作台（或主轴箱）自动快速进给的位置时，SQ1 被压断开。同样，在主轴箱上还装有另一行程开关 SQ2，它与主轴进给手柄有机械连接，当这个手柄动作时，SQ2 也受压分断。电动机 M1 和 M2 必须在行程开关 SQ1 和 SQ2 中有一个处于闭合状态时，才可以起动。如果工作台（或主轴箱）在自动进给（此时 SQ1 断开）时，再将主轴进给手柄扳到自动进给位置（SQ2 也断开），那么电动机 M1 和 M2 便都自动停车，从而达到联锁保护的目的。

六、滚齿机电气控制电路

图 3-23 所示为 Y3150 滚齿机电气控制原理图，由电动机正反点动、单向起动及限位装置三个环节组成。

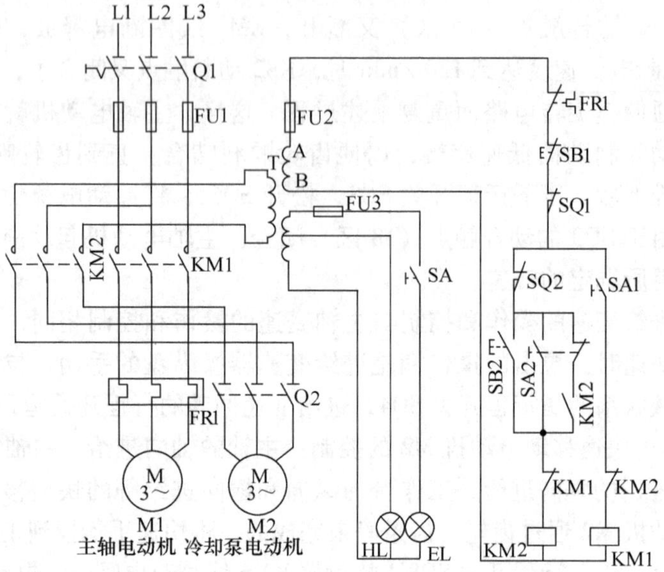

图 3-23　Y3150 滚齿机电气控制原理图

1. 电路原理图

如图 3-23 所示，M1 是主轴电动机，由交流接触器 KM1、KM2 控制刀架上下移动。M2 是冷却泵电动机，由转换开关 Q2 控制。

2. 工作过程分析

（1）主电路　合上电源开关 Q1，按下起动按钮 SB2，接触器 KM2 线圈得电，KM2 主触点闭合，并有辅助触点 KM2 闭合自锁，电动机 M1 带动刀架向下移动工作。直至加工工序结束，刀架撞块与终点开关 SQ2 相碰，电动机自动停止。

（2）控制电路　按下 SB2 起动按钮后，电路的路径如下：

由电源 A 端→热继电器 FR1→停止按钮 SB1→限位开关 SQ1→SQ2→SB2→KM1→KM2 线圈→电源 B 端。

若需刀架向上移动可按点动按钮 SA1，则接触器 KM1 线圈直接得电，KM1 主触点闭合，电动机正向运转，刀架向上移动。其控制回路如下：由电源 A 端→热继电器 FR1→停止按钮 SB1→限位开关 SQ1→点动按钮 SA1→联锁动断触点 KM2→线圈 KM1→电源 B 端。

若需刀架向下移动，可按点动按钮 SA2，则接触器线圈 KM2 直接得电，KM2 主触点闭合，电动机反向运转，刀架向下移动，其控制回路如下：由电源 A 端→热继电器 FR1→停止按钮 SB1→限位开关 SQ1→SQ2→点动按钮 SA2→联锁动断触点 KM1→线圈 KM2→电源 B 端。

若需冷却泵电动机运转，只要合上转换开关 Q2 即可。

若需停机，只要按下停止按钮 SB1 即可。

这里要注意以下几点：

1）若限位开关 SQ1 断开，机床就无法工作，这时必须摇动机械手柄把滚刀架摇到限位开关与撞块离开后才能正常工作。

2）SQ2 是终点开关，工件加工完毕后就能自动停车。

3）冷却泵电动机只有在主轴电动机起动后才能用转换开关 Q2 操作。

图 3-23 中热继电器 FR1 用于主轴电动机过载保护。熔断器 FU1 用于整个电路短路保护，熔断器 FU2 用于指示照明线短路保护。Y3150 滚齿机电气控制电路电器元件见表 3-5。

表 3-5　Y3150 滚齿机电气控制电路电器元件表

代号	名　称	代号	名　称
Q1	总电源开关	SB1	停止按钮
Q2	冷却泵开关	SB2	起动按钮
M1	主轴电动机	SA1	刀架向上按钮
M2	冷却泵电动机	SA2	刀架向下按钮
KM1	交流接触器	SQ1	极限开关
KM2	交流接触器	SQ2	终点开关
FR1	热继电器	EL	指示灯
FU1	熔断器	HL	工作照明灯
FU2	熔断器	SA	照明灯开关
T	变压器		

第四节　信号电路图

信号电路用来指示一次电路的工作状态和一次设备的运行情况。在6～10kV变配电所中，按信号电路的不同用途，常用的有位置信号、事故信号和预告信号三种。

一、位置信号

位置信号用来显示断路器或隔离开关的正常工作位置状态，一般用绿灯亮表示电源有电及断路器或隔离开关在分闸位置；用红灯亮表示断路器或隔离开关在合闸位置。

二、事故信号

事故信号用来显示运行设备在电路发生事故时的工作状态。当运行设备发生故障、继电保护使断路器分闸时，绿灯闪光，继电器的“掉牌未复归”光字牌亮，同时由事故信号声响装置蜂鸣器立即发出声响；当断路器自动故障合闸时，红灯闪光，同时，光字牌亮，蜂鸣器立即发出声响。

三、预告信号

预告信号用于一次设备出现不正常运行状态或故障初期时发出报警信号。例如，中性点不接地的电力系统发生单相接地故障时，我国有关规程规定，可允许继续运行2h，但必须同时通过系统中装设的单相接地保护或绝缘监察装置发出报警信号或指示，以提醒值班人员注意并由运行维修人员立即采取措施，查找和消除接地故障；超过2h后，若单相接地故障仍未消除，则应将此故障线路切除。又如，电力变压器过负荷、轻气体动作等异常状态，由预告信号装置光字牌亮，警铃发出声响。在声响发出后，应手动或自动及时切断声响回路，使声响解除，以免干扰值班人员及运行维修人员进行处理；而光字牌显示仍应保留，直到异常状态消除为止。

四、图例分析

1. 采用手动操动机构的断路器交流控制电路及其信号系统

如图 3-24 所示，断路器 QF 未合闸而电源有电时，绿色指示灯 HLG 经限流电阻 R1 及动断触点 QF（1、2 点）构成回路，HLG 灯亮；当 QF 合闸时，断路器动合触点 QF（3、4 点）闭合，红色指示灯 HLR 经电阻 R2，QF（3、4 点）及跳闸线圈 YR 构成回路，HLR 灯亮，与此同时 QF（1、2 点）断开，HLG 灯灭。由于电阻 R2 有限流作用，YR 虽通电但不会作用于 QF 跳闸。当一次电路发生短路故障时，电流继电器 KA 触点闭合，经 QF（3、4 点）和 YR 构成回路，YR 作用于断路器跳闸，QF（1、2 点）闭合，绿灯 HLG 亮，红灯 HLR 灭。

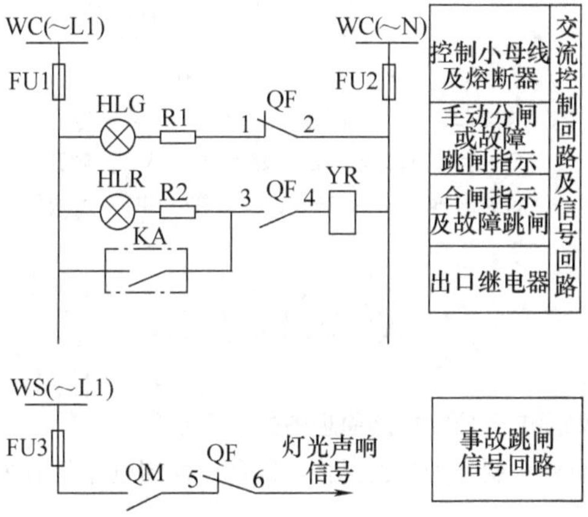

图 3-24　采用手动操动机构的断路器控制电路及其信号系统

WC—控制小母线　WS—信号小母线　HLG—绿色指示灯

HLR—红色指示灯　R1、R2—限流电阻　YR—跳闸线圈（脱扣器）

QF1 ~ 6—断路器辅助触点　QM—手动操动机构辅助触点

2. 断路器事故跳闸直流信号电路

如图 3-25 所示，当断路器事故跳闸时，其辅助动断触点 QF（7、

8点）闭合，蜂鸣器HA经中间继电器动断触点KM（1、2点）和控制开关SA的两对触点、QF（7、8点）及熔断器FU2构成闭合回路，发出声响信号；按下声响解除按钮SB2，中间继电器KM线圈通电，其动合触点KM（3、4点）闭合，并经SA、QF（7、8点）及FU2回路自锁，而动断触点KM（1、2点）断开，蜂鸣器HA回路被切断，声响解除。SB1为声响试验按扭。

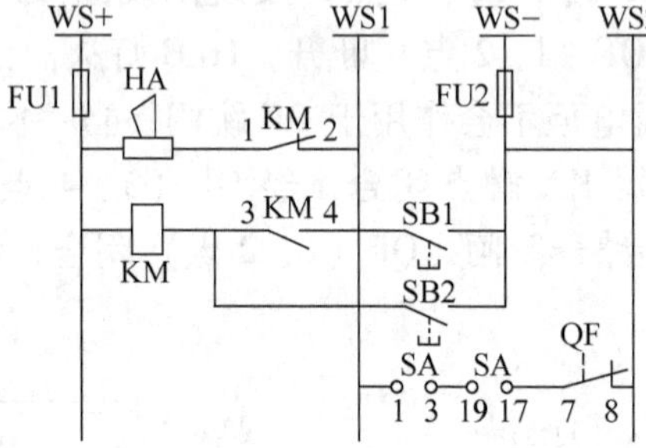

图3-25 断路器事故跳闸直流信号电路

WS—信号小母线 HA—蜂鸣器 SA—控制开关

KM—中间继电器 SB1—声响试验按钮 SB2—声响解除按钮

复习思考题

1. 绘制、识读电气控制电路原理图的原则是什么？

2. 什么叫自锁控制？为什么说接触器自锁控制电路具有欠电压和失电压保护？

3. 电动机控制电路中能否用热继电器来实现短路保护？为什么？

4. 在接触器控制的正反转电路中，为什么必须在控制电路中接入联锁触点？

5. 什么叫减压起动？常用的减压起动方法有哪几种？

6. 在控制电路原理图中，有哪些规定？

7. 为什么在控制电路图中，已采用了触点联锁，还要采用按钮联锁？

8. 什么叫电力制动？常用的电力制动有哪几种？简要说明各种制动的原理。

9. 点动控制与长动控制有什么区别？

10. 什么叫电动机的多地控制？其电路特点是什么？

11. 分别简述反接制动与能耗制动的制动原理。

12. 简述采用双速电动机调速的原理。

13. 欲使电动机在低速阶段运行的时间长一点，应调整什么器件？如何调整？

14. 行程开关控制的线路能否改用时间继电器控制？为什么？

15. 常用的调速方法有哪些？其中哪种调速方法最简单实用？

16. 试画出能在两地控制同一台电动机正反转的点动控制电路？

17. CA650 型卧式车床中，若发现主轴电动机 M1 只能点动，可能的故障原因是什么？在此情况下，冷却泵电动机能否正常工作？

18. CA650 型卧式车床是采用什么调速的？

19. CA650 型卧式车床的主要运动是什么？辅助运动是什么？

20. CA650 型卧式车床电气控制电路中对 M3 为什么未进行过载保护？

21. M7120 型平面磨床为什么要采用电磁吸盘？如果没有，可能出现什么情况？

22. 简述 M7120 型平面磨床中电磁吸盘的退磁原理。

23. M7120 型平面磨床的充磁为什么采用长动功能？如果采用点动，会有什么后果？

24. Z3040 型钻床的摇臂升降时，按什么样的顺序动作？

25. X62W 型万能铣床电气控制电路主要采用了哪些联锁？如何实现的？

26. 对 X62W 型万能铣床主轴有哪些电气要求？

27. 简述 X62W 型万能铣床主轴制动过程。

28. 简述 X62W 型万能铣床主轴（或进给）变速冲动过程。

29. X62W 型万能铣床的工作台是怎样实现快速移动的？

30. T68 型镗床的主运动、进给运动、辅助运动分别是什么？

31. 简述 T68 型镗床主轴电动机的反转过程。

32. 简述 T68 型镗床主轴电动机 M1 高速运行的控制过程。

33. T68 型镗床可以在运转过程中变速，试简述主轴的变速控制过程。

34. T68 型与 X62W 型机床的变速控制有什么异同？

35. 试说明 T68 型与 X62W 型机床控制电路各有什么特点。

36. 试说明 Y3150 型滚齿机的工作特点。

第四章

供电系统电气图识读

培训学习目标 掌握工厂供配电系统常用电气图的要求、接线方式、特点及其应用场合，进一步熟悉有关电气符号，能识读常用的电气主接线图和二次接线图。

第一节 高、低压供配电系统概述

一、变电所与配电所

变电所的任务是接受电能、变换电压和分配电能，而配电所只担负接受电能和分配电能的任务，所以两者是有区别的。变电所比配电所多变换电压的任务，因此变电所有电力变压器，而配电所除了可能有自用电变压器外是没有其他电力变压器的。

变电所和配电所的相同之处在于：一是都担负接受电能和分配电能的任务；二是电气线路中都有引入线（架空线或电缆线）、各种开关电器（如隔离开关、刀开关、高低压断路器）、母线、互感器、避雷器和引出线等。

二、电力系统和电力网

从发电厂到用户的供电过程如图 4-1 所示。

由不同电压等级的电力线路，将各种发电厂、变电所和电力用户联系起来组成的发、输、变、配、用电的整体，叫做电力系统。

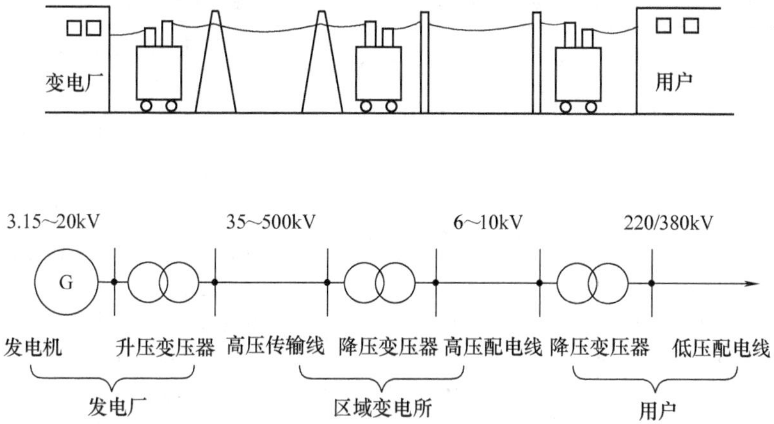

图 4-1　从发电厂到用户的供电过程示意图

电力系统中各级电压线路及其联系的变配电所，叫做电力网，简称电网。由此可见，电网只是电力系统的一部分，它与电力系统的区别在于不包括发电厂和电能用户。

三、电力系统的电压及工厂常用电压

电压和频率是衡量电力系统电能质量的两个基本参数。电气设备在其额定电压和额定频率条件下工作时，其综合经济效果最好。因此，电力系统中的所有电气设备都规定了一定的工作电压等级。

1. 三相交流电网和电力设备的额定电压

国家标准规定的三相交流电网和电力设备的额定电压见表 4-1。

（1）电网（电力线路）的额定电压 U_{NW}　电网的额定电压等级是国家根据国民经济发展的需要及电力工业的水平，经全面的技术经济分析后确定的，它是确定各类电力设备额定电压的基本依据。

（2）用电设备的额定电压 U_{NL}　用电设备的额定电压规定为与供电电网相同，即 $U_{NL}=U_{NW}$。

（3）发电机的额定电压 U_{NG}　发电机的额定电压高于所供电网电压的 5%，即 $U_{NG}=1.05\ U_{NW}$。

表 4-1 我国三相交流电网和电力设备的额定电压

分类	电网和用电设备额定电压/kV	发电机额定电压/kV	电力变压器额定电压/kV	
			一次绕组	二次绕组
低压	0.22	0.23	0.22	0.23
	0.38	0.40	0.38	0.40
	0.66	0.69	0.66	0.69
高压	3		3 及 3.15	3.15 及 3.3
	6		6 及 6.3	6.3 及 6.6
	10	3.15	10 及 10.5	10.5 及 11
		6.3	13.8，15.75，18，20	
		10.5	22，24，26	
	35	13.8，15.75，18，20	35	38.5
		22，24，26		
	110		110	126
	220		220	252
	330		330	362
	500		500	550

（4）电力变压器的额定电压 U_{NT}

电力变压器额定电压
- 一次绕组
  - 与发电机直接相连 $U_{1NT}=U_{NG}=1.05U_{NW}$
  - 与输电线路末端相连 $U_{1NT}=U_{NW}$
- 二次绕组
  - 供电线路较长（如较大容量的高压电网）$U_{2NT}=1.1U_{NW}$
  - 供电线路不长（如容量较小的低压电网）$U_{2NT}=1.05U_{NW}$

其示意图如图 4-2 所示。

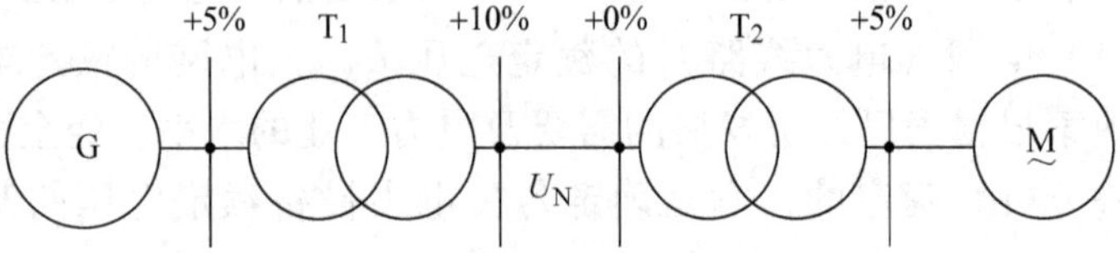

图 4-2 电力变压器的额定电压

2. 工厂常用电压

工厂常用电压分为以下几种：

（1）用电设备常用电压 常用的用电设备如动力、照明、电焊、电热、空调等，都为低压设备，其额定电压为220V或380V；少数高压电动机的额定电压为6kV。由此决定了供电、变电的额定电压。

（2）电网电压　供电给工厂的区域变电所的输电线路多数为10kV，只有供电距离远或负荷容量大时，才用35kV。这就决定了工厂降压电力变压器的一次侧额定电压为10kV或35kV。

（3）自发电设备电压　区域变电所的输电线路因检修或调节负荷往往要停电，工厂在用电高峰或季节性负荷（如夏季的风扇、空调）多时电力不足需要弥补，因此，一般工厂都配备自发电装置。

常用的低压柴油发电机额定电压为400V，可经母线及低压配电线路直接供给低压220/380V[⊖]。用电设备，也有经升压变压器（一次绕组 U_{1NT} = 0.4kV，二次绕组 U_{2NT} = 10.5kV）输电至高压配电所，然后由配电所各引出线输电给各车间变电所。

通常高压发电机额定电压为6.3kV，可直接输电给工厂6kV高压电动机，并经升压变压器（一次绕组 U_{1NT} = 6.3kV，二次绕组 U_{2NT} = 10.5kV）输电至10kV（或35kV）高压变配电所，然后经变配电所各引出线输电到各车间变电所。

四、电力负荷的分级及其对供电电源的要求

1. 负荷分级

根据电力负荷的重要性和中断供电在政治、经济上所造成的损失或影响程度，电力负荷分为以下三级。

（1）一级负荷

1）中断供电将造成人身伤亡者。

2）中断供电将在政治、经济上造成重大损失者。如：重大设备损坏、重大产品报废、用重要原材料生产的产品大量报废、国民经济中重点企业的连续生产过程被打乱并需要长时间才能恢复等。

3）中断供电将影响有重大政治、经济意义的用电单位的正常工作者。如：重要铁路枢纽、重要通信枢纽、重要宾馆、经常用于国

⊖ 按国家标准GB156—2003额定电压规定“220/380V”的斜线“/”左边（220V）为三相线路的相电压，右边（380V）为线电压，与习惯注法“380/220V”相反。

际活动的场所及大量人员集中的公共场所等用电单位中的重要电力负荷。

(2) 二级负荷

1) 中断供电将在政治、经济上造成较大损失者。如：主要设备损坏，大量产品报废，连续生产过程被打乱需较长时间才能恢复，重点企业大量减产等。

2) 中断供电将影响重要用电单位的正常工作者。如：铁路枢纽、通信枢纽等用电单位中的重要电力负荷，以及中断供电将造成大型影剧院、大型商场等大量人员集中的重要的公共场所秩序混乱者。

(3) 三级负荷　不属于一级和二级负荷者。

2. 供电要求及措施

一般中小型机械类工厂都属于二、三级负荷。

二级负荷也属重要负荷，只是与一级负荷相比其中断供电所造成的后果没有那么严重。然而，二级负荷包括的范围要比一级负荷广。故对二级负荷要求做到：当电力变压器发生故障或电力线路发生常见故障时不致中断供电，或中断后能迅速恢复供电。因此，通常要求双回路供电，供电变压器应有两台，但两台不一定在同一变电所。只有当负荷较小或当地供电条件困难时，才允许有一次6~10kV及以上的专用架空线供电。当供电线路从配电所引出采用电缆段时，要求采用两根电缆，每根电缆要能承受全部二级负荷且互为“热备用”，即同时处于运行状态。

三级负荷对供电电源无特殊要求。

电力负荷的等级及其对供电的要求，将直接关系到电气主接线的设计及继电保护等装置。

五、电力系统中性点的连接方式

电力系统中性点的连接方式，直接关系到电气主接线及二次回路的继电保护、监察、指示回路的设置。

电力系统中的电源（包括发电机和电力变压器）中性点有三种连接方式：中性点不接地、中性点经消弧线圈接地、中性点直接接地。

中小型工厂常用中性点不接地和直接接地两种方式。

（1）中性点不接地的电力系统　我国 3～63kV 的电力系统大多数采用中性点不接地的连接方式。只有当系统单相接地电流大于一定数值时（3～10kV，大于 30A 时；20kV 及以上，大于 10A 时）才要求采取中性点经消弧线圈接地的方式。而一般采用 10kV、35kV 供电电压的中小型工厂，其单相接地电流大多不会超过规定值。

当中性点不接地的电力系统发生单相接地时，没有单相短路电流（因中性点不接地，不构成单相回路）；故障相（接地相）电压接近为零，而非故障相的相电压升高为线电压，但系统的三个线电压无论量值大小及相位都没有发生变化，因此系统内的所有设备仍然照常运行。为了防止故障扩大，按规定只可允许暂时继续运行 2h，但同时必须通过系统中装设的单相接地保护或绝缘监察装置发出报警信号或指示，以提醒值班人员注意，要求运行维修人员立即采取措施，查找和消除接地故障。超过 2h 未消除故障时，应跳闸断开故障电路。

（2）中性点直接接地的电力系统　图 4-3 所示为中性点直接接地的电力系统在一相接地时的情形。这种系统发生一相接地时即造成单相短路，其单相短路电流 I_K 比线路的正常负荷电流要大许多倍，将作用于线路断路器跳闸或熔断器熔断，将短路故障部分切除。中性点直接接地系统在发生一相接地时，其他两相对地电压不会升高。因此，这种系统中的供用电设备的绝缘只要按相电压考虑即可。

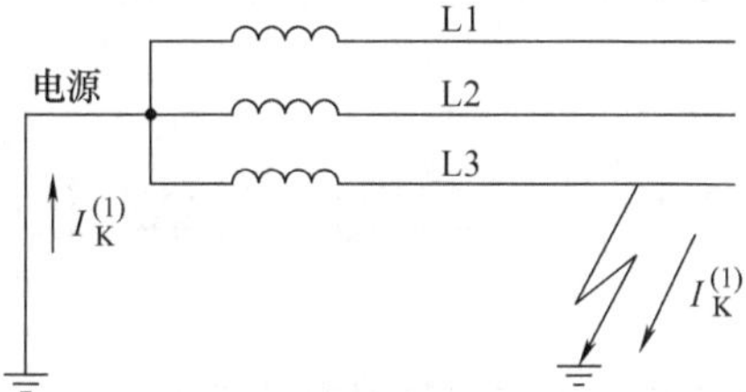

图 4-3　中性点直接接地的电力系统发生一相接地时的情形

工厂中最为普遍使用的 220/380V 三相四线制低压供电系统，即是属于中性点直接接地系统。

六、工厂供电系统

从电源进厂起到所有用电设备输入端止的整个电路，即包括电源进厂后的线路，变配电所、各引出线路及至负载引入端各部分。

七、母线

变配电所有几路、十几路甚至更多的引出线，它们都是从主变压器获得电能。为使众多的接线不致紊乱，必须采用母线。

母线是汇集和分配电能的导线，又称为汇流排。按材料不同，还可称为“铜排”、“铝排”。连接各进出线的母线称为主母线，其余的为分支母线。有无母线及母线的结构，是电气主接线形式的核心问题。

八、内线工程与外线工程

根据电气设计及施工安装内容的不同，电气工程可分为内线工程和外线工程两大类。

(1) 内线工程　内线工程包括变配电系统、动力系统、照明系统、防雷接地系统、广播系统、共用天线电视系统、电话工程系统、空调配电系统、消防系统、防盗保安系统等。

(2) 外线工程　外线工程包括架空线路、电缆线路、室外电源配电线路等。由于不同工厂供电系统的负荷等级、容量、规模、电源电压等级、投资条件等相差很大，因此各电气工程有很大差别。

第二节　供电系统主接线图

一、变配电所电气主接线及其基本形式

变电所的电气主接线是变电所接受电能、变换电压和分配电能的电路。它表示由地区变电所电源引入→变压→各负载（车间等）的变配电过程，且由引入导线（架空线或电力电缆）、变压器、各种

开关电器、母线、互感器、避雷器等和载流导体连接组成；而配电所只担负接受电能和分配电能的任务，因此，它只有电源引入→各负载两个环节，相应的主接线中无变压器，其他则与变电所相同。

用国家统一规定的电气图形符号、文字符号表示主接线中各电气设备相互连接顺序的图形，就是电气主接线图。电气主接线图一般都用单线图表示，即一根线就代表三相。但在三相接线不同的局部位置要用三线图表示，例如最为常见的接有电流互感器的部位（因为电流互感器的接线方案有一相式、两相式和三相式）。

1. 对电气主接线的基本要求

电气主接线是变配电所电气部分的主体，其接线合理与否，将直接影响供电是否安全可靠，操作是否方便灵活，投资是否经济，运行费用是否节省，它对电气设备的选择、配电装置的布置、继电保护和自动装置的配置，以及土建工程的投资及施工等都有着非常密切的关系。因此，确定电气主接线是变配电所电气设计极为重要的环节和任务。对电气主接线的基本要求是：

（1）安全　符合有关技术规范的要求，能充分保证人身和设备的安全，能避免运行人员的误操作和确保检修工作的安全。

（2）可靠　能满足电力负荷对供电可靠性的要求。

（3）灵活　能适应系统所要求的各种运行方式，操作灵活方便。

（4）经济　在满足以上要求的前提下，应使投资最省、运行费用最低、有色金属消耗量最少。

（5）发展　要考虑近期（5~10年内）负荷发展的可能性。

当然，电气主接线的确定与电力负荷的等级、供配电电压、工程项目的规模、要求及投资条件等因素有相当密切的关联，而且以上基本要求也并非能一一满足，如满足了安全性、可靠性要求则难以满足经济性要求，要考虑经济则可能难以考虑发展的要求。加之有时人为因素影响，因此，确定电气主接线是由多方面因素综合而定的，应进行详细的技术经济比较。

2. 电气主接线的基本形式

变配电所电气主接线的形式较多，其基本形式如下：

- 电气主接线
  - 有母线接线
    - 单母线接线
      - 单母线不分段
      - 单母线分段
        - 隔离开关（负荷开关）分段
        - 断路器分段
        - 分段带旁路母线
    - 双母线主接
      - 具有专用旁路断路器
      - 以母线联络断路器兼作旁路断路器
      - 分段或不分段
  - 无母线接线
    - 桥形接线
      - 内桥形
      - 外桥形
    - 角形接线——一般以四角至六角
    - 单元接线
      - 发电机——变压器单元
      - 变压器——线路单元

对于中小型工厂的变配电所来说，其主接线大多是采用单母线接线，也可能是其中两种基本形式的组合。

现结合中小型工厂变电所的实际情况，分析常用电气主接线基本形式的结构、优缺点及其适用场合。电气主接线应满足的基本要求即是分析各接线优缺点的依据。

（1）单母线不分段　如图 4-4、图 4-5 所示，母线 WB 是不分段的。单母线不分段是最简单的主接线形式，它的每条引入线和引出线中都安装有隔离开关（低压线路为负荷开关）及断路器。

断路器 QF 的作用是正常情况下接通负荷电流，事故情况下切断故障电流（短路电流及超过规定动作值的过负荷电流）。

靠母线侧的隔离开关（或低压负荷开关）称为母线隔离开关，如图 4-4 中的 QS2、QS3，图 4-5 中的 QS1、QS2，它们的作用是隔离电源以检修断路器和母线。靠近线路侧的隔离开关称为线路隔离开关，如图 4-4 中的 QS1、QS4，其作用是防止在检修线路断路器时从用户（负荷）侧反向供电，或防止雷电过电压侵入线路负荷，以保证设备和人员的安全。按设计规范，对 6 ~ 10kV 的引出线，有电压反馈可能的出线回路及架空出线回路，都应装设隔离开关。

单母线不分段接线简单，投资经济，操作方便，引起误操作的机会少，安全性较好，而且使用设备少，便于扩建和使用成套装置。但其可靠性和灵活性较差，因为当母线或任何一组母线隔离开关发生故障时，都将会因检修而造成全部负荷停电。因此，它只适用于三类负荷，即出线回路数不超过五个及用电量不大的场合。

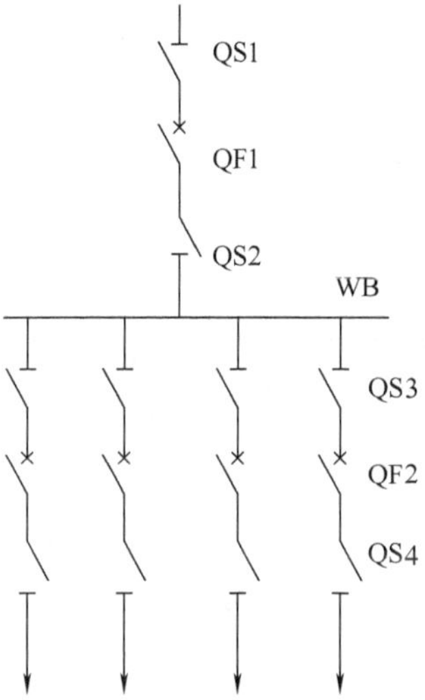

图4-4　单母线不分段接线示例之一

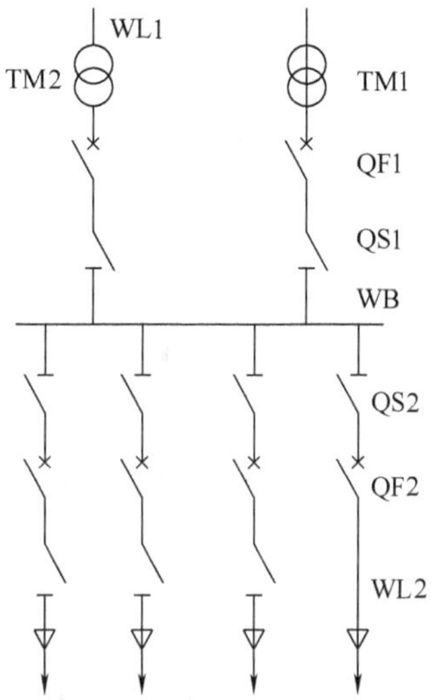

图4-5　单母线不分段接线示例之二

（2）单母线分段　图4-6所示为用断路器（或隔离开关）分段的单母线接线图。

这种接线的母线中部用隔离开关或断路器分段，每一段接一个或两个电源，每段母线有若干引出线至各车间。

1）采用隔离开关分段的单母线分段可靠性较高。因为，当某一段母线或该母线段隔离开关发生故障时，可以分段检修而只影响故障段母线的供电，且经过倒闸操作切除故障段，无故障段可以继续运行；另外，对重要负荷可由两段母线即两个电源同时供电。

2）采用断路器分段的单母线分段与采用隔离开关分段一样，提高了供电可靠性，但它比用隔离开关分段可靠性更高。当一段母线发生故障时，分段断路器由继电保护装置动作能自动将故障段切除，保证正常段母线的不间断供电，而不致于造成双母线段供电的重要负荷停电。

无论是采用隔离开关分段还是断路器分段，在母线发生故障或检修时，都不可避免地使该段母线的用户停电。检修单母线接线引出线的断路器时，该路负荷也必须停电。

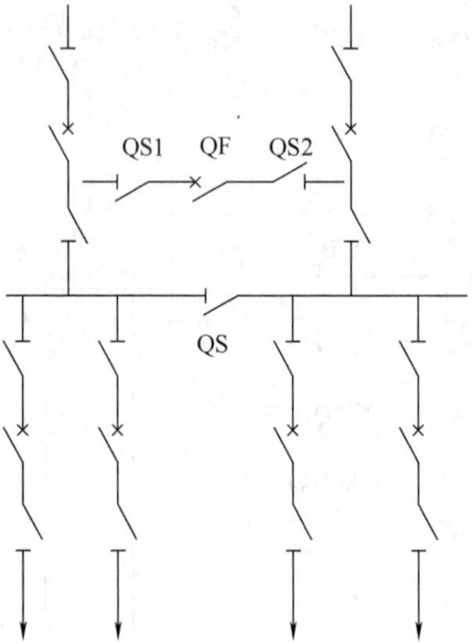

图 4-6　用断路器或隔离开关分段的单母线接线图

由此可见，单母线分段比单母线不分段提高了供电可靠性和灵活性，但它的接线（尤其是采用断路器分段）比不分段复杂，投资较多，供电可靠性还不够高。

这种接线一般适用于三级负荷及二级负荷，但如果采用互不影响的双电源供电，用断路器分段则适用于对一、二级负荷供电。

（3）桥形接线　高压用户如果采用双回路高压电源进线，有两台电力变压器终端或总降压变电所母线的连接，则采用桥形接线，如图 4-7 所示。因为它是连接两个 35～110kV 变压器组的高压侧，呈桥状，所以称之为桥形（或桥式）接线。根据连接“桥”的位置不同，分为内桥形和外桥形两种。

1）内桥形接线：如图 4-7a 所示，接线桥位于线路断路器 QF1、QF2 与主变压器 TM1、TM2 之间。

内桥形接线可以提高输配电线路（WL1 和 WL2）运行方式的灵活性。例如，当 WL1 因故检修时，断开 QF1，变压器 TM1 可以由

WL2 经连接桥继续供电。同理，断路器 QF1 或 QF2 需要检修时，利用“桥”的作用，使两台电力变压器 TM1、TM2 均能保持正常运行。如果 TM1 发生故障或检修时，经倒闸操作拉开 QS1，再合 QF1、QF6，就可恢复供电。

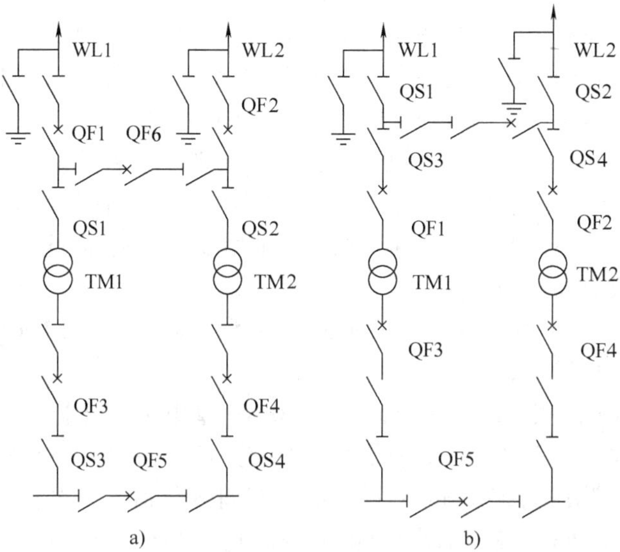

图 4-7　桥形接线

a）内桥形　b）外桥形

内桥形接线适用于电源线路较长、线路故障率较高而变压器不需经常切换的总降压变电所，其供电可靠性和灵活性较好，适用于一、二级负荷。

2）外桥形接线：如图 4-7b 所示，这种接线的“桥”靠近线路一侧，“桥”的断路器 QF5 安装在变压器断路器 QF1、QF2 的外面，故称为外桥形。

外桥形接线对变压器回路操作较方便，但对电源进线侧的操作不便。它适用于供电线路比较短、线路故障率较低而变压器因负荷变动大而需要经常切换的一、二级负荷用电系统。

二、车间变电所电气主接线

车间变电所的电气主接线相当简单，它是将6～10kV高压降为一般用电设备所需要的低压220/380V。通常主变压器的容量在1000kV·A以下，台数多为一台，少数为二台。

对于建有工厂总降压变电所或高压配电所的车间变电所，用于控制变压器的高压开关及其保护装置和测量仪表等，通常都装设在高压配电线路的首端，即工厂总降压变电所或高压配电所的6～10kV高压配电室里，而车间变电所的高压侧一般不装开关设备，或为方便、安全、可靠起见，只装设简单的隔离开关、熔断器或跌开式熔断器等（也有少数在室内装负荷开关加熔断器的）。因此，这类车间变电所没有高压开关柜。

图4-8（见文后插页）所示为某中型机械厂二车间10kV变电所的电气主接线图。

该车间变电所采用一台S9—630/10型电力变压器，将工厂总降压变电所（35/10kV）的10kV电源经YJV29—10—3×50电力电缆引入，降压为220/380V后供电给车间各负荷。该主接线形式为单母线不分段。变压器高压侧的负荷开关FN3—10R/400，具有简单的灭弧装置，可以通断一定的负荷电流和过负荷电流，但不能断开短路电流，因此，它必须同熔断器（图中RN3—10/75型）串联使用。

变压器降压后，电能经PGL2—06C—01屏汇集到220/380V母线，然后由三台PGL2—28—05低压配电屏的六回引出线分别供电给容量较大的动力负荷，经PGL2—27（改）屏供电给各照明负荷（按供电规范，动力用电与照明用电应分开供电并分别计量）。两台PGJ1—1型无功功率自动补偿屏，是为提高功率因数而设置的。

另外，图示列出了技术说明和主要电气设备材料明细表，加上右下方的标题栏（图中因图面限制，未予画出），就是一张完整的电气主接线图了。

一般，车间变电所和小型工厂变电所的电气主接线图中，把各引出线上所需配置的测量仪表（电流表、电压表、功率表、功率因数表及电能表，其配置方法见第三章第一节）一并画出，以完整表达，给订货及运行等提供依据。因图面限制，各测量仪表未予标明。

三、小型工厂变电所电气主接线

小型工厂变电所是将 6～10kV 高压降为 220/380V 的终端变电所，其主接线也比较简单。一般用 1～2 台主变压器。

小型工厂变电所与车间变电所的主要不同之处在于：①变压器高压侧有计量、进线、操作用的高压开关柜，因此必须有高压开关室。一般高压开关室与低压配电室是分设的，但只有一台变压器，且容量较小的工厂变电所，只有 2～3 台高压开关柜，故允许两者合在一室，但要符合操作及安全规定。②一般来说，小型工厂变电所的电气主接线要比车间变电所复杂（考虑供电的可靠性及自发电等）。

以图 4-9（见文后插页）所示某厂的电气主接线图为例进行说明。

（1）主接线形式　由高低压两大部分可见：10kV 高压侧为单母线隔离插头分段。该厂采用的高压开关柜为新型的 JYN2—10 型交流金属封闭型移开式开关柜，它用钢板弯制焊接而成，由柜体和手车两部分组成。其隔离插头为手车与柜体主电路整体连接器件，相当于隔离开关作用。220/380V 低压母线为单母线经断路器分段。两台主变压器经电力电缆分别与母线Ⅰ、Ⅱ段供电，而Ⅰ、Ⅱ段母线经 PGL2—06C—02 屏的断路器（及为检修时隔离电源用的两 HD13 型负荷开关）联通。

（2）电源　该厂电源由一大型区域变电所（电压 220/35/10kV）的××线经 4km 架空线路取得，进厂后由电缆输入变电所。

（3）高压侧　有五台 JYN2—10 型高压开关柜，其中：Y1 为电压互感器－避雷器柜，供测量电压及防雷保护用；Y2 为通断高压侧电源的总开关柜；Y3 为计量有功电能和无功电能及限电（装有电力定量器）用；Y4、Y5 分别为两台主变压器的操作柜，它装有保护、测量、指示等二次设备。

（4）低压侧　由两台主变压器低压侧将电能引至两段 220/380V

母线，两段低压母线分别经各低压配电屏配电给全厂动力照明及办公、生活用电的各负荷。

该厂低压配电屏采用的是新型的PGL2型交流低压配电屏，它是户内安装、开启式双面维护的成套低压配电装置，作为380V及以下动力、照明配电之用，采用薄钢板和角钢焊接组合而成，它比过去常用的BSL型低压配电屏的技术性能及安全性、可靠性好，当然，价格也要贵些。其中，P1、P2、P9、P14、P15各屏是用来引入电能或分段联络的；P3、P4、P5、P6、P7及P11、P12、P13则分别供给动力、照明用电；P8、P10是为了提高功率因数而装设的PGJ1—2型无功功率自动补偿静电电容器屏。

（5）识读该图的大致步骤　读标题栏→看技术说明→读接线图（由电源到负载，从高压到低压，从左到右，从上到下）→看主要电气设备材料明细表。

“屏内设备”栏列出了各测量仪表名称，限于图面，在接线图中未予画出。

该电气主接线图在负荷计算、功率因数补偿计算、短路电流计算、电气设备选择和校验后才能绘制，它是电气设计计算、订货、安装、制作模拟操作图及变电所运行维护的重要依据。

图4-8及图4-9不仅表示了主电路中所有元件的连接顺序关系，而且把高低压配电装置（柜、屏）安装位置的相互关系也表示了出来。只表示出元件及装置连接关系而并不表示具体安装位置的主电路图，称为系统式主电路图或系统式电气主接线图，如图4-10所示。既表示主电路中各元件及装置的相互连接关系，又表示出其排列、安装位置的主电路图，为装置式主电路图（或装置式电气主接线图）如图4-8、图4-9所示。电气设计中，这两种图都有使用。不过，若只画系统式电气主接线图，为订货及安装起见，还要另外绘制高低压配电装置（柜、屏）的订货图，图中要具体表达出柜、屏的相互位置，详细画出和列出柜、屏内所有一、二次电气设备。很明显，完整的装置式电气主接线图则兼有系统式电气主接线图和柜、屏订货图两者的作用。

四、高压配电所电气主接线

图 4-10 为某中型工厂[⊖]高压配电所电气主接线图。

(1) 主接线形式　该接线为单母线隔离开关分段。

(2) 电源进线　电源进线有两回：WL1 为架空线路（铝绞线 LJ—95），WL2 为电缆线路（ZLL20—6000—3×120），互为备用。

No101 及 No112 为按供电规定必须装设的电源进线专用电能计量柜，实际上它是连接计费电能表的专用电压互感器、电流互感器柜。No102 及 No111 为电源进线柜（内有隔离开关、断路器及控制、保护、测量、信号等二次设备）。按规定，架空线路的末端要装设避雷器防雷，故 WL1 末端装有 FS4—6 型阀型避雷器。

(3) 母线　电压 6kV，用隔离开关 GN 6—10/400 分段，材料型号为 LMY，截面积为 50mm×5mm。

(4) 母线电压互感器－避雷器柜　6kV 系统属于中性点不接地系统，应进行电压测量及单相接地故障绝缘监视，No103 及 No110 柜型号为 GG—1A（F）—54，装有 JDZJ—6、6000/100V，$Y_0/Y_0/\triangle$ 接电压互感器三只；避雷器 FS4—6 则是为防止电源进线端受雷电侵入波余波的影响，对母线侧电气设备造成损坏而装设的。如果是单母线不分段，则 GG—1A（F）—54 柜只需一台即可。

(5) 出线柜　No105 至 No108 柜分别供电给 1 号、2 号、3 号车间变电所（6/0.4kV），均为电缆引出线。各柜中除有隔离开关、断路器、两相式电流互感器外，都安装有控制、测量、保护、指示等二次电路。其中，由于 2 号车间变电所负荷比较重要（或用电容量大），由两段母线同时供电，以保障供电的可靠性。

(6) 高压电动机回路　No109 柜为供电给 6kV 高压电动机的专用柜。

(7) 功率因数的提高　No104 柜引至 6kV 高压电容器室，这是为进行无功功率补偿、提高整个配电所功率因数用的。按规定，高

⊖ 从供电的角度划分，凡总供电容量不超过 1000kV·A 的工厂，可视为小型工厂；超过 1000kV·A 而小于 10000kV·A 的工厂，视为中型工厂；10000kV·A 以上的为大型工厂。

压电容器室必须与高压配电室分开。

图4-10中所有一次线路和一次设备都应标明型号及其主要规格：电力变压器要标明型号、额定容量（kV·A）和一、二次电压、联结组标号（常用Yyn0，即旧符号Y/Y_0—12；Dyn11，即旧符号Δ/Y_0—11）；隔离开关标明型号、电压、额定电流、操动机构型号；高压断路器标明型号、电压、电流、断流容量（MV·A）、操动机构型号；电流互感器要标明型号、额定电压及一、二次电流比；电压互感器要标明型号、额定电压及一、二次电压比、接线方案；所有高压开关柜及低压配电屏除标明其型号、一次线路接线方案外，还应分项标明其中所有一次电气设备的型号和主要技术规格；电力电缆及绝缘导线应标明型号、线芯数和线芯截面积、电压等级。

五、总降压变电所电气主接线

图4-11为某重型机器厂总降压变电所的电气主接线图。

（1）负荷概况　该厂为大型工厂，其中铸钢车间、氧气站、水压机车间及煤气站为一级负荷，其他车间为三级负荷。各车间变电所（STS1～STS 10）的变压器容量（kV·A）及高压电动机的额定功率（kW）均已在图中标明。

（2）厂区配电电压及电源进线电压的确定　由于该厂有多台6kV高压电动机，厂区范围不算大，故确定厂区配电电压为6kV。又因全厂计算负荷为8100kV·A，且该厂距离系统电源12km，超出6kV线路的合理输送功率和距离，因此采用进线电压为35kV。

（3）进线及主变压器台数　因为该厂有相当数量的一级负荷，故采用两路互相独立的35kV线路供电。经负荷计算及技术经济综合分析，确定用两台容量均为8000kV·A的35/6.3 kV降压变压器同时供电。

（4）主接线形式　35kV侧母线为外桥形接线，6kV母线采用单母线断路器分段。35kV侧母线采用外桥形接线是因为该厂负荷变动较大，主变需要经常切换，而电源线路不算长，故障率较低，检修机会较少。6kV侧母线用断路器分段，通过继电保护及自动装置，可自动切断故障母线，电源恢复供电快，提高了供电可靠性。

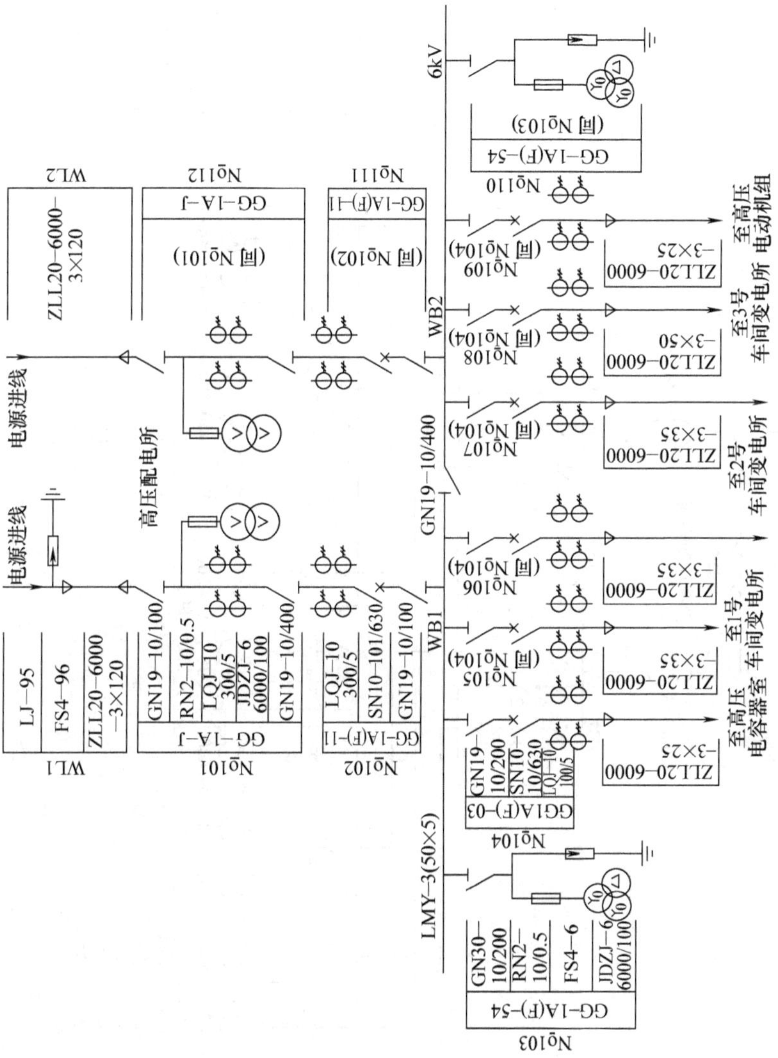

图 4-10　某中型厂高压配电所电气主接线图

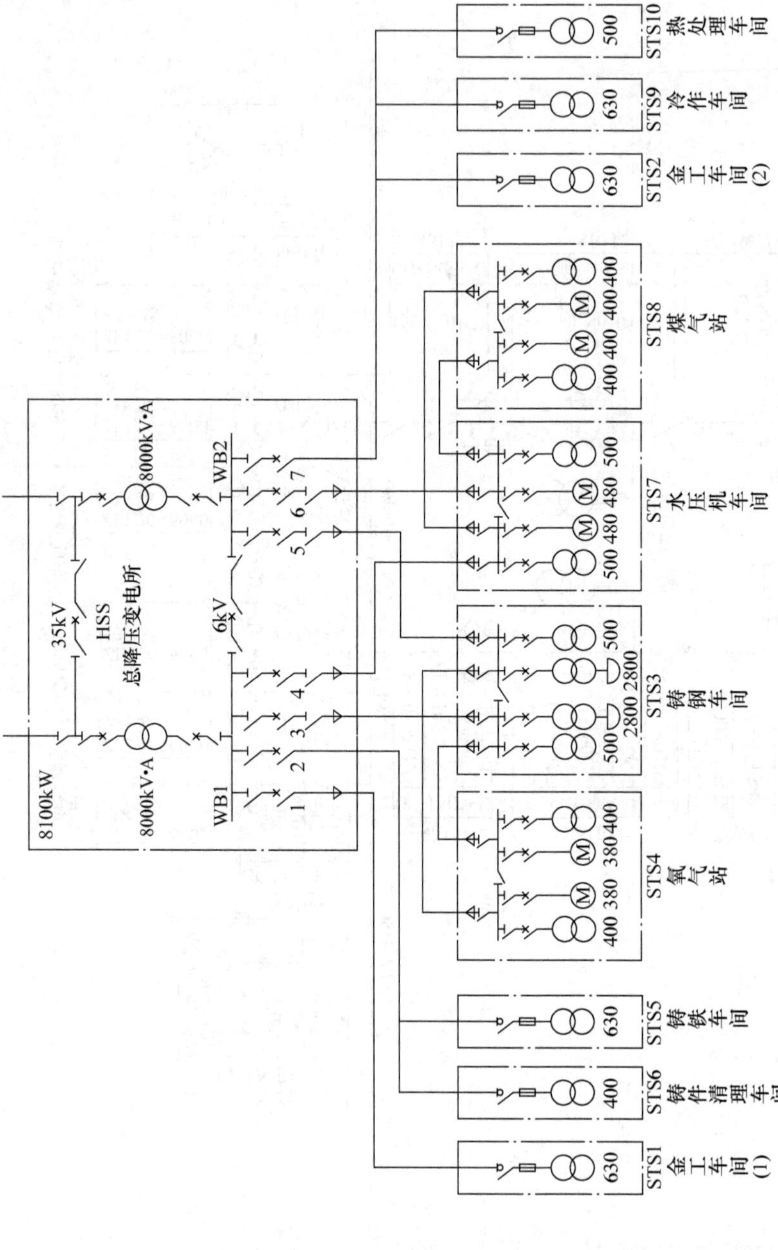

图 4-11 某重型机器厂总降压变电所电气主接线图

六、配电系统的接线方式

工厂高低压配电系统承担厂区内高压（大多为6～10k V）和低压（220/380V）电能传输和分配的任务。配电系统的接线方式有三种基本类型：放射式、树干式和环形。

（1）放射式接线　图4-12及图4-13分别为高、低压放射式接线示意图。其特点是每个用户由独立线路供电；具有供电可靠性较高、运行中互不影响、便于装设自动装置、操作、控制灵活方便等优点；缺点是使用设备多、耗用金属材料多、占地多、投资多、不适应发展，若要增加用户则将增加较多的线路和设备。

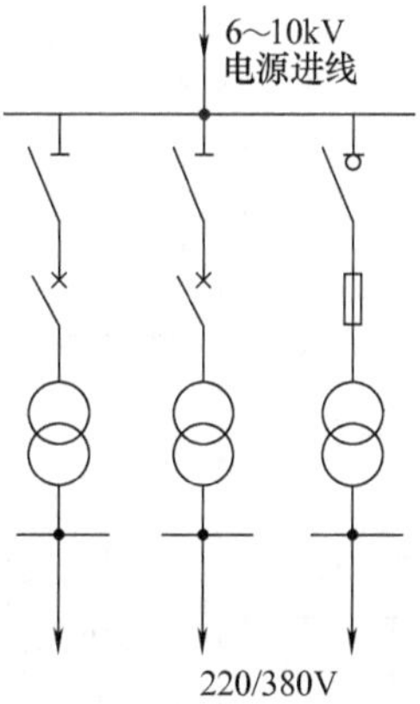

图4-12　高压放射式接线示例

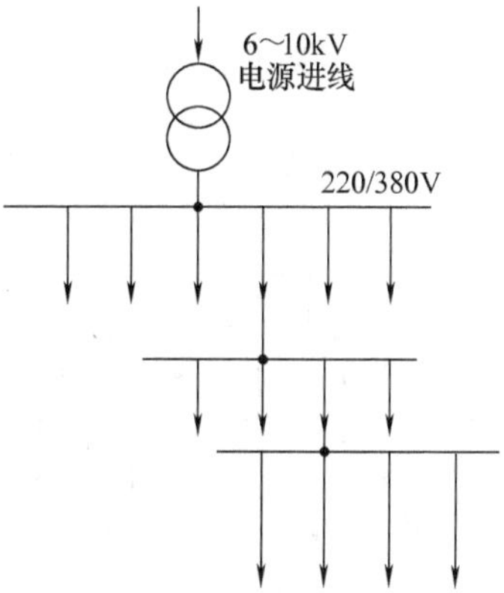

图4-13　低压放射式接线示例

放射式接线适用于离供电点较近、可靠性要求较高的用户（或车间）。它一般只能用于三级负荷。若要提高供电可靠性，可采用双放射式接线，每个用户由两条独立线路供电或增设公共备用干线，这样就可用于二级负荷。

（2）树干式接线　图4-14、图4-15分别为高、低压树干式接线示意图，其特点是多个用户由同一条干线供电。

树干式接线的优点是使用开关设备少，耗用导线、有色金属材料少，投资省，且适于发展，增加用户时不必另外增加线路；缺点是干线发生故障停电时影响范围大，供电可靠性较差，且操作、控制不够灵活方便。

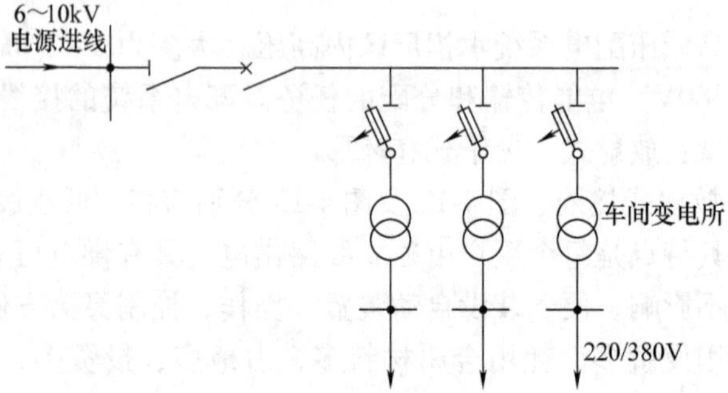

图 4-14　高压树干式接线示例

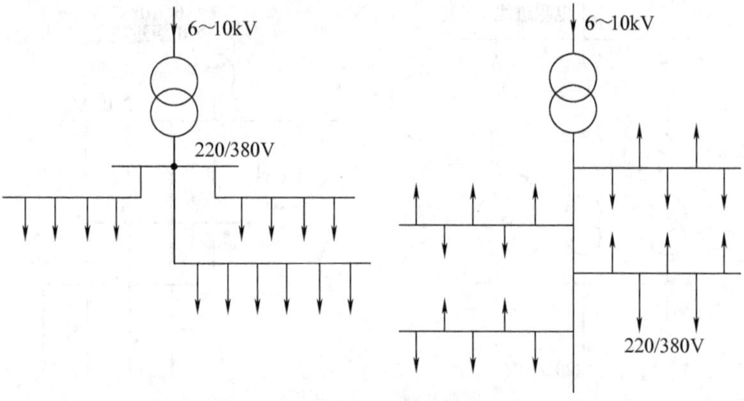

a)　　　　b)

图 4-15　低压树干式接线示例

a）低压母线配电树干式　b）变压器－干线组树干式

树干式接线适用于离供电点较远的容量小且不重要的负荷，厂区内为供电容量小而均匀的三级负荷，如机械加工车间、机修车间等。

（3）环形接线　图 4-16 所示为高压环形接线，其特点是运行灵活，供电可靠性高，但使用开关设备及有色金属材料多，投资高。它适用于一、二级负荷。实际运行中一般采用开环运行方式（如把母线分段隔离开关断开，事故时切换）。

图 4-17 所示为低压环形接线。它将厂区内所有车间变电所的低

压侧通过低压联络线接成环形。其优点是供电可靠性高，任何一段线路发生故障时都不会中断供电，但保护装置比较复杂。使用中一般采用开环运行方式。

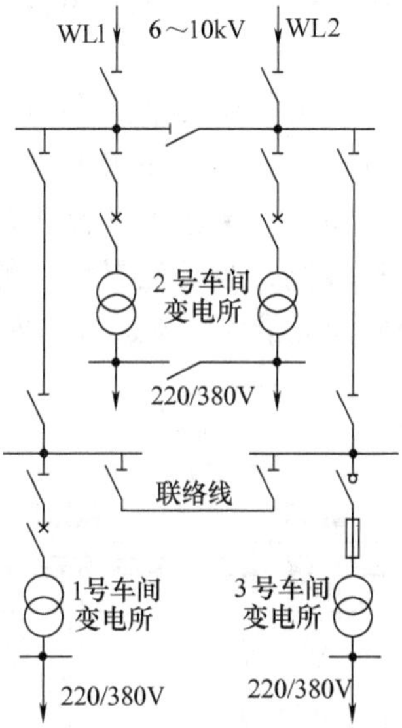

图 4-16　高压环形接线示例

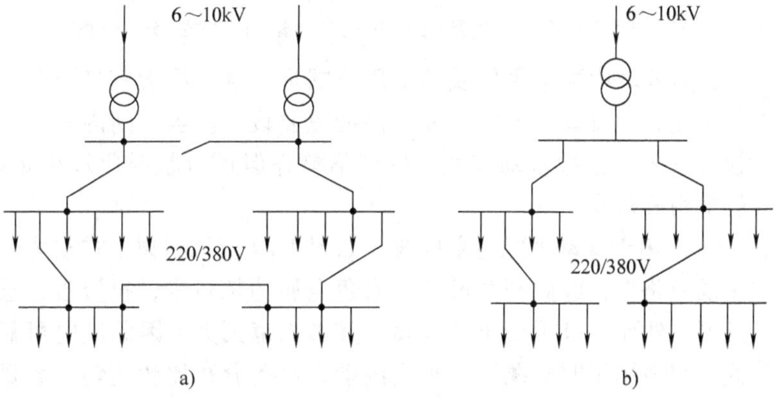

图 4-17　低压环形接线示例

a）两台变压器供电　b）一台变压器供电

环形接线适用于对允许短时间停电的二、三级负荷的供电。

七、动力配电系统主接线

动力用电通常采用380V三相电源供电（有的电焊机为380V两相电源供电）。

动力配电系统的主接线常有三种形式：放射式、树干式和链式。

（1）放射式动力配电主接线　如图4-18所示，放射式动力配电主接线的特点是每个负荷都由单独的线路供电，线路发生故障时影响范围小，因此可靠性较高，且控制灵活，易于实现集中控制；缺点是线路多，有色金属消耗量多，不适应发展的要求。

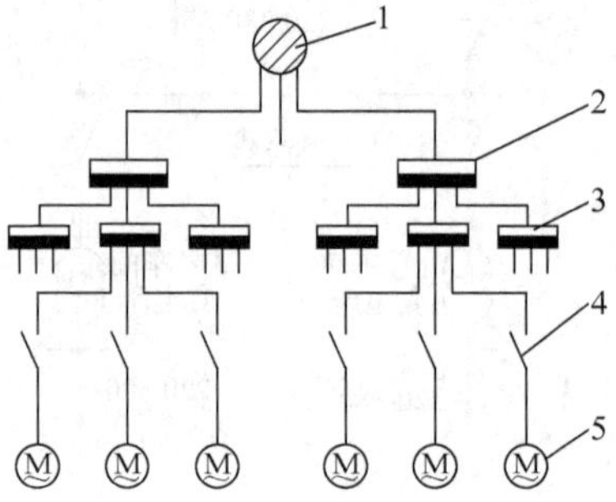

图4-18　放射式动力配电主接线

1—车间变电所　2—主配电盘　3—分配电盘　4—开关　5—电动机

放射式动力配电主接线的适用范围是：供电给大容量设备、要求集中控制的设备或要求可靠性高的重要设备。当车间内的动力设备数量不多、容量差别较大、排列不整齐但运行状况比较稳定时，一般采用放射式配电。

（2）树干式动力配电主接线　如图4-19所示，树干式动力配电主接线线路少，因此开关设备及有色金属消耗量少，投资省，且易于发展；然而一旦干线出现故障，其影响范围大，因此供电可靠性较低。它适用于明敷线路、车间内动力设备分布比较均匀、容量相差不大且相距较近、对可靠性要求不高的较小容量设备的供电。

（3）链式动力配电主接线　图4-20所示为链式动力配电主接

线，其特点是一条线路供电给一台设备，再由该台设备引出线路供电给后面相邻的设备，即后面设备的电源引自前面相邻设备的接线端子。其优点是线路上无分支点，适用于穿管敷设或电缆线路，节省有色金属消耗量，投资省；缺点是线路检修或发生故障时，相连设备将全部停电，因此供电可靠性较低。

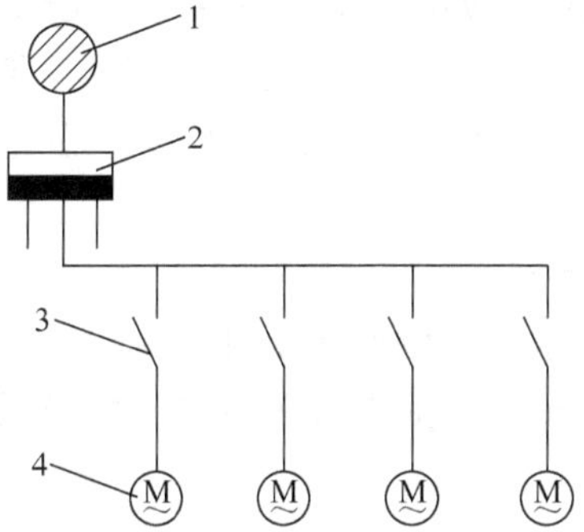

图 4-19　树干式动力配电主接线

1—车间变电所　2—主配电盘

3—开关　4—电动机

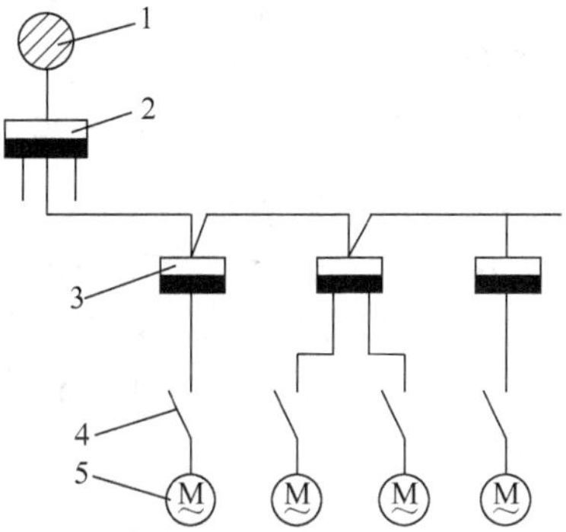

图 4-20　链式动力配电主接线

1—车间变电所　2—主配电盘

3—分配电盘　4—开关　5—电动机

链式动力配电主接线适用于暗敷线路、对供电可靠性要求不高的小容量设备。链式相连的设备不宜多于五台，总容量不超过 10kW。

在上述动力配电系统中，主配电盘一般使用低压配电屏，分配电盘一般采用动力配电箱。

八、照明配电系统主接线

1. 照明配电系统的分类

常见分类如下：

（1）按接线方式分　工厂的照明配电系统分为单相制 220V 电路和 220/380V 三相四线制电路两种。少数也有因接地线与接零线分开而成单相三线和三相五线的。

（2）按工作方式分　有一般照明和局部照明两大类。一般照明是指工作场所的普遍性照明；局部照明是在需要加强照度的个别工作地点安装的照明。大多数工厂车间采用混合照明，即既有一般照明，又有局部照明。

（3）按工作性质分　有工作照明、事故照明和生活照明三类。工作照明就是正常工作时使用的照明；事故照明是在工作照明发生故障停电时，供暂时继续工作或人员疏散而投入使用的非常照明。在重要的变配电所及其他重要工作场所，应设事故照明。

（4）按安装地点分　有室内照明（如车间、办公室、变配电所各室等）和室外照明。其中室外照明有路灯（道路交通）、警卫（安全保卫）、某些原材料及半成品库料场、厂区运输码头以及室外运动场地等的照明。

2. 照明配电系统的常用主接线示例

（1）单相制接线　如图 4-21 所示，这种接线十分简单，当照明容量较小、不影响整个工厂供电系统的三相负荷平衡时，可采用此接线方式。

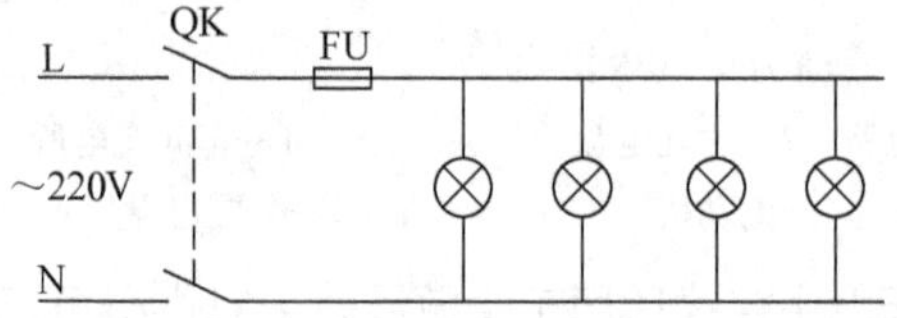

图 4-21　单相制照明配电主接线

（2）三相四线制接线　如图 4-22 所示，当照明容量较大时，为了使供电系统三相负荷尽可能满足平衡的要求，应把照明负荷均衡地（不仅是容量分配上，还要考虑照明负荷的实际运行情况）分配到三相线路上，采用 220/380V 三相四线制供电。一般厂房、大型车间、住宅楼、影剧院等都采用这种配电方式。

（3）事故照明备用电源自动投入装置的接线　图 4-23 所示是利用两只接触器和一只时间继电器组成的备用电源自动投入装置（简称 APD），它能实现事故照明电源自动切换，原理如下：

当工作电源停电时，接触器 KM1 线圈失电→KM1 动断触点 1－2 保持闭合→（经 KM2 动断触点 1－2）时间继电器 KT 线圈通电→（经 0.5s 延时）KT 延时闭合动合触点 1－2 闭合→

KM2线圈得电 →
- → KM2主触点闭合 → 相线L1、L2、L3通电 → 事故照明恢复供电
- → KM2动合3-4触点闭合，自保持 → KM2线圈保持通电
- → KM2动断触点1-2断开 → KT线圈失电 → KT延时闭合动合触点1-2断开
- → KM2动断触点5-6断开 → KM1线圈失电，KM1主触点保持断开状态

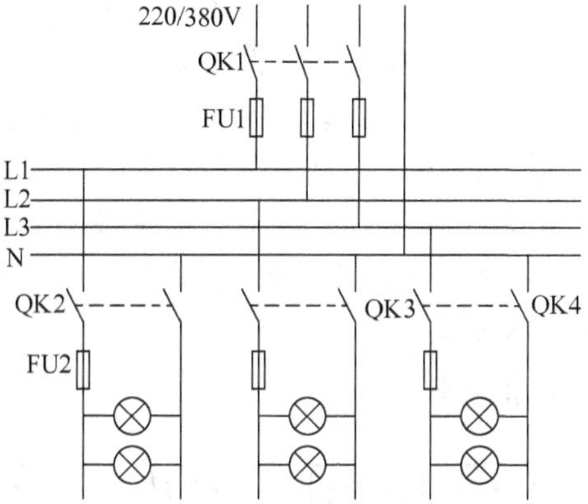

图 4-22　三相四线制照明配电主接线

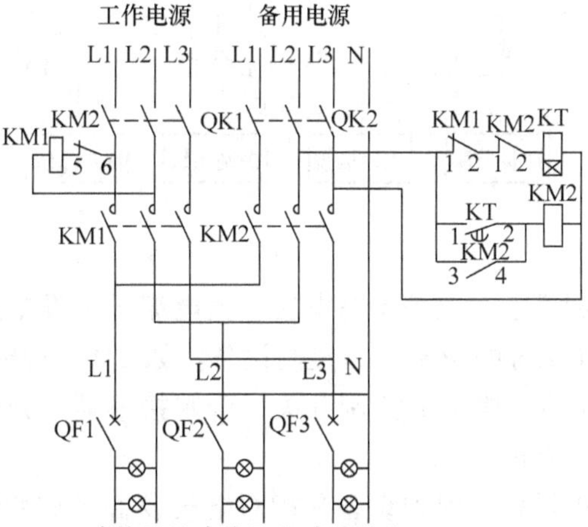

图 4-23　事故照明备用电源自动投入装置接线

KM1、KM2—接触器　KT—时间继电器　QF1～3—低压断路器

第三节　供电系统二次电气图

一、概述

1. 一次设备与二次设备的关系

一次设备是指主电路中的电气设备，二次设备是指副电路中的电气设备。二次设备是为保证一次设备安全、正常、经济合理运行而装置的辅助设备，不能简单地认为是一次设备还是二次设备重要，它们之间是相互依存的关系：对于一次设备，没有二次设备就不能安全、正常、经济合理地运行；对于二次设备，没有一次设备则失去了作用和服务的对象。图 4-24 所示为表示电气一次、二次设备的组成及相互关系的框图。

二次设备有以下几类：

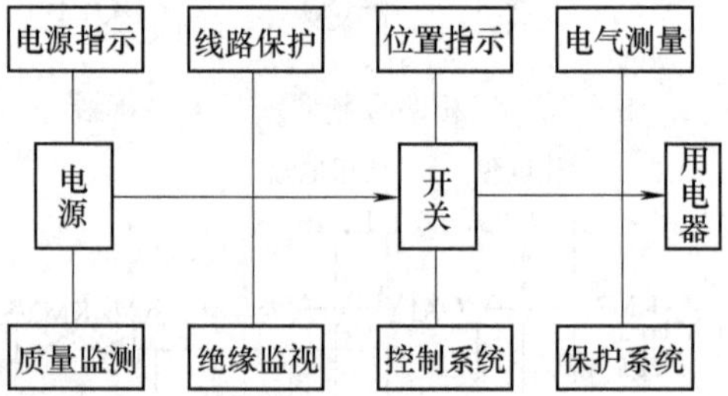

图 4-24　一次、二次电气设备的组成及其相互关系框图

（1）控制设备　以控制高电压、大电流开关设备的电气自动控制与电气操作系统的设备称为控制设备。如 CD10 型电磁操动机构、CT8 型弹簧操动机构中的控制开关、合闸接触器、分合闸线圈、储能电动机、位置开关等。

（2）保护设备　保护设备是指对电气设备（如变压器、高低压电动机等）和线路发生故障及其他不正常状态进行保护的设备，如继电保护，低压断路器的短路、过电流、失电压保护，熔断器保护等设备。

（3）测量设备　为了监视一次设备的运行状态和计量一次系统消耗的电能，保证供配电系统安全、可靠、优质和经济合理地运行，要配置、安装各种电工测量仪表，如电流表、电压表、功率表、功率因数表、有功及无功电能表等，这些设备属于测量设备。

（4）监察设备　监察设备主要用于对 6～10kV、35kV 中性点不接地系统发生单相接地故障进行监察。它通过三只电压表分别测量三相相电压及 $Y_0/Y_0/\triangle$联结的三只单相三绕组电压互感器、电压继电器电路来实施。

（5）指示设备　指示设备用来指示一次设备的运行状态，有位置信号、事故信号和预告信号。设备有指示灯、光字牌、音响装置（电铃、警笛、蜂鸣器）等。

（6）操作电源　供电给继电保护装置、自动装置、信号装置、断路器控制等二次电路及事故照明的电源，统称为操作电源。操作电源有交流操作电源和直流操作电源两大类。交流操作电源一般引自高压进线电源计量柜的电压互感器的二次侧，经控制变压器将交流 100V 电压升高为交流 220V，其接线简单、投资少、运行维护方便，但因直接受系统交流电源影响，可靠性较差。一般常用在小型工厂的变配电所。直流操作电源有晶闸管整流电容储能电源、酸性蓄电池电源、碱性镉镍蓄电池电源及免维护铅酸蓄电池电源四种。酸性蓄电池电源是长期以来发电厂及大中型变电所所采用的，其可靠性高于交流操作电源，但因它装置大、占地多、价格贵、腐蚀性强、运行维护复杂，现已被综合性能优于它的碱性镉镍蓄电池电源及免维护铅酸蓄电池电源所取代。电压有 220V、110V 和 48V 等。

2. 二次电气图

二次电气图有以下三类：

（1）二次原理图　也称为二次原理电路图、二次电路图。它是将二次设备按一定的顺序连接起来用以说明电路工作原理的图。

二次原理图的表示方法有集中表示法、半集中表示法和分开表示法三种。

（2）二次接线图　二次接线图是用于表示二次设备安装接线的图。

接线图（接线表）表示了二次设备的连接关系，是用以进行安装接线和调试检查的依据。接线图和接线表可单独使用，也可组合使用。在实际应用中，接线图常与原理图和位置图一起使用。接线图（表）一般表示出项目的相对位置、项目代号（含端子号）、导线号（回路标号）等内容。

接线图中设备的相对位置、设备编号应与位置图相符，屏面与屏后位置要相符。

导线连接的表示方法有两种：连续线表示和中断线表示。接线较复杂时，一般都采用中断线表示法。中断线两端的标记通常采用“相对编号法”。例如，图 4-31 中电流互感器 TA2 接线端子 K1 处标的“X1:2”，表示连接到 X1 端子排的第 2 个端子，而 X1 端子排的第 2 个端子左边标注的“TA2: K1”则表示与 TA2 的 K1 端子相连。又如，由图 4-30 的电流测量回路可见，有功电能表 PJ1 的电流线圈与无功电能表 PJ2 的电流线圈是相串联的，因此在图 4-31 中 PJ1 的 3 号接线端标注“PJ2:1”，表示它与 PJ2 的 1 号接线端子相连，而 PJ2 的 1 号端子处标有“PJ1:3”，表示它与 PJ1 的 3 号接线端子相连。

在屏（柜）体设备与屏（柜）外和屏（柜）顶设备连接、同一屏（柜）中两个单元之间的设备连接时，都应经过端子板（多个相连于一体的称为端子排）。同一屏（柜）内同一单元的设备相互连接时，不需要经过端子板。端子板与屏（柜）外设备由二次（控制）电缆连接，如图 4-34 中端子排列图中去 Y1、Y2 柜的二次电缆 K104、K103。

接线端子板分为普通端子、连接端子、试验端子、终端端子和特殊端子五种，如图 4-25 所示。

普通端子用来连接由屏（柜）外引入至屏（柜）上，或由屏（柜）上引至屏（柜）外的导线。

终端端子用于固定端子排的上下两端，或隔开不同安装单元的端子排。

试验端子用于在不中断电流的情况下，校验二次回路中的测量仪表和继电器的准确度。

把试验端子上的两个连接片拆除掉，就成为特殊端子。

其余都为连接端子，用于连接或开断与相邻两端子连接的电路。

在接线图中，端子板的文字代号为 X，端子的前缀符号为“：”。

（3）位置图　位置图是表示成套装置、设备或装置中各个项目的实际位置的一种图，如图 4-26 所示。该图中略去了屏面各部分尺寸。

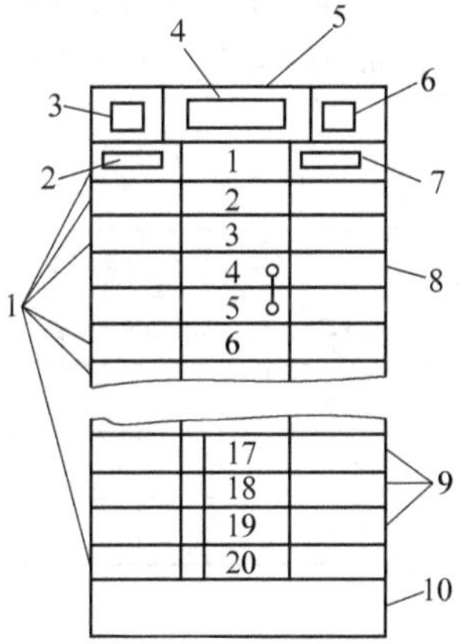

图 4-25　端子排标志图

1—普通端子　2—左连设备端子编号
3—端子排代号　4—安装项目名称
5、10—终端端子　6—安装项目代号
7—右连设备端子编号　8—连接端子
9—试验端子

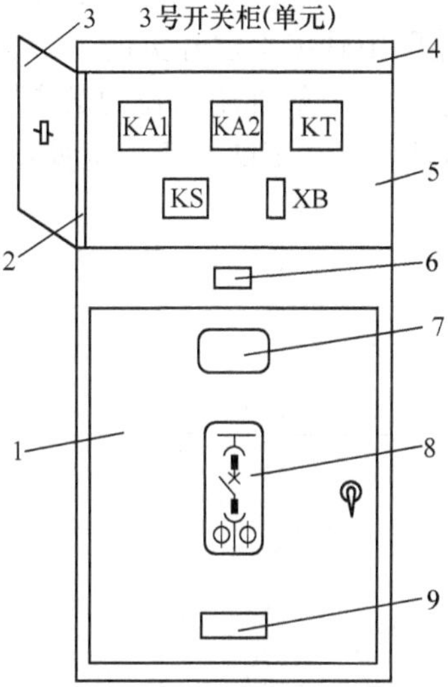

图 4-26　某高压开关柜位置图

1—小车间　2—室左侧端子排
3—仪表门　4—小母线
5—继电器室　6—出厂标牌
7—观察室　8—模拟接线
9—厂铭牌

位置图应按照实际尺寸及一定比例画出，用简易外形图表示，并标注尺寸。

位置图上二次设备的编号，应按一定顺序，从上到下，从左到右（指屏面）用阿拉伯数字 1、2、3……编号，并在二次设备的简易外形图框内标出它的文字符号。

3. 多位开关触点的状态表示方法

在二次回路中常用的多位开关有组合开关、转换开关、滑动开关、鼓形控制器等。这类开关具有多个操作位置和多对触点。在不同的操作位置上，触点的通断状态是不同的，而且触点工作状态的变化规律往往比较复杂。怎样识别多位开关的工作状态，是读图和用图的难点。

以下介绍两种表示多位开关触点状态的方法：

（1）一般符号和连接表相结合的表示方法　这种方法是在二次电路图中画出多位开关的一般符号，将其各端子（触点）编出号码或字符（一般都用阿拉伯数字，按左侧触点以奇数、右侧触点以偶数编号），在图纸的适当位置画出连接表，如图4-27及表4-2所示。

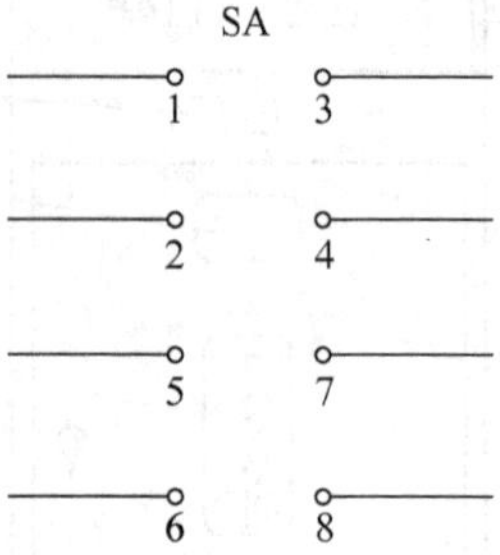

图4-27　控制开关SA的一般符号

表4-2　控制开关SA连接表示例

位置	端子（节点号）			
	1-3	2-4	5-7	6-8
Ⅰ	×	-	-	-
Ⅱ	-	-	×	-
Ⅲ	-	×	-	×

由表4-2可见，开关在位置Ⅰ时1－3通；在位置Ⅱ时，5－7通；在位置Ⅲ时，2－4、6－8通。

（2）图形符号表示方法　图形符号表示法是将开关的接线端子、操作位数、触点工作状态表示在图形符号上的方法。

图4-28a是一具有五对触点、五个位置的多位开关的图形符号。

图中以“0”表示操作手柄在中间位置（停止位置），两侧的数字“1”、“2”表示操作位置。操作位置也可以用“ON”、“OFF”，“正转”、“反转”，“起动”、“停止”表示。垂直的虚线表示手柄操作的位置线。紧靠触点标在虚线上的黑点“·”表示手柄转在这一位置时，有黑点表示触点接通，无黑点的表示触点不接通。该图中触点1～8的工作状态是：位置0，都不通；右1，3-4、7-8通；右2，不通；左1，1-2、5-6通；左2，不通。

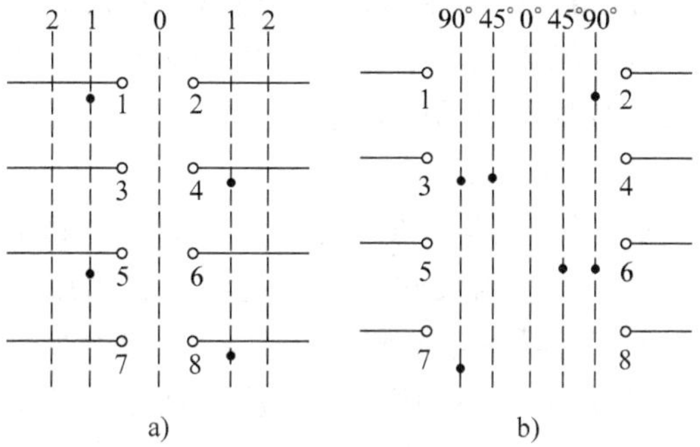

图 4-28　多位开关用图形符号表示示例

图 4-28b 是多位开关用图形符号表示的另一种形式。图中操作位置用角度 0°、45°、90°表示，位置线画在触点的中间。

二、二次原理图

图 4-29 所示是小型工厂常用的两相两继电器式接线去分流跳闸的反时限过电流保护原理电路图。习惯上，把按集中表示法绘制的图称为原理接线图，把用分开表示法绘制的图称为展开图。以图 4-29为例进行识图分析。

1. 识读图前需弄清的问题

（1）继电保护的接线方式　中小型变电所的继电保护装置常用两种接线方式：两相两继电器式接线和两相一继电器式接线。图 4-29中采用两相两继电器（简称“两相两继”，下同）接线，L1、L3 相两只电流互感器各有 TA1、TA3 与 TA2、TA4 两组二次绕组。其中 TA1 和 TA2 为 0. 5 级，接测量仪表，TA3 和 TA4 为 3 级或 B 级，接继电保护装置。

（2）GL 型电流继电器　GL 型感应式电流继电器是一种综合型继电器，它相当于电磁式电流、时间、信号及中间四种继电器的功能，是小型变电所进行反时限过电流保护和电流速断保护最常用的继电器，采用交流操作电源。其动作时限长短与短路电流大小成反比关系图 4-29 中，GL—$\frac{15}{25}$型电流继电器有动合、动断两对触点，当

KA1 或 KA2 线圈通过的电流达到或超过整定值时，其转换触点“先合后断”，即动合触点先闭合后动断触点才断开，跳闸线圈 YR1、YR2 通电动作，使断路器 QF 跳闸。

2. 由图分析工作原理

图 4-29 中，当一次电路发生相间短路时，短路电流经电流互感器 TA3、TA4 的一次绕组反映到二次绕组，达到或超过整定值的电流通过 KA1、KA2，经一定时限，其动合触点闭合，动断触点断开，断路器跳闸线圈 YR1、YR2 因“去分流”而通电，从而使断路器跳闸，将故障部分切除。在继电器去分流跳闸的同时，其红色信号牌自动掉下，由观察窗可见指示保护装置已经动作。

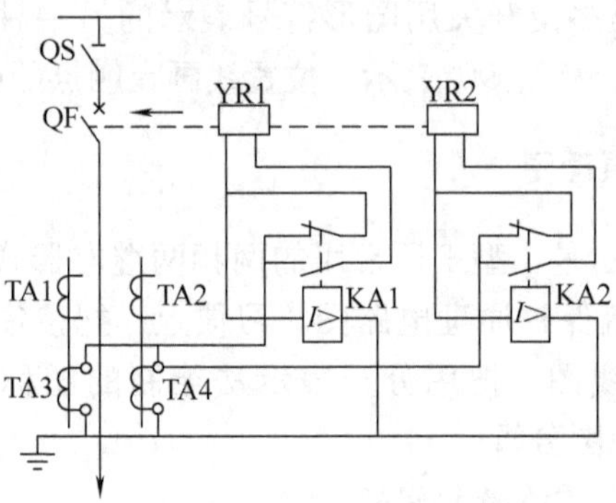

a)

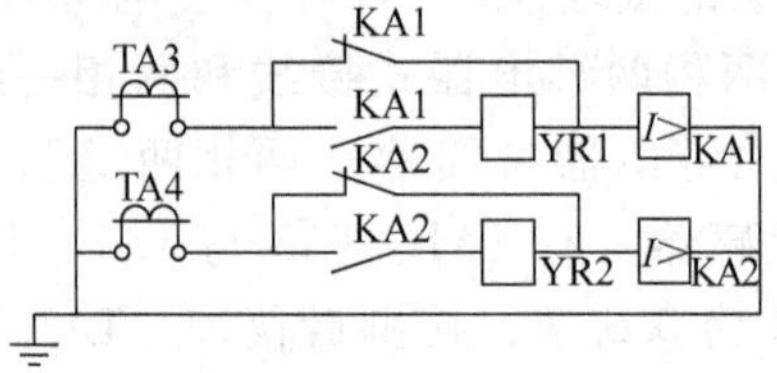

b)

图 4-29　反时限过电流保护的原理电器图

a）按集中表示法绘制　b）按分开表示法绘制

图 4-30 所示为某 6～10kV 配电线路二次回路展开图。它采用两只双二次绕组电流互感器，准确度等级为 0.5 级的 TA1、TA2 接测量仪表，准确度等级为 3 级的 TA3、TA4 接过电流保护装置。过电

流保护采用两相两继电器式接线，用 GL 型感应式电流继电器。

识读图 4-30 时，要结合集中表示法的原理图一起进行（参考图 4-29a）。可首先看右侧标注的各回路名称，再按照从上到下，从左到右的基本步骤识读。

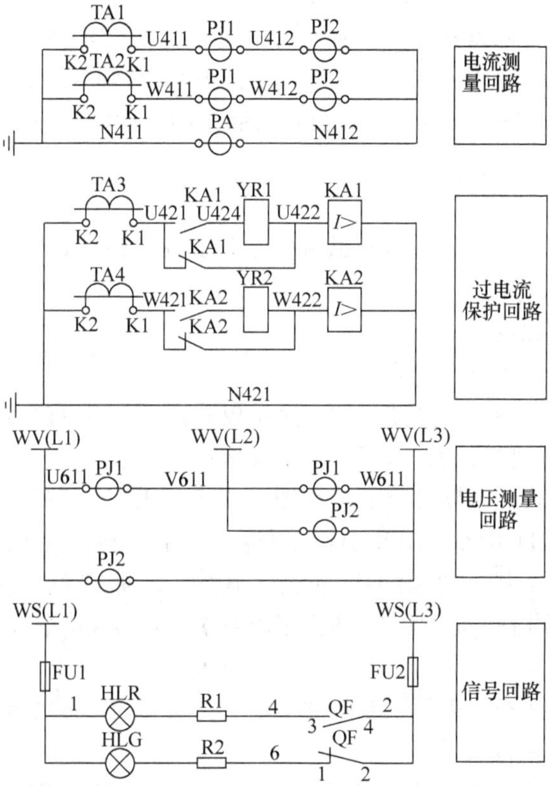

图 4-30　某 6～10kV 配电线路二次回路展开图

1）电流测量回路包括有功电能表 PJ1、无功电能表 PJ2 和电流表 PA 三只测量仪表。其中 PJ1 和 PJ2 为两元件结构，故各有两个电流线圈，分别串接在 TA1、TA2 的二次侧。由于两相式电流互感器的公共回路上通过的电流即为相电流，为三相平衡系统，故只在公共回路上装一只电流表 PA 即可进行电流测量。电流互感器的二次侧均要接地，连接时极性要相同。

2）过电流保护回路与图 4-29 相同。

3）电压测量回路 WV（L1）、WV（L2）和 WV（L3）为电压小母线，PJ1、PJ2 的两个电压线圈分别均匀布置接入线电压中。

4）信号回路 WS（L1）、WS（L3）为信号小母线，QF 触点 1-2、3-4分别为断路器 QF 的动断、动合辅助触点。当 QF 未合闸时，绿色指示灯 HLG 经 QF 触点 1-2 通电而亮，当 QF 合闸后，QF 触点 1-2 断开 HLG 灭，QF 触点 3-4 接通，红色指示灯 HLR 通电而亮。

三、二次接线图

图 4-31 所示为高压配电线路二次回路接线图，以其为例讲解二次接线图的识读。

1. 全图组成

图 4-31 由四部分组合而成。

（1）主电路　参见图 4-29，这里仅画出了电流互感器接入部分，TA1、TA2 接测量仪表，TA3、TA4 接继电保护装置。

（2）仪表继电器屏背面接线图　表示了 KA1、KA2、PJ1、PJ2、PA 以及指示灯 HLG、HLR 的相互安装位置和各接线端子的接线。

（3）端子排　按图 4-25 标志。其中，3- 4、7-8、13-14、15-16、17-18为连接端子，其余为屏（柜）内导线相互连接及进行试验的试验端子。

（4）操作板　表示了断路器操动机构及其辅助开关触点的接线。

2. 屏背面接线图

仪表、继电器的屏后相互位置和接线端子应与屏前位置相符。例如，从屏前看，KA1 在左，KA2 在右，但从屏后看，KA1 在右，KA2 在左；又如，从屏前看，KA1、KA2 的接线端子 1-6 是从左向右排列，但从屏后看，接线端子 1-6 是从右向左排列。

每一个元件为一个安装单元，用点画线围框划开。在每一元件上方或其他紧靠元件处标注元件编号及代号，如图 4-32a 所示，也有用图 4-32b 表示的。

为简略起见，在不致于引起混淆的情况下，标志也可以不画圆圈。

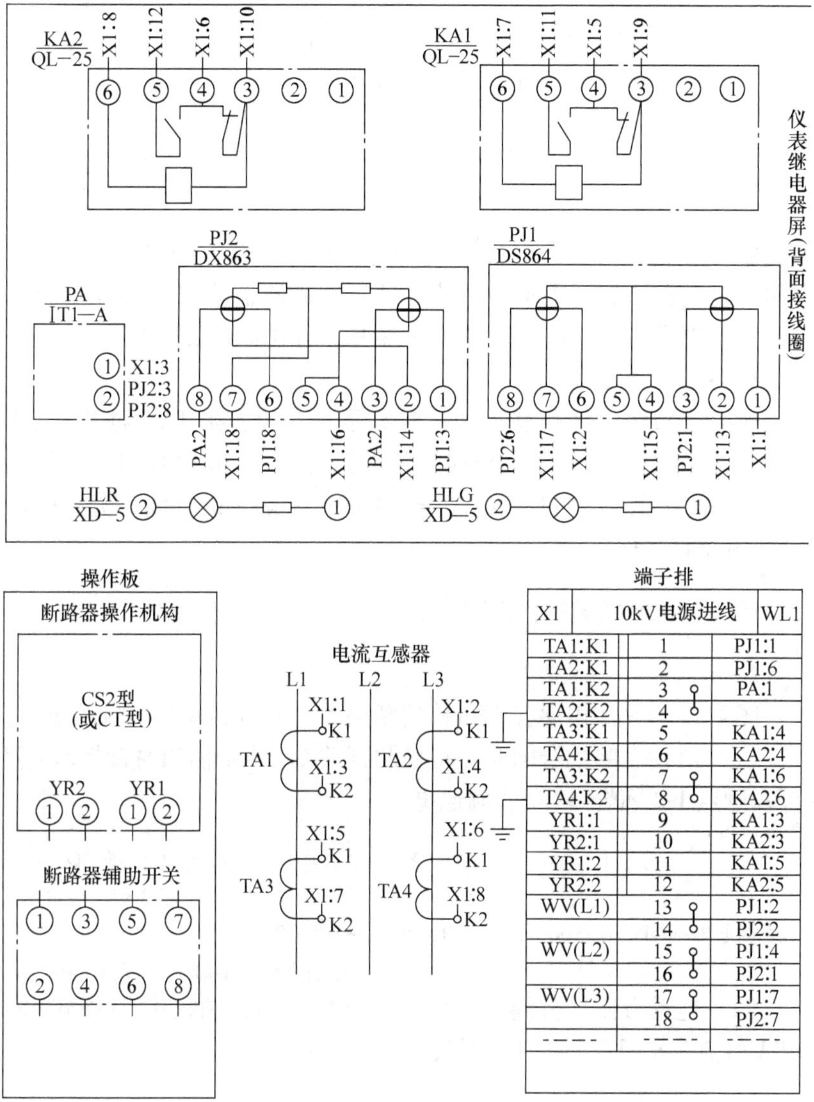

图 4-31　高压配电线路二次回路接线图

3. 端子排

端子排图上方标注了安装项目名称（ 10kV 电源进线）、安装项

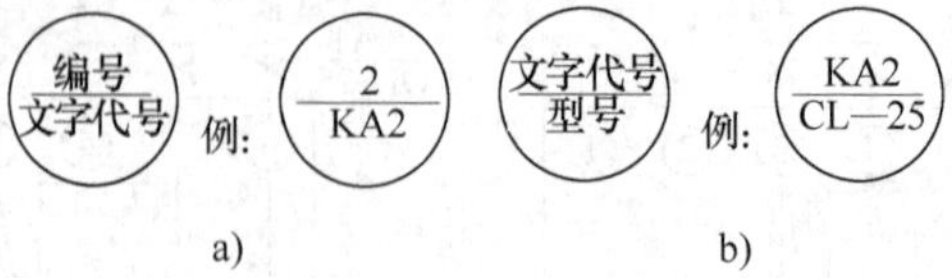

图 4-32　接线图中元件的标注方式

目代号（WL1）和端子排代号（X1）；中列为端子编号（1 ~ 18）；左侧为连接各设备（图示为电流互感器、断路器跳闸线圈及电压小母线）的端子编号；右侧为连接各仪表、继电器的端子编号。

4. 连接线表示

连接线采用中断线表示和相对编号法。如连接 TA1 的 K1 端子与端子排 X1 的 1 号端子的导线，分别标注 X1:1 和 TA1:K1；连接端子排 X1 的 1 号端子与有功电能表 PJ1 的 1 号端子的导线，分别标以 PJ1:1 和 X1:1 等。

四、二次电气图综合识图示例

1. 示例一

图 4-33 为采用电磁操动机构的断路器控制电路及其信号系统图。

（1）电动合闸　合闸时，将控制开关 SA 的手柄顺时针扳转 45°→SA 触点 1-2 闭合→KO 线圈通电→

YO线圈通电→QF合闸→SA自动返回0°
- → SA触点1−2及QF触点1−2断开→绿灯HLG灭，KO线圈失电，合闸回路断电
- → QF动合触点3−4闭合→红灯HLR亮

（2）电动分闸　分闸时，将控制开关 SA 的手柄逆时针扳转 45°→SA 触点 7-8 闭合→经闭合的 QF 触点 3-4

→ YR接通→QF分闸
- → QF触点3−4断开→红灯灭
- → QF触点1−2闭合
- → SA自动返回0° → SA触点3− 4闭合→QF触点1−2→KO线圈→绿灯亮

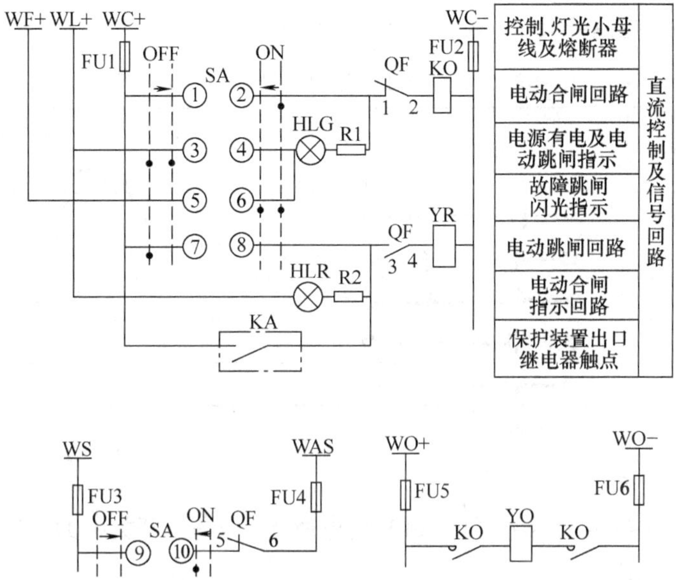

事故跳闸声响信号回路　　　合闸回路

图 4-33　采用电磁操动机构的断路器控制电路及其信号系统图

WC—控制小母线　WL—灯光指示小母线　WF—闪光信号小母线　WS—信号小母线
WAS—事故音响小母线　WO—合闸小母线　SA—控制开关　KO—合闸接触器
YO—电磁合闸线圈　YR—跳闸线圈　ON—合闸操作方向　OFF—分闸操作方向
KA—保护装置出口继电器触点　QF1 ~ 6—断路器辅助触点
HLG—绿色指示灯　HLR—红色指示灯

（3）事故跳闸　当一次电路发生短路故障时，保护装置动作，其出口继电器 KA 的动合触点闭合→经闭合的 QF 触点 3-4→YR 通电

→ QF自动跳闸→
- → QF动合触点3-4断开 → HLR灯灭，YR断电
- → QF动断触点1-2闭合 → SA触点5-6闭合通电 → HLG灯发出闪光信号
- → QF动断触点5-6闭合 → SA触点9-10闭合通电 → 事故跳闸音响回路接通，发出音响信号

（4）解除信号　要解除事故声响信号，只要将控制开关 SA 扳向分闸位置即可（逆时针扳转 45°）。

该控制电路采用双向自复式并具有保持触点的 LW5 型万能转换开关，控制开关 SA 触点通断状态见表 4-3。

表 4-3　LW5—15B48□□/3 转换开关触点通断表

触点		45°	0° →←		45°
1	2				×
3	4	×	×		
5	6		×	×	
7	8	×			
9	10			×	

注：“×”号表示触点接通。

2. 示例二

图 4-34 所示为某厂 10kV 变电所 Y4 号高压开关柜的二次原理图和接线图。

识读图 4-34 的步骤及分析如下：

（1）首先概略了解图样的全部内容　先看标题栏、技术说明、元件明细表等，然后大致看一下图样的各电路图、接线图，由此对该图总体有大致的了解。

（2）看图样各项说明

1）由标题栏知道该电气工程项目名称、图名、设计单位及设计人等。该图是变电所共 16 张图样中的第 15 张。最好结合看一下图样目录及施工说明书等有关技术文件，以了解相关内容，有助于识图。

2）由技术说明可了解该图设计的技术要求、继电保护配置和数据单（此处列出的是过电流继电保护的动作电流和速断电流值）。

3）看元件明细表，了解二次回路中的各元件，尤其要注意看各元件的文字符号（代号）和名称。

（3）看原理电路图　按照先整体后局部、先主后副、先电路后元件、从上到下、从左到右的大致顺序进行。

1）看主电路图（见图 4-34a）：结合该厂电气主接线图（见图 4-9）看主电路图可知，该 Y4 高压开关柜（型号 J YN 2—10—02 ）

是1号变压器（S9型，容量为500kV·A，电压为10/0.4kV）的操作柜，内有控制、保护、测量、指示等二次回路。从上到下为10kV母线→隔离插头→高压断路器QF→电流互感器（两相式，TA1、TA2接测量仪表，准确度等级为0.5级；TA3、TA4供过电流继电保护，准确度等级为B级）→{→接地刀开关及电压显示装置；→电缆→1号主变压器}

2）看电流测量回路、过电流保护回路、电压测量回路（见图4-34c）：它们均用分开式表示方法画出。其中，电流测量回路和过电流保护回路与图4-30相同，而电压测量回路中只有一只三相三线两元件有功功率表的两个电压线圈，分别接入WV（L1）-WV（L2）与WV（L2）-WV（L3）电压小母线。

3）看断路器：CT8型弹簧操动机构的控制原理图及信号回路原理图是识读该图样的主要部分，也是最难的部分。

由技术说明及元件明细表（二次回路设备表）可知，该柜SN10—10I/630少油断路器，采用的是CT8型弹簧操动机构。读图时应查阅有关CT8型弹簧操动机构的功能、用途、主要构造、工作原理、配套使用的LW5型控制开关及其触点表等资料。例如，CT8型弹簧操动机构是交直流两用；CT8合闸弹簧的储能方式有电动机储能和手力储能两种，机构合闸操作有手动合闸和电动（电磁铁）合闸两种，分闸操作有手动分闸和电动脱扣器两种，而电动脱扣器又有分闸电磁铁（分励脱扣器）、瞬时过电流脱扣器、失电压脱扣器三种。该设计图中采用交流220V电源，电动机储能，电动合闸，电动分闸（SA触点1-2），过电流时则通过过电流保护回路的过电流脱扣器SLT1及SLT2作用于断路器跳闸而切除故障。又如，储能电动机M的额定电压有交流110V、交流220V和交流380V三种，今用交流220V，其额定电压下储能时间不超过5s；图中SQ为储能限位开关。当合上组合开关QS时，在M储能（0～5s）过程中，SQ触点1-2是闭合的，所以M通电，使弹簧储能，而SQ触点3-4是断开的（白灯HLW灭）；当M储能完毕，SQ触点1-2断开，SQ触点3-4接通，白灯HLW亮，表明已处于电动储能位置状态。再如，ST1和ST2是与手车联锁的行程开关。当手车推入开关柜柜体而还未完全

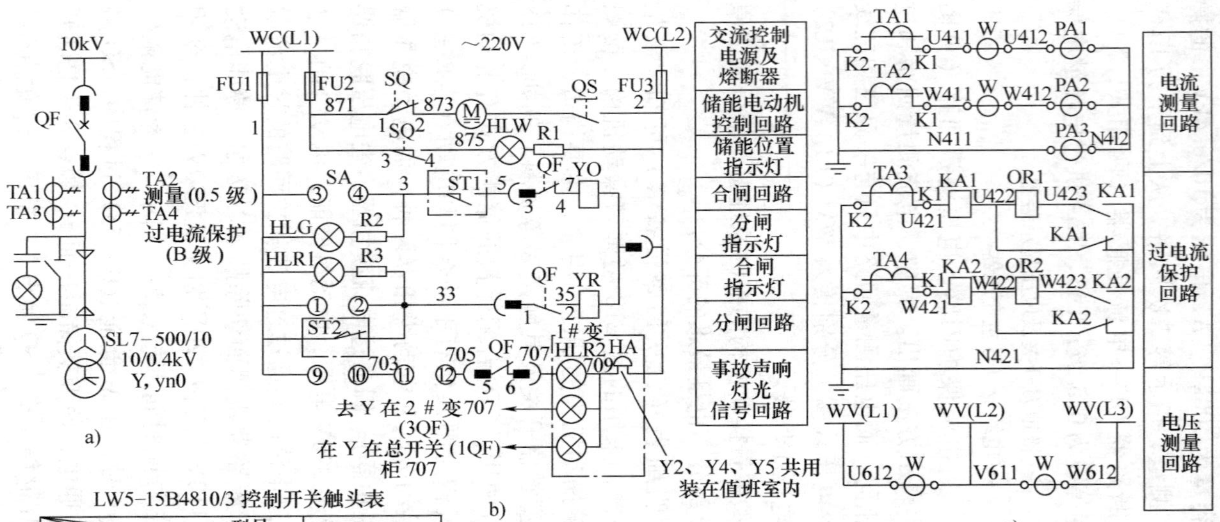

LW5-15B4810/3 控制开关触头表

触头号	型号 位置	B4810 45°	B4810 0°→	B4810 ←0°	B4810 45°
1○—‖—‖—○2	1–2	×			
3○—‖—‖—○4	3–4				×
5○—‖—‖—○6	5–6	×	×		
7○—‖—‖—○8	7–8			×	×
9○—‖—‖—○10	9–10			×	×
11○—‖—‖—○12	11–12		×	×	

技术说明

1. 根据供电局要求，Y2、Y4、Y5 号手车式高压开关柜的 SN10 -10I/630少油断路器采用 CT8 型弹簧操动机构，交流操作电源由 Y1 号柜的电压互感器及 BK 50 -100/200V 控制变压器供电。

2. 本设计采用交流操作去分流式继电保护跳闸方式，用 2只GL-25/5型继电器构成反时限过电流保护及速断保护。Y4号柜(1 # 变压器 S_N = 500kV·A的继电器整定值为：I_{op}= 4.5A, I_{qb}=3×4.5A。

图 4-34 某厂10kV变电所Y4号高压开关柜二次原理和接线图

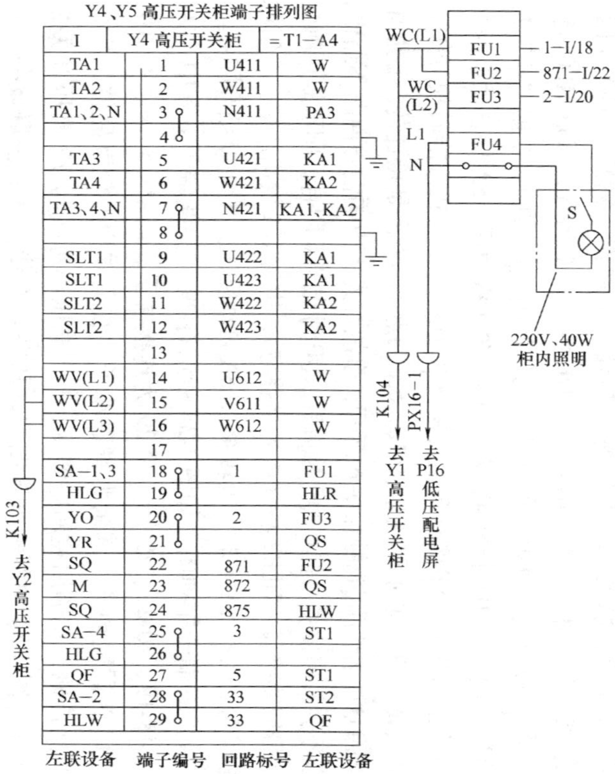

二次回路设备表

序号	符号	名称	型号　规格	单位	数量	备注
1	PA1~3	交流电流表	42L6—A，0~50A		3	50/5A
2	W	三相有功功率表	42L6—W，100V，5A		1	0~800kW
3	KA1、KA2	电流继电器	GL—25/5，5A		2	
4	OR1、OR2	过电流脱扣器	1 型，5A		2	CT8 内附设备
5	YR	分闸脱扣器	4 型，~220V，1.2A		1	
6	YO	合闸线圈	~220V，5A		1	
7	M	储能电动机	HDZ–213，≃220V		1	450W，t<5s，内附
8	QF1—2 QF3—4 QF5—6	断路器辅助开关	F4—12	只	3	CT8 附
9	SQ	储能限位开关	LX12—2		1	
10	SA	控制开关	LW5—15B4810/3		1	
11	QS	组合开关	HZ10—10/1		1	
12	HLR1、HLR2	红色指示灯	XD5—220V，红		2	
13	HLG	绿色指示灯	XD5—220V，绿		1	
14	HLW	白色指示灯	XD5—220V，白		1	
15	FU1~4	熔断器	R1—10/6		4	FU4 为 R1—10/4
16	ST1、ST2	行程开关	JW2—11Z/3		2	由制造厂配置
17						

图 4-34　某厂10kV变电所Y4号高压开关柜二次原理和接线图（续）

到位时，ST2 是闭合的，在手车到位后即断开；ST1 在手车推入到位时闭合接通。

只有掌握了以上知识，才能把 CT8 弹簧操动机构的原理电路图读懂。现分析如下：

① 合闸弹簧储能：合上组合开关 QS，使储能电动机 M 通电运转，CT8 操动机构的合闸弹簧开始储能，约经过 5s 延时，SQ 动断触点 1-2 断开，使 M 断电停转，同时又使 SQ 动合触点 3-4 闭合，使白灯 HLW 通电亮，表示合闸弹簧储能完毕。

② 电动合闸：将控制开关 SA 顺时针转 45°，SA 触点 3-4 闭合，经行程开关 ST1（手车推入时已闭合）、QF 动断触点 3-4（闭合状态），使合闸线圈 YO 通电，断路器 QF 合闸，这样，QF 触点 3-4 断开，使绿灯 HLG 灭，同时 QF 触点 1-2 闭合，使红灯 HLR1 亮（QF 合闸指示）。

③ 电动分闸：把 SA 逆时针扳转 45°，SA 触点 1-2 闭合，经 QF 触点 1-2（闭合状态），使分闸脱扣器 YR 动作，断路器 QF 分闸，QF 触点 1-2 断开，红灯 HLR1 灭，QF 触点 3-4 闭合，绿灯 HLG 亮。

④ 事故跳闸：过电流保护装置动作使断路器跳闸。根据“不对应原理”，由于 SA 顺时针转 45°使 SA 触点 3-4 接通后，SA 即自动返回 0°（今采用的 LW5—15B4810/3 型控制开关为双向自复式万能转换开关）。由触点表可知，这时 SA 触点 9-10、SA 触点 11-12 都是接通的。正常情况下因 QF 合闸后 QF 触点 5-6 断开，事故灯光、声响信号回路不通电，所以不会发出信号，但在 QF 跳闸后，QF 触点 5-6 闭合，则事故声响灯光信号回路接通，HLR2 亮（或光字牌亮），电铃 HA 发出声响。要解除事故信号，可把 SA 逆时针扳转 45°，SA 自动复位后 SA9-10 断开即可。

4）看端子排列图：如图 4-34 所示有 29 个接线端子，其中 3-4、7-8、18-19、20-21、25-26、28-29 为连接端子，1、2、5、6、9、10、11、12 为试验端子，其余为普通端子。右上方为电流互感器二次侧的两处接地，左侧用控制电缆 K103 将电压小母线与 Y2 高压开关柜相连接。图 4-34 中所示垂直四列，从左至右依次为：左联设备、端子编号、回路标号、右联设备。

3. 示例三

图 4-35 所示为某中型工厂 10kV 线路过电流保护原理图。为便

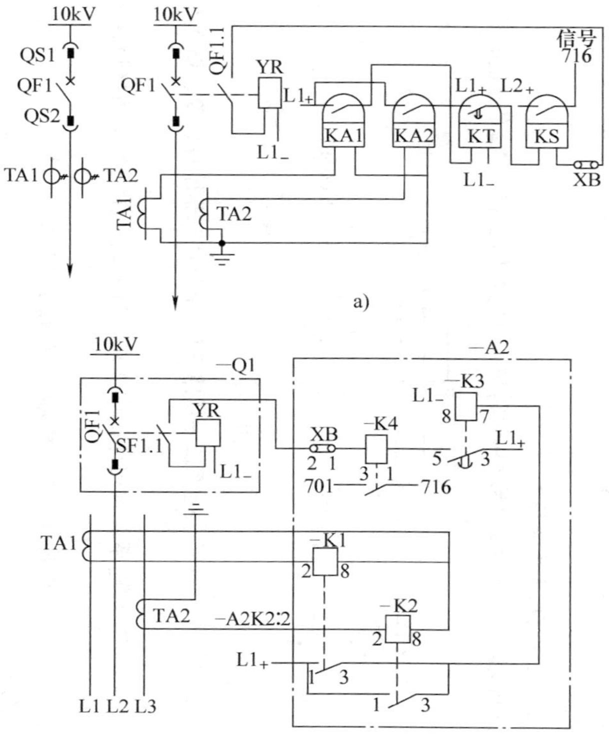

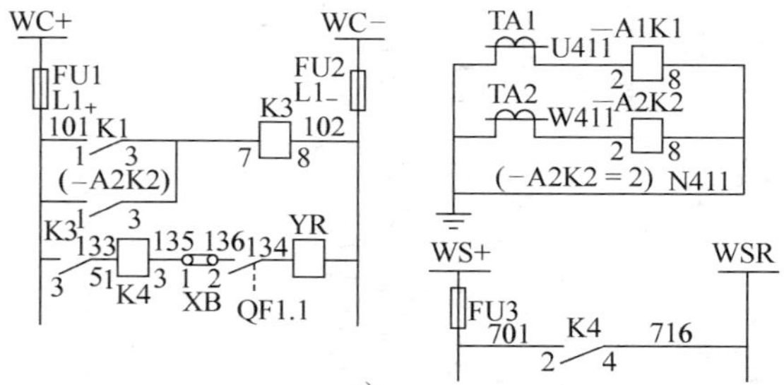

设　　备　　表

符号	名称	型号	数量	备注
KA1、KA2	电流继电器	DL—11/10	2	装屏面
KT	时间继电器	DS—112/220	1	装屏面
KS	信号继电器	DX—11/1	1	装屏面
XB	联结片	YY1—D	1	装屏面
FU1、FU2	熔断器		2	装屏侧

图 4-35　某中型工厂10kV线路过电流保护原理图

于自学，今提示如下：图示采用直流操作电源；在图 4-35b 中把一、二次设备按功能用围框分为两部分：断路器 QF 等部分（用种类代号“ - Q1”表示）、继电保护装置部分（用种类代号“ - A2”表示）；在图 4-35b、c 中以 2 号继电器（电流继电器 KA2）为例，标注了其项目代号（其中，KA2 属于变电所第二部分的 1 号线路开关柜内，第 1 段高层代号“ = S2W1”省略掉；该 1 号线路开关柜布置在 10kV 开关室的第 3 号间隔，KA2 安装位置在开关柜上编号为 2 的部件 A2 内，即继电器室内的 2 号继电器，故第 2 段位置代号应表示为“ +322”；因 KA2 位于 A2 内，故第三段种类代号用“ - A2K2”表示）。

其余部分读者可自行分析阅读。

复习思考题

1. 变电所和配电所的任务是什么？它们有什么异同点？

2. 三相交流系统和电力设备中电网、用电设备、电力变压器的额定电压是怎样规定的？

3. 工厂常用哪些配电电压？

4. 试确定图 4-36 所示供电系统中线路 WL1 和电力变压器 T1、T2 的额定电压。

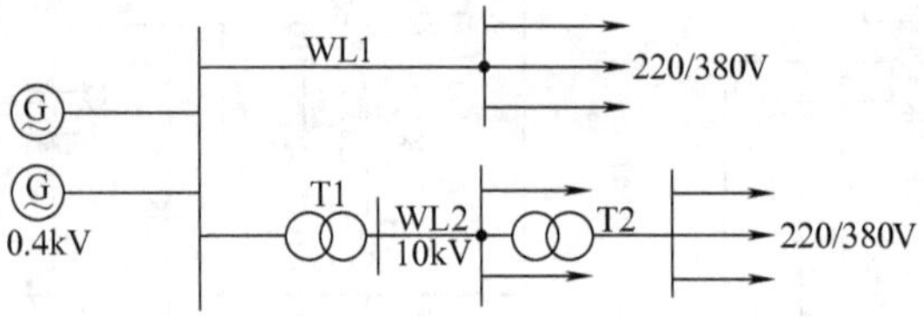

图 4-36

5. 试确定图 4-37 所示供电系统中线路 WL1 和电力变压器 T1、T2、T3 的额定电压。

6. 中小型工厂配电系统常用什么中性点运行方式？在发生单相接地故障时，它有什么特性？

7. 什么是工厂供电系统？它包括哪些部分和主要设备？

8. 母线有什么作用？

9. 对电气主接线有哪些基本要求？

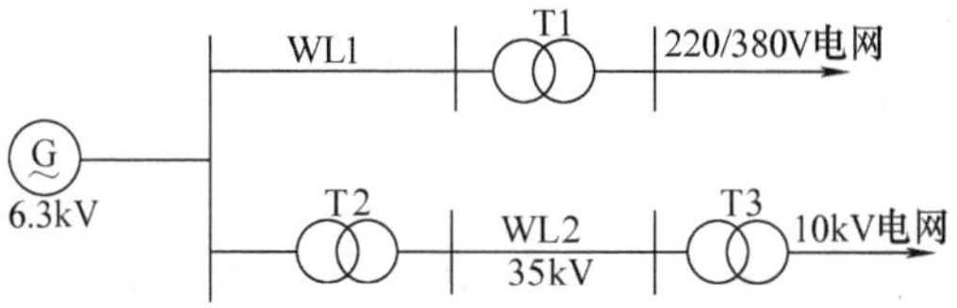

图　4-37

10. 电气主接线有哪些基本形式？小型工厂的主接线常用什么形式？

11. 由图 4-9 分析单母线分段接线的优缺点。并说明如果要进一步提高供电可靠性，可采取哪些措施。

12. 说明低压放射式接线的优缺点及适用场合。

13. 说明低压树干式接线的优缺点及适用场合。

14. 工厂动力配电系统的主接线有哪几种基本形式？各有什么优缺点？适用于什么场合？

15. 简述单相制和三相四线制照明配电接线的异同点和各自的应用场合。

16. 什么是一次设备和二次设备？它们之间有什么相互依存关系？

17. 二次电气设备有哪几类？各有哪些常用设备？

18. 二次电气图有哪几种？各有什么用途？

19. 什么是“相对编号法”？举例说明。

20. 接线端子板有哪几种？各有什么用途？

21. 多位开关触点状态的表示有哪些常用方法？怎样表示？

22. GL 型电流继电器有什么作用？为什么说它是综合型继电器？

23. 分析图 4-29 所示反时限过电流保护的工作原理。

24. 分析图 4-30 所示高压配电线路各二次回路的工作原理，并说明图中回路标号的标注规则。

25. 由图 4-30 说明图 4-31 中电流测量回路的接线。

26. 由图 4-30 说明图 4-31 中过电流保护回路的接线。

27. 由图 4-33 识读采用电磁操动机构的断路器控制回路及其信号系统的工作原理。

28. 由图 4-34 说明 CT8 型弹簧操动机构的工作原理。

29. 由图 4-35c 说明 10kV 线路过电流保护的工作原理。

30. 由图 4-9 说明识读电气图的基本步骤和方法。

31. 由图 4-34 说明识读二次电气图的基本步骤和方法。

第五章

建筑电气图识读

培训学习目标 掌握建筑电气图的特点和表示方法，能熟练识读动力和照明平面图，看懂防雷和接地平面图。

第一节 建筑电气图概述

一、建筑电气图的分类和用途

工矿企业、城市、农村等各种场所都有一种常用的重要的电气图——建筑电气图。

建筑电气图是表示电气装置、设备、线路在建筑物中的安装位置、连接关系及其安装方法的图。

1. 建筑电气图的分类

按照建筑电气图表示方法可以分为正投影图和简图。正投影图是按照实物的形状、大小和位置的正投影法绘制的图，参见图 5-7、图 5-8；简图是不考虑实物的形状和大小，只考虑其安装位置，按图形符号的布局对应于实物的实际位置而绘制的图，参见图 5-15。建筑电气图多数用简图表示。

按照建筑电气图表达的内容不同可以分为平面图、断面图和剖面图。建筑电气安装图大多用平面图表示，只有当用平面图表达不清时，才按需要画出断面图、剖面图，见图 5-8。

因此，建筑电气图大多是指建筑电气平面图，建筑电气平面图可以分为以下几类：

（1）供电总平面图　供电总平面图用于标出建筑物名称及电力、照明容量，确定出架空线的导线种类、走向、杆位、路灯等，表示出电缆线路敷设方法，标注出变、配电所的位置、编号和容量。图 5-1 所示为某柴油机厂供电总平面图。该厂由地区变电所引入两路 10kV 架空线路至总配电所 HDS，再由总配电所经电缆引出线（电缆沟暗敷）到 1～7STS 车间变电所。由于图面限制，路灯线路未予画出。

（2）高、低压供电系统图　高、低压供电系统图用作安装、运行。

（3）变、配电所平面图　变、配电所平面图包括变、配电所高低压开关柜、变压器、控制屏等设备的平、剖面排列布置，母线布置及主要电气设备材料明细表等。

（4）动力平面及系统图　主要包括：配电干线、滑触线、接地干线的平面布置；导线型号、规格、敷设方式；配电箱、起动器、开关等的位置；引至用电设备的支线（用箭头示意）。系统图应表示接线方式及注明设备编号、容量、型号、规格及负载（用户）名称，参见图 5-17、图 5-18。

（5）照明平面及系统图　包括：照明干线、配电箱、灯具、开关的平面布置，并注明用户名称和照度；由配电箱引至各个灯具和开关的支线。系统图应注明配电箱、开关、导线的连接方式、设备编号、容量、型号、规格及负载名称，参见图 5-15、图 5-16。

（6）自动控制图　包括自动控制和自动调节的框图或原理图，控制室平面图（简单自控系统在设计说明书中说明即可），标明控制环节的组成、精度要求、电源选择、控制设备和仪表的型号规格等。

（7）电信设备安装平面图　如电话、闭路电视、共用天线信号设备平面图。

（8）建筑物防雷接地平面图　包括：顶视平面图（对于复杂形状的大型建筑物，还应绘制立面图，注出标高和主要尺寸）；避雷针、避雷带、接地线和接地极平面布置图，材料规格，相对位置尺寸；防雷接地平面图，参见图 5-19、图 5-22。

（9）表格　主要是指设备材料表。

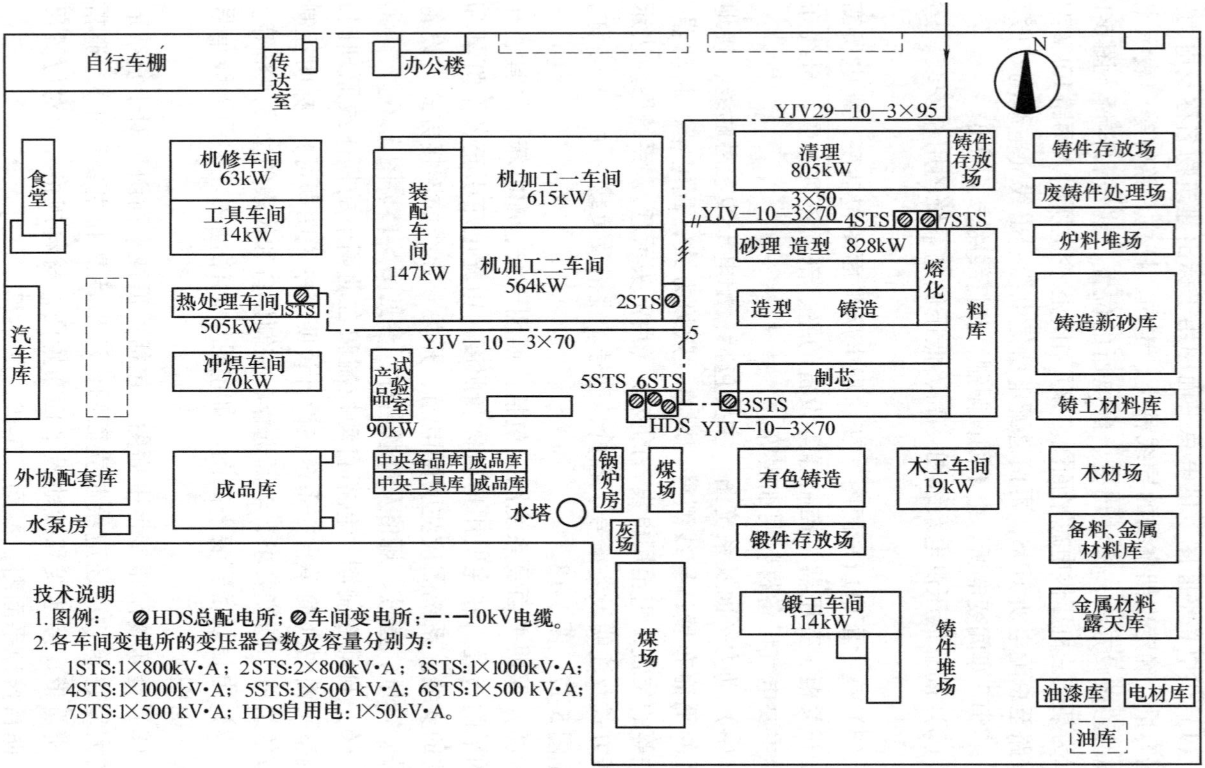

技术说明

1. 图例：⊘HDS总配电所；⊘车间变电所；—·—10kV电缆。
2. 各车间变电所的变压器台数及容量分别为：

1STS:1×800kV·A；2STS:2×800kV·A；3STS:1×1000kV·A；
4STS:1×1000kV·A；5STS:1×500 kV·A；6STS:1×500 kV·A；
7STS:1×500 kV·A；HDS自用电：1×50kV·A。

图 5-1　某柴油机厂供电总平面图

2. 建筑电气图的用途

建筑电气图是建筑电气装置安装的依据。例如，建筑电气图中的各电气装置、设备、线路的安装位置、接线、安装方法，以及相应的设备编号、容量、型号、规格、数量等，都是电气安装时必不可少的。它是订货、运行、维护管理的重要技术文件。

二、建筑电气图的主要特点

建筑电气图既有建筑图和电气图各自的特点，又和一般的建筑图和电气图有一定的区别，其主要特点是：

（1）突出电气　建筑电气图中既有建筑（建筑物或构筑物）又有电气的相关内容，但以电气为主，建筑为辅。为了在图中做到主次分明，电气图形符号常画成粗实线，并详细标注出文字符号及型号规格，而对建筑物则用细实线绘制，只画出与电气安装有关的轮廓线，只注出与电气安装有关的主要尺寸。

（2）绘图表示方式不同　建筑图必须用正投影法按一定比例画出，建筑电气安装图通常不考虑电气装置实物的形状及大小，而只考虑其位置，并用图形符号或装置轮廓表示和绘制。

（3）接线方式不同　电气接线图所表示的是电气设备端子之间的接线，建筑电气安装图则主要表示电气设备的相互位置，其间的连接线一般只表示设备之间的相互连接，而并不具体注明端子间的连接。

（4）连接线的使用不同　在表示连接关系时，电气接线图可以采用连续线及中断线表示，也可以采用单线或多线表示；但在建筑电气安装图中，只采用连续线且一般都用单线表示（导线实际根数按绘图规定方法注明）。

三、建筑电气图的表示方法

建筑电气图有其自身的特点，因而在表示方法上与建筑图和电气图既有联系，又有区别。

1. 图形符号及图例

建筑电气安装图中常用电力、照明和电信布置的图形符号见附录A。

2. 图线及其应用

（1）粗实线　建筑图的立面图、平面图与剖面图的截面轮廓线、图框线及电气安装图中的电气图线等。

（2）中实线　电气安装施工图中的干线、支线、电缆线及架空线等。

（3）细实线　电气安装施工图中的建筑平面、立面图要用细实线，以便突出用粗、中实线画的电气线路及设备；另外用于尺寸线及尺寸界线、指引线等。

（4）粗点画线　用于在平面图中的大型构件轴线，车间行车导轨的中轴线，接地平面图中的接地干线等。

（5）点画线　用于轴线、中心线、围框线等。

（6）粗虚线　用于地下管道。

（7）虚线　用于不可见轮廓线，暂不施工的二期工程或近期拟扩展部分的轮廓线。

（8）折断线　用于被假想断开部分的边界线。

3. 尺寸标注

建筑电气安装图上标注的尺寸通常采用毫米（mm）为单位，只有总平面图或特大构件设备、标高（高程）以米（m）为单位，也有个别采用厘米（cm）为单位的。凡是采用mm为单位的，图样中不必再标注单位；凡是采用m或cm为单位的，在图样中必须另加说明。

如果同一张图样上的几幅图都采用同一单位，则只要在标题栏“单位”项注明即可；若各幅图单位不同，则必须在每幅图的下方分别予以注明。

4. 比例

电气安装图常用的比例有1:200、1:100、1:50；大样图的比例可以用1:20、1:10或1:5；外线工程图则常用较小的比例。

一般尽可能用常用比例，少数情况下可用其他比例。

5. 图名

建筑电气安装图在同一张图样上往往有几幅图，这时必须在每幅图的下方标注图名，其格式如图5-2所示。比例书写在图名右侧，字号比图名字号小 1 号或小两号。必要时将单位注写在比例下部，并可用分式形式表示；也可按图 5-2c 表示，“M”是比例的代号。

××车间动力平面布线图　　1∶100　　a)

××车间照明平面布线图　　$\frac{1:100}{cm}$　　b)

防雷接地平面图 M1∶10　　单位：cm　　c)

图 5-2　图名、比例、单位的标注格式举例

6. 安装标高

建筑物各部分的高度用标高表示。标高有绝对标高、相对标高、敷设（安装）标高三种。

（1）绝对标高　我国把青岛附近黄海某点的平均海平面定为绝对标高的零点，即“黄海零点”，我国大都以它为基准标注。也有少数采用上海附近吴淞口海平面“吴淞零点”的。

（2）相对标高　为简便起见，建筑图上通常都用相对标高，即把室内首层地坪面高度设定为相对标高的零点，记作“±0.000”，高于它的为正值（但一般不用注“+”号），表示高于地坪面多少；低于它的为负值（必须注明“－”号），表示低于地坪面多少。

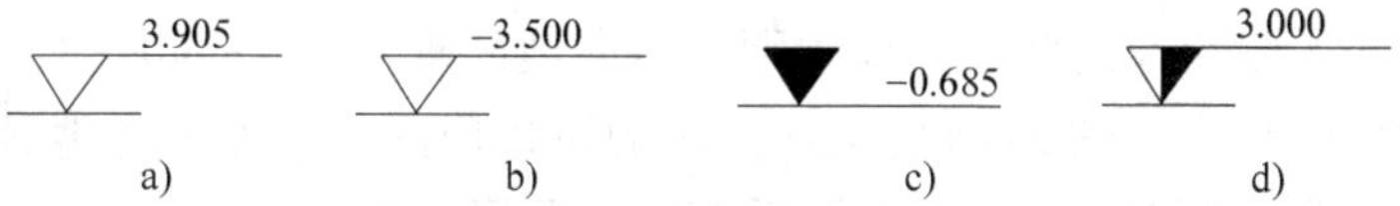

图 5-3　标高符号及示例

a）高于地面　b）低于地面　c）总平面图上室外整平标高　d）敷设标高

标高的符号及用法如图 5-3 所示。其中小三角为等腰三角形，高约 3. 5mm；下面横线为某处高度的界线；标高数字注在小三角外侧（按国标规定，标高单位为 m，精确到 mm，即小数点后面 3 位，但总平面图中只注到小数点后面 2 位）。

（3）敷设标高　安装电气装置及设备时，比安装地点高出的高度为敷设标高，它是以安装地点地面为基准零点的相对标高。

7. 方位

有些建筑电气安装图中，如总平面布置图、外线工程图等，要在图上表示建筑物、构筑物、装置及设备的位置和朝向，一般按

“上北下南、左西右东”来表示，但在很多情况下都是用方位标记（即指北针方向）来表示其朝向，如图 5-4 所示。箭头方向表示正北方向，“北”通常用“N”表示。图 5-4b 中细实线圆的直径为 24mm，指北针尾部宽度为圆直径的 1/8。

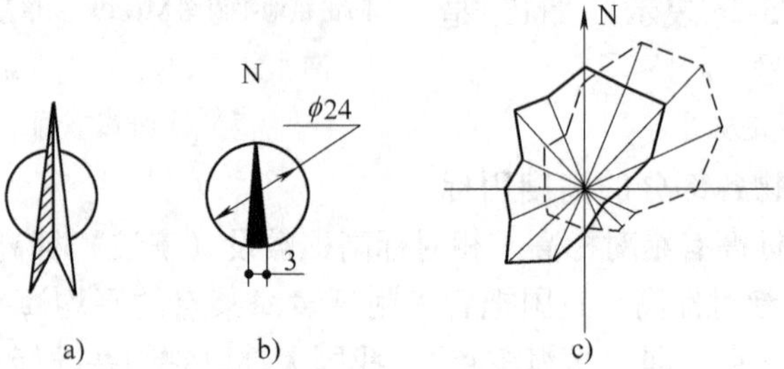

图 5-4 方位标记及风向频率标记

8. 风向频率标记

在建筑总平面图上，一般根据当地实际情况绘制风向频率标记，用风玫瑰图表示，如图 5-4c 所示。它是根据某一地区多年平均统计的各个方向吹风次数的百分值，按一定比例绘制而成的，实线表示该地区的常年风向频率；虚线则表示该地区夏季（6～8 月份）三个月的风向频率。图 5-4c 为上海地区的风玫瑰图，可见上海地区常年以东北风和西北风为主，而夏季则以东北风为主。

从风玫瑰图上可以看出该地区的常年主导风向和夏季主导风向，这对建筑的总体规划、建筑构造方式及建筑安装施工安排都有重要意义。

9. 建筑物定位轴线

电力、照明、电信布置通常都是在建筑物平面图上进行的，在建筑平面图上一般都标有定位轴线，作为定位、放线的依据和识别设备安装位置的依据。

凡由承重墙、柱、梁和屋架等主要承重构件的位置所画的轴线，称为定位轴线。

定位轴线编号的基本原则是：在水平方向，从左到右用顺序阿拉伯数字编注；在垂直方向，采用拉丁字母由下向上编注（I、O、Z 因容易同 1、0、2 混淆而不用）。数字和字母分别用点画线引出，注写在末端直径为 8 ~ 10mm 的细实线圆圈中，如图 5-5 所示。

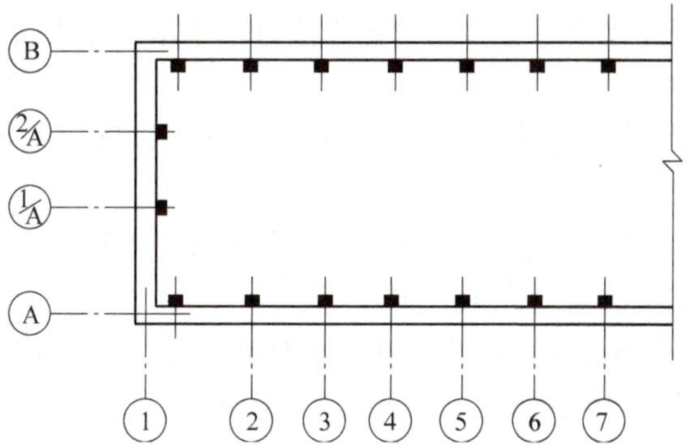

图 5-5　建筑物定位轴线示例

10. 设备和线路的标注方法

在建筑电气安装图上，设备和线路通常不标注其项目代号，但要标注设备的编号、型号、规格、数量、安装和敷设方式等。电力设备和线路的标注方法详见本章第二节“二、建筑动力和照明工程图”，电信设备和线路的标注方式可仿照它标注。

为区别某些设备的功能和特征，可在其图形符号旁增注字母，见表 5-1。

表 5-1　设备图形符号旁增注字母举例

名称	功能或特征含义	标注字母或符号	名称	功能或特征含义	标注字母或符号
灯或信号灯	颜色：红色 黄色 绿色 蓝色 白色	RD YE GN BU WH	探伤设备	X 射线探伤 γ 射线探伤 超声波探伤 磁力探伤	X γ S M
电信插座	电话 电传 传声器 电视 调频 扬声器	TP TX M TV FM 用一般符号	电杆	H 型杆 L 型杆 A 型杆 三角杆 四角杆 分区杆	H L A Δ # S

11. 图上位置、图线、建筑物等的表示方法

(1) 图上位置的表示方法　电气设备和线路图形符号在图上的位置，可根据建筑图位置的确定方法分别采用下述方法表示：

1) 采用定位轴线。

2) 采用尺寸标注。在图上标注尺寸数字以确定设备在图上的安装位置。

3) 采用坐标注法。在较大区域的平面图上采用坐标网格定位。一般的建筑电气安装图上较少采用。

4) 采用标高注法。需要在同一幅图上表示不同层次（如楼层）平面图上的符号位置时，可采用标高定位法。

(2) 图线　在建筑电气安装图上有建筑平面图图线和电气平面图图线两类。为了主次分明、图形清晰、突出电气布置，电气图线应比建筑图线宽 1 ~2 个等级，若建筑物的外形轮廓线用细实线，电气图线则用粗实线，但粗实线宽度要与整个图面相协调。

(3) 建筑构件等的表示方法　为了清晰地表示电气平面布置，在建筑电气安装图上往往需要画出某些建筑物、构筑物、地形地貌等的图形和位置，如墙体及材料、门窗、楼梯、房间布置、必要的采暖通风和给排水管线、建筑物轴线，以及道路、河流、桥涵、林地、山丘等，但这些图形的图线不得影响电气图线的表达，也不得与电气图线相混淆。

四、建筑电气图的识读步骤

阅读建筑电气图，除了应了解建筑电气工程图的特点外，还应该按照一定步骤来阅读，这样才能比较迅速、全面地读懂图样，实现识图的目的。

首先查看建筑电气图的标题栏、图样目录和说明，了解该建筑工程的名称、项目内容、设计日期，了解工程总体概况及设计依据，了解图样中未能表达清楚的各有关事项。如供电电源的来源、电压等级、线路敷设方式、设备安装高度及安装方式等。

其次看建筑电气图的系统图。通过查看系统图可以了解系统的基本组成，主要电气设备、元器件等的连接关系以及它们的规格、

型号、参数等，掌握该项目的基本概况，各分项工程的图样概略情况。看系统图的目的是要对整体系统做到心中有数。

然后看电路图、接线图和平面布置图。通过查看电路图和接线图可以了解各系统中用电设备的电气自动控制原理，为安装和调试设备打下基础。由于电路图一般多是按功能分别绘制的，看图时应依据功能关系阅读。安装和调试设备，还要配合阅读接线图和端子图进行。电气平面布置图是建筑电气工程图样中的重要图样之一，是安装施工、编制工程预算的主要依据图样，要重点熟读。对于施工经验还不太丰富的人员，可对照相关的安装大样图一起阅读。

再仔细查看安装详图。安装图是用来详细表示设备安装方法的图样，是用来指导施工和编制工程材料计划的图样。对于初学电气安装的人员更为重要，甚至可以说是不可缺少的。

最后查看建筑电气图的设备材料表。设备材料表可以了解该工程所使用的设备、材料的型号、规格和数量，是编制购置主要设备、材料计划的重要依据之一。

当然，识读建筑电气图的顺序不是不能改变，在读识时要根据具体情况，灵活采用识读方法和步骤。

第二节 建筑电气图的识读

前一节中讲述了对一整套建筑电气图的识读方法，下面就建筑电气图中的电力工程图、建筑动力和照明工程图、建筑防雷和接地工程图等每一种图的具体阅读方法作详细说明。

一、建筑电力工程图

建筑电力工程图以平面图最多，主要包括变电所电力工程图、电力线路平断面图和电力电缆线路工程图等，下面就这几种工程图识读举例说明。

1. 变电所电力工程图

图 5-6 所示为某中型工厂 35kV 降压变电所平面布置图。该图的识读步骤为：

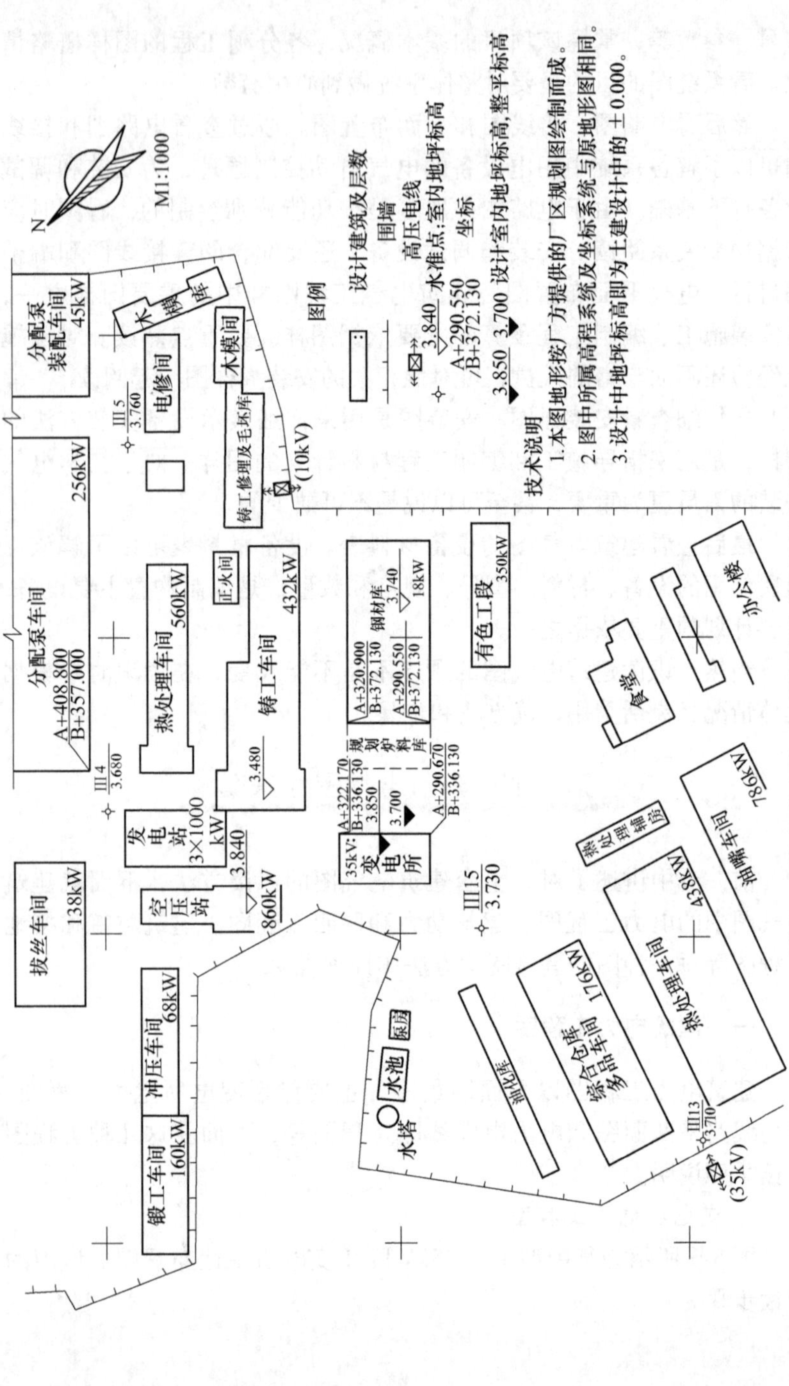

图5-6 某中型工厂35kV降压变电所平面布置图(1:1000)

（1）先看标题栏、技术说明和图例　由此对全图的总体有所了解，为识读平面图打下基础。

（2）看整体概略情况　该图采用施工坐标网标注。坐标标注网分测量坐标网和施工坐标网两种：测量坐标网画成交叉“+”字线（细实线），坐标代号用“X”（南北向）、“Y”（东西向）表示；施工坐标网画成网格通线，坐标代号用“A”（纵向）、“B”（横向）表示。由此建筑物或设备位置可用（X，Y）或（A，B）确定。该图采用“+”字线表示了35kV变电所、线路及各车间等建筑物的位置。各车间的计算负荷已分别标注在图中相应位置。

（3）详细看35kV降压变电所　从图中可以看出本厂进线电源有两个：一是35kV主供电源，另一个是10kV备供电源。另外本厂有3×1000kV自发电电源。

图5-7和图5-8为某工厂10kV变电所平面布置图及剖面图。具体读识方法为：

（1）概况了解　首先看两图的标题栏、说明和主要设备材料明细表，对两图及整个变电所的概况有初步了解。

（2）交替读图　结合电气主接线图，把两图联系起来交替读图。由电气主接线图（见图4-9）可知：电源为一条10kV架空线，进厂后由电缆引入该变电所；该变电所有容量分别为500kV·A、315kV·A的主变压器各一台，无高压动力负载，配电电压为10/0.4kV，负载用200/380V电压；有JYN 2—10型手车式高压开关柜五台，PGL2、PGJ1型低压配电屏15台。由图5-7平面图的剖视符号可见图5-8中I—I、Ⅱ—Ⅱ剖面图的由来。由图5-7、图5-8可见底层、二层各室的位置。这样，对两图便已大致进行了粗略的识读。

（3）读平面图　由图5-7可知：底层有1号、2号变压器室，10kV高压开关室，备件室及盥洗室（卫生间）。10kV电源由电缆引入Y1柜，高压开关室有五台JYN2—10型手车式高压开关柜（见表5-2），Y4、Y5柜分别经电缆输电至1、2号变压器，降压成230/400V后经PX—1、PX—15、低压电缆VV—1—1×500引至二层低压配电室；二层有低压配电室和值班室，吊装孔是安装时吊运低压配电屏用的；低压配电室有P1～P15共15台低压配电屏（各屏名称、

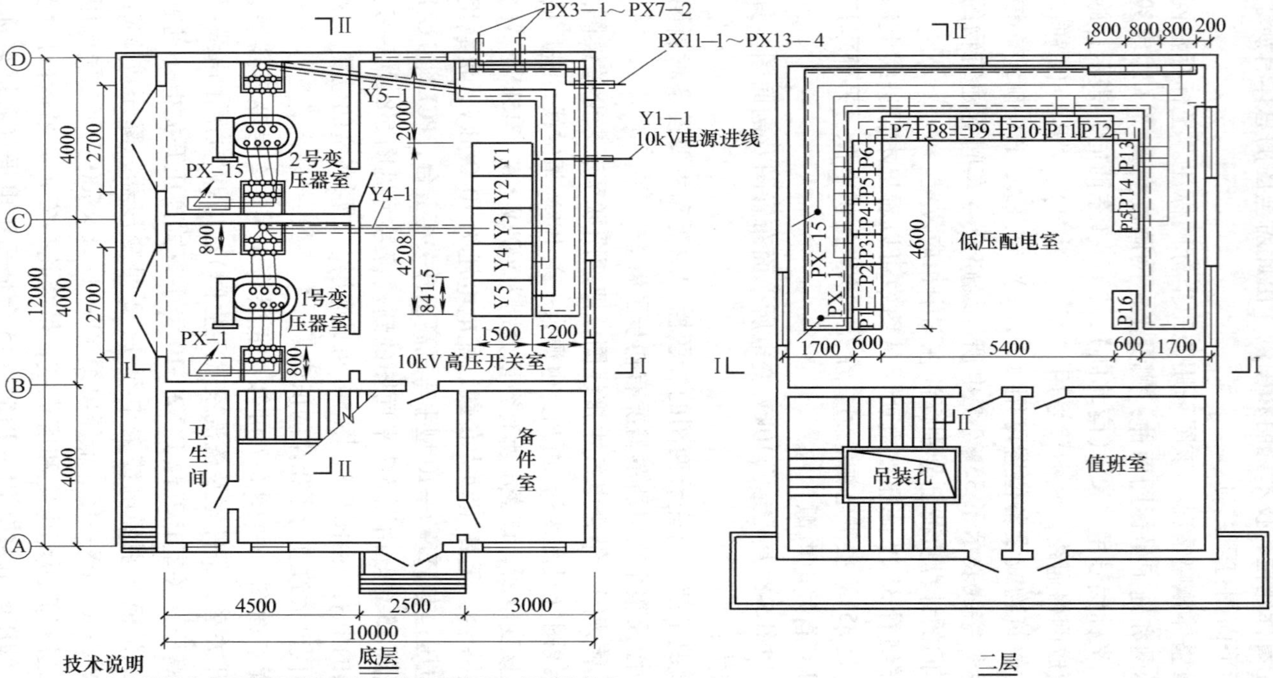

技术说明

1. 本设计中变压器室按发展容量两台 800kV·A 变压器考虑。
2. 主要设备和材料明细表详见表 5-2。
3. 10kV 的 YJV29-10-3×35 及 3×70 的交联塑料绝缘电力电缆的户内终端头，可采用干包，也可采用环氧树脂浇注法。

图 5-7　某厂10kV变电所平面布置图（1:75）

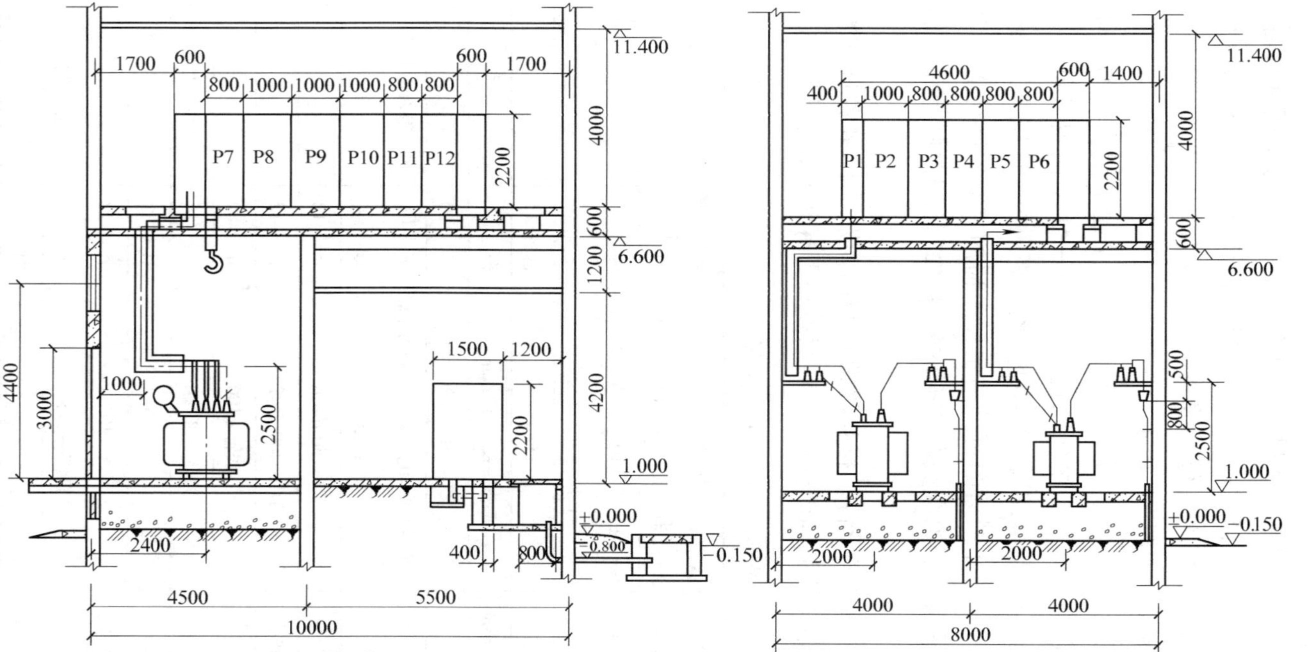

I—I　　　　II—II

技术说明

1. 变压器二次低压总进线电缆在ZTG—100/300型电缆梯架沿墙和楼板下沿敷设，用铁膨胀螺栓M12固定。

2. 本图与图4-9及图5-7对应，设备材料见表5-2。

图5-8　某厂10kV变电所剖面图（1:75）

用途及相互连接关系见图4-9电气主接线图)，P16为备用屏位置。按设计规范规定，变压器室、高压开关室、低压配电室的门应朝外开。底层承重墙轴线作为定位轴线在垂直方向分别标以A、B、C、D符号。各安装尺寸如图5-7所示。

(4) 读剖面图　这里所说的“剖面图”，是建筑制图中的习惯称谓，实际上它是机械制图中的剖视图。由Ⅰ—Ⅰ剖面图可见电力电缆引进引出的位置及电缆沟、1号变压器、高压柜、低压屏的安装位置及尺寸；由Ⅱ—Ⅱ剖面图可见两主变压器的相对安装位置、电缆及母线的引进引出、电缆头与支架的安装、二层朝西侧低压屏的布置安装等。

表5-2（主要电气设备及材料明细）与图5-7、图5-8共同解释同一图样（今限于篇幅与图分开），利用该表更有助于对照读图。

表5-2　主要电气设备及材料明细

编号	名　称	型号规格	单位	数量	备　注
1	电力变压器	S9—500/10，10/0.4kV，Y　yn0	台	1	
2	电力变压器	S9—315/10，10/0.4kV，Y　yn0	台	1	
3	手车式高压开关柜	JYN2—10，10kV	台	5	Y1～Y5
4	低压配电屏	PGL2	台	13	
5	电容自动补偿屏	PGJ1—2，112kvar	台	2	
6	电缆梯形架（一）	ZTG—150/800	m	20	
7	电缆梯形架（二）	ZTG—150/400，90DT—150/400	m	15	90°平弯型两个
8	电缆头	10kV	套	4	
9	电缆芯端接头	DT—50 $d=10$	个	12	
10	电缆芯端接头	DT—400 $d=28$	个	12	
11	电缆保护管	黑铁管 ϕ100	m	80	
12	铜母线	TMY—30×4	m	16	高压侧
13	高压母线夹具		副	12	
14	高压支柱绝缘子	ZA—10Y	个	12	
15	铜母线	TMY—60×6	m		低压侧
16	低压母线夹具		副	12	

（续）

编号	名　　称	型号规格	单位	数量	备　　注
17	电车线路绝缘子	WX—01	只	12	
18	铜母线	TMY—30×4	m	20	T 次级引至低压屏
19	高压母线支架	15 型	套	2	∟50×5 共 5.2m
20	低压母线支架	15 型	套	2	∟50×5 共 5.2m
21	高压电力电缆	YJV29—10—3×35　10kv	m	40	
22	低压电力电缆	VV—1—1×500 无铠装	m	120	也可用 VV—3×150+1×50
23	电缆支架	3 型	个	4	∟40×4 共 1m
24	电缆头支架		个	2	∟40×4 共 1m
25	接地线	-25×4 镀锌扁铁	m		
26	临时接地线栓	M10×30	个	2	

2. 电力电缆线路工程图

电力线路是电力系统的重要组成部分，担负着输送和分配电能的重要任务。电力线路按电压高低分，有 1kV 以上的高压线路和 1kV 以下的低压线路；按结构形式分，有架空线路、电缆线路和车间（室内）线路。线路平面图主要指电力、电信架空线路和电缆线路在某一区域内的平面布置图，它也是采用图形符号与文字符号相结合而绘制的一种简图。线路平面图通常有两种形式：一是单纯的平面图，另一种是与断面图相结合的平面图。

（1）外线工程平面图　外线工程平面图是表示室外高低压线路的平面布置图，它包括：高压架空线路或电缆线路敷设的方位、路径、杆型及挡距、杆号，线路型号、规格；变配电所的位置、数量、容量和形式；低压架空线路的电杆形式、编号，导线的型号、截面及各回路导线的根数等；用电单位的建筑平面外形、建筑面积和用电负荷大小（用计算负荷 PC 表示）；供电区域地形等。

图 5-9 所示为某一外线工程的平面图。图中有三栋新建工程（1 号、2 号和 3 号）；其 10kV 高压架空线采用 LJ—3×50（每相截面积为 $50mm^2$）的铝绞线；S9—315/10 型（额定容量为 315kV · A，高

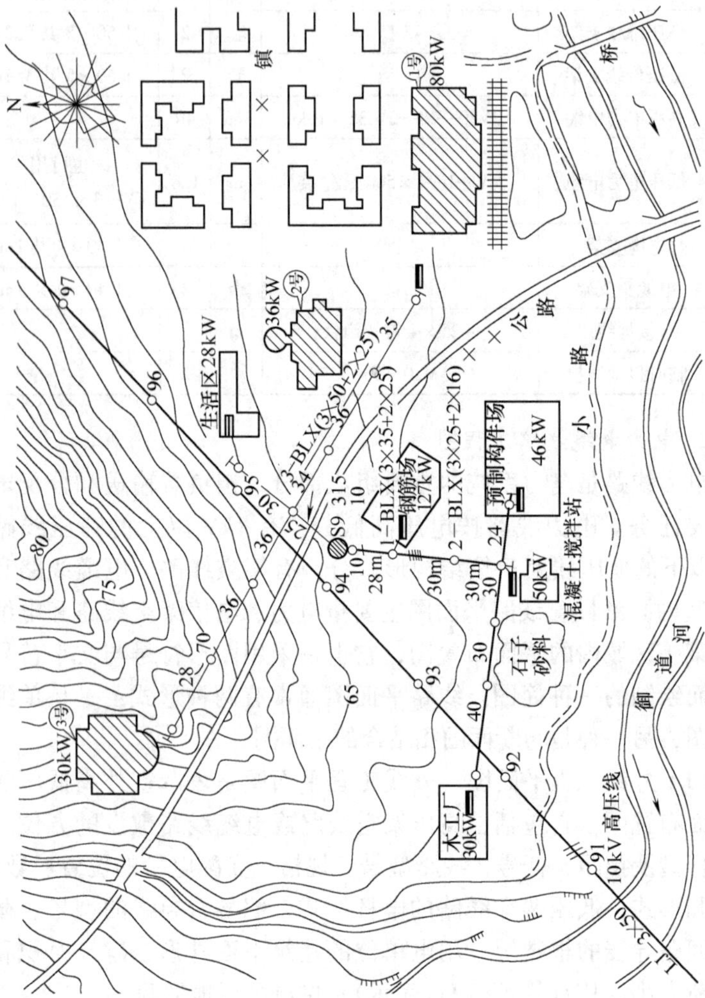

图 5-9　外线工程平面图示例

压侧电压为10kV，三相油浸自冷式，铜芯）电力变压器采用户外柱上安装方式，其二次低压侧额定电压为230/400V，供电给原有的钢筋加工场、预制构件场、混凝土搅拌站、木工厂、生活区和新建的三栋建筑；低压架空线路采用TN—S方式供电，它是保护线与中性线完全分开的三相五线制低压供电系统，每回线路有五条绝缘导线；线路采用BLX型铝芯橡胶绝缘电线，括号内分别列出了相线和N线（中性线）、PE线（保护线）的截面积。低压架空线相邻电杆之间的距离（挡距）在图中也都已标明。

电杆采用15m长钢筋混凝土电杆，1号建筑电源进线采用低压电缆，型号为VV23—（3×50+2×25）SC50—FC，其含义是：塑料绝缘、塑料护套铜芯钢带铠装电力电缆；三芯，每芯截面积为$50mm^2$；两芯，每芯截面积为$25mm^2$；穿内径为50mm的钢管，直接埋地敷设。

图5-10表示了低压架空线路敷设时各导线的名称及位置。当高、低压线同杆架设时，高压线在上，低压线在下，高、低压线垂直间距不小于1.2m；动力线与照明线同杆架设时，动力线在上，照明线在下，垂直间距不小于0.6m；强电与弱电同杆架设时，强电在上，弱电在下，相距不小于0.6m。

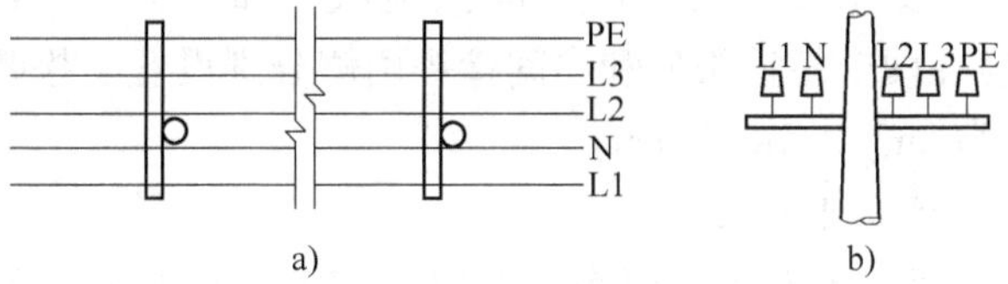

图5-10 低压架空线路各条导线名称

a）鸟瞰图 b）正面图

（2）电力电缆工程图 电力电缆工程图主要表示电缆的走向、敷设、安装、连接的具体布置与工艺要求，其图样主要有电缆终端头、中间接头施工工艺图及电缆敷设平面布置图等。图5-11所示为电力电缆敷设平面图的常用图例。

图5-12所示为某10kV地下电缆的敷设平面图。由图可知，该电缆由10kV架空线路引下（图示右上方），经过街道，进入某造纸

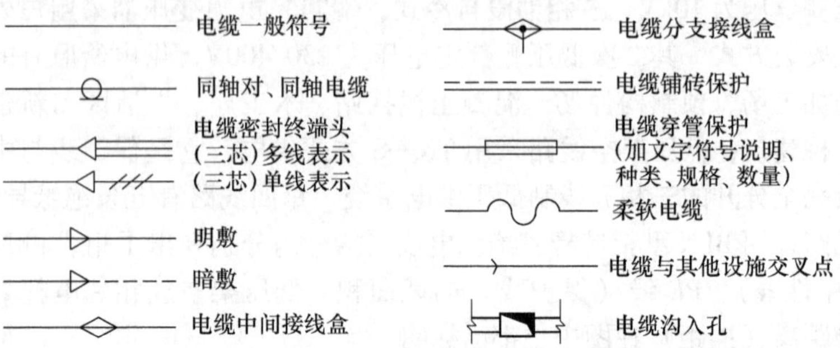

图 5-11 电力电缆敷设平面图常用图例

厂 10kV 变电所，电缆全长（包括为防止热胀冷缩而受力过大的各松弛长度）132.5m。此电缆共有两个终端头、一个中间接头（图示中部“1 号”，另用大样图表示）。电缆沿街道一侧敷设，有三个较大的转弯，两次穿越街道。油浸式纸绝缘电力电缆的弯曲半径一般不得小于外径的 15 ~ 25 倍，橡胶绝缘和塑料绝缘电力电缆的弯曲半径不得小于电缆外径的 10 倍。

图 5-12 中，电缆穿越街道时采用直径为 120mm 的混凝土管保护，保护管外充填满砂土，其余地段直埋地下，在电缆上方加盖用砖铺设的盖板（尺寸大时用混凝土盖板，如剖面 *A—A*，*B—B* 所示)。电缆在两个终端头处和中间接头两侧分别设置了松弛区，松弛长度分别为 2m，0.5m 和 1m。

3. 电力线路平断面图

有时平面图还不能全面表示线路的情况，需要采用平面图与断面图相结合的形式来表示，这就是平断面图。图 5-13 所示是某 35kV 电力线路的平断面图。该图上部为线路纵断面图，中下部为平面图（它是由沿线路中心线展开而绘制出来的）。

平面图上的导线、电杆画成直线。线路转角走向用转角度数表示，如 N2 杆标注“右 35°”。同时，线路经过处的地形、地物等也要在平面图中表示出来。图中下部标注了里程等有关数据。与平断面图相配合的还有线路明细表，见表 5-3（因篇幅限制而与图 5-13 分开）。它是线路平断面图的重要补充。

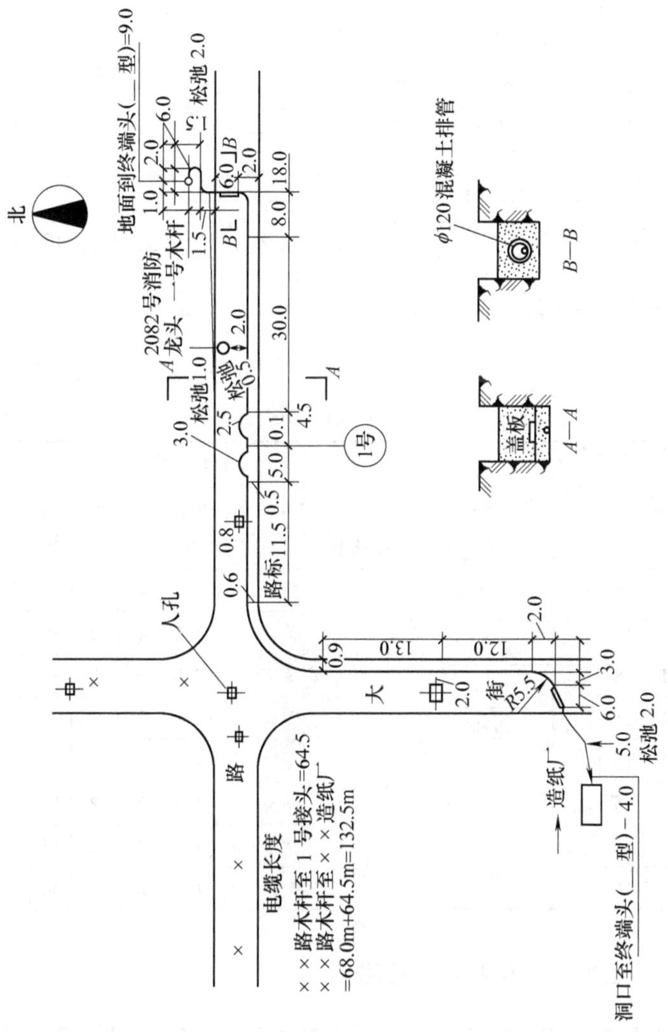

图 5-12 某10kV地下电缆敷设平面图（部分）

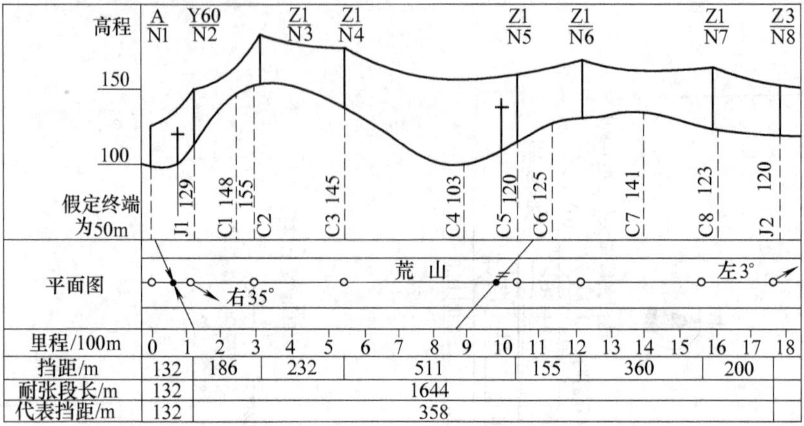

图 5-13 线路平断图示例

表 5-3 ××线路明细（部分）

杆号	杆型	标高/m	挡距/m	交叉跨越	耐张段长度/代表挡距/m	地质	底盘 个数/个	底盘 埋深/m	拉线盘 个数/个	拉线盘 埋深/m	接地电阻/Ω	备注
N1	A	15	131	10kV 线路	132/132	粘土	2	1.5	4	2	10	绝缘子倒挂
N2	Y60	15	189			碳岩	2	1.5	4	2	30	
N3	Z1	18	232		(右35°) 1644/358 (左3°)	碳岩	2	2.0	2	2	30	
N4	Z1	15	511	二线电话线		碳岩	2	1.5	2	2	30	
N5	Z1	15	155			碳岩	2	1.5	2	2	30	
N6	Z1	15	390			粘土	2	1.5	2	2	15	
N7	Z1	15	200			粘土	2	1.5	2	2	15	
N8	A3	15				碳岩	2	1.5	2	2	30	

二、建筑动力和照明工程图

建筑动力和照明工程图主要包括原理图和平面图，其中以平面图应用最多。表示建筑物内动力、照明设备和线路平面布置的电气工程图，称为动力和照明平面图。动力和照明平面图主要表示动力和照明线路、设备，如电动机、照明灯具、室内固定用电器具、插座、电扇、配电箱、控制开关的安装位置和接线等。动力和照明通常是分开表示的。建筑物不同标高的楼层平面要分别画出每层的动力、照明平面布置图。

1. 动力和照明线路的表示方法

动力和照明线路在平面图上采用图线和文字符号相结合的方法，表示线路的走向、导线的型号、规格、根数、长度及线路配线方式、线路用途等。

（1）线路敷设方式和敷设部位文字符号　见表5-4 。

表5-4　线路敷设方式和敷设部位的文字符号表

序号	导线敷设方式和部位	文字符号	序号	导线敷设方式和部位	文字符号
1	用瓷瓶或瓷柱敷设	K	10	沿钢索敷设	SR
2	用塑料线槽敷设	PR	11	沿屋架或跨屋架敷设	BE
3	用钢线槽敷设	SR	12	沿墙面敷设	WE
4	穿水煤气管敷设	RC	13	沿顶棚面或顶板面敷设	CE
5	穿焊接钢管敷设	SC	14	暗敷设在梁内	BC
6	穿电线管敷设	TC	15	暗敷设在柱内	CLC
7	用电缆桥架敷设	CT	16	暗敷设在墙内	WC
8	用瓷夹敷设	PL	17	暗敷设在地面内	FC
9	用塑料夹敷设	PCL	18	暗敷设在顶板内	CC

（2）电力设备和线路的标注

1）用电设备的标注格式为：$\frac{a}{b}$或$\frac{ac}{bd}$。

其中，a 表示设备编号；b 表示设备的额定容量（kW）；c 表示线路首端熔体或低压断路器脱钩器的电流（A）；d 表示标高（m）。

2）电力和照明设备的标注格式为：$a\frac{b}{c}$或 a—b—c。

当需要标注引入线时，用电设备的标注格式是：

$$a\frac{b—c}{d(e\times f)-g}。$$

其中，a 表示设备编号；b 表示设备型号；c 表示设备的额定容量（kW）；d 表示导线型号；e 表示导线根数；f 表示导线截面积（mm^2）；g 表示导线敷设方式。

3）开关及熔断器的标注格式为：$a\frac{b}{c/i}$或 a—b—c/i。

当需要标注引入线时，用电设备的标注格式是：$a\frac{b—c/i}{d(e\times f)-g}$。

其中，a 、b、d、e、f、g 的含义与前相同，而 c 表示额定电流（A），i 表示整定电流（A）或熔体电流（A）。

4）线路的标注格式为：a—b—c×d—e—f。

其中，a 表示线路编号或线路用途；b 表示导线型号；c 表示导线根数；d 表示导线截面积（mm^2）；e 表示导线敷设方式和穿管方式；f 表示导线敷设部位。

2. 照明工程图

照明工程图主要包括照明电气原理图、平面图及照明配电箱安装图等。

（1）照明概略图　照明原理图上需要表达以下几项内容：

1）架空线路（或电缆线路）进线的回路数、导线或电缆的型号、规格、敷设方式及穿管管径。

2）总开关及熔断器的型号规格，出线回路数量、用途、用电负载功率数及各条照明支路的分相情况。图 5-14 所示为某建筑的照明供电系统图，各回路采用的是 DZ 型低压断路器，其中 N1、N2、N3 线路用三相开关 DZ20—50/310，其他线路均用 DZ20—50/110 型单极开关。为使三相负载大致均衡，N1 ~ N10 各线路的电源基本平均分

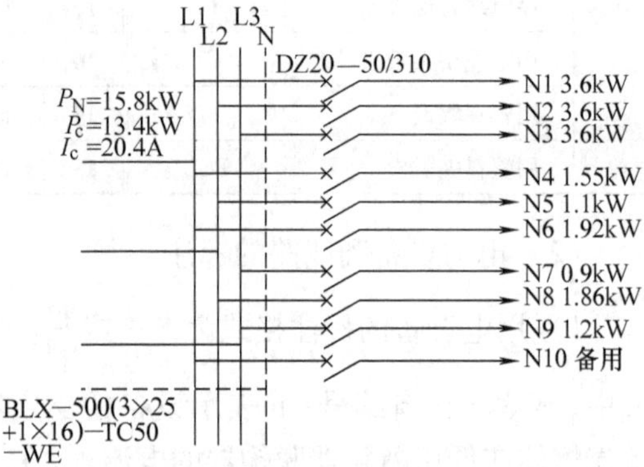

图 5-14　某建筑照明供电系统图

配在 L1、L2、L3 三相中。

3）用电参数：照明配电系统图上，应表示出总的设备容量、需要系数、计算容量、计算电流、配电方式等，也可以列表表示。图 5-14 中，设备容量为 $P_N=15.8kW$，计算负荷 $P_C=13.4kW$，计算电流 $I_C=20.4A$。导线为 BLX—500（3×25+1×16）—TC50—WE。

4）技术说明、设备材料明细表等。

（2）照明平面图 照明平面图上要表达的主要内容有：电源进线位置，导线型号、规格、根数及敷设方式，灯具位置、型号及安装方式，各种用电设备（照明分电箱、开关、插座、电扇等）的型号、规格、安装位置及方式等。照明器具采用图形符号和文字标注相结合的方法表示。图形符号见附录 A。

1）表示电光源类型的文字符号见表 5-5。

表 5-5 电光源类型文字符号

序 号	电光源类型	文字符号	序 号	电光源类型	文字符号
1	氖灯	Ne	7	电发光灯	EL
2	氙灯	Xe	8	弧光灯	ARC
3	钠灯	Na	9	荧光灯	FL
4	汞灯	HG	10	红外线灯	IR
5	碘钨灯	I	11	紫外线灯	UV
6	白炽灯	IN	12	发光二极管	LED

2）灯具类型的文字符号见表 5-6。

表 5-6 灯具类型的文字符号

序 号	灯具类型	文字符号	序 号	灯具类型	文字符号
1	壁灯	B	8	卤钨探照灯	L
2	吸顶灯	D	9	普通吊灯	P
3	防水防尘灯	F	10	搪瓷伞罩灯	S
4	工厂一般灯具	G	11	投光灯	T
5	隔爆灯	G 或专用符号	12	无磨砂玻璃罩万能型灯	W
6	花灯	H	13	荧光灯灯具	Y
7	水晶底罩等	J	14	柱灯	Z

3）表示灯具安装方式的符号见表5-7。

表5-7　灯具安装方式的文字符号

序　号	灯具安装方式	文字符号	序　号	灯具安装方式	文字符号
1	自在器线吊式	CP	8	吸顶式	S
2	固定线吊式	CP1	9	嵌顶式	R
3	防水线吊式	CP2	10	墙壁内安装式	WR
4	吊线器式	CP3	11	台上安装式	T
5	链吊式	Ch	12	支架安装式	SP
6	管吊式	P	13	柱上安装式	CL
7	壁装式	W	14	座装式	HM

4）灯具标注的一般格式为 $a—b\,\frac{c\times d}{e}f$。

其中，a表示同类型灯具的个数；b表示灯具类型代号；c表示灯具内安装灯的数量；d表示每个灯的功率（W）；e表示灯具的安装高度；f表示安装方式代号。

例如：$4—P\,\frac{5\times 25}{—}L$，表示4管链吊式吊灯，每盏吊灯内装5只25W的灯泡，安装高度不规定。

（3）电气照明平面图　图5-15所示为某建筑物第3层电气照明平面图，图5-16为其供电系统图，表5-8为负荷统计表。

该楼层电源引自第2层，单相～220V，经照明配电箱XM1—16分成（1～3）MFG三条分干线，送到1～7号各室。

图5-15可识读如下：

1）建筑平面概况：为了清晰地表示线路、灯具的布置，图中按比例用细实线简略地绘制出了该建筑物的墙体、门窗、楼梯、承重梁柱的平面结构。至于具体尺寸，可查阅相应的土建图。

用定位轴线横向1～6及纵向A、B、B/C、C和尺寸线表示了各部分的尺寸关系。表5-8附的“施工说明”中已说明了楼层结构等，为照明线路和设备安装提供了土建资料。

2）照明线路：照明线路共有三种不同规格敷设的线路，例如，

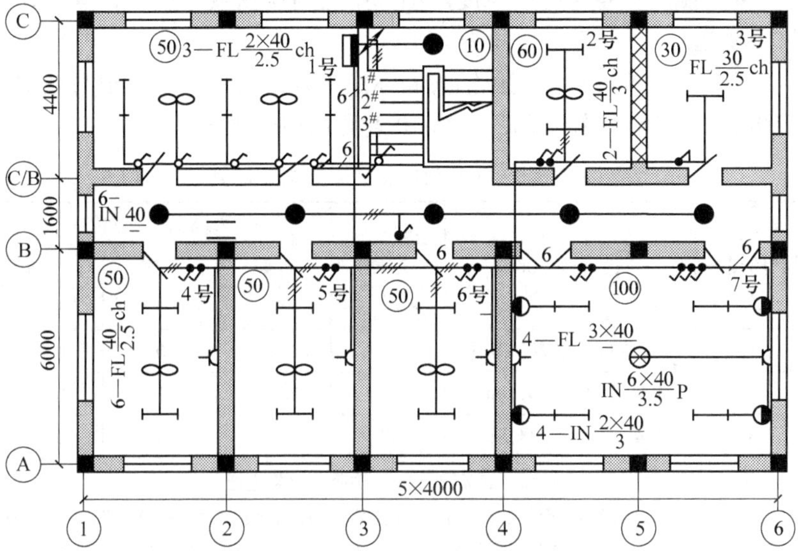

图 5-15　某建筑物第 3 层电气照明平面

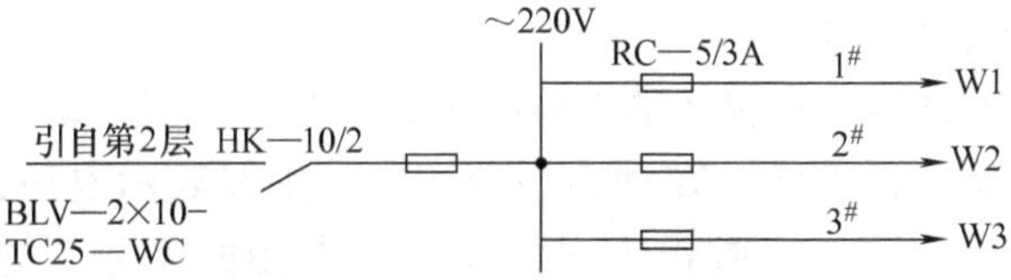

图 5-16　某建筑物第 3 层的供电系统图

照明分干线 MFG 为 BLV—500—2 ×6—PC20—WC，表示用的塑料绝缘导线（BLV）、两根截面积为 $6mm^2$、采用直径 20mm 的硬质塑料管（PC20）沿墙暗敷（WC）。

3）照明设备：图示照明设备有灯具、开关、插座、电扇等，照明灯具有荧光灯、吸顶灯、壁灯、花灯等。

灯具的安装方式有链吊式（Ch），管吊式（P），吸顶式（S）、壁装式（W）等。例如："3—FL2 ×40/2. 5Ch" 表示该房间有三盏荧光灯（FL），每盏有两支 40W 的灯管，安装高度（灯具下端离房间地面）为 2. 5m，链吊式（Ch）安装。

4）照度：各房间的照度用圆圈中注阿拉伯数字表示，其单位为lx（勒克斯），如7号房间为100lx。

5）图上位置：由定位轴线和标注的有关尺寸，可以很简便地确定设备、线路管线的安装位置，并计算出线管长度。

表5-8　某建筑物第3层负荷统计表

线路编号	供电场所	负荷统计			
		灯具	电扇	插座	计算负荷
		个	只	个	kW
1#	1号房间、走廊、楼道	9	2	0	0.41
2#	4号、5号、6号房间	6	3	3	0.42
3#	2号、3号、7号房间	12	1	2	0.48

施工说明：1. 该层层高4m，净高3.88m，楼面为混凝土板。

2. 导线及配线方式：电源引自第2层，总线为PG—BLV—500—2×10—TC25—WC，分干线为（1～3）MFG—BLV—500—2×6—PC20—WC；各支线为BLVV—500—2×2.5—PC15—WC。

3. 配电箱为XM1—16型，并按系统图接线。

3. 动力工程图

动力工程图通常包括动力系统图、电缆平面图、动力平面图等。

（1）动力系统图　在动力系统图中，主要表示电源进线及各引出线的型号、规格、敷设方式，动力配电箱的型号、规格，开关、熔断器等设备的型号、规格等。

图5-17为某工厂机械加工车间11号动力配电箱系统图。

1）电源进线：电源由5号动力配电箱XL—15—6000引来，引入线为BX—500—（3×6 +1 ×4）—SC25—WE。

2）动力配电箱：为XL—15—8000型动力配电箱。它采用额定电流为400A的三极单投刀开关，有八个回路，每回路额定电流为60A，用填料密封式熔断器RT0进行短路保护。这里采用的熔件其额定电流均为50A，熔体的额定电流分别为20A、30A、40A的RT0型熔断器。

3）负载引出线：结合动力平面布置图5-18可见，其供电负载有1台CA6140型车床（7.5kW），1台C1312型车床（3kW），两台

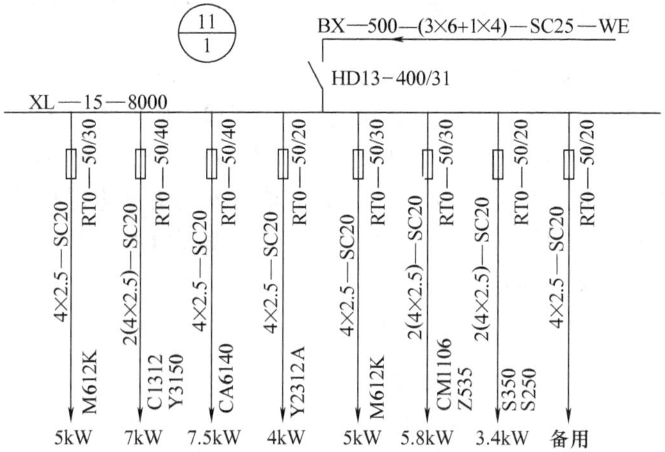

图 5-17　某工厂机械加工车间 11 号动力配电箱系统图

M612K 型磨床（2×5kW），1 台 Z535 型钻床（2.8kW）及 Y3150（4kW），Y2312A 型滚齿机（4kW）各 1 台，CM1106 型车床 1 台（3kW），S250、S350 型螺纹加工机床各 1 台（2×1.7kW）。导线均采用 BX—500—4×2.5 型橡胶绝缘导线，每根截面积为 2.5mm^2，穿内径为 20mm 的焊接钢管埋地坪暗敷。

（2）电缆平面图　电缆平面图主要用于对电缆的识别。在图上要用电缆图形符号及文字说明把各种电缆予以区分：按构造和作用分为电力电缆、控制电缆、电话电缆、射频同轴电缆、移动式软电缆等：按电压分为 0.5kV、1kV、6kV、10kV 等电缆。

（3）动力平面图　动力平面图是用来表示电动机等各类动力设备、配电箱的安装位置和供电线路敷设路径及方法的平面图。它是用得最为普遍的电气动力工程图。动力平面图与照明平面图一样，也是画在简化了的土建平面图上的图，但是，照明平面图上表示的管线一般是敷设在本层顶棚或墙面上，而动力平面图中表示的管线通常是敷设在本层地板（地坪）中。

动力管线要标注出导线的根数及型号、规格。设备的外形轮廓、位置要与实际相符，并在出线口按 a $\frac{b}{c}$ 的格式标明设备编号（a）、设备型号（b）、设备容量（c，kW 数），也可用$\frac{a}{c}$简化形式表示。

图 5-18 为图 5-17 所示机械加工车间的动力平面图（局部）。

1）电源进线：该车间电源进线为 VV29—1kV—2（3×35+1×10）SC70 电力电缆，埋地暗敷，引入 1 号动力配电箱 XL—21—05 后，再逐级放射引到其他各动力配电箱。该动力配电箱的进线电源来自 5 号 XL—15—6000 型动力配电箱，导线为 BX—500—（3×6+1×4）—SC25—WE。

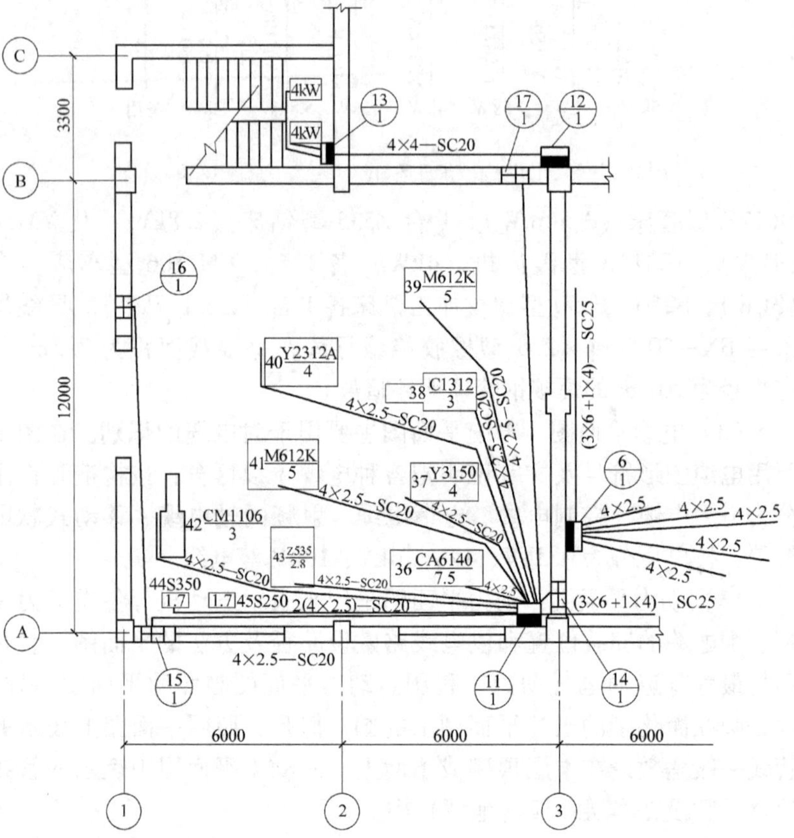

图 5-18 某机械加工车间动力平面布置图（局部）（1:100）

2）动力配电箱：采用 XL—15—8000 型一台。位置在定位轴线 3—A 处，采用落地式安装。

3）负载图中画出了各车床、磨床、钻床、滚齿机等的外形轮廓和平面位置，标注了设备编号、型号及容量（kW）。导线均为 BX—500—4 ×2.5—SC20—WC。

同时，由动力配电箱引出三回线路 BX—500—4 ×2.5—SC20—WC 至各组合电器箱（型号 DCXR—10—3—113）15、16、17 各插座。该组合电器箱为嵌壁式安装，离地高度为 1.2m。

三、建筑防雷和接地平面图

1. 防雷平面图

（1）雷电过电压　雷电过电压又称为大气过电压，它是由于电力系统内的设备或构筑物遭受直接雷击或雷电感应而产生的过电压。

雷电过电压所产生的雷电冲击波，其电压幅值可高达上亿伏，电流幅值可高达几十万安，因此，它对电力系统和人员危害极大，必须采取措施加以防护。

雷电过电压的基本形式有三种。

1）直击雷过电压（直击雷）：雷电直接击中电气设备、线路或建筑物，强大的雷电流通过被击物体，产生有极大破坏作用的热效应和机械力效应，伴之还有电磁效应和对附近物体的闪络放电（即雷电反击或二次雷击）。这是破坏最为严重的雷电过电压。

2）感应过电压（感应雷）：雷云在架空线路或其他物体上方时，雷云主放电所产生的过电压，即为感应过电压。其中，在高压线路上可达几十万伏，低压线路上也可达几万伏。

3）雷电侵入波：是由于直击雷或感应雷所产生的高电位雷电波，它沿架空线或金属管道侵入变配电所或用户从而产生危害。由雷电侵入波造成的雷害事故占整个雷害事故的 50% 以上。

（2）防雷设备　防雷设备一般由接闪器或避雷器、引下线和接地装置三个部分组成。

1）接闪器：接闪器是专门用于接受直击雷闪的金属物体。接闪的金属杆称为避雷针；所有接闪器都必须经过引下线与接地装置相连。

① 避雷针：避雷针一般用镀锌圆钢或镀锌焊接钢管制成。按规范规定，其直径不得小于下列数值：

针长 1m 以下：圆钢为 12mm，钢管为 20mm；

针长 1～2m：圆钢为 16mm，钢管为 25mm；

烟囱顶上的针：圆钢为 20mm。

避雷针通常安装在构架、支柱或建筑物上，其下端经引下线与接地装置焊接。

② 避雷线：避雷线架设在架空线路的顶部，用以保护架空线路或其他物体（包括建筑物）等狭长被保护物免遭直击雷侵害。

避雷线既架空又接地，故又称为架空地线。

10kV 及以下架空线路不装设避雷线；35kV 架空线路只部分装设避雷线；110kV 及以上架空线路需全线架设避雷线。

③ 避雷带和避雷网：避雷带和避雷网普遍用来保护较高的建筑物免受直击雷击。避雷带一般沿屋顶周围装设，高出屋面 100～150mm，支持卡间距 1～1.5m。装在烟囱、水塔顶部的环状避雷带又叫做避雷环。避雷网除沿屋顶周围装设外，必要时屋顶上面还用圆钢或扁钢纵横联成网，如图 5-19 所示。

按国家行业标准《民用建筑电气设计规范》JGJ /T16—1992 规定，避雷带和避雷网采用圆钢或扁钢（一般采用圆钢），其尺寸不应小于下列数值：圆钢直径为 8mm；扁钢截面为 48 mm^2；扁钢厚度为 4mm。烟囱顶上的避雷环尺寸不应小于：圆钢直径 12mm；扁钢截面 100 mm^2；扁钢厚度 4mm。

布置接闪器时，应优先采用避雷网或避雷带。

2）避雷器：避雷器用来防止雷电所产生的大气过电压沿架空线路侵入变电所或其他建筑物内，危及被保护设备的绝缘。

3）引下线：引下线是将接闪器（或避雷器）与接地装置相连接的导体。

引下线采用镀锌圆钢或镀锌扁钢（一般采用镀锌扁钢），其尺寸不应小于下列数值：圆钢直径为 8mm；扁钢截面积为 48mm^2；扁钢厚度为 4mm。烟囱上的引下线尺寸不应小于下列数值：圆钢直径为 12mm；扁钢截面积为 100mm^2；扁钢厚度为 4mm。焊接处应涂防腐漆。

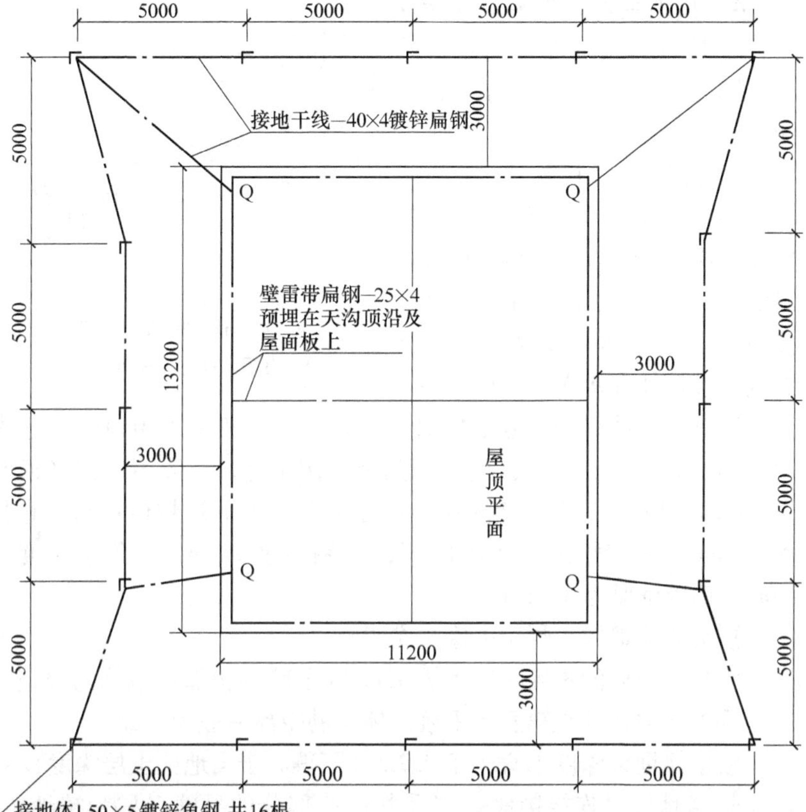

技术说明

1.室外接地网埋深$h \geqslant 0.7$m，接地体采用L50×5镀锌角钢,每根长2.5m,共16根。室外采用接地线—40×4镀锌扁钢,所有接头均为焊接。安装参见电气装置标准图集《接地装置安装图》(D563)。

设 备 材 料 表

序号	名　称	规　格	单位	数量	国际图号	备　注
1	镀锌扁钢	—25×4	mm	400		
2	镀锌扁钢	—40×4	mm	150		
3	镀锌扁钢	—50×5	mm	50	D563—3	16×2.5m以上
4	临时接地接线柱	M10×30螺栓	副	10	D563—11	配M10碟形螺母

2.屋顶避雷带采用—25×4镀锌扁钢暗敷在天沟边沿顶上和屋面隔热预制板上。避雷带引下线Q采用—25×4镀锌扁钢敷设在外墙粉层内。

3.本接地装置采用综合接地网，其接地电阻应小于1Ω。

4.本图材料表中包括了室内外所有避雷及接地装置的材料数量。

5.所有焊接处应刷两道防腐漆。

6.竣工后实测接地电阻达不到要求时，应再加接地体。

图5-19　某10kV降压变电所防雷接地平面图

4）接地装置如图5-20所示。

a. 接地：电气设备的某部分与土壤之间的良好电气连接，称为接地。

b. 接地体（接地极）：与土壤直接接触的金属物体，称为接地体或接地极。专门为接地而装设的接地体，称为人工接地体。按照人工接地体的安装方式，又有垂直接地体和水平接地体两种。

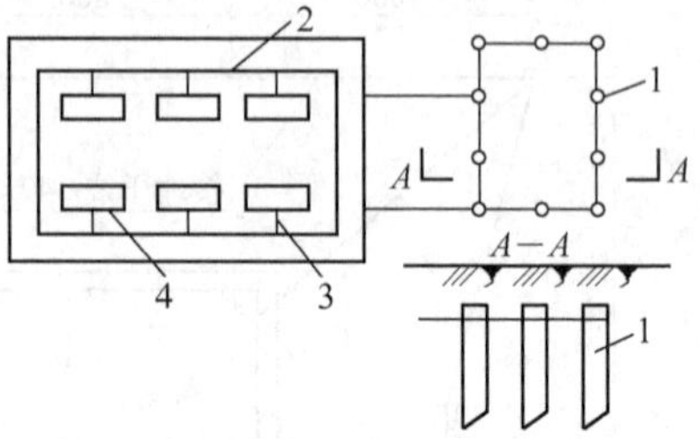

图5-20　接地装置示意图

1—接地体　2—接地干线

3—电气设备　4—接地支线

垂直接地体采用圆钢、钢管、角钢等，一般多采用角钢（通常用50mm×5mm）；水平接地体用扁钢、圆钢等，一般用扁钢（通常用40mm×4mm）。人工接地体的尺寸不应小于下列数值：圆钢直径为10mm；扁钢截面积为100mm^2；扁钢厚度为4mm；角钢厚度为4mm；钢管壁厚为3.5mm。

接地体应镀锌，焊接处涂防腐漆。

垂直接地体的长度一般为2.5m。为了减小相邻接地体的屏蔽效应，垂直接地体的距离及水平接地体间的距离一般为5m。

接地体埋设深度不宜小于0.7m（不得小于当地冻土层深度）。

c. 接地线：连接接地体与设备接地部分的导线，称为接地线。接地线又分为接地干线和接地支线，一般采用镀锌或涂防腐漆的扁钢、圆钢，接地干线尺寸应大于支线尺寸。连接处不少于三方焊接，焊接处涂防腐漆。

d. 接地装置：接地线和接地体合称为接地装置。

e. 接地网：由若干接地体在大地中互相连接而组成的总体，称为接地网。

按规定，接地干线应采用不少于两根导体在不同地点与接地网连接。

（3）避雷针的保护范围　避雷针的保护范围以它能防护直击雷的空间来表示。

我国过去的防雷设计规范或过电压保护规程，对避雷针或避雷线的保护范围是按“折线法”确定的，而新制订的国家标准《建筑物防雷设计规范》修订本和行业标准《民用建筑电气设计规范》JGJ/T16—1992 第12.7 条“接闪器”，则是参照国际电工委员会（IEC）标准规定采用“滚球法”确定的，两者的作图方法及保护范围并不相同。但我国目前电气设计中，多数仍沿用“折线法”来确定避雷针（线）的防护范围。

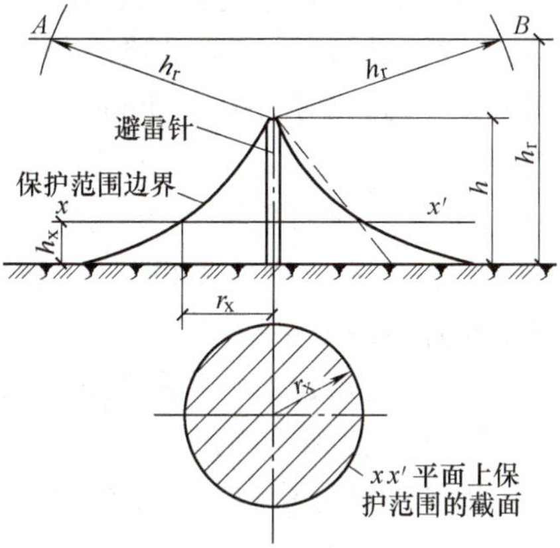

图 5-21 按“滚球法”确定的单支避雷针保护范围

h—避雷针高度 h_x—被保护物高度

r_x—保护半径 h_r—滚球半径

避雷针的防护范围与避雷针的根数和安装高度有关。图 5-21 所示是按“滚球法”确定单支避雷针防护范围的图示，建筑物防雷级别布置接闪器见表 5-9。

表 5-9 建筑物的防雷级别布置接闪器

建筑物防雷级别	滚球半径 h_r/m	避雷网尺寸/m
第一级防雷建筑物	30	10×10
第二级防雷建筑物	45	15×15
第三级防雷建筑物	60	20×20

（4）防雷平面图 用图形符号绘制以表示防雷设备的安装平面位置及其保护范围的图，称为防雷平面图。

图 5-19 即为某厂 10kV 变电所采用避雷带的防雷接地平面图。由图可见：

1）该接地装置是防雷接地（属于工作接地）与保护接地共用的综合接地装置。敷设在变电所地基（距 3m 左右）周围，埋深 0.7m 以上。

2）采用避雷带防护直击雷。避雷带材料为25mm×4mm 镀锌扁钢，暗敷在屋顶天沟边沿顶上和屋面隔热预制板上。四角各有一条敷设在外墙粉刷层内的25mm×4mm 镀锌扁钢引下线与接地装置相连。

3）屋顶避雷带呈“田”字形。垂直接地体采用16根50mm×5mm 镀锌等边角钢，每根长2.5m，间距5m，与40mm×4mm 镀锌扁钢相焊接组成接地网。

4）变电所由避雷带所覆盖，故均在防护直击雷的保护范围内。

2. 电气接地平面图

用图形符号绘制以表示电气设备和装置与接地装置相连接的平面简图，称为电气接地平面图。

（1）接地的类型　电力系统和设备的接地，按其功能分为工作接地和保护接地两类。

1）工作接地：在电力系统中，凡因电气运行所需要的接地，称为工作接地，如电源中性点的直接接地（例如Y，yn0，即旧标准为Y/Y_0—12的降压变压器中性点直接接地）、防雷设备的接地等。电源中性点直接接地，能在运行时维持三相系统中相线对地电压不变，并易于取得线、相两种电压和接入单相设备。防雷设备接地，是为了实现对地泄放雷电流。

2）保护接地：为保障人身安全并防止间接触电而将正常情况下不带电、事故情况下可能带电的设备的外露可导电部分进行接地，称为保护接地。

保护接地的形式有两种：一种是设备的外露可导电部分经各自的PE线分别直接接地，另一种是设备的外露可导电部分经公共的PE线或PEN线接地。

按规定，1kV以下系统与总容量在100kV·A以上的发电机或变压器相连的接地装置，其工作接地电阻值R_E应不大于4Ω；第三类防直击雷建筑物的冲击接地电阻R_{SH}不大于30Ω。共用接地装置时，以满足各电阻值中最小值为准。

（2）接地平面图　图5-22所示为某厂降压变电所接地平面布置图。读该图时，可与图5-7、图5-8联系对照一起识读。

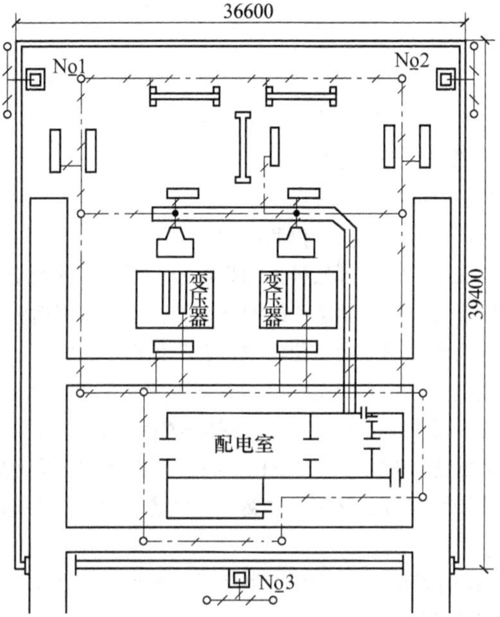

图例：▣ 表示避雷针；—⁄— · —⁄— 表示接地线；○表示接地体

图 5-22 某厂降压变电所接地装置平面布置图

1）室内接地干线及接地支线均用加短斜横线的粗点画线表示。其中，接地干线安装在离地高 0.3m（贴脚线）处墙上，经三处接地线（代号“No1、No2、No3”处）与室外接地网相连。在变压器、电缆构架、电缆支架和高压开关柜等设备、构架的外露可导电部分，为安全起见，均经接地支线与接地干线相连。

2）变压器利用基础扁钢、高压开关柜利用基础槽钢作接地线。

3）为可靠起见，变压器、高压开关柜及低压配电屏等重要设备、装置，要有两根互相独立的接地支线与接地干线相连接。变压器中性点应单独直接接地。

4）室内外接地线均用镀锌扁钢。考虑到腐蚀，室外接地线截面积应大于室内接地线截面积，采用的是 40mm ×4mm 镀锌扁钢。

复习思考题

1. 什么是建筑电气安装图？按功能分有哪些常见的图？

2. 建筑电气安装图有什么用途？

3. 建筑电气安装图有哪些主要特点？

4. 建筑电气安装图中常用哪些单位和比例？

5. 什么是安装标高？它分为哪三种？标高符号有哪些？各用于什么场合？

6. 什么是风向频率标记？它是怎样绘制出来的？有什么用途？

7. 怎样标注建筑物平面图上的定位轴线？它有什么用途？

8. 画出以下常用电力、照明的图形符号：变电所，配电所，地下线路，架空线路，保护和接地共用线，接地线，电力或电力照明配电箱，风扇，单相插座，带接地孔的三相插座，单极开关，三极开关，灯或信号灯及荧光灯。

9. 画出以下常用图形符号：壁完交接箱，分线盒，自动开关箱，刀开关箱及组合开关箱。

10. 画出以下灯具的图形符号：深照型灯、广照型灯、防水防尘灯、球形灯、天棚灯、花灯、弯灯及壁灯。

11. 建筑电气安装图上，表示电气设备和线路在图上的位置有哪四种方法，分别怎样表示？

12. 由图5-7和图5-8简述识读建筑电气安装图的基本步骤和注意点。

13. 什么是线路平面图？它有哪些表达形式？

14. 什么是外线工程平面图？它主要包括哪些内容？

15. 什么是动力平面图和照明平面图？它们分别表示哪些主要内容？

16. 某导线标注为“2—BLV—500—（$3\times16+1\times10$）—SC25—WE”，表示什么含义？

17. 说明某导线“2—BLV—500—（$3\times25+1\times16+$PE16）—TC50—WE”的含义。

18. 某照明平面图的一个房间标注有“3—FL $\frac{2\times40}{2.5}$Ch”表示什么含义？

19. 某室内标注有“6—FL $\frac{2\times40}{—}$S”，表示什么含义？

20. 照明系统图主要表达哪些内容？

21. 照明平面图主要表达哪些内容？

22. 动力工程图包括哪些图？

23. 动力系统图主要包括哪些内容？
24. 动力平面图主要包括哪些内容？
25. 识读照明平面图的基本步骤是什么？要注意哪些要点？
26. 识读动力平面图的基本步骤是什么？要注意哪些要点？
27. 什么是雷电过电压？有哪些基本形式？
28. 什么是接地、接地体、接地网、接地装置？
29. 什么是工作接地和保护接地？
30. 什么是防雷平面图？怎样识读？
31. 什么是电气接地平面图？怎样识读？

第六章

其他电气图识读

培训学习目标 掌握交流电动机绕组联结图、起重设备、电梯设备和 PLC 梯形图的识读方法，能熟练识读电动机展开图、起重设备、电梯设备和 PLC 梯形图。

第一节 交流电动机绕组联结图

一、交流电动机绕组的基本知识

1. 交流电动机绕组的类型

交流电动机绕组的类型很多，主要分下列几种类型：按绕组相数分，可分为单相、两相、三相和多相绕组；按槽内绕组层数分，可分为单层绕组、双层绕组和单、双层绕组；按每极每相不同槽数分，可分为整数槽绕组和分数槽绕组。

电动机绕组通常是由用绝缘铜线和铝线绕制成一定形状的线圈组成，如图 6-1 所示。线圈通常用单股导线绕成多匝，有时也绕成单匝。图 6-1 中线圈直线部分为有效边，放在槽内；线圈两端伸出起联结作用的部分称为端部。

2. 交流电动机的节距 Y 和极距 τ_p

节距是指线圈的两个有效边之间的距离，通常用相距的槽数来表示，例如：$Y=5$ 槽，表示线圈的有效边相隔 5 槽，即线圈分别嵌于第 1 槽和第 6 槽。

极距是指相邻两磁极之间的距离，通常用相距的槽数来表示，或用长度表示，如图 6-2 所示。

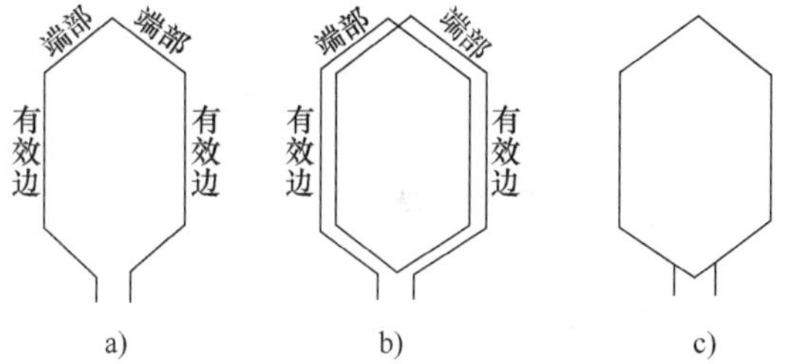

图 6-1 绕组线圈

a）单匝线圈 b）多匝线圈 c）多匝线圈简图

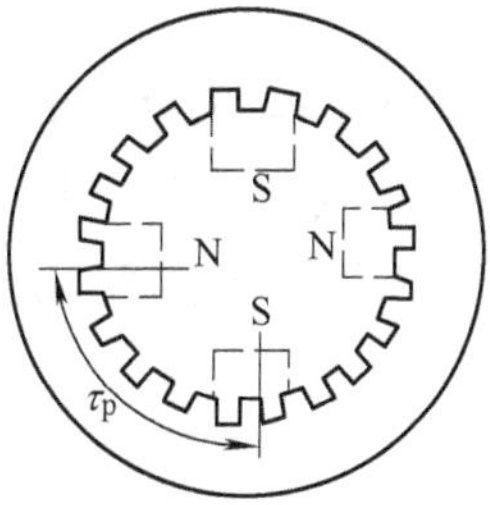

图 6-2 极距

在绕组分配和排列中，极距用槽数表示，即

$$\tau_p = \frac{Q}{2p} \tag{6-1}$$

式中 τ_p——极距（槽）；

Q——定、转子槽数（槽）；

p——磁极对数。

例如：四极 24 槽绕组，$p=2$，$Q=24$ 槽，那么 $\tau_p=\frac{Q}{2p}=\frac{24}{2\times2}$槽 $=6$ 槽，表示极距为 6 槽，即从第 1 槽到第 7 槽。

当 $Y>\tau_p$时，称为长距绕组；当 $Y=\tau_p$时，称为整距绕组，又称为全距绕组；当 $Y<\tau_p$时，称为短距绕组。采用整距绕组，感应电动势最大，采用长距和短距绕组，可以改善感应电动势波形及磁动势空间分布波形。电动机中常用短距绕组，这样，既可以改善感应电动势波形及磁动势空间分布波形，又可以缩短端接部分，节省有色金属。在交流电动机中，一般说来，单层绕组实质上都属于整距绕组；双层绕组多采用短距绕组。

3. 槽距角和每极每相槽数

一个圆周为 360°或 2π 弧度，指的是机械角度。在电动机中，一对磁极在铁心圆周上所占有的区间为 360°角度，也就是说一个极距

所对应的电角度总是 π。电动机相邻两槽间的距离用电角度表示称为槽距角，槽距角 α 可用下式计算

$$\alpha = \frac{p \times 360^\circ}{Q} \tag{6-2}$$

式中　p——极对数；

　　Q——铁心槽数。

每极每相槽数用 q 表示，q 可用下式计算

$$q = \frac{Q}{2pm} \tag{6-3}$$

式中　Q——槽数；

　　p——极对数；

　　m——相数。

q 可以是整数，也可以是分数。若 q 为整数，称为整数槽绕组；若 q 为分数，则称为分数槽绕组。若 $q=1$，即每个极下每相绕组只占一个槽，称为集中绕组；$q>1$ 时，则为分布绕组。

4. 相带

三相电动机的相带是指每极下一相所占的宽度，相带用电角度表示。由于每极对应 180°电角度，若每一极下有三相且均分，则相带为 60°。一般三相异步电动机多采用 60°相带的三相绕组。

5. 极相组及相绕组内的联结

三相对称绕组就是指三相绕组在定子槽内的分布互相间隔 120°电角度，即三相绕组空间分布上对称。每相绕组在铁心上所占的总槽数相等，且三相绕组的参数（线圈匝数、尺寸、线径、并联支路数）均应相同，即三相绕组在参数上对称。

绕组上的线圈组也称为极相组，同一极相组内的线圈应该正向串联，即“首”与“尾”相联结，如图 6-3 所示为两个线圈联成的一个极相组。在中、小型电动机中，极相组内的线圈通常是连续绕制而成的，不用接头。

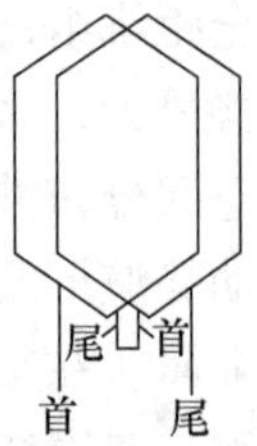

图 6-3　极相组示意图

同一相且同一支路内的各个极相组，通常有两种联结方法，一

种是正串联结，即极相组的尾端接首端、首端接尾端，如图 6-4 所示；另一种是反串联结，即极相组的尾端接尾端、首端接首端，如图 6-5 所示。

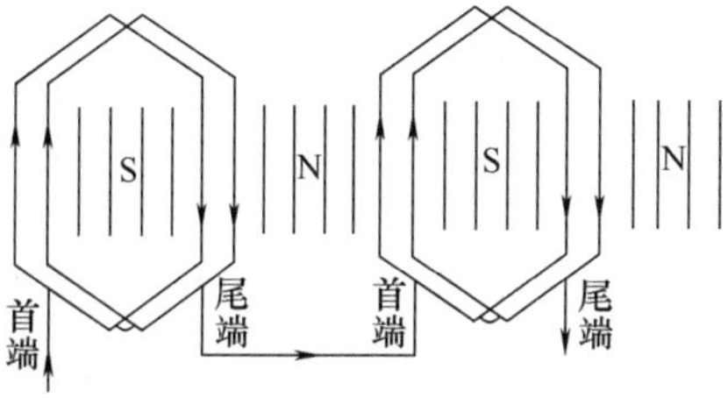

图 6-4　正串联结示意图

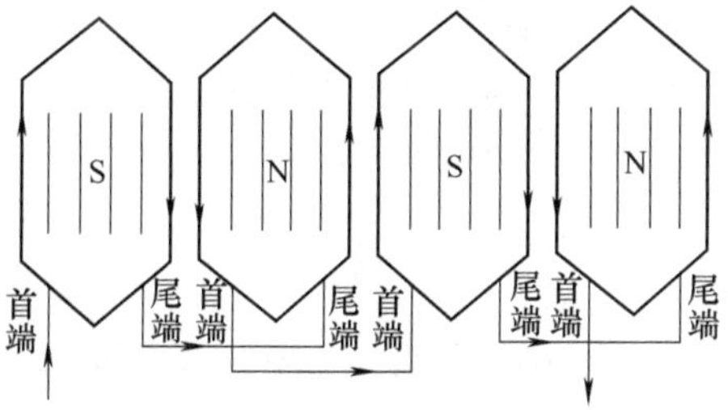

图 6-5　反串联结示意图

6. 相绕组引出线的位置

三相绕组相与相之间相隔 120°，在空间分布上对称，那么相绕组的引出线 U1、V1、W1 之间以及 U2、V2、W2 之间也应该相隔 120°。但实际上，只要各线圈边在电动机内部位置确定，电流方向就不会随引出线位置改变，因此引出线从靠近机座的出线孔引出。从工艺上考虑，这样更为合理。如图 6-6 所示，引出线端 U1、U2 既可以按图 6-6a 引出，也可以按图 6-6b、c 引出，线圈中的电流方向是不改变的。

分析三相电动机绕组展开图时，一般要把电枢上各槽内线圈边按正弦规律变化的电动势矢量画成一个辐射星形图，这个图称为槽电动势星形图。槽电动势星形图是分析绕组的一个有效方法，在下

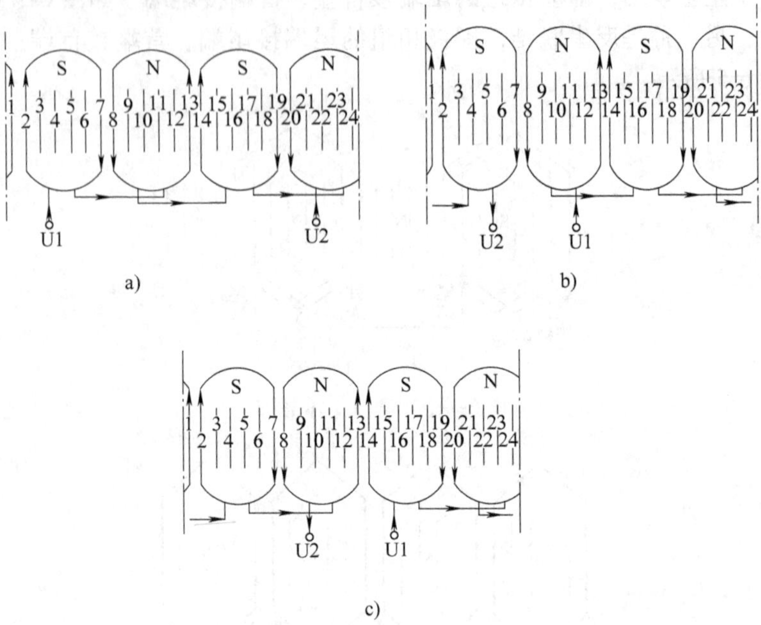

图 6-6 绕组引出线的等效位置

面分析绕组展开图时，将用实例来画槽电动势星形图，并分析它的特点。

二、单层绕组展开图

单层绕组是指在每槽中只嵌放一个有效边，每个线圈的两个有效边分别嵌放在不同的两个槽内，单层绕组线圈数目等于槽数的一半。单层绕组又分为等线圈、同心式、链式和交叉式绕组等。单层绕组的特点如下：

1）单层绕组槽内只有一个线圈边，线圈数等于槽数的一半。

2）没有层间绝缘，槽利用率高，在槽内不存在相间击穿的问题。

3）单层绕组电气性能较差，主要是因为从电磁本质上看，不能灵活地选择线圈节距来削弱谐波电动势和磁动势。

4）绕组线圈端部相互交叠，不易整齐。

单层绕组的形式很多，较常用的有同心式、链式、交叉式等，这些形式都是在等线圈绕组的基础上发展起来的，所以我们首先来分析等线圈绕组的联结规律，然后再分析其他联结形式。

1. 单层等线圈绕组

单层等线圈绕组的全部线圈都是用同一绕组模绕制的，所以每个线圈的形状和大小都一样，线圈的节距都是相等的。现以具体的例子来说明。

例 6-1　已知 $Q=24$，$2p=4$，并联支路数 a 为 1，试画出一个三相单层等线圈绕组展开图。

解　画图的步骤如下：

（1）计算极距

$$\tau_{\mathrm{p}}=\frac{Q}{2p}=\frac{24}{2\times 2}\text{槽}=6\text{槽}$$

（2）确定节距　对于单层等线圈绕组，节距等于极距，即

$$Y=\tau_{\mathrm{p}}=6\text{槽}$$

（3）计算每极每相槽数

$$q=\frac{Q}{2pm}=\frac{24}{2\times 3\times 2}\text{槽}=2\text{槽}$$

（4）计算槽距角

$$\alpha=\frac{p\times 360^{\circ}}{Q}=\frac{2\times 360^{\circ}}{24}=30^{\circ}$$

（5）画槽电动势星形图　由于各槽在空间彼此相差 30°，如图 6-7 所示。矢量 1 是指 1 号槽内线圈 1 的线圈边电动势，2 号槽的线圈边电动势矢量 2 比矢量 1 滞后 30°。依此类推，就可画出槽电动势星形图，也就是单层绕组各线圈边电动势矢量图。

（6）分相　分相的原则是使每相电动势最大，且三相槽电动势对称，将星形图上划分各相所属的槽号。以 U 相为例，由于 $q=2$，U 相在每个极下占有两槽。我们将 1、2 两个槽划归 U 相，标以字母 U1，为了使合成电动势最大，则应把 7、8 两个槽划归 U 相，标以 U2。同理将 13、14 和 19、20 六个槽划归 U 相。

同理，为了使三相绕组对称，应将距 U 相 120°处的 5、6、17、18 和 11、12、23、24 等划归 V 相。将距 U 相 240°处的 3、4、15、16 和 9、10、21、22 划归 W 相，如图 6-7 所示。

以上的分相方法，是将每一极下三相均分，则相带为 60°。

（7）组成极相组　将定子内圆周展成一平面，在展开图上从左至右编号。以 U 相为例，根据槽电动势展示图的分相，将 U 相所属的编号 1、2 和 7、8 两部分槽内的线圈边分别联结起来，构成两个线圈。然后按照同一极相组内线圈应该正向串联的要求，构成一个极相组。同理将属于 U 相的 13、14 槽和 19、20 槽的线圈边联结成另一个极相组，如图 6-8 所示。

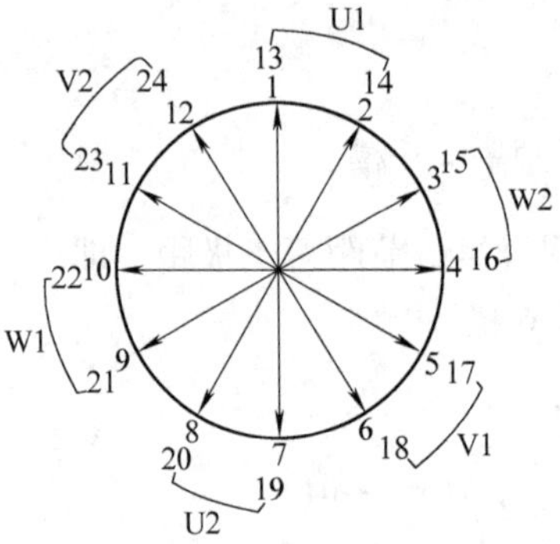

图 6-7　槽电动势星形图

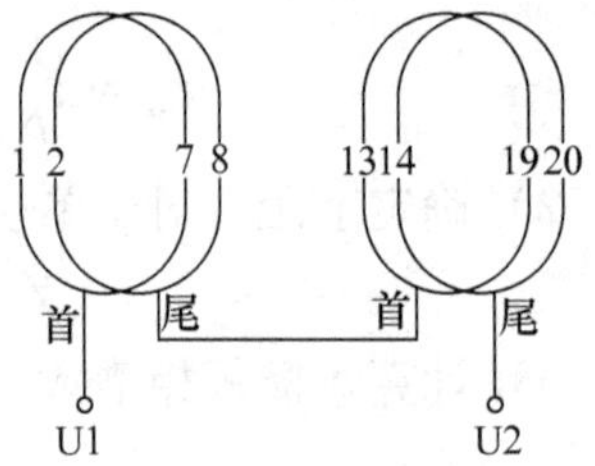

图 6-8　U 相联结图

$Q=24 \quad p=2$

（8）构成一相绕组　在单层绕组中，由于每相在每对极下只有一个极相组，因此每相的最大并联支路数等于极对数，即 $a_{\max}=p$。该题并联支路数 a 为 1，两个极相组应串接成一支路，根据电动势方向，应采用“尾接首”的正串联结，如图 6-9 所示。若 a 为 2，则两个极相组应反串联结。

（9）三相绕组展开图　同 U 相的方法，把属于 V 相、W 相的线圈边联结起来，就得到如图 6-9 所示的三相单层等线圈绕组展开图。

单层绕组的其他联结形式是在等线圈的基础上发展起来的。从以上分析中可以推出，同一相的绕组线圈边中的电动势是正（电动

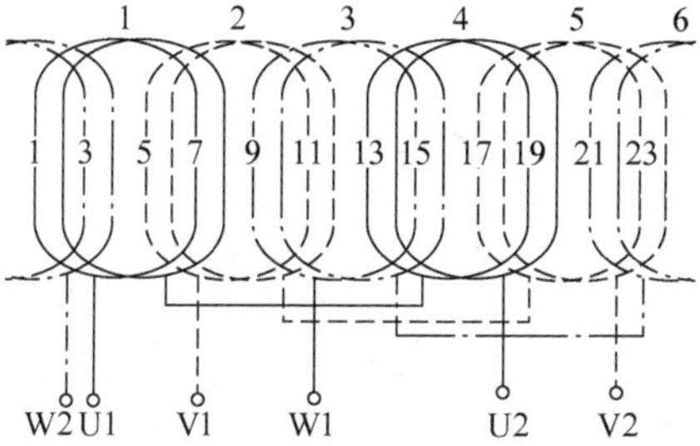

图 6-9　三相单层等线圈绕组展开图

$Q=24\quad 2p=4\quad a=1$

势向上为正）负交替出现的，只要把各相的线圈边按电动势相加的原则进行联结，就可得到对称的三相绕组。因此，我们可以合理地改变每相八个线圈边的联结方式，得到其他几种联结方式。

2. 单层同心式绕组

单层同心式绕组是指在同一极相组内，绕组由节距不等的大小线圈组成，使各线圈和中心线重合成回字形，故称为同心式。图 6-10所示为单层同心式绕组。

图 6-10a 为 U 相联结图，此极相组与极相组间是采用的“尾接首”的正串联结方式。

图 6-10b 为从电动机定子端部看的 U 相端部联结图。

图 6-10c 为三相绕组展开图。这种绕组嵌好线后，其端部形成两层，即在端部形成两个平面，称为“二平面同心式绕组”。

同心式绕组的嵌线较容易，常用于 10kW 以下的两相异步电动机和单相异步电动机中。如图 6-11 所示为 24 槽，4 极，$q=4$ 的单层同心式绕组，由图中可见，形成线圈时用“尾接首”的正串方法，联成一相绕组时用“尾接尾”的反串方法。

3. 单层链式绕组

单层链式绕组是指对于 $q=2$ 的小型电动机采用的一种绕组方法。$q=2$ 时不适宜采用同心式绕组，在实际中常采用图 6-12 的接线方法，即为单层链式绕组。

单层绕组的每极相线圈数等于槽数的一半，即为一个线圈，而

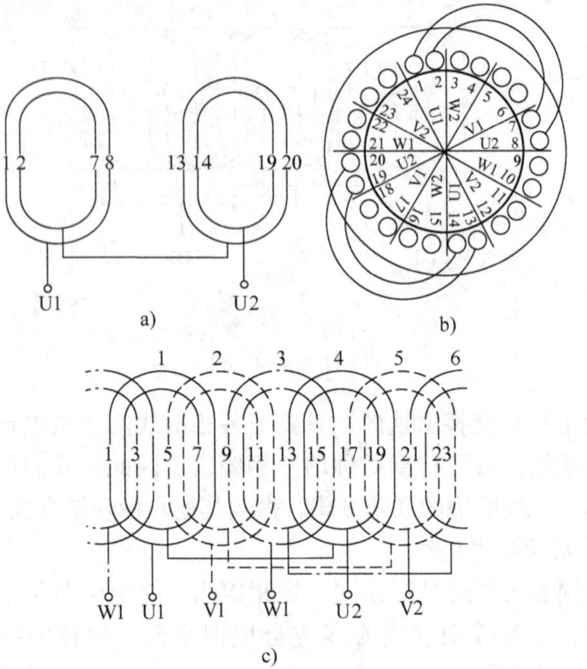

图 6-10　单层同心式绕组

a）U 相联结图　b）U 相端部联结图　c）三相绕组展开图

$Q=24 \quad 2p=4 \quad q=2 \quad a=1$

且线圈的节距一定是奇数。因为三相绕组如链相扣，故称为链式绕组。如图 6-12a 所示，形成线圈时，采用的是“尾接首”的正串联结方式，联成一相绕组时采用的是“尾接尾”的反串联结方式。单层链式绕组端部较短，可比同心式绕组节约 10% ~20% 的用铜量。

4. 单层交叉式绕组

在 $q=3$（奇数）的 18 槽 2 极和 36 槽 4 极三相小型电动机中常采用单层交叉式绕组，如图 6-13 所示。

这种绕组每相绕组由线圈数不等、节距不同的两种线圈交叉排列构成，所以称为交叉式绕组。每相的单、双线圈串成一相绕组时，采用“尾接尾”、“首接首”的反串联结方式。

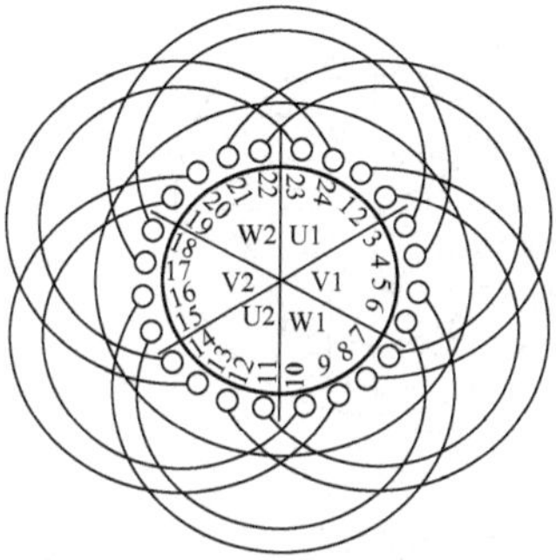

a)

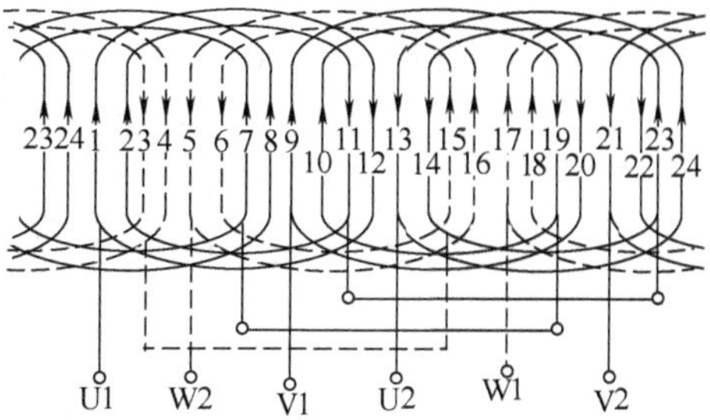

b)

图 6-11　单层同心式绕组

a）同心链式绕组端部接线图　b）绕组展开图

$Q=24\quad 2p=4\quad q=4\quad a=1$

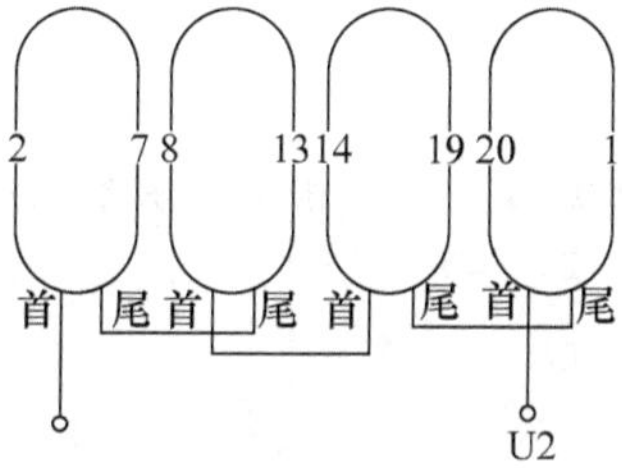

a)

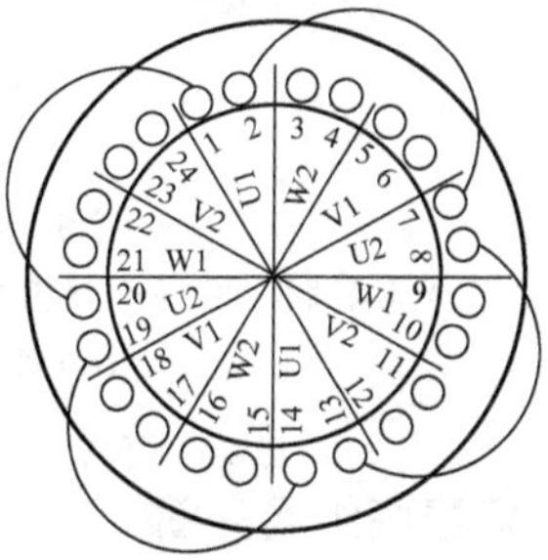

b)

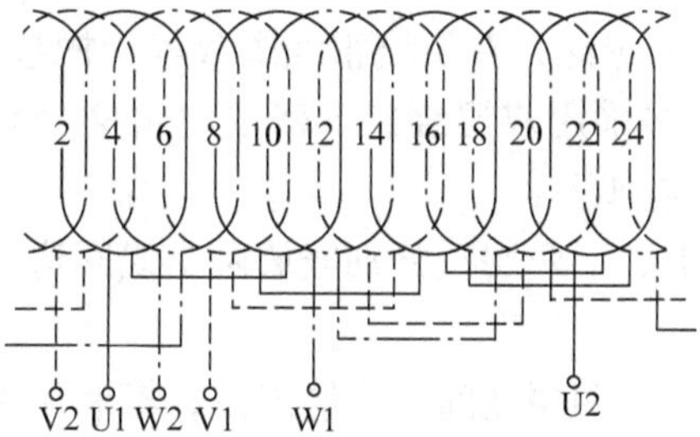

c)

图 6-12　单层链式绕组

a）U 相联结图　b）U 相端部联结图　c）三相绕组展开图

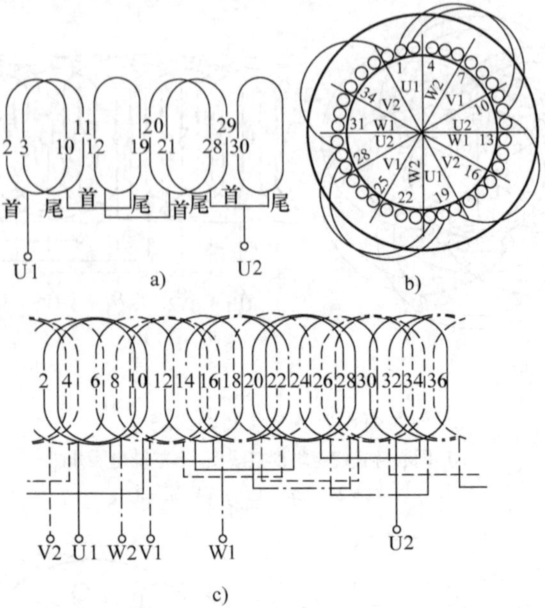

图 6-13 单层交叉式绕组

a）U 相联结图 b）U 相端部联结图 c）三相绕组展开图

$Q=36 \quad p=2 \quad q=3$

三、双层绕组展开图

双层绕组是指在每槽分上、下层，分别嵌放不同线圈的两个有效边，上、下层之间绝缘，双层绕组线圈数等于槽数。功率在 10kW 以上的三相电动机多采用双层绕组。双层绕组又分为叠绕组和波绕组。双层绕组的特点如下：

1）每个槽分上、下两层，分别嵌放两个线圈边，槽数等于线圈数。

2）每个槽上、下两层之间用绝缘隔离，槽利用率较低，嵌线较费时。

3）因每个槽内有两个线圈边，有可能在槽内发生相间短路故障。

4）可以选择合适的节距，削弱磁场中的高次谐波，改善电动势及磁场波形，提高电动机的电气性能。

5）绕组的端部较整齐美观。

1. 双层叠绕组

现以具体的例子来说明双层叠绕组的具体结构。

例 6-2　已知 $Q=36$，$2p=4$，试绘制一个并联支路数 $a=1$ 的三相双层叠绕组展开图。

解　画图的步骤如下：

（1）计算极距

$$\tau_{\mathrm{p}}=\frac{Q}{2p}=\frac{36}{4}\text{槽}=9\text{槽}$$

（2）确定节距　采用短距绕组绕制，其节距为

$$Y=8\text{槽}$$

（3）计算每极每相槽数

$$q=\frac{Q}{2pm}=\frac{36}{2\times 3\times 2}\text{槽}=3\text{槽}$$

（4）计算槽距角 α

$$\alpha=\frac{p\times 360^{\circ}}{Q}=\frac{2\times 360^{\circ}}{36}=20^{\circ}$$

（5）作槽电动势星形图并分相　同单层绕组槽电动势星形图画法。如图 6-14 所示为 4 极 36 槽槽电动势星形图。

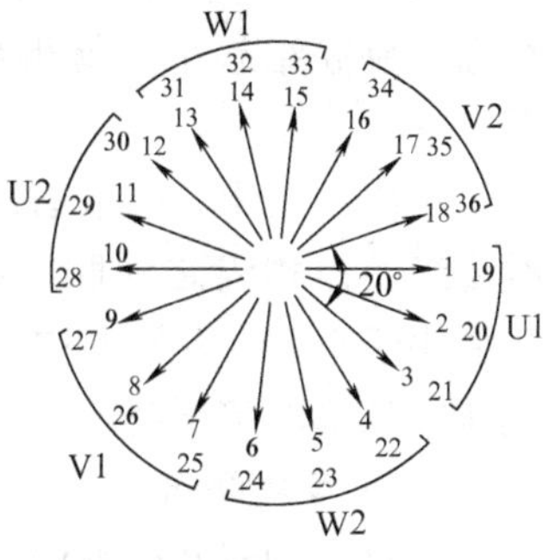

图 6-14　槽电动势星形图

在双层绕组中，由于上层线圈边的电动势星形图与槽电动势星形图一样，下层线圈边的位置决定于线圈的节距，各线圈的上层边电动势矢量与下层边电动势矢量相减，就得各线圈的电动势矢量，构成的星形图应和槽电动势星形图一样，因此，槽电动势星形图上的每一个矢量可看作为一个线圈的电动势矢量，如矢量 1 是上层边嵌于槽 1 上的线圈的电动势矢量。

由于 $q=3$，U 相在每个极下应该有三槽，可采用如图 6-14 所示分相，即采用 60°相带。

（6）组成极相组　如图 6-15 所示，线圈和线圈的上层边所在槽为同一编号，上层边用实线表示，下层边用虚线表示。可根据左手定则判断各线圈边的感应电动势方向，同一极下感应电动势方向相同。以 U 相为例，第一个极下根据节距 $Y=8$，将 1 与 9、2 与 10、3 与 11 联成三个线圈，然后根据极相组内联结方法，将三个线圈正向串联组成一个极相组。同理，另三个极下也组成三个极相组。

（7）构成相绕组　在双层绕组中，由于每相在每对极有两个极相组，因此每相的最大并联支路数等于极数，即 $a_{max}=2p$，该题并联支路数为 1，以 U 相为例，属于 U 相的 4 个极相组串联起来构成一条支路。由于不同极性下的极相组电动势方向相反，为了使整个绕组的电动势相加，极相组串联时应采用“尾接尾”、“首接首”的反串联结。所以 U 相的几个线圈中联结次序为：

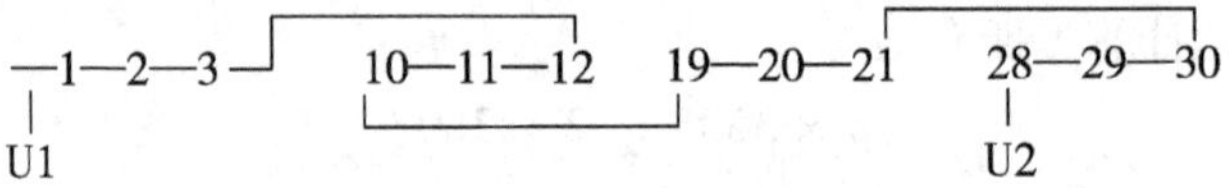

（8）三相绕组展开图　同 U 相的方法，把属于 V 相、W 相的线圈分别联结起来，就得到如图 6-15 所示的三相双层叠绕组展开图。

叠绕组短距时能节省端部用铜，并且并联支路数较多。但这种叠绕组的极相组之间联结线较长。叠绕组的线圈一般为多匝线圈，主要用于 10kW 以上的中、小型同步电动机和异步电动机以及大型同步电动机的定子绕组。

2. *双层波绕组*

波绕组的形状似波浪，故称为波绕组，如图 6-16 所示。绕组中的节距 Y_1、Y_2、Y_k的含义如图 6-16 所示，一般情况下，波绕组的节距为

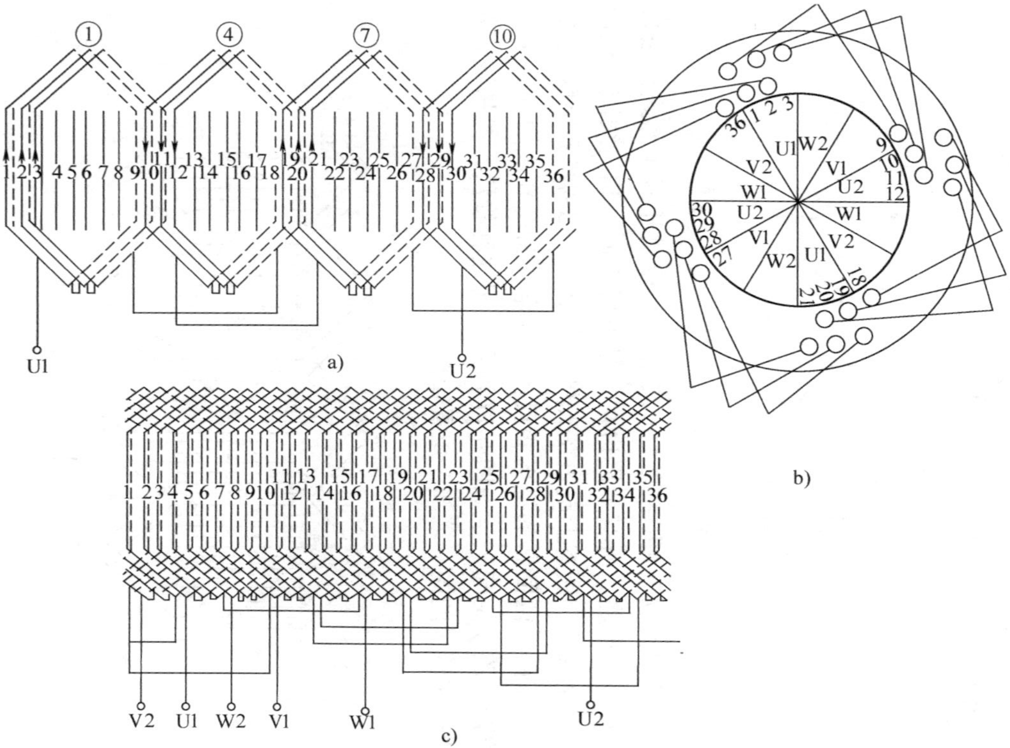

图 6-15 三相双层叠绕组展开图

a）U相绕组展开图 b）U相端部联结图 c）三相绕组展开图

$$Y_1 = Y_2 = \tau_p = \frac{Q}{2p}$$

过渡节距 Y'是指绕组绕一周回到原来起始槽的位置继续绕行所缩短或增长一槽的节距，过渡节距 $Y' = Y - 1$ 槽。

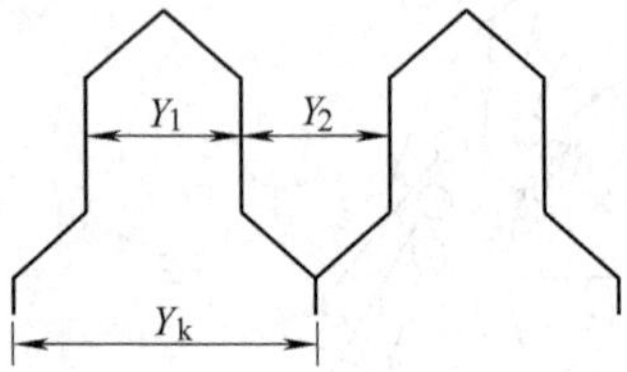

图 6-16 波绕组线圈元件

图 6-17 所示为三相 24 槽 4 极波绕组 U 相展开图（老式接法），每相共有两个回路，所有上层边在 S 极下属于同一相的线圈串联起来构成一个回路，所有上层边在 N 极下属于同一相的线圈串联起来，构成另一回路，两回路的绕向相反。老式电动机是在底层铜条上用导线将两回路联结起来，如图 6-17 所示。用这种接法，三相绕组六个出线端在转子的同一端部，位置较挤。

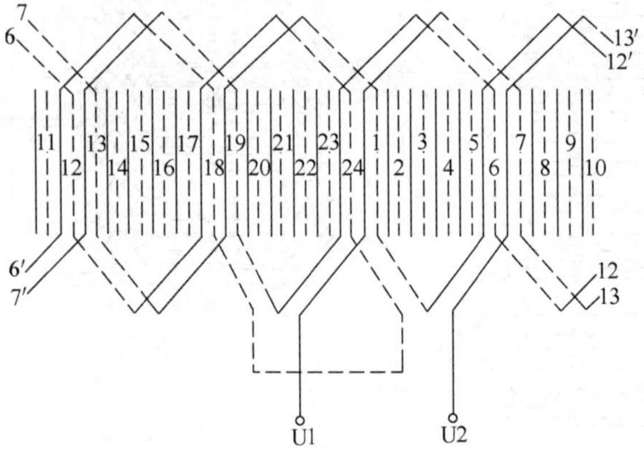

图 6-17 三相 24 槽 4 极波绕组 U 相展开图（老式接法）

$Q=24 \quad q=2 \quad Y=6 \quad Y'=5$

U 相绕组接线次序如下：

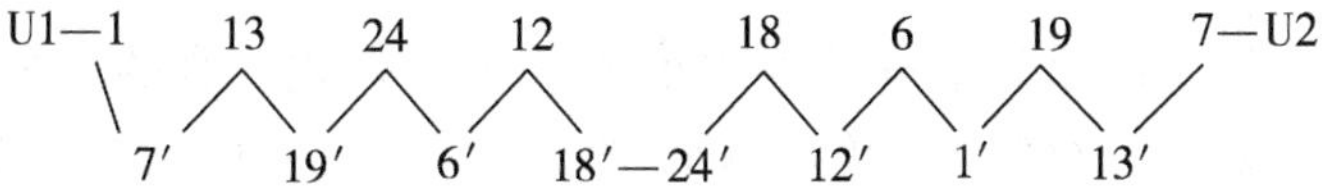

注：槽号有符号“′”者表示该槽中的下层线圈边，没有“′”者表示上层线圈边。

图 6-18 所示为三相 24 槽 4 极波绕组 U 相展开图（改进接法）。改进接法，是通过某一个槽的单根铜条（该槽只放一根铜条）将两个回路连接起来，因此，每相的首、尾端在同一槽内。三相绕组的六个出线端头中三个首端和三个尾端分别位于转子的两端。

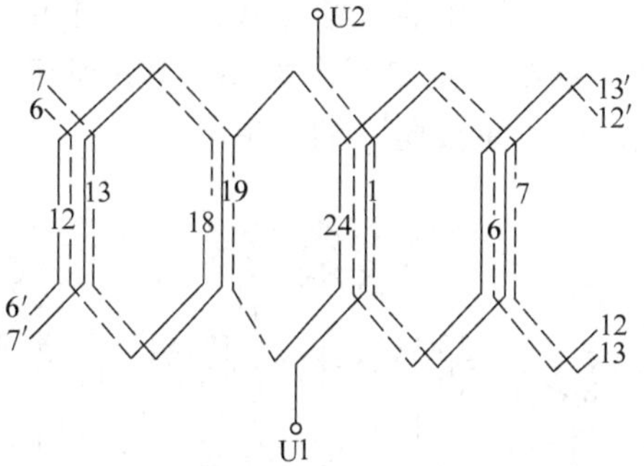

图 6-18　三相 24 槽 4 极波绕组 U 相展开图（改进接法）

$Q=24 \quad q=2 \quad Y=6 \quad Y'=5$

改进接法 U 相绕组接线次序如下：

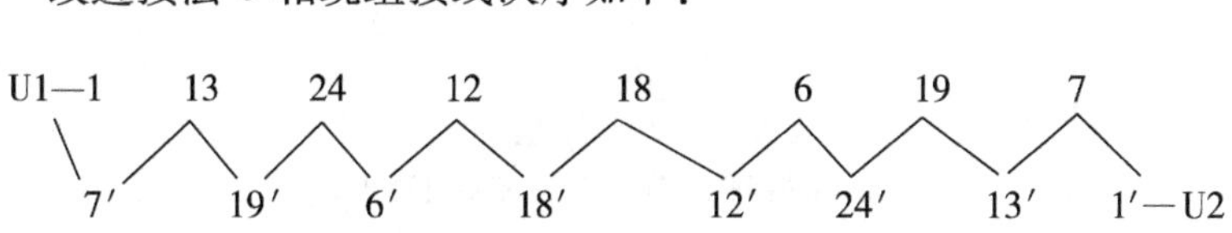

波绕组的优点是可以减少极相组之间的连接线。波绕组的线圈一般是单匝的，多用于水轮发电机的定子绕组和容量较大的异步电动机的绕线式转子绕组中。

四、单、双层绕组展开图

单、双层绕组是指有的槽内嵌放一个有效边，有的槽内分上、下层，嵌放两个有效边。单、双层绕组是在短距双层绕组的基础上演变而来的。由图 6-15b 可以看到，图中 1、2、10、11、19、20、28、29 等槽的上、下层线圈边都属于 U 相，这样，我们就可以把这些槽内的导体分别合并为单层线圈边，然后将这些合并后的单层线圈边联成大线圈；图中 3、9、12、18、21、27、30、36 等槽的上、下层边不属于同一相，不能合并为单层线圈边，将这些上、下层线圈边按双层叠绕组联法联成小线圈，大、小线圈构成圆心式的端部，如图 6-19a 所示。按照 U 相的联结方式，同理可得到 V、W 相的联结图，进而可画出绕组三相展开图如图 6-19b 所示。单、双层绕组的极相组之间也采用“尾接尾”的反串联结。

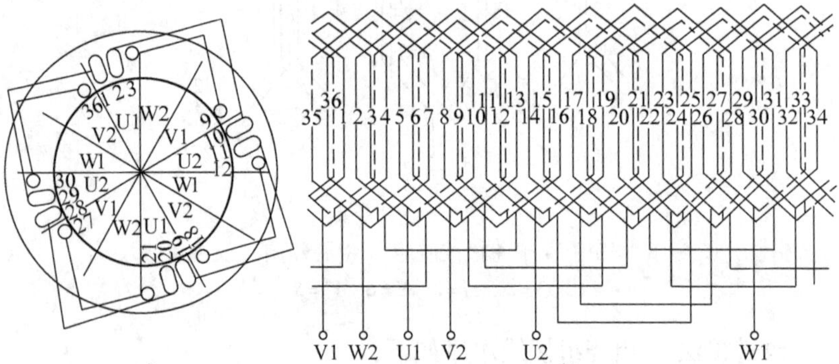

a) b)

图 6-19 单、双层绕组

a）U 相端部联结图 b）三相绕组展开图

单、双层绕组具有单层绕组和双层绕组的双重特点，它既采用短距绕组削弱谐波电动势，改善起动性能，又具有单层绕组不需层间绝缘、槽利用率较高、线圈数目少等优点。

由上述分析可以看出，单、双层绕组是由不同节距的线圈组成，大、小线圈的匝数也不等，这样给绕组的制作工艺造成一定的困难。

四、单、双层绕组展开图

单、双层绕组是指有的槽内嵌放一个有效边，有的槽内分上、下层，嵌放两个有效边。单、双层绕组是在短距双层绕组的基础上演变而来的。由图 6-15b 可以看到，图中 1、2、10、11、19、20、28、29 等槽的上、下层线圈边都属于 U 相，这样，我们就可以把这些槽内的导体分别合并为单层线圈边，然后将这些合并后的单层线圈边联成大线圈；图中 3、9、12、18、21、27、30、36 等槽的上、下层边不属于同一相，不能合并为单层线圈边，将这些上、下层线圈边按双层叠绕组联法联成小线圈，大、小线圈构成圆心式的端部，如图 6-19a 所示。按照 U 相的联结方式，同理可得到 V、W 相的联结图，进而可画出绕组三相展开图如图 6-19b 所示。单、双层绕组的极相组之间也采用“尾接尾”的反串联结。

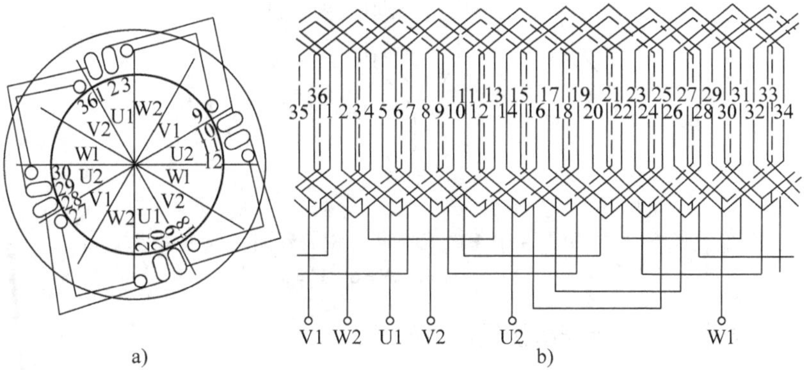

图 6-19　单、双层绕组

a）U 相端部联结图　b）三相绕组展开图

单、双层绕组具有单层绕组和双层绕组的双重特点，它既采用短距绕组削弱谐波电动势，改善起动性能，又具有单层绕组不需层间绝缘、槽利用率较高、线圈数目少等优点。

由上述分析可以看出，单、双层绕组是由不同节距的线圈组成，大、小线圈的匝数也不等，这样给绕组的制作工艺造成一定的困难。

U 相绕组接线次序如下：

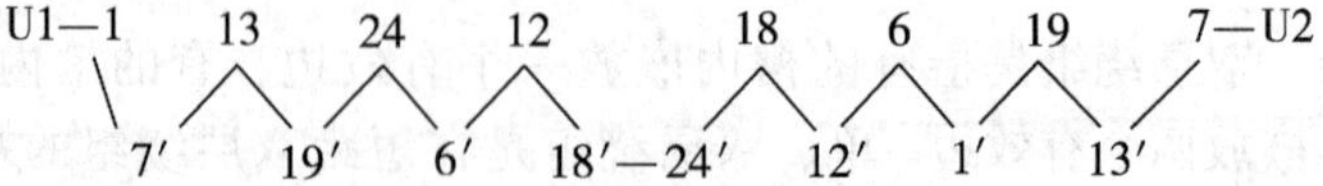

注：槽号有符号“′”者表示该槽中的下层线圈边，没有“′”者表示上层线圈边。

图 6-18 所示为三相 24 槽 4 极波绕组 U 相展开图（改进接法）。改进接法，是通过某一个槽的单根铜条（该槽只放一根铜条）将两个回路连接起来，因此，每相的首、尾端在同一槽内。三相绕组的六个出线端头中三个首端和三个尾端分别位于转子的两端。

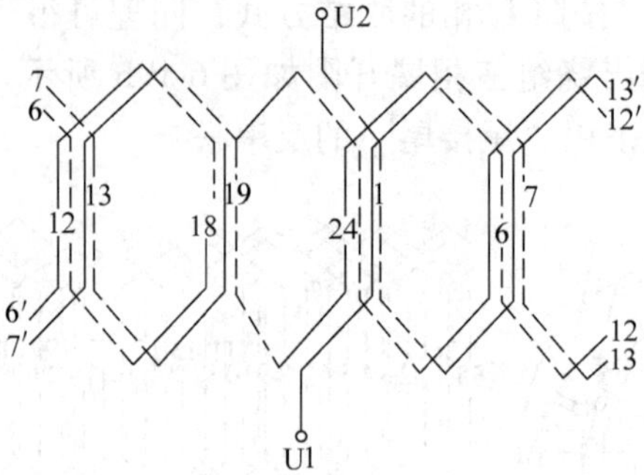

图 6-18 三相 24 槽 4 极波绕组 U 相展开图（改进接法）

$Q=24\quad q=2\quad Y=6\quad Y'=5$

改进接法 U 相绕组接线次序如下：

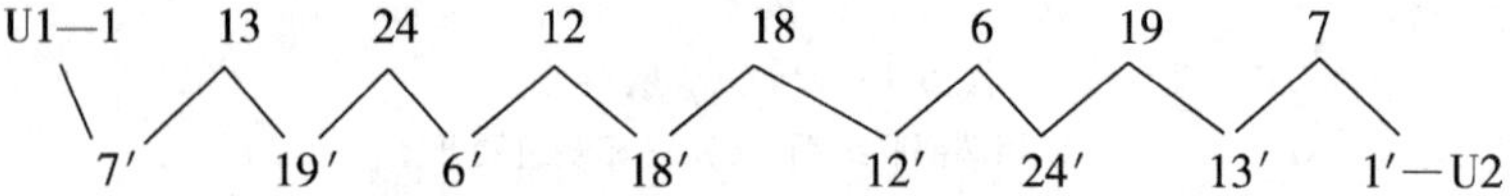

波绕组的优点是可以减少极相组之间的连接线。波绕组的线圈一般是单匝的，多用于水轮发电机的定子绕组和容量较大的异步电动机的绕线式转子绕组中。

第二节　起重设备电路图

起重机是一种用来起吊和放下重物并使重物在短距离内水平移动的起重设备。起重设备有多种形式，如桥式、塔式、门式、旋转式和缆索式等。

不同形式的起重机分别应用在不同场合，如车站货场使用的门式起重机；建筑工地使用的塔式起重机；码头、港口使用的旋转式起重机；生产车间使用的桥式起重机。常见的桥式起重机有5t、10t单钩及15/3t、20/5t双钩等。桥式起重机一般俗称为行车或天车。由于桥式起重机具有一定的广泛性和典型性，本节以电动葫芦与桥式起重机为例，分析起重设备的电气控制线路。

一、电动葫芦电路图

电动葫芦是将电动机、减速箱、卷筒、制动器和运行小车等紧凑地合为一体的起重机械设备。由于它轻巧、灵活、成本较低，广泛应用于中小型物件的起吊装置上。它可以是固定的，也可以通过小车和桥架组成电动单梁桥式起重机、简易双梁桥式起重机和简易龙门式起重机等。

电动葫芦根据电动机、制动器和卷筒等几种主要部件布置的不同，可分为TV型、CD型、DH型和MD型；按用途可分为通用和专用电动葫芦两种。通用电动葫芦可在-20～+35℃温度范围内使用，不适用于易爆易燃、有酸碱和粉尘严重的场所，专用电动葫芦具有防爆、防腐蚀、防湿热等性能，适用于环境较恶劣的场所。

（1）电路图　电动葫芦电气控制电路原理见图6-20。

（2）电路分析　电路中M1为提升电动机，M2为移行电动机。

合上Q，按下SB1使KM1线圈得电，KM1主触点闭合，M1与YB均得电，松开制动器，使M1起动旋转，拖动起升机构起吊物件。按下SB3使KM3得电，KM3主触点闭合，使M2起动运转，拖动物件平移。当要向前、下放与向后时，只要按SB2与SB4按钮即可，它们都是由电动葫芦悬挂按钮站上的四个复式按钮SB1～SB4实现点

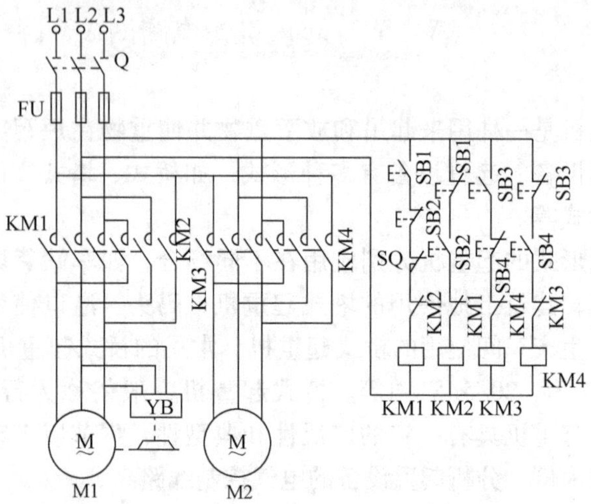

图 6-20 电动葫芦电气控制电路原理图

动控制的，其中 SQ 为提升行程限位开关。

二、桥式起重机电路图

1. 结构简介

桥式起重机主要由桥梁、大车运行机构和装有起升、运行机构的小车等几部分组成。

桥架是桥式起重机的基本构件，主要由两正轨箱型主梁、端梁和走台等部分组成。

大车运行机构由驱动电动机、制动器、减速器和车轮等部件组成。常见的驱动方式有集中驱动和分别驱动两种。目前我国生产的桥式起重机大多采用分别驱动方式。分别驱动方式是指用一个控制电路同时对两台驱动电动机、减速装置和制动器实施控制，分别驱动安装在桥架两端的大车车轮。

小车由安装在小车架上的移动机构和提升机构组成。小车移行机构也由驱动电动机、减速器、制动器和车轮组成，在小车移行机构的驱动下，小车可沿桥架主梁上的轨道移动。小车提升机构用以吊运重物，它由电动机、减速器、卷筒、制动器等组成。起重量超过 10t 时，设两个提升机构：主钩（主提升机构）和副钩（副提升机构）。一般情况下两钩不能同时起吊重物。

2．电路分析

图 6-21 所示是采用 KT 系列凸轮控制器直接控制的 10t 桥式起重机控制线路原理图。

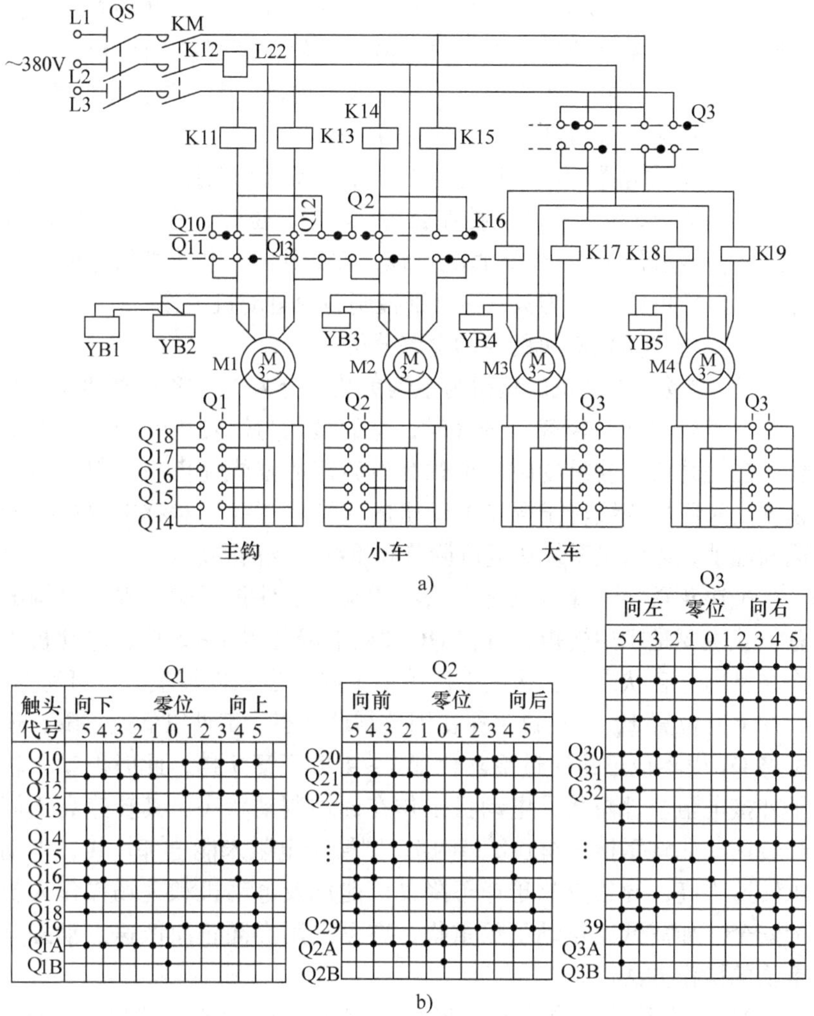

图 6-21　采用 KT 系列凸轮控制器直接控制的 10t 桥式起重机线路原理图

由图可知，凸轮控制器挡数为 5- 0- 5，左、右各有五个操作位置，分别控制电动机的正反转；中间为零位停车位置，用以控制电动机的起动及调速。图中 Q1 为卷扬机电动机凸轮控制器，Q2 为小车运行机构凸轮控制器，Q3 为大车运行机构凸轮控制器，其各触点在不同操作位置时的工作状态如图 6-21b 所示。

图中 YB 为电力液压驱动式机械抱闸制动器。在起重机接通电源的同时，液压泵电动机通电，通过液压油缸使机械抱闸放松；在电动机（定子）三相绕组失电时，液压泵电动机失电，机械抱闸抱紧。从而可以避免因重物自由下降造成的事故。

（1）桥式起重机起动过程分析　在卷扬机凸轮控制器 Q1、小车凸轮控制器 Q2 和大车凸轮控制器 Q3 均在原位时，在开关 QS 闭合状态下，接触器 KM1 线圈通电自锁，KM 闭合，电动机供电电路上有电。然后可由 Q1、Q2、Q3 分别控制各台电动机工作。

（2）卷扬机电动机的控制电路分析

1）卷扬机电动机的负载为主钩负载，分为空（轻）载和重载两大类，当空钩（或轻载）升降时，总的负载为恒转矩性的反抗性负载。在提升或下放重物时，负载为恒转矩的位能性负载。起动与调速方法采用了绕线转子异步电动机的转子串五级不对称电阻进行调速和起动，以满足系统速度可调节和重载起动的要求。

吊钩及重物下降有三种方法：空钩或工件很轻时，提升机构的总负载主要是摩擦转矩，可将 Q1 放在下降位置 1 ~ 5 挡，电动机工作在反向电动状态，空钩或工件被迫下降；当工件较重时，可将 Q1 放在上升位置 1，电动机工作在倒拉制动状态，工件以低速下降；还可将 Q1 由零位迅速通过下降位置 1 ~ 4 扳至第 5 挡，此时电动机转子外接电阻全部短接，电动机工作在回馈制动状态，其转速高于同步转速。如将手柄停留在 1 ~ 4 挡，则转子电阻未能全部短接，电动机转速很高，导致重物迅速下降，可能危及电动机和现场操作人员的安全。如需低速点动下放重物，亦可采用类同正向低速点动提升重物的操作方法。

2）小车移行机构要求以 40 ~ 60m/min 的速度在主梁轨道上作往返运行，转子采用串电阻起动和调速，共有 5 挡。为实现准确停车，也采用机械抱闸制动器制动。其凸轮控制器 Q2 的原理和接线与卷扬机的控制器 Q1 相类似。

3）大车运行机构要求以 100～135m/min 的速度沿车间长度方向轨道作往返运行。大车采用两台电动机及减速和制动机构分别进行驱动，凸轮控制器 Q3 同时采用两组各五对触点分别控制电动机 M3、M4 转子各五级电阻的短接与投入。其他与卷扬机的控制器 Q1 相类似。

（3）控制与保护电路分析　起重机控制与保护电路如图 6-22 所示。图中 SB2 是手动操作急停按钮，正常时闭合，急停时按动（分断）。SQ7 为驾驶室门安全开关，SQ8、SQ9 为仓门开关，SQ10、SQ11 为栏杆门开关。各门在关闭位置时，其动合触点闭合，起重机可以起动运行。K11～K19 为各电动机的过电流保护用继电器，无过电流现象时，其动断触点闭合。凸轮控制器 Q1、Q2、Q3 均在零位时，按起动按钮 SB1，交流接触器 KM 线圈得电且自锁，各电动机主回路通电，起重机可以开始工作。

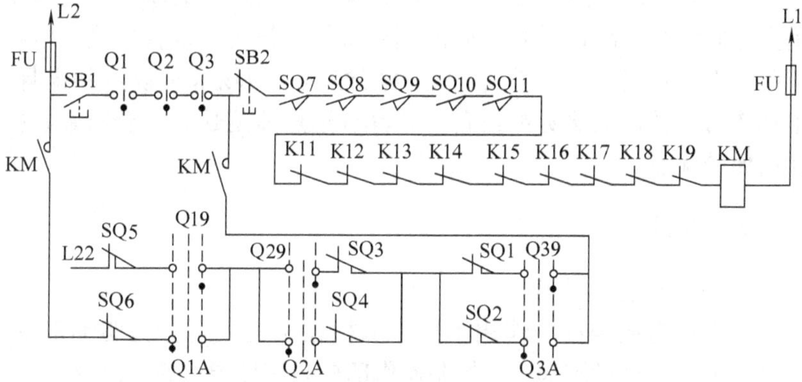

图 6-22　起重机控制与保护电路

交流接触器 KM 线圈通电的自锁回路是由大车移行凸轮控制器的触点、大车左右移行极限位置保护开关、提升机构凸轮控制器的触点与主钩下放或上升位置保护开关构成的并、串联电路组成。例如大车移行凸轮控制器 Q3 的触点 Q39 与左极限行程开关 SQ1 串联，

Q3A 与右极限行程开关 SQ2 串联，然后两条支路并联。大车左行时，过 Q39、SQ1 串联支路使 KM 线圈通电自锁，达到左极限位置时，压下 SQ1，KM 线圈断电，大车停止运行。将 Q3 转至原位，重按 SB1，过 Q3A、SQ2 支路使 KM 线圈通电自锁。Q3 转到右行操作位置，Q3A 仍闭合，大车离开左极限位置（SQ1 复位）向右移行，Q3 转回零位时，大车停车。同时，可以分析 SQ2 的右极限保护功能。行程开关 SQ3、SQ4 为小车运行前、后极限保护开关，SQ5、SQ6 为卷扬机下放、提升极限保护开关，原理与大车保护相同。凸轮控制器 Q1 的触点 Q19 左侧理论上可接在 KM 自锁触点下方，而实际接线在电动机 M1 定子端线号 L22 上，既方便，也不影响自锁电路的正常工作。

任何过电流继电器动作，各门未关好，或按动急停按钮 SB2，交流接触器 KM 线圈都会断电，将主回路的电源切断。

第三节 电梯控制系统图

电梯是采用电力拖动方式，将载有乘客或货物的轿厢，运行于垂直方向的两根刚性导轨之间的固定式提升设备。现代社会，电梯应用越来越广泛，在生产车间、高层建筑、商场都可以见到电梯。电梯作为一种运输服务的设备，它具有运送速度快、安全可靠、操作简便的优点。

一、概述

1. 电梯的基本结构

按电梯组成构件的作用不同，电梯在结构上可分为驱动部分、运动部分、安全设施部分、控制操作部分和信号指示等五部分。

电梯的驱动部分、运动部分主要由机房、曳引机、轿厢、对重以及安全保护设备等组成。电梯井道上方设有机房，机房内设有曳引机和电梯电气控制柜。曳引机主要部分是交流电动机或直流电动机，它通过曳引钢丝绳驱动轿厢和对重装置上、下运行。曳引机上装有电磁式制动器，用来提高电梯的安全可靠性和平层准确度。轿厢用来运送乘客或货物。对重是用来平衡轿厢的装置。厅门是用来供司乘人员和货物出入的，轿门设在轿厢靠近厅门一侧。轿门、厅门通过开关门系统开关。

电梯的安全设施部分主要由门限位开关、上下行限位开关、极限开关、轿顶安全栅栏、安全窗、底坑防护栅栏、限速器、安全钳和缓冲器等组成。其中，限速器是当轿厢速度达到限定值时动作，通过安全钳把轿厢卡在导轨上，同时切断控制电源，曳引电动机停止运转；缓冲器设在底坑的地面上，用来缓解轿厢或对重装置撞向底坑时的速度。

控制操作部分电梯的控制中心。信号指示部分包括轿内指层灯和厅外指层灯等，用于指示电梯运行方向、电梯所在层位的指示和厅外乘客呼梯情况显示等。

2. 电梯的分类

电梯的分类方法有很多，按不同的分类方法，可以分成不同类型。按电梯的用途，电梯可以分成乘客电梯、载货电梯、客货电梯、病床电梯、杂物电梯、住宅电梯、特种电梯等。按电梯的运行速度，电梯又可以分成低速电梯（速度 $v \leqslant 1.0\mathrm{m/s}$）、快速电梯（速度 $1.0\mathrm{m/s} < v < 2.0\mathrm{m/s}$）和高速电梯（速度 $v \geqslant 2.0\mathrm{m/s}$）三类。按曳引电动机的供电电源，电梯可分成直流电梯、交流双速电梯和交流调速电梯。按电梯的控制方式不同，电梯可分为轿内手柄开关控制电梯、按钮控制电梯、信号控制电梯、集选控制电梯、向下集选控制电梯、群控电梯、群控智能控制电梯等。

轿内手柄开关控制电梯是指由电梯司机操纵轿厢内的手柄开关，实现轿厢运行控制的电梯。按钮控制电梯是指操纵轿内或轿外按钮均可发出指令，实现轿厢停靠层站控制的电梯。信号控制电梯是将各层楼上下召唤信号、轿内选层信号及各种专用信号加以综合分析判断后，在司机按下起动按钮后，电梯就自行停靠的电梯。集选控制电梯是将各种信号综合分析判断后，自动决定轿厢运行的无司机电梯。乘客进入电梯后，只需按下层楼按钮，电梯就会自动将其运到预达楼层，运行中对符合运行方向的信号能自动应答。向下集选控制电梯是指只有轿厢向下运行时，才应答顺向停靠召唤信号，电梯上行时，不能截停，此种电梯一般为住宅电梯。群控电梯是集中排列的多台电梯，共用厅门外的召唤信号，按规定顺序集中调度和控制的电梯系统，一般用于客梯。群控智能控制电梯是由计算机根据客流情况，自动选择最佳运行控制方式的群控电梯。

3. 电梯的主要参数

电梯的主要参数有：额定载重量、轿厢尺寸、额定速度、拖动方式、控制方式、停层站数、提升高度、轿门形式、开门方向、顶层高度、底坑深度、井道高度与井道尺寸等。

4. 电梯的型号

按照国家城乡建设环境保护部标准中的规定，电梯的型号编制顺序如下：

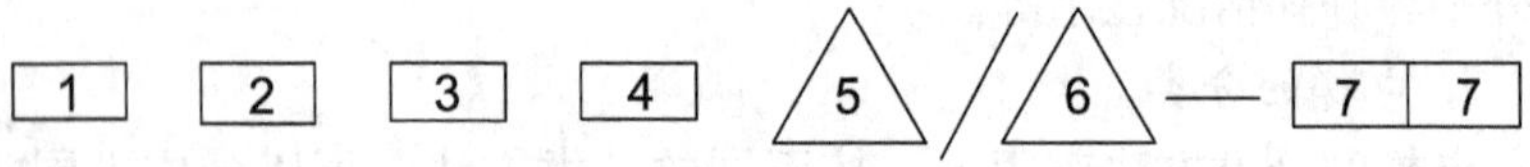

其中：1 表示产品类别，电梯用 T 表示。

2 表示产品品种（组）。用 K 表示乘客电梯；用 H 表示载货电梯；用 L 表示客货两用电梯；用 B 表示病床电梯；用 Z 表示住宅电梯；用 W 表示杂物电梯；用 G 表示观光电梯；用 C 表示船用电梯；用 Q 表示汽车用电梯。

3 表示拖动方式。用 J 交流电力拖动；用 Z 表示直流电力拖动；用 Y 表示液压传动。

4 表示改型代号。

5 表示额定载重量，单位 kg。

6 表示额定速度，单位 m/s。

7 表示控制方式。用 SZ 表示手柄开关控制、自动门；用 SS 表示手柄开关控制、手动门；用 AZ 表示按钮控制、自动门；用 AS 表示按钮控制、手动门；用 XH 表示信号控制；用 JX 表示集选控制；用 BL 表示并联控制；用 QK 表示梯群控制。

二、电梯电气图

电梯电气控制电路由轿厢指令电路、厅召唤电路、指层电路、定向选层电路、开关门电路、运行控制电路及安全保护电路等部分组成。电梯的各种控制和运行方式都是由这些基本环节构成的。下面举例介绍 TKJ□□/10—XH 五层站型交流双速信号控制电梯电气系统。

1. 电梯拖动曳引控制电路

交流双速信号控制电梯实施拖动曳引的电动机是一台交流双速异步电动机，定子绕组极对数为 6/24，同步转速为 1000r/min 与 250r/min。控制电路图如图 6-23 所示。

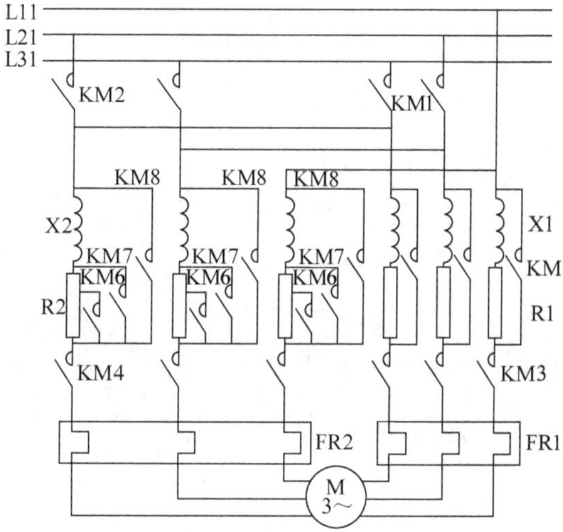

图 6-23　电梯拖动曳引控制电路

拖动曳引控制时，为了实现轿厢的上升与下降，控制交流双速异步电动机 M 需要进行正、反转，在图中我们可以看出电动机 M 分别连接了 KM1 和 KM2，KM1 实现上升控制为上升接触器，KM2 实现下降控制为下降接触器。KM3 为快速接触器，KM4 为慢速接触器，KM5 为快加速接触器，电梯起动时，由 KM3 主触点接通 M 电动机快速绕组，串入电抗 X1 与电阻 R1 先进行减速起动，到一定速度后，KM5 主触点短接阻抗，使电动机 M 在全压下加速起动，直至以快速稳定运行。KM6、KM7、KM8 分别为慢速一、二、三级减速接触器，R2 是减速电阻，在停层时，由 KM4 主触点接通慢速绕组，经串接的电抗 X2 和电阻 R2 进行再生发电制动力，然后由 KM6、KM7、KM8 主触点分级将阻抗短路，实现减速运行。

2. 门的电气控制电路

门的电气控制电路包括门电动机拖动部分和开关门逻辑控制部分组成。开关门电动机是额定功率为 120W、额定电压为 110V、额定转速为 1000r/min 的并励直流电动机。门的电气控制电路如图 6-24 所示。

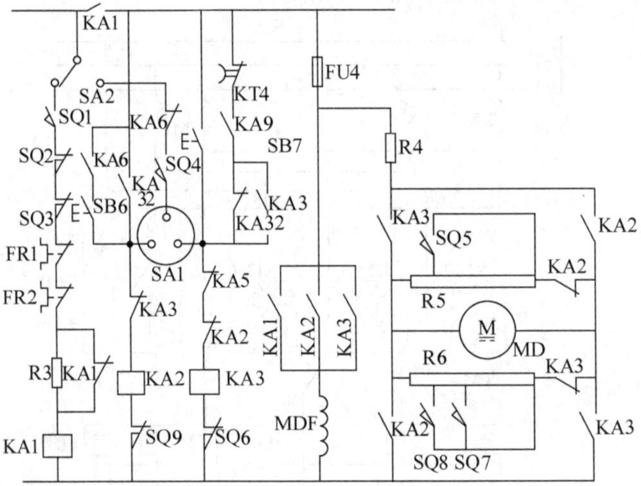

图 6-24　门的电气控制电路

（1）门电动机拖动　门电动机 MD 是一台并励直流电动机，MDF 为其励磁绕组。为了实现轿门和厅门的开启与关闭，门电动机必须进行正、反转，该电梯通过改变电枢电压的极性改变电动机的旋转方向。KA3 为正转继电器，实现开门功能，KA2 为反转继电器，实现关门功能。

（2）门开关控制电路　电梯上有一个开关电梯的钥匙孔 SA1，

若将钥匙插入 SA1 中并旋转方向，转向右侧为开门，转向左侧为关门。启用电梯时，SA1 转向右侧，同时开门继电器 KA3 接通，经 SA2 右侧触点、KA6 检修继电器常闭触点、SQ4 厅外开门行程开关常开触点（已闭合）、SA1 右触点、KA5 运行继电器、KA2 关门继电器常闭触点、SQ6 常闭触点（通电吸合），门电动机 MD 正向起动旋转，拖动厅门与轿门同时开启。

该电梯还通过行程开关 SQ5、SQ7、SQ8 和改变电枢绕组串并联电阻的阻值实现对电动机速度的调节。图 6-24 中 R4 为电枢的串联电阻，当门开启至 2/3 行程时，SQ5 被压下，短接了 R5 上的大部分电阻，门电动机 MD 减速运转，门减速开启。当门开足后，行程开关 SQ6 被轿厢压下，开门继电器 KA3 断电释放，门电动机 MD 断开电枢电压，立即停止运行。实现了开门及开门速度控制。

行程开关 SQ7、SQ8 和电阻 R6 实现自动关门时的速度调节，当门关到行程的一半时，行程开关 SQ7 被轿厢压下接通，短路 R6 的一半电阻，于是 MD 减速，门继续关闭，当门关到行程的 3/4 时，行程开关 SQ8 被轿厢压下接通，又短接了一部分电阻，MD 继续减速，直至门被关闭，行程开关 SQ9 被轿厢压下，KA2 断电释放，MD 进行能耗制动，立即停止运行。实现了关门及关门速度控制。

3. *起动运行电路*

电梯的起动运行电路主要完成电梯的起动、加速和满速运行功能，具体电路图见图 6-25。

（1）电梯的起动　若电梯在一楼，当厅门和轿门关闭后，电梯开始起动，相应的轿门行程开关 SQ10 压下接通，门锁继电器 KA4 线圈通电吸合，起动继电器 KA33 闭合接通，经已闭合的 KA32、KA4、KA26 常开触点和上升行程开关 SQ16 常闭触点（图右侧，其中 KA26 线圈未画出），使快速接触器 KM3 和快速时间继电器 KT5 线圈相继通电吸合。KT5 触点闭合，使上升接触器 KM1 线圈通电，由已闭合的 KT5、KA33、KA26 常开触点，使 KM2 常闭触点通电吸合（图左侧），同时使 KM1 自锁触点构成自锁。KM3 和 KM1 主触点接通曳引电动机 M 定子电路，串入电抗器 X1 和电阻 R1，M 电动机减压起动（见图 6-23）。

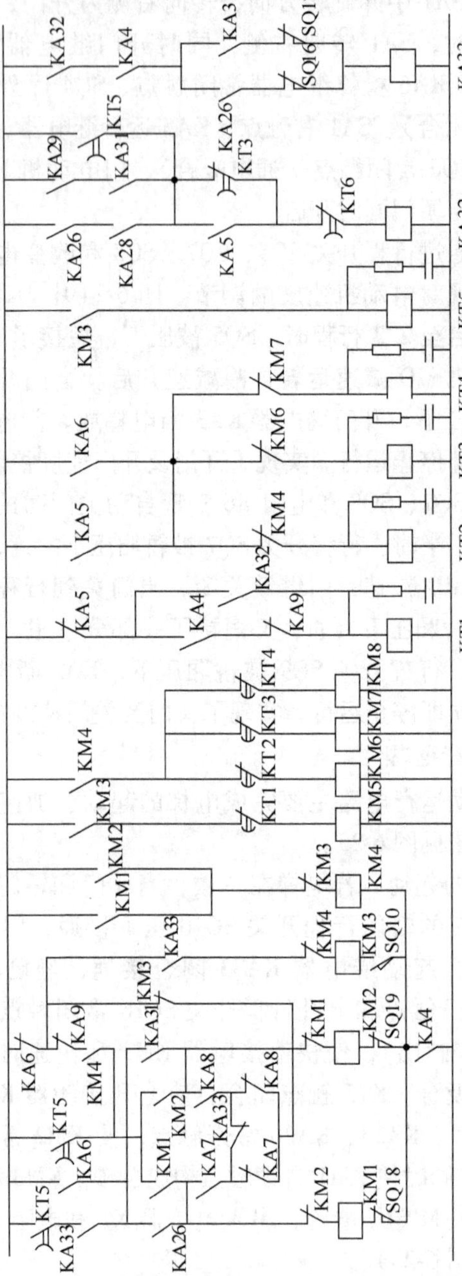

图 6-25 电梯起动运行电路图

（2）加速和满速运行控制　在关门后，起动关门继电器 KA32 通电吸合，其常开触点 KA32 闭合使快加速时间继电器 KT1 线圈通电吸合，其延时触点断开，这样快加速接触器 KM5 线圈就不能通电。但当 KA5 通电吸合后，其常闭触点断开 KT1 线圈电路，其延时触点经延时 2s 后闭合，接通快加速接触器 KM5 线圈电路，KM5 主触点短接了图 6-23 电路中的 X1 和 R1，电动机在全电压下加速至满速运行。

4. 制动平层电路

（1）制动减速电路　如图 6-26 所示，如果电梯停靠三楼，当轿厢快上升到三楼时，停层感应器 KR3 发出感应信号，表示电梯进入三楼楼层范围，KA13 通电，KT7 与 KA22 线圈断电释放，三楼控制继电器 KA23 线圈通电并自锁。如果此时楼上没有停层的请求信号，向上方向继电器 KA26 线圈断电释放，同时停层记忆继电器 KA43 线圈相继断电（KA26、KA43 线圈没有画出）。在时间继电器 KT7 断电到延时触点动作的时间间隔（0.3～0.5s）过程中，停站时间继电器 KT6 通电并自锁。KT6 线圈通电吸合（见图 6-25），使 KA32、KA33、KM3、KT5 线圈相继断电释放，KA33 断电又使 KM1 线圈电路断开；KM3 断电使 KM5 断电释放；而 KT5 断电，其延时打开触点又使 KM1 线圈电路延时断开，暂时维持 KM1 线圈通电吸合。KM3 断电释放后，慢速接触器 KM4 随即通电吸合，KM4 线圈通电吸合引起 KT2 断电释放，其延时闭合触点闭合，延时接通 KM6，短接 R 的部分电阻，轿厢第一次减速，依靠 KT3、KT4 和 KM7、KM8 的作用，将 R2 和 X2 逐级短路而使电动机 M 进行减速运行。

（2）平层停车　当电梯继续低速爬行时，位于轿顶上的上平层感应器 KR6 首先发出感应信号，KR6 触点复位，上平层继电器 KA7 线圈通电吸合，使上升接触器 KM1 线圈通电（经 SQ18 常闭触点、已闭合的 KA4 常开触点、KA6 常闭触点、KM3 常闭触点、KA8 常闭触点、KA33 常闭触点、已闭合的 KA7 常开触点、KM2 常闭触点、KM1 线圈形成一条通路）（见图 6-25），桥厢继续上升，然后开门控制感应器 KR8 发出感应信号，其触点复位，使开门控制继电器 KA9 线圈通电吸合，其常闭触点断开了 KM1 的一条通路，其常开触点闭

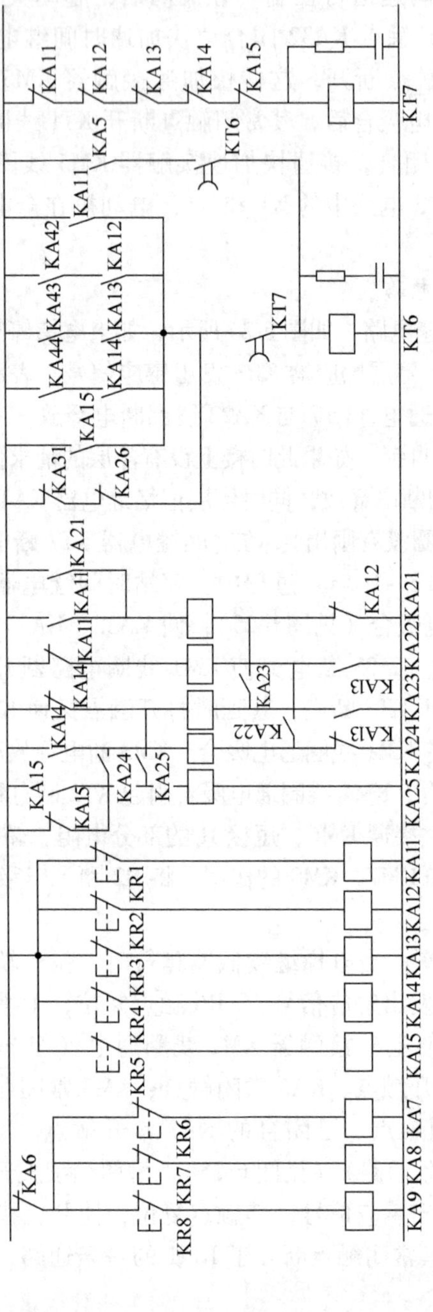

图 6-26 电梯制动平层电路图

合，为开门继电器 KA3 通电吸合准备。当轿厢到达停站水平位置时，下平层感应器 KR7 发出感应信号，其常闭触点复位，使向下平层继电器 KA8 通电吸合，其常闭触点断开了上升接触器 KM1 线圈的最后一条通路，使 KM1 线圈断电释放，使慢速接触器 KM4、主拖动电动机 M 和运行继电器 KA5 同时断电，KA5 常开触点又使停层时间继电器 KT6 线圈断电释放，平层完毕，轿厢停止运动。

5. 呼梯信号的登记和消除

如图 6-27 所示，若轿厢停在一楼或二楼，三楼有人呼梯上行，三楼乘客在三楼厅门外按下上行呼梯按钮 SB13，使蜂鸣继电器 KA46 线圈通电吸合，蜂鸣器发出蜂鸣声，松开呼梯按钮 SB13，蜂鸣声停止；同时呼梯继电器 KA53 线圈通电并自锁，操纵箱上和按钮内呼唤灯亮，实现呼梯记忆。当电梯接近三楼时，KA33 起动继电器线圈断电释放，其常闭触点和已经闭合的楼层控制继电器 KA23 和向下辅助继电器 KA30 常闭触点短接了 KA53 的线圈，使 KA53 断电释放，相应的呼梯信号灯都熄灭（信号灯电路没有画出）。

如果三楼呼梯，二楼没有呼梯，那么电梯应直接上三楼。控制过程是：轿厢上升离开一楼时，使继电器 KA7、KA8、KA9 和 KA11 线圈断电释放，由于 KA11 的断电释放，其常闭触点使停站触发时间继电器 KT7 线圈通电吸合。KA9 断电释放，其常开触点断开了开门继电器 KA3 线圈电路，使在运行中开门继电器不得通电，保证运行的安全。电梯在途经二楼时，KR6、KR7、KR8 和 KR2 感应器分别感应，使 KA7、KA8、KA9 和 KA12 线圈又分别通电吸合。KA12 吸合，其常闭触点断开 KT7 线圈电路，另一常闭触点断开 KA21 线圈电路，KA12 常开触点闭合接通 KA22 线圈电路，使 KA22 通电吸合并自锁。KA21 断电，其常开触点切断指示一楼指示灯 HL1 熄灭，KA22 通电吸合，其常开触点点燃了指示二楼的指示灯 HL2，在各层厅门上方显示“2”字，表示轿厢已抵二楼，当轿厢超过二楼时，KR6、KR7、KR8 和 KR2 感应器先后停止感应，使 KA7、KA8、KA9 和 KA12 又断电释放，KT7 又通电吸合，为停站准备，电梯经过二楼继续上升。

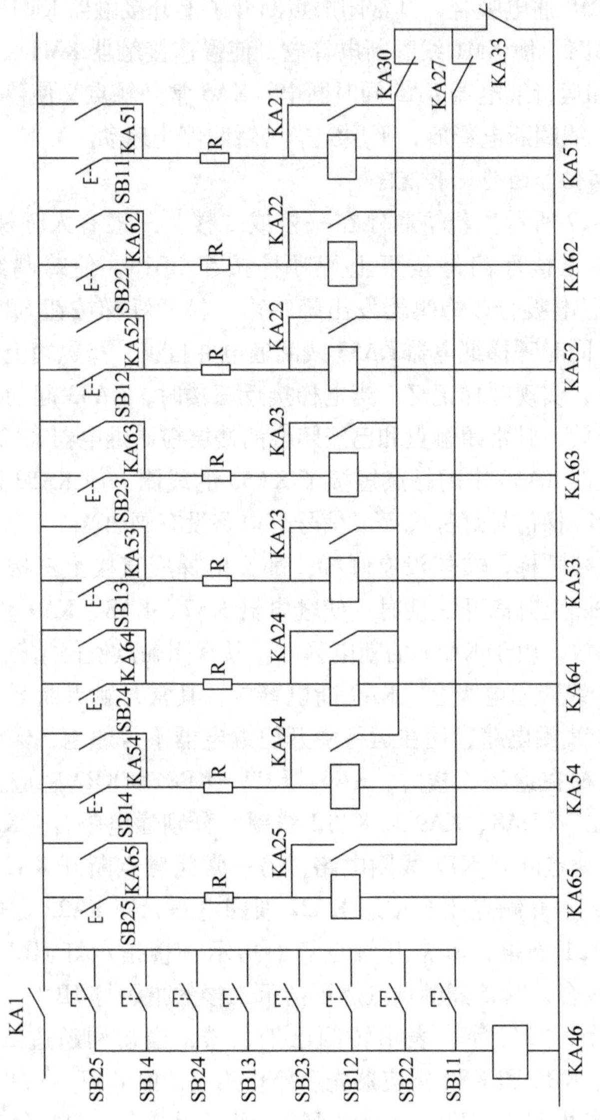

图 6-27 电梯呼梯信号登记和消号电路图

三、自动扶梯电路

自动扶梯由梯级、曳引链、驱动装置、梯路导轨、金属骨架、梳齿前沿板、扶手装置、润滑系统等组成。它广泛应用在车站、机场、码头、地铁、商场、天桥等地方。自动扶梯由单速低噪声大起动转矩三相异步电动机作为动力，通过机械减速驱动主轴轮，带动曳引链转动，曳引链带动梯级运动，使得梯级主轮沿着梯路导轨转动，实现梯级的上升或下降运行。我们这里介绍继电接触器控制电路图。

自动扶梯控制系统是由主电路、控制电路、保护电路和电源四大部分组成。图6-28是自动扶梯继电接触器控制电路图。其中M1是三相异步驱动电动机；M2为制动电动机；M3是润滑油泵电动机；QF1是空气断路器；QF2是控制电源断路器；KP是相序继电器；FR1为驱动热继电器；FR2为制动热继电器；KM1、KM2为上、下行接触器；KM3是△形接触器；KM4是Y形接触器；KM5是制动控制接触器；KM6润滑油泵接触器；SQ1～SQn是保护用传感器或行程开关常闭触点；STP1、SPT2为停止按钮；SA3和SA4是上、下行选择开关；KA1为故障报警中间继电器；KA2为制动器松开到位中间继电器；KA3、KA4为上、下行中间继电器；KA5为极高点中间继电器。

主电路是一个比较简单的控制电路，它主要由QF1，KP，FR1，上、下行继电器KM1和KM2的主触点，Y-△变换接触器KM3、KM4主触点，驱动电动机M1，制动电动机M2，润滑油泵电动机M3等组成。从这个主电路的组成可以看出，该主电路具有Y-△切换减压起动和正反转等功能。主电路是怎样实现控制的，下面分析一下控制电路的工作过程。

起动时，闭合空气断路器QF1→电源指示灯亮，相序继电器KP检查相序正确后→KP常开触点闭合→将选择开关SA3和SA4打到所选方向上，即上行和下行，假设选在“上行”方向位置→将钥匙插入开关ST1，这时如果没有发生过载→热继电器FR1常闭触点保持→KA3、KM5得电→KM5主触点闭合→制动电动机M2起动→液压装置使制动器松开，让制动轮自由，由于制动与主拖动电

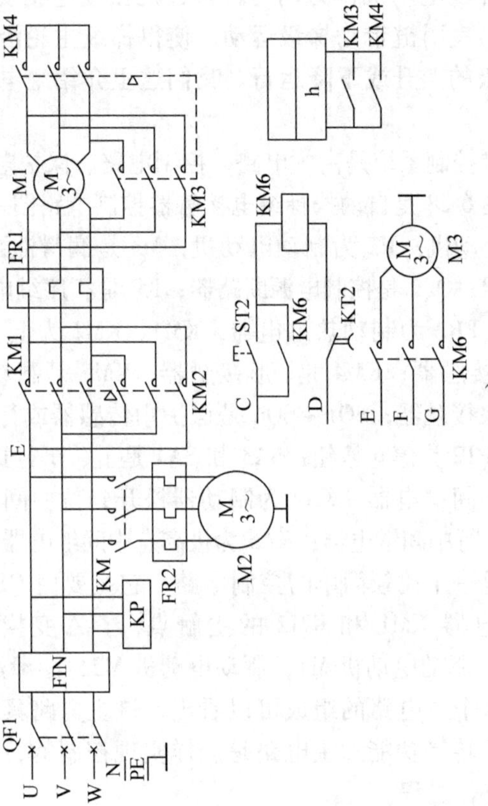

U
V
W
N
PE
QF1
FIN
KP
KM
FR2
M
3~
M2
E
KM1
KM2
FR1
M
3~
M1
KM3
KM4
C
ST2
KM6
KM6
D
KT2
E
F
G
KM6
M
3~
M3
h
KM3
KM4

a)

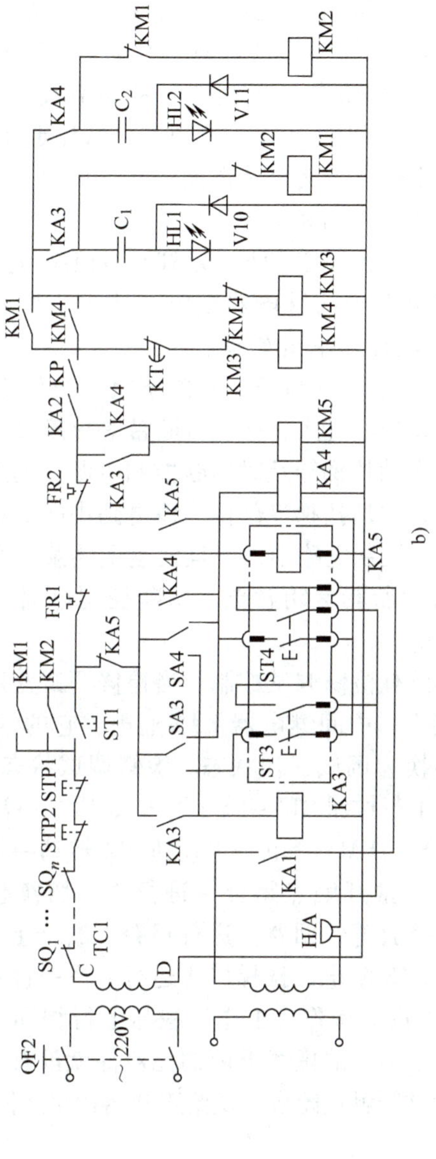

图 6-28 自动扶梯继电接触器控制电路图

a）主电路图 b）继电接触器控制电路图

动机 M1 是同轴连接，拖动电动机 M1 也处于自由状态，当液压装置使制动器松开到一定位置时，中间继电器 KA2 常开触点闭合→KM4 得电→KA2 和 KM4 的主触点闭合→M1 接为Y联结→KM4 的辅助触点接通 KM1 回路→KM1 主触点闭合→M1 在Y联结下起动。由于 KM5 接触器线圈得电→衔铁同时带动空气阻尼器开始延时，延时 3~5s 时间→常闭触点 KT1 断开（Y联结起动结束）→KM4 断电→断开常开主触点，闭合其常闭触点→KM3 得电→电动机 M1 接成△联结进行继续起动和运行。

停机时，按下停止按钮 STP1 或 STP2→控制电路电源切断→控制电路中的各接触器中间继电器断电→主触点断开→M1、M2 失电→停止转动，自动扶梯停止转动。

自动扶梯应对驱动链断条、梯阶下沉、梳齿板移位、曳引链断、扶手带进入口异物进入、扶手带断带等故障设置保护，当出现故障时，以保证自动扶梯能及时切断控制电源，迅速停机，以免发生人身伤亡事故，损坏扶梯零部件，该电路中故障检测开关 SQ1~SQn 常闭触点串在控制电路中，一旦发生上述某一个故障，检测开关一旦检测到，就断其常闭触点，切断控制电路电源，使电动机 M1、M2 停止转动。

该电路中还设有检修调试控制。当检修调试盒接入时，图中虚线框内的器件接入，中间继电器 KA5 通电，它的常开触点 KA5 闭合，控制电路转换为调试工作状态。检修调试状态的点动有两种，一种是如果按下上行按钮 ST3→继电器 KA3 通电→常闭触点 KA3 断开，常开触点闭合→KM5 得电→电动机 M2 转动→松开制动器，到位后，KA2 得电，常开触点闭合→进行Y-△切换起动运行，同时 ST3 另一个触点接通警铃回路，进行报警。断开上行按钮 ST3，因 KA3 没有自锁，KA3 断电，扶梯停止运行。另一种是按下下行按钮 ST4，也可以实现点动操作，工作过程与上行相同。当检修调试结束，拔出检修盒，图中的虚线框内的元器件就没有了，中间继电器 KA5 断电，它的常闭触点闭合，供给正常运行状态控制。

第四节　梯　形　图

梯形图是可编程序控制器（简称 PLC）中应用的一种图形语言程序。

一、可编程序控制器程序的表达方式

可编程序控制器是以程序的形式进行工作的，因此需要把控制任务所叙述的功能变换成程序。程序的编制就是用一定的语言把一个控制任务描述出来。可编程序控制器与计算机的显著区别之一，就是可编程序控制器的编程语言使用方便，易于掌握。尽管国内外生产厂家采用的编程语言不尽相同，但程序的表达方式常用下面四种：梯形图、指令语、逻辑功能图和高级语言。

1. 梯形图

梯形图在形式上类似于继电器控制电路图，如图 6-29 所示。它是用图形符号 ┤├、┤/├、┃、━、─o─等连接而成，这些符号依次为动合触点、动断触点、并联连接、串联连接、继电器线圈等。每一触点和线圈均对应有一个编号。不同机型的 PLC，其编号方法不同。

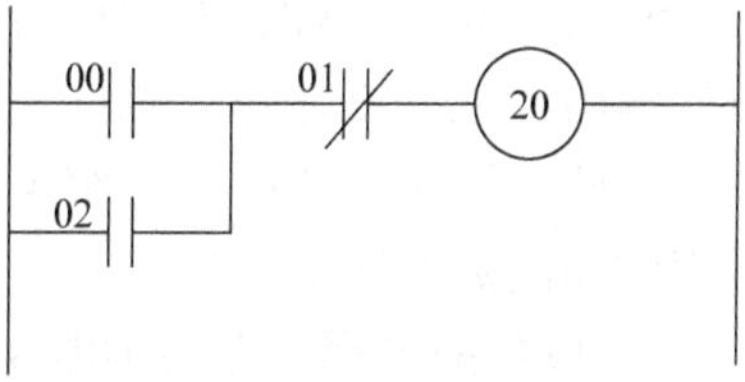

图 6-29　梯形图

梯形图直观易懂，为电气人员所熟悉，因此是应用最多的一种编程语言。

梯形图与继电器控制电路在电路的结构形式、元器件的符号以及逻辑控制功能等方面是相同的。但它们又有很多不同之处。梯形图具有以下特点：

1）梯形图按从上到下、从左到右的顺序排列。每个继电器线圈为一个逻辑行，即一层阶梯。每一逻辑行起于左母线，然后是触点的各种连接，最后终止于继电器线圈（有的还加上一条右母线）。整个图形呈梯形，故称为梯形图。

2）梯形图中的继电器不是继电器控制电路中的物理继电器，它实质上是存储器中的每一位触发器（单元），因此称为“软继电器”。相应位的触发器为“1”态，表示继电器线圈接通，动合触点闭合，动断触点打开。

梯形图中继电器的线圈是广义的，除了输出继电器、辅助继电器线圈外，还包括计时器、移位寄存器以及各种算术运算的结果等。

3）一般情况下（除有跳转指令和步进指令等的程序段外），梯形图中某个编号的继电器线圈只能出现一次，而继电器触点则可无限使用，既可以是动合触点，又可以是动断触点。

4）梯形图是PLC形象化的编程手段，梯形图两端的母线是没有任何电源可接的。梯形图中并没有真实的物理电流流动，而仅只是“概念”电流，是用户程序运行中满足输出执行条件的形象表示方式。“概念”电流只能从左向右流动，层次改变只能先上后下。

5）输入继电器供PLC接受外部输入信号，而不能由内部其他继电器的触点驱动。因此，梯形图中只出现输入继电器的触点，而不出现输入继电器的线圈。输入继电器的触点表示相应的输入信号。

6）输出继电器供PLC作输出控制用。它通过开关量输出模块对应的输出开关（晶体管、双向晶闸管或继电器触点）去驱动外部负载。因此，当梯形图中输出继电器线圈满足接通条件时，就表示在对应的输出点有输出信号。

7）PLC的内部继电器不能作输出控制用，其触点只能供PLC内部使用。

8）当PLC处于运行状态时，PLC就开始按照梯形图符号排列的先后顺序（从上到下、从左到右）逐一处理。也就是说，PLC对梯形图是按扫描方式顺序执行程序，因此不存在几条并列支路同时动作的因素，这在设计梯形图时可减少许多有约束关系的联锁电路，从而使电路设计大大简化。

2. 指令（语句表）

指令就是用助记功能缩写符号来表达PLC的各种功能，通常每一条指令由指令语和作用器件编号两部分组成，从以下程序中可以看出它类似于计算机的汇编语言，但又比一般的汇编语言简单得多，这种程序表达方式，编程设备简单、逻辑紧凑、系统化强、连接范围不受限制，但比较抽象，目前各种PLC都有指令的编程功能。

以无锡华光电子有限公司 SR 系列机为例来说明，对上述梯形图编制程序如下：

步序	指令语	器件号
0	STR	00
1	OR	02
2	AND NOT	01
3	OUT	20

3. 逻辑功能图

逻辑功能图基本上沿用了半导体逻辑电路的逻辑方块图，用来表达控制。每一种功能都使用一个运算方块，其运算功能由方块内的符号确定，常用“与”、“或”、“非”三种逻辑功能表达。控制逻辑和功能方块有关的输入均画在方块的左边，输出画在方块的右边。

图 6-30 绘出了用 PLC 实现三相异步电动机起动/停止控制的逻辑功能图程序。

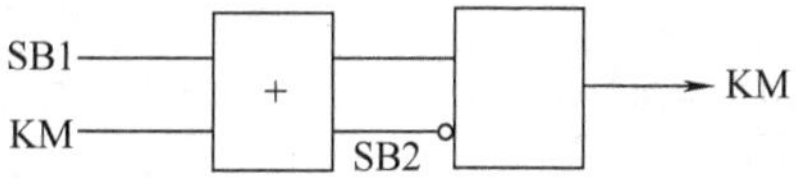

图 6-30　逻辑功能图程序

4. 高级语言

在大型 PLC 中为了完成具有数据处理及 PID 调节较为复杂的控制，也采用 BASIC、PASCAL 等计算机语言，这样 PLC 就具有更强的功能。

目前生产的各种类型的 PLC，基本上同时具备两种或两种以上编程语言，而且以同时使用梯形图和指令的占大多数。虽然厂家及型号都不同的 PLC，其梯形图、指令有些差异，使用符号不一，但编程的原理和方法是一致的。

二、基本梯形图格式

1. 编程规则

1）程序以指令列按序编制，指令语句的顺序与控制逻辑有密切关系，随意颠倒、插入和删除指令都会引起程序出错或逻辑出错。

2）操作数必须是所用机器允许范围内的参数，参数超出元素允许范围将引起程序出错。

3）命令语句表达式指令编程与梯形图编程相互对应，两者可以相互转换。

2. 基本指令及定义号

（1）基本指令　现以无锡华光电子有限公司的 SR 系列机为例来说明它们的基本指令及定义号。为了便于使用，现将 SR 系列（GE—I）的 29 条基本逻辑指令汇集于表 6-1 中。

表 6-1　SR 的基本逻辑指令

指　令	梯形图符号	功　能	数据类型
STR	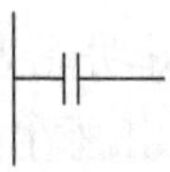	动合触点与母线连接	计时器/计数器的定义号不可用
STR TMR		计时器动合触点与母线连接	计时器/计数器的定义号
STR CNT		计数器动合触点与母线连接	
STR NOT		动断触点与母线连接	计时器/计数器的定义号不可用
STR MOT TMR		计时器动断触点与母线连接	计时器/计数器的定义号
STR NOT CNT		计数器动断触点与母线连接	
AND	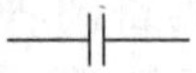	动合触点的串联	计时器/计数器的定义号不可用
AND TMR		计时器动合触点的串联	计时器/计数器的定义号
AND CNT		计数器动合触点的串联	
AND NOT		动断触点的串联	计时器/计数器的定义号不可用
AND NOT TMR		计时器动断触点的串联	计时器/计数器的定义号
AND NOT CNT		计数器动断触点的串联	
OR	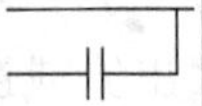	动合触点的并联	计时器/计数器的定义号不可用
OR TMR		计时器动合触点的并联	计时器/计数器的定义号
OR CNT		计数器动合触点的并联	

（续）

指　　令	梯形图符号	功　　能	数 据 类 型
OR NOT		动断触点的并联	计时器/计数器的定义号不可用
OR NOT TMR		计时器动断触点的并联	计时器/计数器的定义号
OR NOT CNT		计数器动断触点的并联	
AND STR		触点组的串联	无数据
OR STR		触点组的并联	
MCS	MC	主控开始，公共逻辑条件控制多个线圈	
MCR	MCR	主控结束时返回原母线	无数据
OUT	—○—┤	输出逻辑运算结束	输出及内部线圈的定义号
SET	—(S)—┤	线圈的复位	输出、内部线圈、移位寄存器定义号
SET OUT	—(S0)—┤	输出置位，使输出不受输出禁止的影响	输出定义号
RST	—(R)—┤	线圈的复位	输出、内部线圈、移位寄存器定义号
TMR	—○—┤	计时器的延时操作	计时器/计数器的定义号
CNT	CNT	计数器的计数操作	
SR	SR	移位寄存器的移位操作	移位寄存器的定义号 400～577

（2）SR 系列 PLC 机定义号　定义号是 PLC 编程中非常重要的部分。无论是何种 PLC，要输入程序都与定义号有关，定义号告诉 CPU 哪个点执行什么功能。例如，某按钮控制哪个电动机起动，哪个计时器被使用。在 SR—20 系列 PLC 机中，定义号采用八进制数表示，即从 0～7，10～17，20～27……，各功能的定义号见表 6-2。

表 6-2 SR—20 系列 PLC 机定义号

八进制	定义号	十进制数目	八进制	定义号	十进制数目
000 ~ 157	I/O 点（SR—20）	112	340 ~ 373	内部线圈（有记忆）	28①
000 ~ 157	I/O 点（SR—21）	168	374 ~ 377	特殊功能	4①
700 ~ 767	I/O 点（仅 SR —21）		400 ~ 577	移位寄存器	128①
770 ~ 777	特殊功能线圈（仅 SR—21）	8	600 ~ 677	定时器/计数器	64②
160 ~ 337	内部线圈（无记忆）	112	400 ~ 577	数据寄存器 8 位（仅 SR—21 有）	128③

① 具有停电记忆功能。

② 定时器/计数器混合使用的总数，计数器有停电记忆功能。

③ 移位寄存器和数据寄存器定义号相同，移位寄存器是位操作而数据寄存器是字节操作（存储在不同的存储器区内）。

（3）梯形图编程

1）AND、OR 指令：AND——与指令，用于动合触点的串联。AND NOT——与非指令，用于动断触点的串联。OR——或指令，用于动合触点的并联。OR NOT——或非指令，用于动断触点的并联。串并联电路梯形图如图 6-31 所示。

根据上述梯形图编程为：

```
STR        01
AND NOT    02
AND        03
OUT        20
STR        04
OR         06
AND        05
OUT        21
```

2）AND STR、OR STR：AND STR——与块指令，用于逻辑组

（触点块）的串联。OR STR——或块指令，用于逻辑组（触点块）的并联。AND STR 与 OR STR 指令独立使用，后面没有任何数据。逻辑组梯形图如图 6-32 所示。

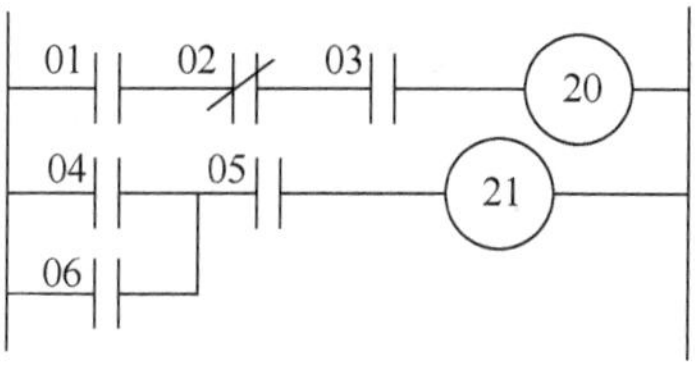

图 6-31　串并联电路梯形图

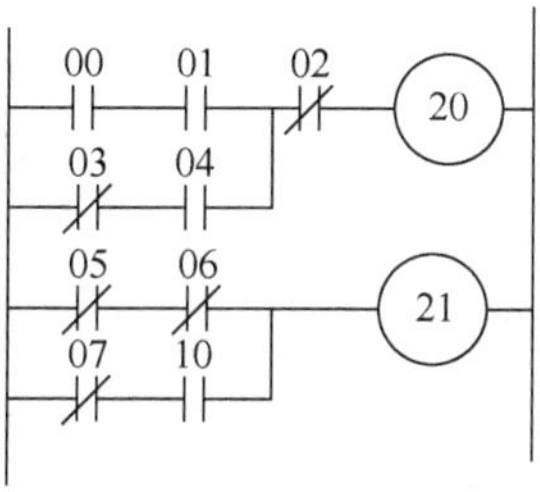

图 6-32　逻辑组梯形图

图 6-32 梯形图的编程为：

STR	00
AND	01
STR NOT	03
AND	04
OR STR	
AND NOT	02
OUT	20
STR NOT	05
AND NOT	06
STR NOT	07
AND	10
OR STR	
OUT	21

3）MCS/MCR 指令：MCS——主控开始指令，用于公共逻辑条件控制多个线圈。MCR——主控结束指令，用于主控结束时返回母线。在编程中，经常会遇到几个线圈同时受一个触点或一组触点的控制，即受到公共逻辑条件的控制，叫做主控。主控继电器梯形图如图 6-33 所示。

图 6-33 梯形图的编程为：

STR NOT	02
MCS	
STR	00
OUT	20
STR	01
OUT	21
STR	20
OUT	160
MCR	
STR	160
OR	22
AND	03
OUT	22

MCS/MCR 可以套用，最多可套 7 重。在编程时，MCS/MCR 必须成对出现。

4）TMR/CNT 指令：TMR——计时指令，用于计时器的延时操作。CNT——计数指令，用于计数器的计数操作。TMR/CNT 的定义号是 600 ~ 677。但计数器和计时器不得重号使用。计时器的计时值为 0.1 ~ 999.9s；而计数值为 1 ~ 9999。

① TMR 指令：图 6-34 所示为一个延时 5s 工作的定时器梯形图，其电路工作原理为：合上开关 00，定时器线圈 T600 开始工作（计时）。当计到 5s 时，对应接点 T600 动断触点断开，线圈 21 失电，而 T600 动合触点闭合（延时），线圈 20 得电工作。这时若不动开关，20 会一直在工作位置，且定时器线圈也一直在工作（计时），对应触点一直保持原始状态。打开开关 00，定时器线圈 T600 失电，对应触点马上复位，T600 动合触点复位，使 20 失电，T600 动断触点复位，使线圈 21 得电工作。这一电路可控制电动机的正反转，具有星-三角形减压起动、两台电动机顺序起动等功能，只是他们延时的时间不同。

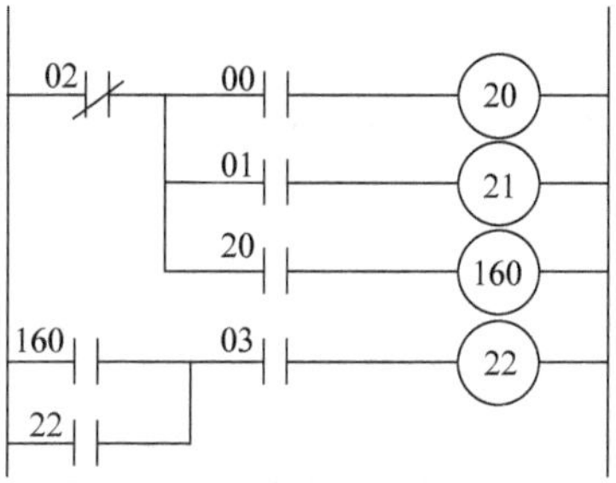

图 6-33　主控继电器梯形图

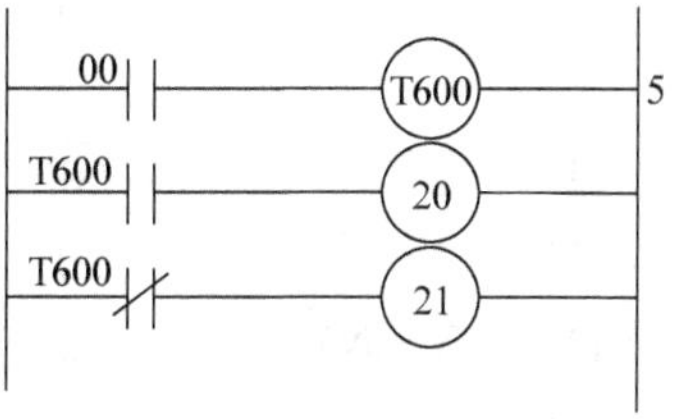

图 6-34　定时器梯形图

图 6-34 梯形图的编程为：

STR	00
TMR	600
	5
STR TMR	600
OUT	20
STR NOT TMR	600
OUT	21

② CNT 指令：如要求累计 20 个数，则可使用 CNT 指令实现，如图 6-35 所示。计数器具有停电记忆功能，而定时器没有停电记忆功能，即断电时，定时器归零，而计数器保持原来的数值，当通电后，继续累加。

图 6-35 所示计数器梯形图的工作原理如下：当合上开关 00 时，计数器线圈 C600 计“1”，这时 C600 动断触点没有动作，则线圈 21 工作；当第二次合上 00 开关时，C600 计“2”，这样周而复始地合上开关 00，一直要做 20 次，对应触点 C600 才动作，C600 动断触点断开，使 21 失电；C600 动合触点闭合，使 20 得电工作。

只有当 01 闭合时，计数器 C600 才复位。

图 6-35 梯形图的编程为：

STR 00
STR 01
CNT 600
20
STR CNT 600
OUT 20
STR NOT CNT 600
OUT 21

③ 定时器与计数器联合使用：定时器与计数器联合使用可以增加延时时间，也可以使计数器实现自动计数功能，如图 6-36 所示。由梯形图编程如下：

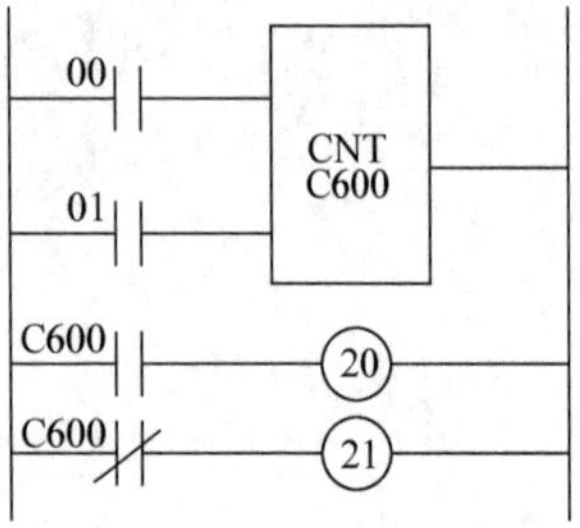

图 6-35 计数器梯形图

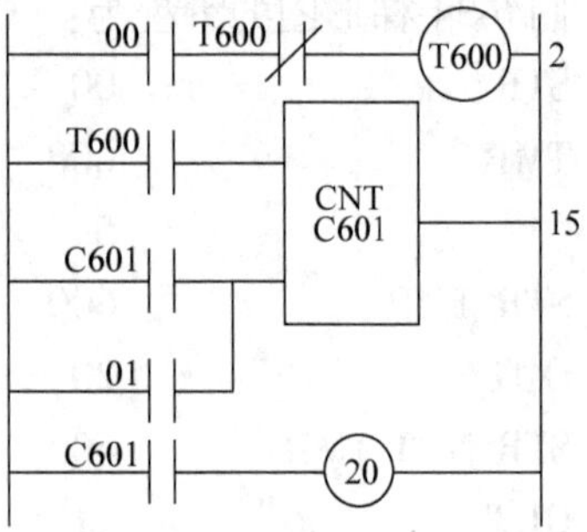

图 6-36 定时器与计数器联合使用梯形图

STR 00
ANT NOT TMR 600
TMR 600
2
STR TMR 600
STR CNT 601
OR 01
CNT 601
15
STR CNT 601
OUT 20

3. 移位寄存器编程

图 6-37 所示为用移位寄存器编程的梯形图。其中 1 是输入信号，2 是时钟信号，3 是复位信号。

移位寄存器的工作原理是：移位取决于 2 的闭合，即 2 闭合才实现移位功能。移入的内容取决于 1 的状态，即 1 闭合，移入“1”；1 断开，移入“0”。当 3 闭合时，移位寄存器复位。

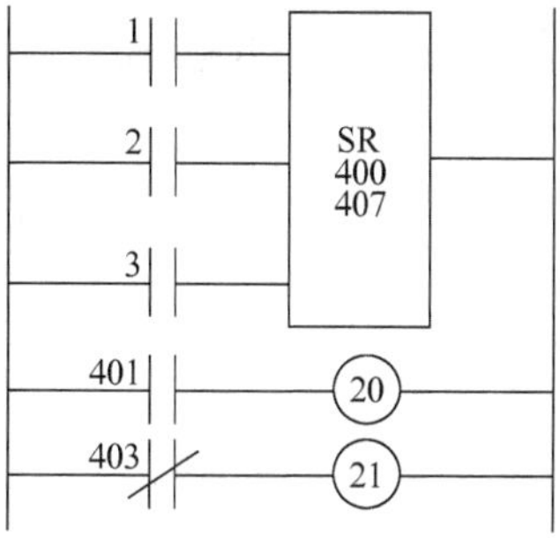

图 6-37　移位寄存器梯形图

根据梯形图编程如下：

STR	1
STR	2
STR	3
SR	400
	407
STR	401
OUT	20
STR NOT	403
OUT	21

三、梯形图的编程

在对 PLC 的基本工作原理和基本梯形图格式和编程方法有了一定的了解之后，就可以结合实际加以应用，用 PLC 构成一个实际的控制系统。下面通过两个例子来说明可编程序控制器的应用，以便熟悉梯形图的画法以及利用它编程可能遇到的问题。

1. 三相异步电动机正、反、停控制电路改成 PLC 控制

三相异步电动机正反转控制电路如图 6-38 所示。要采用 PLC 控制，首先要列出继电器-接触器控制与 PLC 的对照表。

（1）编制现场信号与 PLC 软继电器编号对照表

1）输入设备：按钮和热继电器，分配 PLC 的输入继电器。

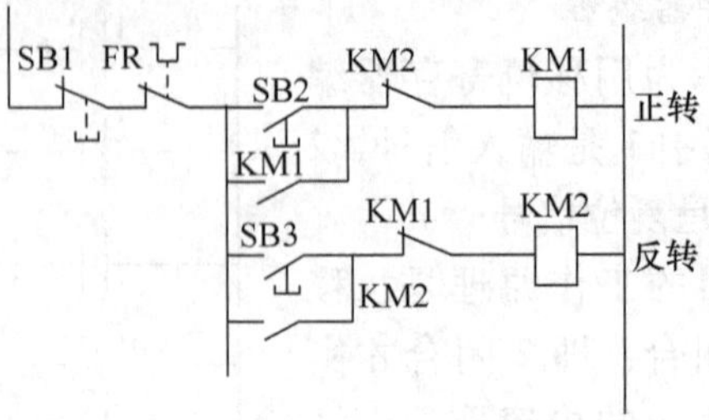

图 6-38　三相异步电动机正反转控制电路

2）输出设备：交流接触器，分配 PLC 的输出继电器。

3）根据上述安排，作出表 6-3 所示对照表。

表 6-3　I/O 和所用内部继电器地址分配

分类	名称	现场信号	PLC 编号
输入信号	停止按钮	SB1	000
	正转按钮	SB2	001
	反转按钮	SB3	002
	热继电器	FR	003
输出信号	正转接触器	KM1	020
	反转接触器	KM2	021

（2）作梯形图　按梯形图的要求把原控制电路适当改动，并根据对照表 6-3 分配的数据标出各触点、线圈的文字符号。改用 PLC 软继电器后，触点的使用次数可不受限制，故作为停止按钮和热继电器的输入继电器，触点各用了两次，梯形图如图 6-39 所示。

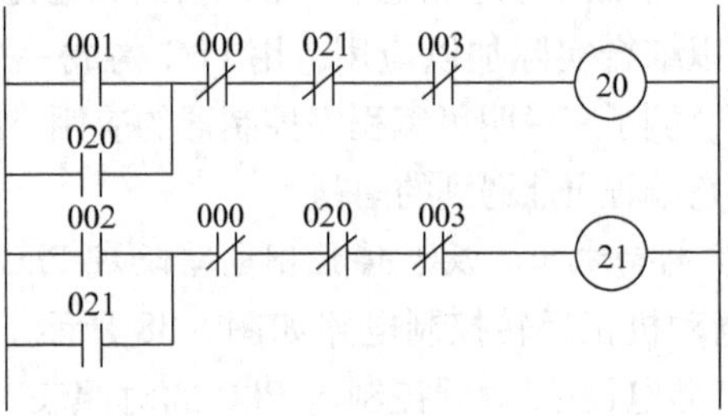

图 6-39　梯形图

（3）编制程序 根据梯形图从上到下、从左到右的顺序，按他们的逻辑关系写出程序清单为：

STR	001
OR	020
AND NOT	000
AND NOT	021
AND NOT	003
OUT	20
STR	002
OR	021
AND NOT	000
AND NOT	020
AND NOT	003
OUT	21

通过上述例子，可以得到如何将继电器接触器控制线路改成PLC控制的一般步骤：

1）根据继电器—接触器控制电路列出输入状态表。

2）根据继电器—接触器控制电路列出输出状态表。

3）根据继电器—接触器控制电路列出中间、时间元件状态表。

4）根据继电器—接触器控制电路作出梯形图。

5）根据梯形图编写程序。

6）根据输入/输出状态表作出现场接线图。

7）将程序通过编程器送入PLC机调试。

2. 鼓形控制器

图6-40所示是鼓形控制器编程的梯形图。图中，C601作鼓形控制器使用。下面介绍一下其工作原理：

按下起动按钮，160接通并自保，开始产生10min时钟脉冲，并送入C601的计数端。第1个脉冲使C601计数值为1，触点601(1)闭合，21接通并自保，电动机1起动。隔10min，第2个脉冲来到，使C601计数值增为2，触点601(2)闭合，22接通并自保，电动机2起动。再隔10min，第3个脉冲来到，使C601计数值增为3，触点

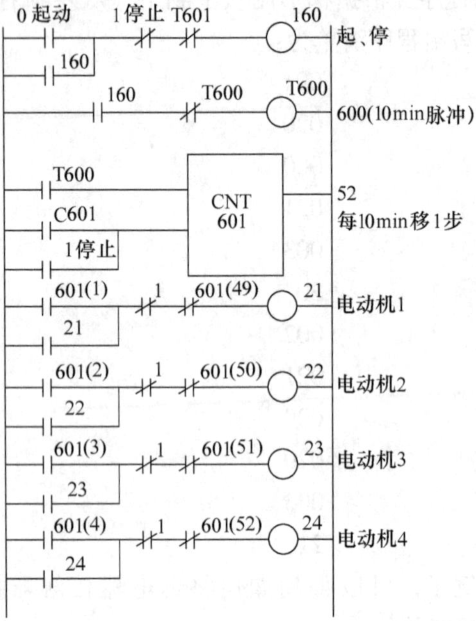

图 6-40　鼓形控制器编程的梯形图

601(3)闭合，23 接通并自保，电动机 3 起动。再隔 10min，第 4 个脉冲来到，使 601 计数值增为 4，触点 601(4)闭合，24 接通并自保，电动机 4 起动。

从起动开始（160 接通），经过 49 次计数（第 1 次不延时，因此共延时 48×10min=8×60min = 8h），第 49 次计数时，动断触点 601(49)断开，断开 21，电动机 1 停机。隔 10min，第 50 次计数时，动断触点 610(50)断开，断开 22，电动机 2 停机。再隔 10min，第 51 次计数时，动断触点 601(51)断开，断开 23，电动机 3 停机。再隔 10min，第 52 次计数时，动断触点 601(52)断开，断开 24，电动机 4 停机。此时，计数器计数到达预置值，动断触点 C601 断开，使 160 复位，动合触点 C601 接通，使计数器复位，计数值复零，准备好下次重新起动。

运行中按下停止按钮，输入点 1 接通，动断触点断开，使 160

复位，动合触点 1 闭合，使计数器复位，计数值复零，准备好下次重新起动。

根据图 6-40 所示梯形图，编程如下：

序	指令	数据	序	指令	数据
0	STR	0	22		2
1	OR	160	23	OR	22
2	AND NOT	1	24	AND NOT	1
3	AND NOT CNT	601	25	AND NOT	601
4	OUT	160	26		50
5	STR	160	27	OUT	22
6	AND NOT TMR	600	28	STR	601
7	TMR	600	29		3
8		600	30	OR	23
9	STR TMR	600	31	AND NOT	1
10	STR CNT	601	32	AND NOT	601
11	OR	1	33		51
12	CNT	601	34	OUT	23
13		52	35	STR	601
14	STR	601	36		4
15		1	37	OR	24
16	OR	21	38	AND NOT	1
17	AND NOT	1	39	AND NOT	601
18	AND NOT	601	40		52
19		49	41	OUT	24
20	OUT	21			
21	STR	601			

比较上述两种编程方法可见，用鼓形控制器编制顺序控制的程序，实现起来比较容易，也比较清晰，因此是常用的一种编程方法。

复习思考题

1. 绘出 $Q=36$，$2p=4$ 整矩单层等线圈绕组的三相感应电动势的槽电动势星形图。

2. 绘出 $Q=24$，$2p=4$，$a=1$ 的三相异步电动机的绕组展开图。

3. 简述单、双层绕组的特点。

4. 简述电动葫芦的工作原理。

5. 桥式起重机的驱动方式有哪些？

6. 电梯有哪些部分组成？怎样分类？

7. 电梯型号是怎样编制的？

8. 与继电器系统相比较，可编程序控制器的优点表现在哪些方面？

9. 可编程序控制器程序的表达方式有哪几种？

10. 可编程序控制器由哪些部分构成？各部分的作用是什么？

11. 试说明 PLC 等效电路的工作原理。

12. PLC 与继电器、接触器控制在工作方式上各有什么特点？

13. 为什么称 PLC 内部器件如定时器、计数器等为软器件？

14. 什么叫软继电器？与硬继电器有什么区别？

15. 画梯形图时，对作为输入的动断触点如何处理？

16. 怎样检查已输入到存储器的程序？

17. 如何把一条指令插入到存储器的程序中？

18. 绘出下列指令程序的梯形图：

```
STR        01
AND NOT    161
OUT        160
STR        01
OUT        161
STR        160
AND        20
OUT        21
STR        02
OR         20
AND NOT    04
OUT        22
```

19. 绘出下列指令程序的梯形图：

STR	01
OR	20
AND NOT	02
OUT	20
OUT	160
STR	03
TMR	601
	2.5
OUT	21
STR TMR	601
TMR	602
	10
STR	04
OR NOT	24
AND NOT	05
AND NOT TMR	603
TMR	603
	2
STR TMR	603
STR	06
CNT	604
	100

20. 绘出下列指令程序的梯形图：

STR	00
AND NOT	160
OUT	61
STR	00
OUT	160
STR	01
STR	160
STR	03
SR	410
	427

STR	02
STR	160
STR	03
SR	427
	410
STR	420
OR	411
OUT	21

第七章

常用典型电路图识读示例

培训学习目标 通过对典型电气图的识读，进一步巩固前面讲过的识读方法。在本章的学习过程中，可以采用先自己看图，进行识图，再看文字说明，检查自己识读是否正确的方法。

第一节 电动机控制电路图识读示例

在第三章中，我们讲述了笼型交流转子异步电动机的起动、调速和制动电路的识读方法和识读步骤，本节将另外列举直流电动机、绕线转子异步电动机和多台电动机的控制电路进行识读，以加深对电动机控制电路识读方法和识读步骤的理解。

一、直流电动机控制电路

由于直流电动机具有良好的起动、制动与调速性能，容易实现各种运行状态的控制，因此获得了广泛的应用。直流电动机有串励、并励、复励和他励四种，其控制电路基本相同。下面以他励直流电动机的起动和制动电气控制电路为例，进行介绍。

1. 他励直流电动机的单向旋转起动电路

图 7-1 所示为他励直流电动机的单向旋转起动电路，电动机的电枢串二级电阻，按时间原则起动。图中 KT1、KT2 为时间继电器，R1、R2 为起动电阻，R3 为放电电阻，KM1 为线路接触器，KM2、KM3 为短接起动电阻接触器，KOC 为过电流继电器，KUC 为欠电流继电器。

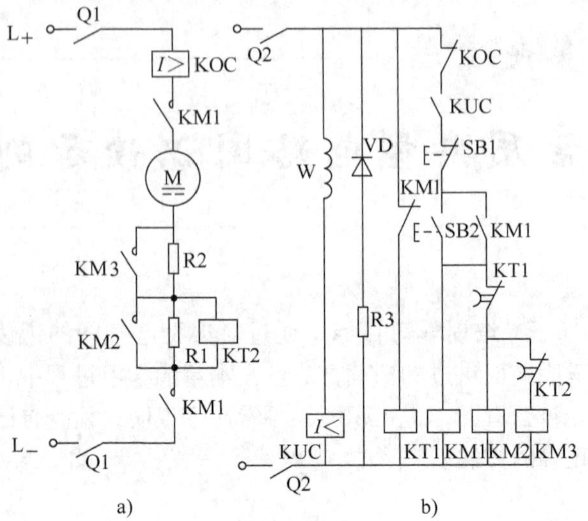

图 7-1　他励直流电动机的单向旋转起动电路

a）主电路　b）控制电路

电路工作原理：合上电动机电枢电源开关 Q1 和励磁与控制电路电源开关 Q2，KT1 线圈通电，其常闭触点断开，切断 KM2、KM3 线圈电路，将起动电阻 R1、R2 全部串入电枢回路，准备起动。按下起动按钮 SB2，KM1 线圈通电并自锁，其主触点闭合，电枢回路接通，电枢在二级起动电阻作用下减压起动；同时由于 R1 的通电，并接在 R1 电阻两端的时间继电器 KT2 线圈通电，使其常闭触点断开，使 KM3 线圈电路处于断电状态，确保 R2 串入电枢电路。

由于 KM1 常闭辅助触点断开，时间继电器 KT1 线圈断电，延时一段时间后可以使 KM2、KM3 线圈通电，短接电枢回路起动电阻 R1、R2。所以经一段时间延时后，KT1 常闭触点延时闭合，KM2 线圈通电吸合，主触点短接电阻 R1，电动机转速升高。同时 KT2 线圈断电释放，经延时后，KT2 常闭触点，延时闭合，使 KM3 线圈通电吸合，KM3 主触点闭合，短接了电枢起动电阻 R2，这样电动机在额定电枢电压下运转，起动过程结束。

在该电路中，继电器 KOC 的作用是实现电动机过载和短路保护；继电器 KUC 的作用是实现电动机欠磁场保护；电阻 R3 与二极管 VD 构成电动机励磁绕组感应电动势的放电回路，在突然切断断开电源时，让励磁绕组产生的感应电动势有放电回路，以免产生过电压。

2. 单向旋转串电阻起动、能耗制动电路

图 7-2 所示为直流电动机单向旋转串电阻起动、能耗制动电路。图中 KM1、KM2 为正、反转接触器，KM3 为短接电枢电阻接触器，KT1、KT2 为时间继电器，KOC 为过电流继电器，KUC 为欠电流继电器，KM4 为制动接触器，KV 为电压继电器。

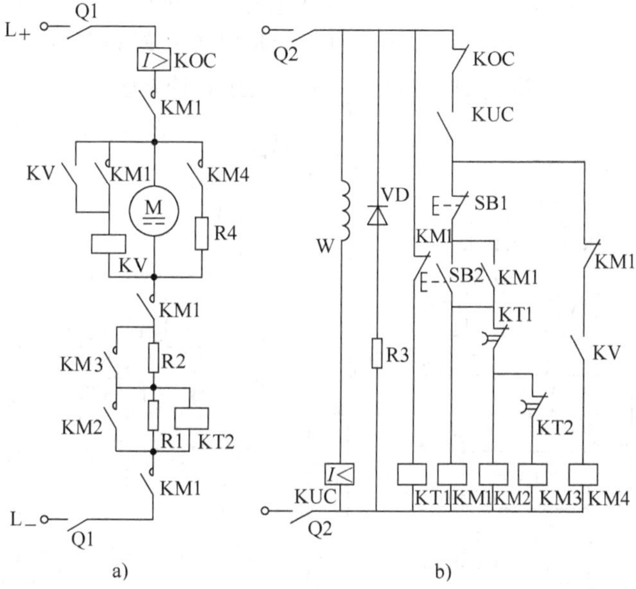

图 7-2　直流电动机单向旋转串电阻起动、能耗制动电路

a）主电路　b）控制电路

电动机起动时电路工作情况与图 7-1 所示电路相同，在此不再重复介绍。制动时，按下停止按钮 SB1，KM1 线圈断电释放，其主触点切断电动机电枢直流电源，电动机无电惯性旋转。此时由于电枢感应电动势的存在，并联在电枢两端的电压继电器 KV 触点自锁

并保持通电吸合状态，且 KV 的常开触点仍闭合，使 KM4 线圈通电吸合，其常开主触点将电阻 R4 并联在电枢两端，使电动机实现能耗制动，电动机转速迅速下降，电枢感应电动势也随之下降，当电枢感应电动势降至一定值时 KV 释放，KM4 线圈断电，电动机能耗制动结束，自然停车。

3. 电动机可逆旋转反接制动电路

图 7-3 所示为电动机可逆旋转反接制动控制电路。图中 KM1、KM2 为电动机正、反转接触器，KM3、KM4 为短接起动电阻接触器，KM5 为反接制动接触器，KOC 为过电流继电器，KUC 为欠电流继电器，KV1、KV2 为反接制动电压继电器，KT1、KT2 为时间继电器，SQ1 为正转变反转行程开关，SQ2 为反转变正转行程开关，R1、R2 为起动电阻，R3 为放电电阻，R4 为反接制动电阻。

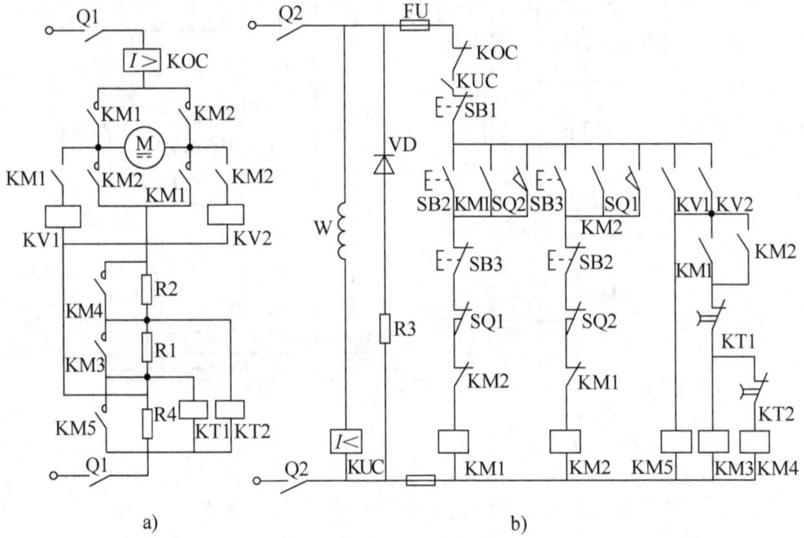

图 7-3 电动机可逆旋转反接制动控制电路

a）主电路 b）控制电路

该电路可以两级减速起动，起动时的工作原理与图 7-1 所示电路相同，下面我们就电动机由正转运行变成反转运行的过程进行讲解。如果电动机正在作正向运转，并拖动运动部件作正向移动，当运动部件撞到 SQ1 时，KM1、KM3、KM4、KM5、KV1 线圈断电释放，KM2 线圈通电，使电动机电枢两端的电源方向改变，反接时的电枢电路如图 7-4 所示，同时 KV2 线圈通电吸合。

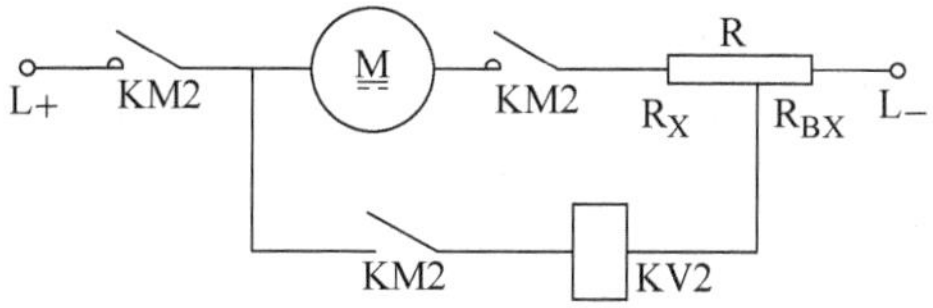

图 7-4　电动机电枢两端的电源方向反接时的电枢电路

由于机械惯性，电动机感应电动势方向与电枢串电阻电压降方向相反，且电动机的转速和感应电动势的大小和方向都来不及变化，电压继电器 KV2 的线圈电压很小，不足以使 KV2 吸合，所以 KM3、KM4、KM5 线圈仍处于断电状态，电动机电枢串接 R1、R2、R4 进行反接制动，电动机转速迅速下降。随着电动机转速的下降，感应电动势逐渐减小，电压继电器 KV2 上的电压逐渐增加，当转速约为 0 时，感应电动势也约为 0，使得加在 KV2 线圈电压加大，并使其吸合，其常开触点闭合，使 KM5 线圈通电吸合。KM5 主触点短接反接制动电阻 R4，电动机电枢串接 R1、R2 电阻反向起动，直至反向正常运行，拖动运动部件反向移动。同样当运动部件反向移动，撞压下行程开关 SQ2 时，进行再一次反向，这次则由电压继电器 KV1 来控制电动机实现反转时的反接制动和正向起动过程。

二、绕线转子异步电动机控制电路

当电动机需要重载起动时，一般我们选用三相绕线转子异步电动机。三相绕线转子异步电动机的转子绕组可以通过集电环经电刷与外电路电阻相接，减小起动电流，从而提高转子电路功率因数和起动转矩，所以适用于重载起动的场合。

按绕线转子异步电动机转子在起动过程串接装置的不同，三相绕线转子异步电动机的起动分为串电阻起动和串频敏变阻器起动。下面就图 7-5 和图 7-6 绕线转子异步电动机转子串电阻起动电路图，分析转子串电阻起动过程。

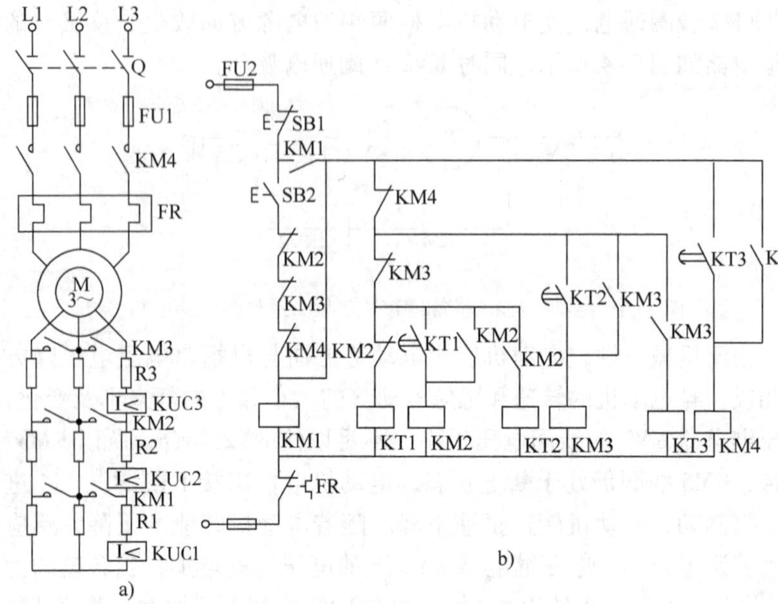

图 7-5 绕线转子异步电动机转子串电阻按时间原则起动电路

a）主电路 b）控制电路

在图 7-5 中，三相转子绕组中的起动电阻，接成了星形。图中 KM1 为线路接触器，KM2、KM3、KM4 为短接电阻起动接触器，KT1、KT2、KT3 为短接电阻时间继电器。该电路的三级电阻按时间原则进行起动控制。随着起动的进行，电动机转速的提高，转子起动电阻依次被短接，在起动结束时，转子电阻全部被短接。电动机起动后进入正常运行时，KM1、KM4 两个接触器处于长期通电状态，而 KT1、KT2、KT3 与 KM2、KM3 线圈的通电时间均很短，这样节省了电能，延长电器的使用寿命，减少电路故障，保证电路安全可靠地工作。但电路也存在一些问题，首先一旦时间继电器损坏，电路将无法实现电动机的正常起动和运行；再者，在电动机的起动过程中，由于逐级短接转子电阻，电动机的电流与电磁转矩产生突然增大，形成了机械冲击，机器振动加剧。

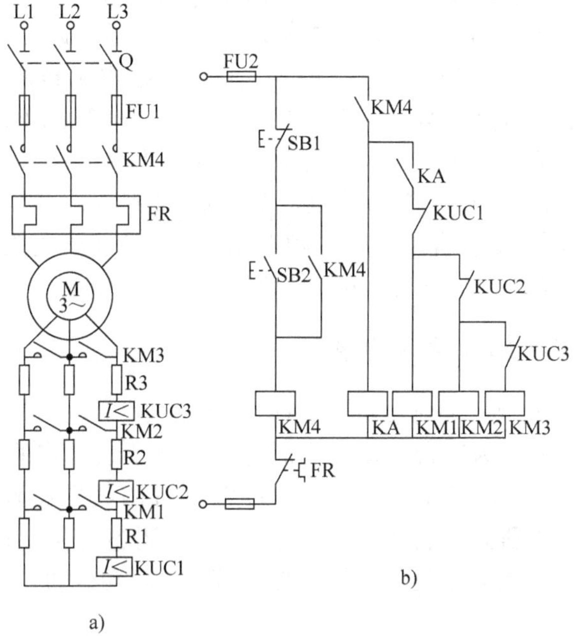

图 7-6　绕线转子异步电动机转子串电阻按电流原则起动电路

a）主电路　b）控制电路

图 7-6 所示为绕线转子异步电动机按电流原则控制转子串电阻起动的电路图。它根据起动过程中电流的变化来实现转子电阻的短接控制，而电动机产生的电流是运用电流继电器来检测的。图中 KUC1、KUC2、KUC3 为欠电流继电器，其线圈串接在电动机转子电路中，并使这三个电流继电器吸合所需要的电流值相同，释放所需要的电流值不同，其中 KUC1 释放电流值为最大，KUC2 次之，KUC3 释放值最小。KA 为中间继电器，KM1、KM2、KM3 为短接转子电阻接触器，KM4 为线路接触器。

当合上电源开关，按下起动按钮 SB2 后，KM4 线圈通电并自锁，电动机定子接通三相交流电源，全部电阻接成星形串接转子减压起动，同时 KA 线圈通电吸合。由于电动机刚起动时起动电流大，使 KUC1、KUC2、KUC3 同时都吸合；KUC1、KUC2、KUC3 的常闭触点断开；KM1、KM2、KM3 处于断电状态，转子起动电阻全部接入。随着电动机转速的提高，起动电流减小，当该电流减小到 KUC1 释放电流时，KUC1 释放，其常闭触点闭合，使 KM1 线圈通电吸合，KM1 主触点短接第一段转子电阻 R1，由于转子电阻减小，转子电流重新增大，起动转矩再加大，电动机转速再上升，这又使转子电流下降，当电流降至 KUC2 释放电流时，KUC2 释放，KUC2 常闭触点使 KM2 线圈通电吸合，KM2 主触点短接第二段转子电阻 R2。如此重复，直至转子电阻全部短接，电动机起动过程结束。

三、多台电动机控制电路

1. 三台电动机同时起动、单独工作的电路

图 7-7 所示为三台电动机同时起动并能单独工作的控制电路。图中 KM1、KM2、KM3 分别为三台电动机的线路接触器，SA1、SA2、SA3 分别为三台电动机单独工作的调整开关，FR1、FR2、FR3 分别为三台电动机的热继电器，SB1 为起动按钮，SB2 为停止按钮。

当需要三台电动机同时起动工作时，扳动调整开关 SA1～SA3，使其常开触点断开、常闭触点闭合，按下起动按钮 SB1，接触器 KM1～KM3 线圈通电吸合并自锁，三台电动机同时起动。

当需要三台电动机某一台电动机单独工作时，比如需要电动机 M1 单独工作，则扳动调整开关 SA2、SA3，使它们的常闭触点断开，常开触点闭合，然后再按下起动按钮 SB1，KM1 线圈通电并经 SA2、SA3 闭合的常开触点自锁，M1 起动运行，实现 M1 的单独工作。

2. 两台电动机同时起动，同时或分别停机的控制电路

图 7-8 所示为两台电动机同时起动、同时停止的控制电路。图中 KM1、KM2 分别为两个动力头的线路接触器，KA 为中间继电器，SQ1、SQ3 为电动机 M1 带动的 A 动力头在初始位置上压下的原位开关，SQ2、SQ4 为电动机 M2 带动的 B 动力头在初始位置上压下的原位开关。SA1、SA2 为单独调整开关，FR1、FR2 为两个电动机的热继电器，SB1 为起动按钮，SB2 为停止按钮。起动时，按下起动按钮 SB1，接触器 KM1、KM2 线圈经 KA 常闭触点通电吸合并自锁，电动

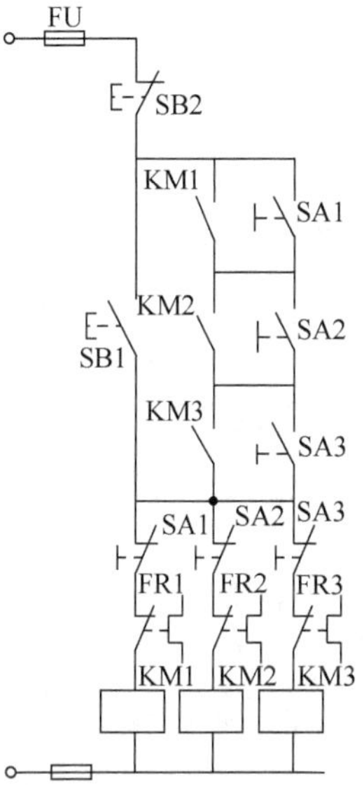

图 7-7　三台电动机同时起动并单独工作的控制电路

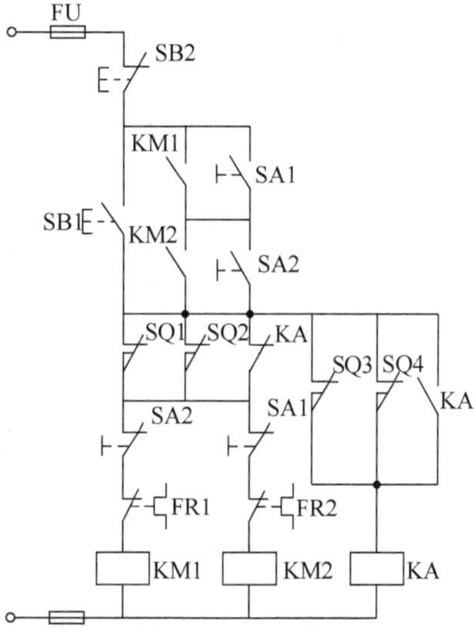

图 7-8　两台电动机同时起动、同时停止的控制电路

机 M1、M2 同时起动旋转，拖动 A、B 动力头移动。当动力头离开初始后，原位开关 SQ1 ~ SQ4 全部复位，中间继电器 KA 线圈通电并自锁，其常闭触点断开，但 KM1、KM2 线圈仍通过 SQ1、SQ2 常闭触点通电，电动机拖动动力头继续运动。当 A、B 动力头加工结束，按下停止按钮 SB2，KM1、KM2、KA 断电释放，电动机同时停止。也可通过机械传动使动力头在加工结束后返回原位，分别压下 SQ1 ~ SQ4 原位开关，使 KM1、KM2 线圈断电释放，也能达到同时停机目的。同时 KA 也断电释放，为下次起动作好准备。另外，操作 SA1 与 SA2 还可实现单台动力头的调整工作。

图 7-9 所示为两台电动机同时起动、分别停止的控制电路。图中各元件作用与图 7-8 电路基本相同，所不同的是采用了复合按钮 SB2 来实现两台电动机的同时起动，而利用中间继电器 KA 的两对常闭触点来实现分别停止的控制。

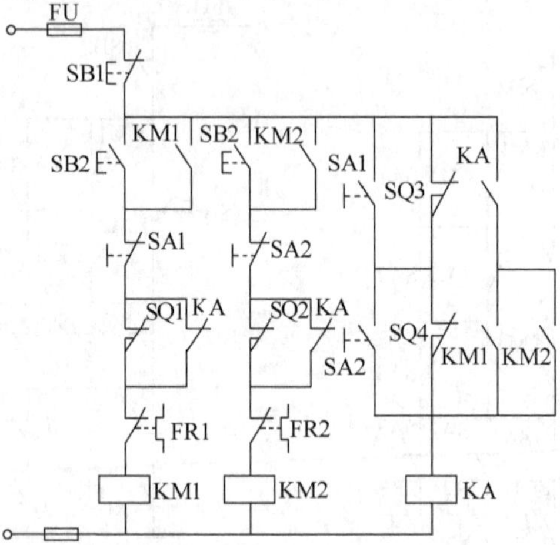

图 7-9　两台电动机同时起动、分别停止的控制电路

第二节　电气设备电路图识读示例

电气设备电路图识读比较复杂，我们在第三章列举了几种机床的控制电路进行识图分析。通过对这些具体电路的分析，我们总结出了读懂电气设备控制电路图的几个要点：对电路中电气图形符号必须熟悉；要了解电路中电气设备、装置和控制元件动作原理图；必须熟悉具体机械设备、装置或控制系统的工作状态；弄清楚主电路中用电器的工作状态由哪些控制元件控制；弄清楚辅助电路中各个控制元件之间的关系，弄清楚辅助电路中哪些控制元件控制主电路中用电器状态的改变，要抓住核心环节，使复杂问题简化。本节将列举三种电气设备控制电路进行识读，以巩固识读要点。

一、组合机床部分电路

图 7-10 所示为组合机床主轴不转时引入和退出的控制电路。图中 KM1 为主轴电动机的线路接触器，KM2 为进给电动机的线路接触器，SQ1 为动力部件接近工件加工部位的行程开关，SQ2 为动力部

件到达工件加工部位的行程开关，SA1 为进给电动机单独工作的调整开关，SA2 为主轴电动机单独工作的调整开关。

起动时按下起动按钮 SB2，KM2 经 SQ2 常闭触点通电吸合并自锁，进给电动机起动旋转，拖动动力部件移动。当主轴移动到接近工件加工部位时，SQ1 闭合，KM1 线圈通电吸合，主轴电动机起动旋转。同时辅助触点 KM1、KM2 自锁。当动力部件继续向前移动一段距离后，SQ2 闭合，开始加工。为了保证在整个加工过程中进给运动与主轴旋转互为依存的关系，KM1 线圈通过 KM2 已闭合的常开触点，KM2 线圈通过 KM1 已闭合的常开触点维持通电吸合状态。加工结束时，动力部件退回，首先 SQ2 断开，KM1 常开辅助触点与 KM2 常开辅助触点并联后供电给 KM1、KM2 线圈，主轴电动机继续旋转。动力部件继续退回，SQ1 断开，KM1 线圈断电释放，主轴电动机停止旋转，KM2 继续自锁，动力头继续退回，实现了主轴不转退出，直至动力部件退至原位，按下停止按钮 SB1，进给电动机停转，整个加工过程结束。

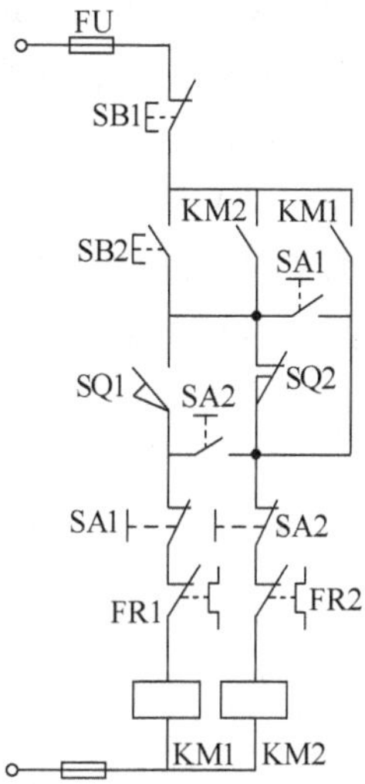

图 7-10　组合机床主轴不转时引入和退出的控制电路

图 7-11 所示为组合机床自动切断电动机的控制电路。组合机床在加工零件过程中，有时会出现危险，比如一道工序的加工影响另一道工序的加工，需要组合机床自动切断某台电动机，让另一台电动机继续加工零件，直至加工结束。图中 KM1、KM2 为 A、B 动力头线路接触器，KA1、KA2 为中间继电器，SQ1、SQ3 为 A 动力头原位行程开关，SQ2、SQ4 为 B 动力头原位行程开关，SQ5 为保护开关，SA1、SA2 为单独调整开关。

起动时，按下起动按钮 SB2，KA1 通电吸合并自锁，KM1、KM2 同时通电吸合，A、B 两个动力头同时起动运行。当动力头离开原位后，SQ1 ~ SQ4 开关全部复位，KA2 通电吸合并自锁，KM1、KM2 分别经 SQ5、SQ2 常闭触点继续通电吸合。KA2 常闭辅助触点断开，为加工结束停机作好准备。当动力头加工进入危险区，A 动力头使保护开关 SQ5 断开，KM1 断电释放，A 动力头停止进给，B 动力头仍继续进给加工，直至加工结束。加工结束 B 动力头退回原位，使 SQ2、SQ4 断开，KM2 断电释放。KM1 因 SQ2 常开触点闭合再次通电吸合，A 动力头重新起动继续进给，直至加工结束。结束后，A 动力头退回原位并压下 SQ1、SQ3，KA1、KM1、KA2 断电释放，整个加工过程结束。

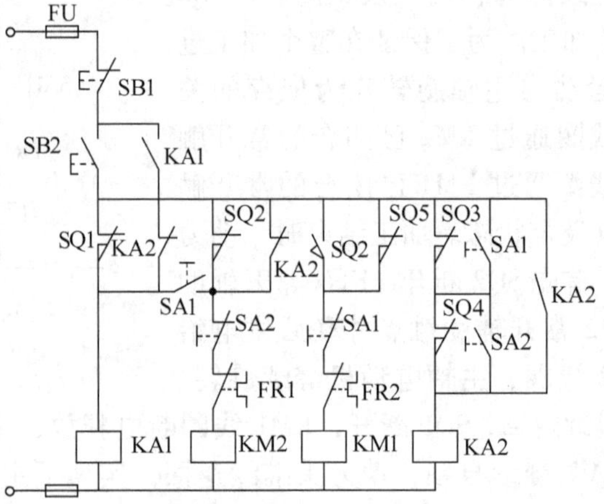

图 7-11　组合机床自动切断电动机的控制电路

二、全自动给水设备控制电路

这里所举的是一个大型水塔全自动给水设备控制电路，如图 7-12 所示。在这一电路中既有继电器控制，又有用于信号控制的晶体管控制。电路图中，KM1、KM2、KM3 为交流接触器；KT 为时间继电器；KA1、KA2 为中间继电器；SA 为手动三位两通转换开关，开关 SA 在“0”位置时，为断开状态；在“1”位置时为手动控制方式，开关 SA 在“2”位置时，为自动控制方式；SB1、SB2 为按钮开关，SB1 为停止开关，SB2 为起动开关。

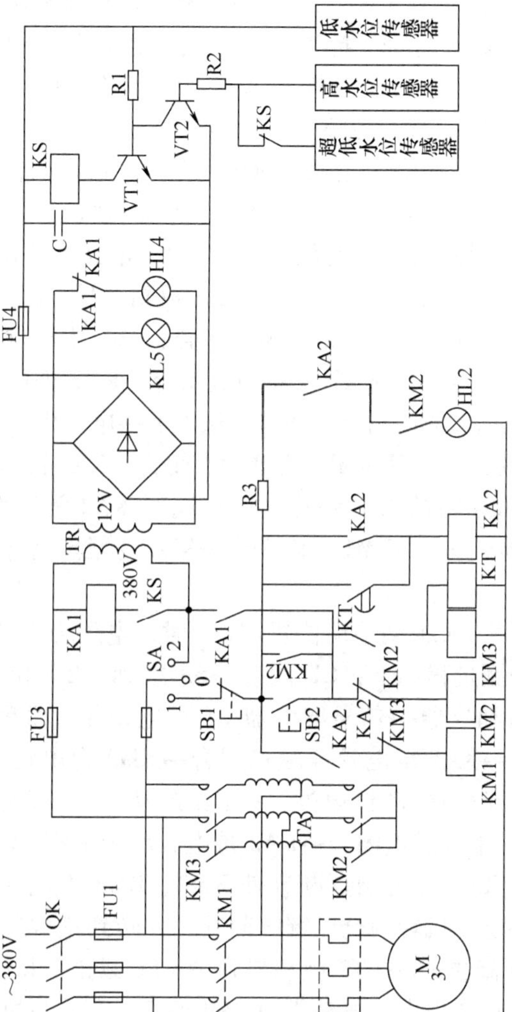

图 7-12 自动给水设备控制电路图

该电路电源是三相380V交流电源，电路中的电动机采取减压起动方式。电路中的TA是三相自耦变压器，它是供电动机M减压起动用的元件。电路中有三相刀开关QK，有起短路保护作用的熔断器FU1，有起过载保护用的热继电器FR，连接着KM1、KM2、KM3的常开主触点。电路中的电动机M受三个交流接触器KM1、KM2、KM3控制。起动时，KM2和KM3主触点闭合，电动机M减压起动，一段时间后，KM2和KM3主触点断开，KM1主触点闭合，电动机M由减压起动转换为全压起动，最后达到正常运行状态。

当手动开关SA扳到手动位置“1”时，电路为手动控制方式。手动方式的控制过程如下：QK闭合→SA扳到“1”位置→按动SB2→KM2得电动作→KM2一对常开触点闭合；KM2主触点闭合使自耦变压器TA为星形方式；KM2自锁触点闭合→KM3得电，主触点闭合；KT进入延时状态→自耦变压器接通电源→电动机M减压起动→当KT定时时间到，其延时闭合常开触点闭合→KA2得电动作→KA2串于KM1线圈线路的常开触点闭合；同时KA2常闭触点断开使KM2、KT、KM3失电→KM1得电动作→KM1主触点闭合→电动机全压启动运行。

当手动开关SA扳到手动位置“2”时，电路为自动控制方式。自动方式的控制过程如下：QK闭合→SA扳到“2”位置→若为低水位→VT1饱和导通→信号继电器KS得电动作，常闭触点断开，常开触点闭合→KA1得电常开触点闭合→KM2得电动作→KM3得电；KT开始计时→电动机通过TA减压起动→当KT延时时间到，KT延时闭合的常开触点闭合→KA2得电，串于KM1线圈支路的常开触点闭合；KA2常闭触点断开使KM2、KM3失电→KM1得电，主触点闭合→电动机转为全压继续起动，并转到正常运行状态。当水塔水位达到高位时→VT2饱和导通→VT1截止→KS失电→KA1失电→KM1、KA2失电→电动机M停止运行。当水位再次降低为低水位以下时，则VT2截止，VT1饱和导通，KS得电动作，电路又重复上述过程。

三、蓄电池铲车控制电路

蓄电池铲车是工厂仓库常用的一种搬运设备，图 7-13 所示为某蓄电池铲车的控制电路。M1 是双速串励直流电动机，是行驶电动机；M2 也是串励直流电动机，用于拖动高压油泵，将高压油液体输送到液压系统，以控制货叉的升降；KS2 为手动方向开关，当扳到 1 时，电动机 M1 反转，扳到 2 时，电动机 M1 正转。

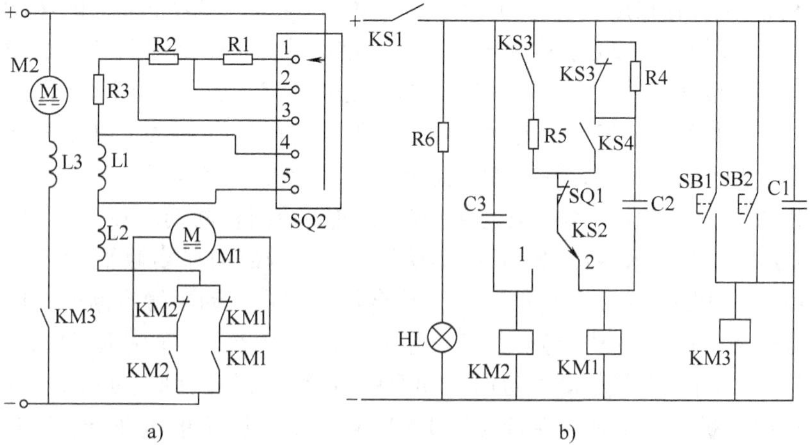

图 7-13 蓄电池铲车的控制电路

a）主电路 b）控制电路

工作时，将电锁开关 KS1 闭合，此时电源指示灯 HL 亮，表示电源已接入电路。将手动方向开关 KS2 的手柄扳到“1”或“2”，即铲车后退或前进的位置，松开手刹车的手柄，并放开脚刹车，使脚踏开关 SQ1 复位而闭合。然后轻踏速度控制器 SQ2 的踏板，使其动触点与静触点相接触，再使控制开关 KS3 闭合，直流接触器 KM1 或 KM2（取决于方向开关 KS2 的位置）得电吸合。

控制电路的通路为：电源的正极→电锁开关 KS1→控制开关 KS4（在 1 速起动时）或 KS3（在 2 速至 5 速时）→脚踏开关 SQ1→方向开关 KS2→接触器 KM1 或 KM2 线圈（取决于方向开关 KS2 的位置）→电源负极。

主回路通路为：电源正极→速度控制器 SQ2 的“1”号静触

点→R1、R2、R3→L1、L2→接触器 KM1（或 KM2）的常闭触点→直流电动机 M1 的电枢→接触器 KM2（或 KM1）的常开触点→电源负极。此时，行驶电动机 M1 接入全部电阻 R1、R2、R3 起动，这时前进或后退的速度最慢，为“一速”。将速度控制器 SQ2 的踏板逐渐向下踏，使其动触点与静触点“2”相接触，将电阻 R1 切除，使电动机 M1 的速度增至“二速”；动触点与静触点“3”相接触，将电阻 R1、R2 切除，使电动机 M1 的速度增至“三速”；动触点与静触点“4”相接触，将电阻 R1、R2、R3 切除，使电动机 M1 的速度增至“四速”；动触点与静触点“5”相接触，将全部电阻和串励绕组的一部分 L1 切除，电动机 M1 的速度升至“五速”，全速运行。

为了保证铲车平稳起动，规定必须从“一速”起动，其余各速均不能起动。因此，在控制盘上装有二只控制开关 KS3、KS4 和电阻 R5，开关 KS3、KS4 与速度控制器 SQ2 的踏板联动。在“一速”位置时，开关 KS4 闭合，KS3 不动作，电源全部加在接触器 KM1 或 KM2 的线圈上，使其得电吸合，动合触点闭合，动断触点断开，电动机 M1 在“一速”起动。若未经“一速”起动，而直接踏到二至五速，则控制开关 KS3 动作（动合触点闭合、动断触点断开），开关 KS4 断开，此时加在接触器 KM1 或 KM2 线圈上的电压低，KM1 或 KM2 不会动作，电动机 M1 不会起动，铲车也不能前进或后退，所以必须从“一速”开始才能起动，从而达到平稳起动的目的。

液压系统的油循环是由串励电动机 M2 拖动一台油泵来进行的。油泵将油箱中的油液吸入后，由低压变成高压，经油管输送到分配闸，再由分配闸根据货叉上升或下降的动作要求，将高压油送到起升缸或倾斜缸内进行工作。分配闸的操纵杆与起动按钮 SB1、SB2 联动，操作时只要按使用要求“拉”或“压”操纵杆，按钮 SB1 或 SB2 闭合，控制电路接通。

控制电路的通路为：电源正极→电锁开关 KS1→按钮 SB1 或 SB2→直流接触器 KM3 线圈→电源负极。接触器 KM3 得电吸合，其动合触点闭合，液压泵电动机 M2 得电运转。M2 得电通路为：电源正极→液压泵电动机 M2→串励线圈 L3→接触器 KM3 的动合触点→电源负极。当操纵杆推开时，按钮 SB1 或 SB2 断开，接触器 KM3 失电释放，其主触点断开，切断主电路，电动机 M2 停止运转。

第三节 电子电路识读示例

一、定时放音和睡眠控制电路

图 7-14 所示为某型号录音机中的定时放音和睡眠控制电路。电路中，IC751 是机内电子钟及钟控集成电路，其④脚是定时控制输出端，⑤脚是睡眠控制输出端，VT1 ~ VT4 为 4 只电子开关管，SW1 是整机直流电源开关。SW2 是定时控制开关，SW3 是睡眠控制开关。

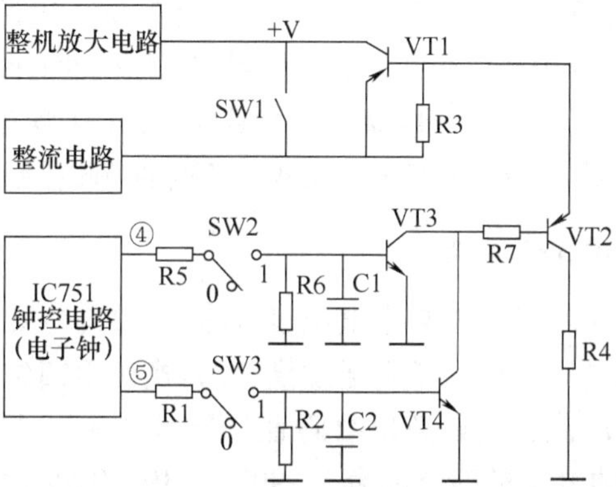

图 7-14 某型号录音机中的定时放音和睡眠控制电路

当录音机在正常使用时，即不使用定时启动和睡眠功能时，SW2、SW3 均在“0”位置，表示关闭，这样 VT3、VT4 基极均没有电压，两管均截止，使得 VT2 截止，VT1 也截止。这时，整流电路输出端与整机放大电路之间由电源开关 SW1 来控制。接通 SW1，录音机工作，但欲停止录音机工作，必须手动切断电源开关 SW1。因为在使用放音功能时，有时自停机构切断放音电源，但它只切除了电动机回路的电源，放大电路中仍然在工作，只有切断 SW1 才能使整机放大电路无工作电源。

在使用定时启动功能时，事先按下放音键和其他相应功能键，不必按下电源开关 SW1，而是调整电子钟电路，确定启动时间，并将定时控制开关SW2拨在"1"置。当机内电子钟走到启动时间时，IC751④脚输出高电平，经R5、SW2加到VT3基极，使VT3饱和导通，相当于集电极接地。这样，VT2基极经R7接地，基极为低电位，由于VT2是PNP型管，VT2导通，其集电极电位下降，使VT1获得饱和导通的基极偏置，VT1饱和导通，相当于集电极、发射极之间接通，代替了SW1的接通，整流电路输出的直流工作电压经VT1加到整机放大电路上，完成定时启动的控制过程。

睡眠功能控制过程与定时启动控制过程基本相似。睡眠功能控制通过电子钟调整，确定关机时间，再将睡眠控制开关SW3置于"1"位置，IC751的⑤脚输出高电平，经R1、SW3加到VT4基极，使之饱和导通，使VT2导通，又使VT1饱和导通，由VT1代替SW1电源开关，给整机放大电路提供工作电压。当录音机工作到需要停机的时间，机内电子钟IC751⑤脚原高电位消失，VT4截止，导致VT2、VT1均截止，整机放大电路失去工作电压，录音机停机，实现了所谓的睡眠控制。

二、数字电压表电路

图7-15所示为3½位数字电压表电路图。3½位数字电压表是定时对所检验的电压取样，然后通过模/数转换，用四位十进制数字显示被测模拟电压值，其最高位数码管只显示"+""-"极性和指示0或1，它的电压量程分别为1.999V和199.9mV两挡，量程扩展是通过外加电路实现的。

电路中CC14433是CMOS双积分型A/D转换器（即实现模/数转换的器件）；CC4511是七段译码驱动电路；5G1413为显示控制器（这些器件作用均可从手册中查阅到）。电路中还采用了3½位共阴极LED数码显示器和其他一些非逻辑元器件，如电阻、电容等。从图中可以看出被测电压U_x经CC14433进行A/D转换，输出数字量Q3~Q0，送入CC4511，CC4511输出译码信号，驱动数码管显示数值，这个通路即为数字信号的传输通路。另外，从图中还可以找出控制信号通路，即CC14433输出DS1~DS4，经5G1413再去控制数码管，而其最高位由Q2和电源控制，CC14433的$\overline{OR}$、DU信号经CC4013又去控制CC4511的$\overline{BI}$端。

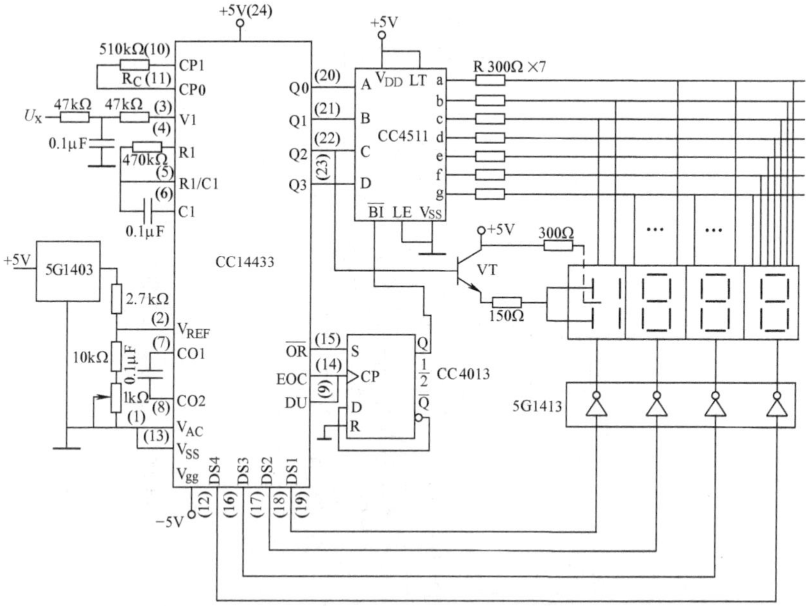

图 7-15　3½位数字电压表逻辑电路图

由上分析，该电压表电路由双积分型 A/D 转换器、基准电压源、七段译码驱动电路、数码显示器、译码和显示控制电路等单元电路组成，其框图如图 7-16 所示。

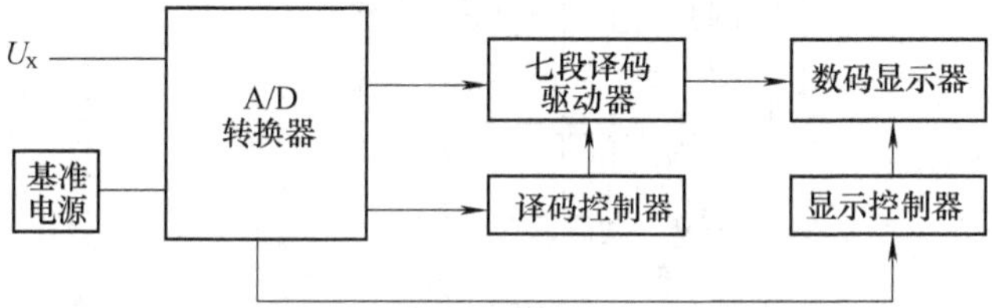

图 7-16　3½位数字电压表电路框图

在分析电路功能时，首先必须将各单元电路的工作原理分析清楚，此时必须借助于电子元器件手册。在此不再详述各单元电路，只列出部分逻辑单元电路引脚图或结构图，如图 7-17 所示。下面简要说明电路工作原理。

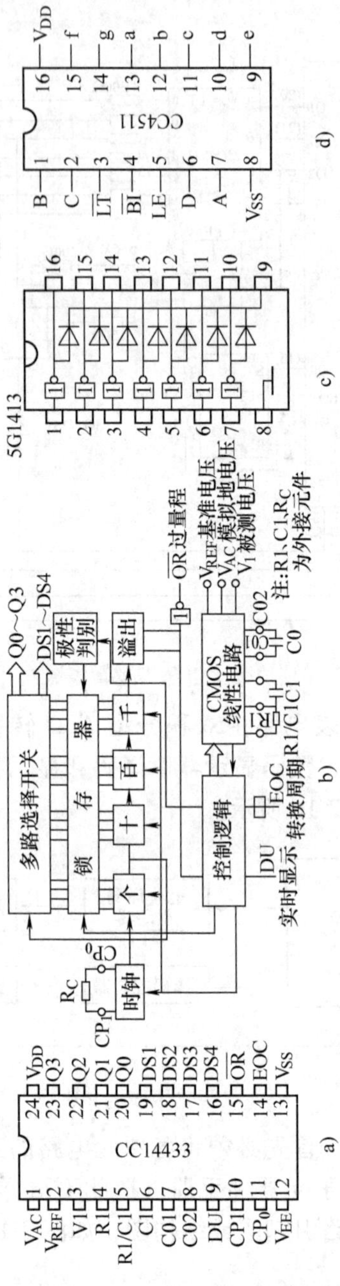

图 7-17 主要逻辑单元引脚图或结构图

a）CC14433引脚图 b）CC14433内部结构图 c）5G1413引脚图 d）CC4511引脚图

5G1403 是高精度、低漂移基准电源电路，为 CC14433 A/D转换器提供精密基准电压，提高 A/D 转换精度。CC4511 是 BCD 码七段锁存译码驱动器，是专用于将二-十进制代码（BCD 码）转换成七段显示信号的专用标准译码器，其引脚 LE 为锁存允许端。LE =1 时处于锁存状态，LE =0 处于选通状态；$\overline{LT}$为灯测试端，$\overline{LT}$ = 0，七段译码器输出全为逻辑 1，$\overline{LT}$ =1 时，译码器输出由$\overline{BI}$和 Q3 ~ Q0 共同决定；$\overline{BI}$ =1 时，译码器输出由 Q3 ~ Q0 决定（$\overline{LT}$ =1 时）。

5G1413 是七路达林顿驱动器阵列，它的内部实质上是七个集电极开路的反相器，主要用来控制 LED 数码管显示器的七段显示屏。

当 CC4511 的多路调制选通脉冲输出端 DS1 ~ DS4 中某一位为 1 时，通过相应的 5G1413 某一路反相驱动器并使其输出为 0，就使该位数码管的阴极为低电平，可显示数值。当时钟频率为 66kHz 时，每位数码管每秒显示 800 次左右。

在 DS1 选通期间，BCD 码 Q3 ~ Q0 的真值表见表 7-1。其中 Q3 定义为千位数的值，Q3 =0，千位数为 1；Q3 =1，千位数为 0。Q2 为电压极性，Q2 =1，为“+”极性；Q2 =0，为“-”极性。Q0 定义为是否超量程，Q0 =0 为正常量程；Q0 =1 为超量程。

由图 7-15 可知，在 DS1 选通期间，电压极性符号由 Q2 控制。当输入负电压时，Q2 =0，使 5G1413 中该路达林顿管截止，VT 亦止，+5V 通过 300Ω 电阻点亮 LED 显示器中的负号“-”；若输入为正电压，Q2 =1，则 VT 导通，显示“+”号。CC14433 的$\overline{OR}$端为过量程标志输出，当 $|U_x| > V_{REF}$时，$\overline{OR}$输出为低电平；$|U_x| \leqslant V_{REF}$时，$\overline{OR}$为高电平输出。CC4013 用作过量程控制译码器，进行报警显示。未过量程时，$\overline{OR}$ =1，这时 D 触发器（即 CC4013）Q = 1，使 CC4511 的$\overline{BI}$ =1，译码器正常工作；当过量程时，$\overline{OR}$ =0，D 触发器$\overline{Q}$与 D 相连，构成了二分频电路，又因其 CP 脉冲来自于 CC14433 的 EOC，故这时 Q 输出端轮流输出 0 和 1。在 Q =0 时，显示器不亮；在 Q =1 时，显示器显示，以 EOC 的二分频频率闪烁作为过量程报警显示。

表 7-1　最高位 BCD 码 Q3 ~ Q0 真值表

MSD 编码内容	Q3 Q2 Q1 Q0	七段码显示	MSD 编码内容	Q3 Q2 Q1 Q0	七段码显示	
+0	1 1 1 0	不显示	+1	0 1 0 0	“4”	最高位只接 b、c 段、显示“1”
−0	1 0 1 0		−1	0 0 0 0	“0”	
+0、欠量程	1 1 1 1		+1、过量程	0 1 1 1	“7”	
−0、欠量程	1 0 1 1		−1、过量程	0 0 1 1	“3”	

图 7-17 中 CC14433、CC4511 采用了引脚示意图画法，CC4013 采用的是一般逻辑符号，5G1413 采用的是等效电路图画法。

三、三相交流无触点开关电路

图 7-18 所示为采用五只双向晶闸管组成的三相交流无触点开关电路。

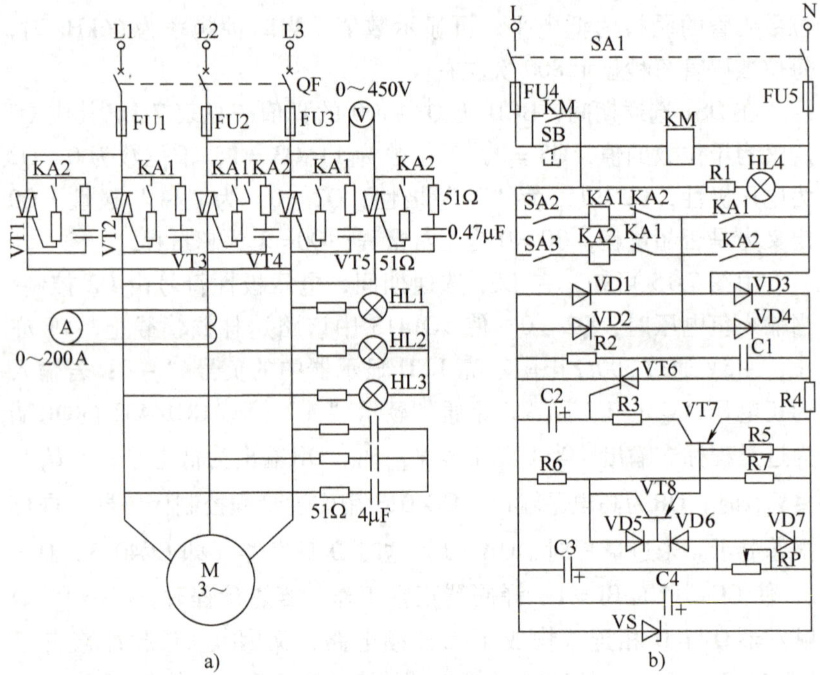

图 7-18　三相交流无触点开关电路

a）主电路　b）控制电路

主电路中的双向晶闸管 VT1、VT2、VT3、VT4、VT5 采用电源自行触发方式（$Ⅰ_+$、$Ⅲ_-$），正弦交流电流在第Ⅰ象限为正（$Ⅰ_+$）和在第Ⅲ象限为负（$Ⅲ_-$）时，双向晶闸管均被触发导通。它们分两组控制电动机的正反转，当 VT2、VT3、VT4 被触发导通，电动机正转；当 VT1、VT3、VT5 被触发导通，电动机反转。其中 VT3 在电动机正反转时均被触发导通，其余晶闸管决不允许同时导通，否则将引起相间短路。每只晶闸管两端和主电路输出端都接有吸收过电压的 RC 回路，以防止误触发或元器件击穿。

在每只晶闸管门极电路中串了一只 51Ω 的电阻以限制门极电流，其通断分别由两个电流继电器 KA1、KA2 控制。继电器 KA1 用来控制 VT2、VT3、VT4 的门极电路，继电器 KA2 用来控制 VT1、VT3、VT5 的门极电路。KA1 的动断触点串接 KA2 的线圈，KA2 的动断触点串接 KA1 的线圈，使得 KA1 和 KA2 互锁，防止继电器 KA1、KA2 瞬间同时得电吸合，造成相间短路。在 KA1、KA2 的两个线圈电路中接有延时电路，使晶闸管的触发时间延迟约 0.5s 后，相应的继电器才工作，有效地防止了晶闸管换向时的误导通。

工作时，首先合上主电路断路器 QF，再合上控制电路开关 SA1，按动按钮 SB，使接触器 KM 得电吸合并自保。控制电路中的开关 SA2 和 SA3 是实现电动机正反转的手动开关。如果现在要让电动机正转，则合上正转开关 SA2。开关 SA2 合上后，交流电经 FU4→SB→SA2→KA1 线圈→KA2 动断触点与 FU5 形成供电两极，送至 VD1～VD4 组成的桥式整流电路进行整流，通过 R4、C4、VS 滤波稳压，形成直流电压。该直流电压通过 RP 给 C3 充电，C3 上的电压不断上升，经 0.5s 左右，C3 上的电压使 VT8 导通，VT8 导通又致使 VT7 导通，触发普通晶闸管 VT6 导通，继电器 KA1 通过 VD1～VD4、VT6 而得电吸合。继电器 KA1 得电吸合后，接通 VT2、VT3、VT4 的门极电路，相应的三只双向晶闸管 VT2、VT3、VT4 导通，电动机正转。同时，继电器 KA1 的动合触点闭合，使 KA1 线圈自锁；其动断触点断开，使继电器 KA2 不能得电，达到互锁；且整流桥 VD1～VD4 的供电电压此时为零，延时电路被切除。若要使电动机反转，则断开开关 SA2，闭合开关 SA3，其他与正转情况相似。

第四节 PLC 梯形图识读示例

一、某电子产品老化房的 PLC 控制

图 7-19 所示为某电子产品老化房的 PLC 硬件连接图，该控制系统选用 FX—40MR 机型，其控制系统的梯形图如图 7-20 所示。我们从硬件连接图上可看出，该老化房共有 16 个输入信号和 13 个开关量输出，是一个很小的控制系统。

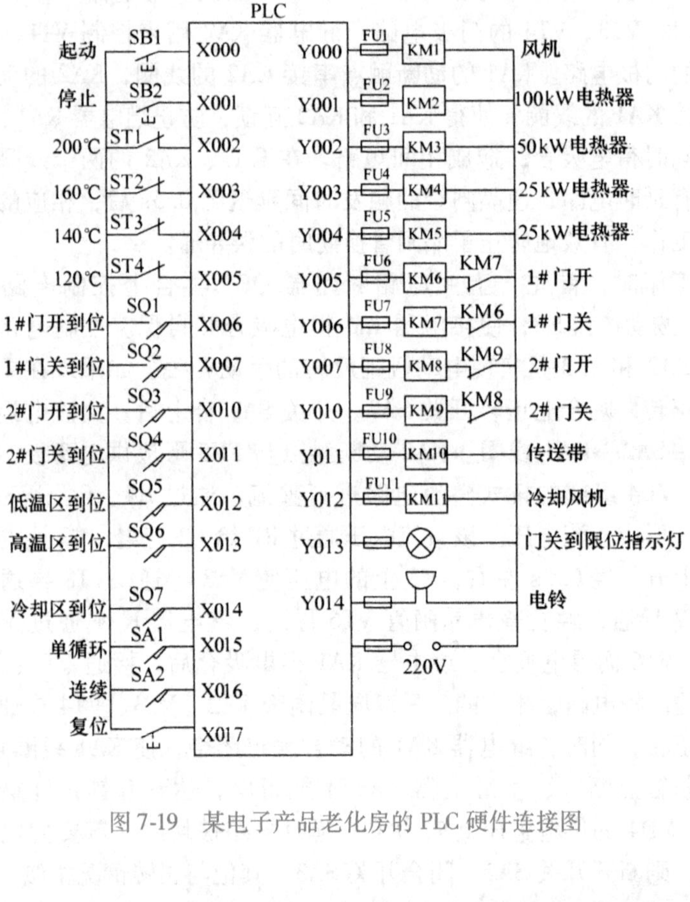

图 7-19 某电子产品老化房的 PLC 硬件连接图

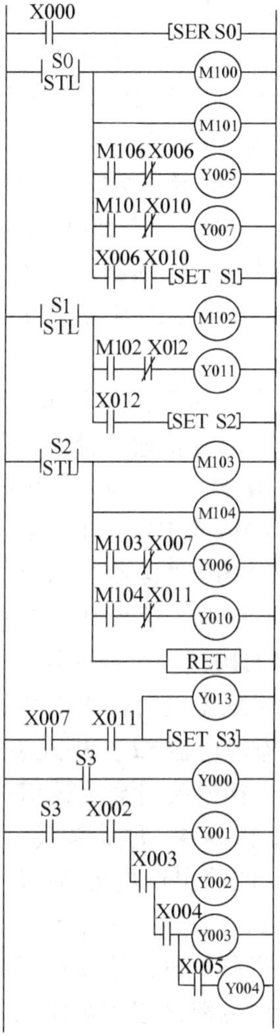

图 7-20　某老化房控制系统的梯形图

根据该电子产品生产要求，该老化房的生产工艺过程为：电子产品通过轨道传送电子产品进入老化房的低温区预热 15min，再进入高温区继续加热 8h，然后送出老化房加热区。电子产品送出老化房加热区后，还要由轴流风机吹冷却 30min，最后由电铃提醒工作人员卸下电子产品并取走。

该老化房的控制要求如下：要具有单循环和连续循环两种控制方式；只有老化房门关闭到位时才能加热和送风；在开门状态不允许加热、送风；只有老化房门开到位时才允许传送带运行；老化房开始加热时，为了缩短老化房升温时间，提高老化房升温速度，四组电热器全部投入加热；同时老化房能按房内温度自动切除电热器，当老化房温度超过 40℃ 时切除一组 25kW 的电热器，当老化房温度超过 45℃ 时切除两组 25kW 的电热器，当老化房温度超过 50℃ 时切除 50kW 和两组 25kW 的电热器，当老化房温度超过 55℃ 时切除所有电热器。

老化房的生产工艺流程如下：按下起动按钮 SB1，使输入继电器 X000 得电，梯形图中 X000 接通，置位状态继电器 S0，使开门的中间继电器 M100 和 M101 得电，并使开门继电器 Y005、Y007 线圈得电，接通负载接触器 KM6 和 KM8。当开门到位时，压下行程开关 SQ1 和 SQ3，使 X006 和 X010 “接通”，置位状态继电器 S1，使 S0 复位，进行电子产品装车通电，这时中间继电器 M102 激励，输出继电器 Y011 得电，接通 KM10，传送带开始运转，将电子产品传送到低温区。当电子产品传送低温区时，光电开关 SQ5 动作，停止传送带运行，同时，置位状态继电器 S2 并进入关门阶段，使关门中间继电器 M103、M104 得电，接通关门接触器 KM7 和 KM9。当关门到位时，压下行程开关 SQ2 和 SQ4，停止关门。同时，关门指示灯亮，并置位状态继电器 S3，使输出继电器 Y000 得电，风机起动运行。这时四组电热器接通电源，加热，并开始计时。当 T0 计时到 15min 时就再次进入传送电子产品阶段，使 Y011 得电，接通 KM10，使传送带运行。当电子产品由低温区移到高温区并移到位时，光电开关 SQ6 动作，停止传送带运行，同时 T1 开始计时。当计时时间到时，T1 使状态继电器 S3 复位，从而关掉了风机和电加热器，进入开门阶段，这时 Y005 和 Y007 得电，接通 KM6 和 KM8。当门开到位时，压下行程开关 SQ1 和 SQ3，停止开门。当电子产品移到位时，光电开关 SQ5 和 SQ7 动作，分别进入关门和冷却阶段，X014 置位状态继电器 S4，使输出继电器 Y012 得电，接通接触 KM11，冷却风机运行，同时 T3 计时 30min。当计时时间到时，S4 复位，停止冷却风机，同时置位 S5，使 Y014 激励，接通警铃，提醒工人卸电子产品。若选择开关选在“连续”工作方式，就置位 S1，此时工人可以在传送带另一端装载电子产品。若选择开关选在“单循环”位置，则 X017 接通，进行清零，系统复位。

二、四台电动机按时间顺序控制

某系统有四台电动机，要求每隔 10min 依次起动一台；每台运行 8h 后自动停止，运行中可随时将四台电动机停机。它的实现可以用两种方法，图 7-21 和 7-22 分别为定时器编程和移位寄存器编程的梯形图，下面对它们进行分析比较。

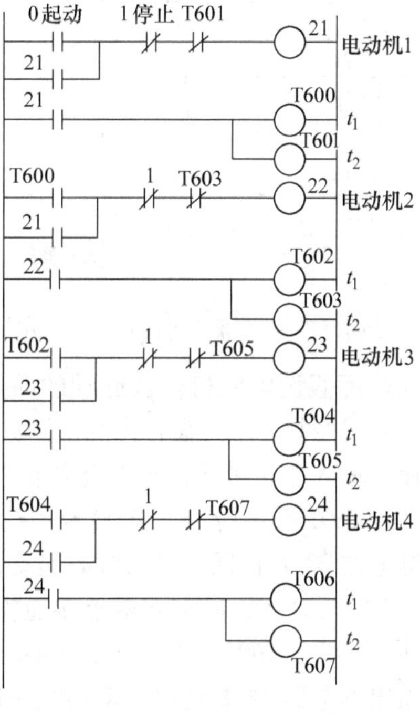

图 7-21 定时器编程的梯形图

1. 定时器编程法

如果不先设定四台电动机依次起动的具体延迟时间和工作时间，

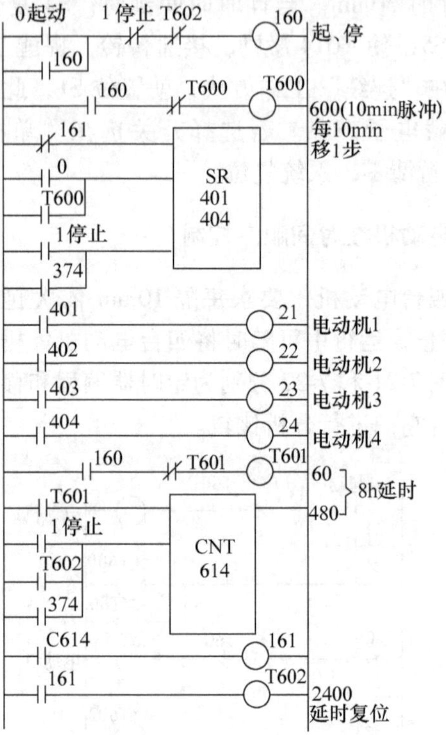

图 7-22　移位寄存器编程的梯形图

只考虑一般的情况。可假设电动机依次起动的时间为 t_1，每台电动机工作时间为 t_2。根据控制要求可设计出梯形图如图 7-21 所示。

按下起动按钮，输入点 0 接通，输出继电器 21 接通并自保，电动机 1 起动，T600、T601 开始计时。T600 经 t_1s 延时后动作，其动合触点接通输出继电器 22 并自保，电动机 2 起动，T602、T603 开始计时。T602 经 t_1s 延时后动作，其动合触点接通输出继电器 23 并自保，电动机 3 起动，T604、T605 开始计时。T604 经 t_1s 延时后动作，其动合触点接通输出继电器 24 并自保，电动机 4 起动，T606、T607 开始计时。

T601、T603、T605、T607 分别经过 t_2s 延时后动作，各自的动断触点分别依次断开输出继电器 21、22、23、24，电动机 1、2、3、

4 依次停机，各计时器复位，准备好下次重新起动。

运行中按下停止按钮，输入点 1 接通，1 号动断触点断开 21、22、23、24，电动机 1、2、3、4 停机，各计时器复位，准备好下次重新起动。

由于计时器的最大预置值为 999.9s，如 t_1、t_2 小于该值，则图 7-21 所示的梯形图是可以实现控制要求的。但该例要求 $t_1 = 10\text{min} = 600\text{s}$，$t_2 = 8\text{h} = 28800\text{s} > 999.9\text{s}$，要实现 $t_2 = 28800\text{s}$ 的延时，采用单个计时器是不行的，必须用计时器、计数器串级使用的方法。这样，T601、T603、T605、T606、T607 每个计时器都要采用计时器、计数器串级使用的梯形图。虽然可行，但使梯形图复杂化，并使程序增多。在这种情况下，可考虑采用移位寄存器编程法。

2. *移位寄存器编程法*

图 7-22 所示为用移位寄存器编程的梯形图。图中，T600 构成自复位计时器，用以产生 10min 时钟脉冲，以控制电动机 2、3、4 延时起动。计时器 T601 和计数器 C614 串级使用构成 8h 延时电路。

按下起动按钮，动合触点 0 接通，在移位寄存器时钟端产生一脉冲，将移位寄存器数据端的“1”信号移入 401，接通 21，电动机 1 起动；同时 160 接通并自保，开始产生 10min 时钟脉冲，并送入移位寄存器时钟端。隔 10min，第二个脉冲来到，将 401 的“1”信号移入 402，接通 22，电动机 2 起动。再隔 10min，第三脉冲来到，将 402 的“1”信号移入 403，接通 23，电动机 3 起动。再隔 10min，第四个脉冲来到，将 403 的“1”信号移入 404，接通 24，电动机 4 起动。

从起动开始（160 接通）就接通 8h 延时电路。经 8h 延时，161 接通，其动断触点断开，移位寄存器的数据端置“0”，其动合触点接通 T602，开始计时；同时第 49 个脉冲来到（共延时 $48 \times 10\text{min} = 8 \times 60\text{min} = 8\text{h}$），将移位寄存器数据端的“0”信号移入 401，断开 21，电动机 1 停机。隔 10min，第 50 个脉冲来到，将 401 的“0”信号移入 402，断开 22，电动机 2 停机。再隔 10min，第 51 个脉冲来到，将 402 的“0”信号移入 403，断开 23，电动机 3 停机。再隔 10min，第 52 个脉冲来到，将 403 的“0”信号移入 404，断开 24，电动机 4 停机。

当 T602 计时到 2400s（此时电动机已全部停止），T602 的动断触点断开，使 160 复位，T602 的动合触点接通，使 C614 复位，计数值复零，准备好下次重新起动。

运行中按下停止按钮，输入点 1 接通，动断触点 1 断开，使 160 复位，动合触点 1 接通，使移位寄存器和计数器复位，准备好下次重新起动。

由于移位寄存器和计数器都有停电记忆的功能，为了使四台电动机在停电后再复电时重新起动，特在移位寄存器和计数器的复位端并联上初始化脉冲继电器 374 的动合触点，用以在通电开始时对移位寄存器和计数器清零。

根据图 7-22 所示的梯形图可编程如下：

序	指令	数据	序	指令	数据
0	STR	0	20	STR	403
1	OR	160	21	OUT	23
2	AND NOT	1	22	STR	404
3	AND NOT TMR	602	23	OUT	24
4	OUT	160	24	STR	160
5	STR	160	25	AND NOT TMR	601
6	AND NOT TMR	600	26	TMR	601
7	TMR	600	27		60
8		600	28	STR TMR	601
9	STR NOT	161	29	STR	1
10	STR	0	30	OR TMR	602
11	OR TMR	600	31	OR	374
12	STR	1	32	CNT	614
13	OR	374	33		480
14	SR	401	34	STR CNT	614
15		404	35	OUT	161
16	STR	401	36	STR	161
17	OUT	21	37	TMR	602
18	STR	402	38		2400
19	OUT	22			

试　题　库

一、判断题（对画√，错画×）

1. 选用图纸幅面时，应在图面布局紧凑、清晰、匀称、使用方便的前提下，按照表述对象的规模、复杂程度及要求，尽量选用较大的幅面。（　）

2. 用国家统一规定的电气图形符号和文字符号表示电路中电气设备（或元器件）相互联结顺序的图形，称为电气图。（　）

3. 电气图的图纸幅面一般分为五种：0 号图纸、1 号图纸、2 号图纸、3 号图纸和 4 号图纸，分别用 A0、A1、A2、A3 及 A4 表示。（　）

4. 标题栏一般在图面的右下角。（　）

5. 幅面大的图纸装订侧边宽一定比幅面小的图纸大。（　）

6. 会审认可签名包含在标题栏中。（　）

7. 尺寸线用细实线绘出。（　）

8. 电气图中简图主要内容以粗实线绘出。（　）

9. 尺寸的默认单位是 cm。（　）

10. 电气图中平行线的最小间距应不小于粗线宽度的 2 倍，且不小于 0.7mm。（　）

11. 各种工程图上标注的尺寸，凡尺寸单位是 cm 时不必注明。（　）

12. 电气图中的指引线用细点画线表示。（　）

13. 电气图中的围框用细实线表示。（　）

14. 电气图中的尺寸数字一般标注在尺寸线的下方或中断处。（　）

15. 电气图中标注的汉字、数字和字母，不一定要做到“字体端正、笔划清楚、排列整齐、间隔均匀”，只需看的清楚就行。 ( )

16. 标注尺寸时，一般需要有尺寸线、尺寸界线、尺寸起止点的箭头或45°短划线、尺寸数字和尺寸单位几部分。 ( )

17. 指引线末端轮廓线上时，其末端应加注一黑点。 ( )

18. 图框线一般不应与元器件符号相交。 ( )

19. 图样中书写汉字的字体是宋体。 ( )

20. 技术说明是电气设计图的重要技术档案，各栏目中的签名人对图中的技术内容承担相应责任。 ( )

21. 一张电气图一般由电气图表、技术说明、主要电气设备（或元件）明细表和标题栏四部分组成。 ( )

22. 电气图表是用企业规定的电气图形符号和文字符号表示电路中电气设备相互关系的图形。 ( )

23. 技术说明又称为技术要求，是用以注明电气接线图中相关的技术要点、安装要求及未尽事项的。 ( )

24. 主电路的技术说明位于图面的左下方，标题栏上方。 ( )

25. 文字符号一般标注在元器件之上或近旁。 ( )

26. 电气符号包括图形符号、文字符号、回路标号三种。 ( )

27. 图形符号通常由基本符号、一般符号、符号要素和限定符号组成。 ( )

28. 电气图的主要表达形式是简图。 ( )

29. 电气简图布局的要点是：从总体到布局，从一次到二次，从主到次，从左到右，从上到下，从图形到文字。 ( )

30. 电气图中元件都是按照正常状态绘制的。 ( )

31. 电气设备常用基本文字符号 TM 表示电力变压器，KM 表示接触器。 ( )

32. 电气设备常用辅助文字符号 DC 表示交流，AC 表示直流，PU 表示不接地保护。 ( )

33. 电气图图形符号中用限定符号说明电路的某些特征，而不表示独立的电器或元器件。 （ ）

34. 电气图形符号中用以提供附加信息的一种加在其他符号上的符号称为限定符号。 （ ）

35. 按照国家标准的规定，导线的标号一般由四位数字组成。 （ ）

36. 组成电气图的主要要素是图形符号和文字符号。 （ ）

37. 补充标记分为功能标记、相位标记、极性标记等。 （ ）

38. 电气图中导线的“+”字形连接点，必须加注×符号标注。 （ ）

39. 对绝缘导线作标记的目的是为了更美观。 （ ）

40. 我国规定，交流三相系统中裸导线涂绿色表示该导线连接到交流系统中A相。 （ ）

41. 电器元件中用以连接外部导线的导电元件，称为端子。 （ ）

42. 电气图中的元件一般都是按有激励状态绘制的。 （ ）

43. 图形符号是指用来表示一个设备或一个概念的图形、标记或字符的符号，图形符号可以由自己来画。 （ ）

44. 电气图中的文字符号并不适用于各类电气产品的型号编制与命名。 （ ）

45. 电路图中用来表示各回路的种类和特征的文字符号和数字标号，统称为回路标号。 （ ）

46. 连接线用来表示能量的传输、信息的传递，也可以用来表示逻辑、功能的连接。 （ ）

47. 用一条图线表示两根或两根以上连接线的方法，称为多线表示法。 （ ）

48. 连接线用粗细不同的图线来表示电路、设备、元器件及电路功能。 （ ）

49. 晶体管的双字母符号VT。 （ ）

50. 热敏电阻器的双字母符号为RV。 （ ）

51. 从属标记分为从属两端标记、从属本端标记两种。 （ ）

52. 保护接地导线线端标记符号为PE。 ( )

53. 多线表示法常用于三相或多线对称或基本对称的场合。 ( )

54. 可拆端子符号用“ $ ”表示。 ( )

55. 相位标记是用来标明导线连接到交流系统的某一相的补充标记。 ( )

56. 导线交叉点是“T”型连接时，必须标实心圆点。 ( )

57. 设备元件明细表分行线应用中实线。 ( )

58. 电路垂直布局时，相同或类似的项目应横向对齐。 ( )

59. 电路布局常有水平、垂直、交叉三种。 ( )

60. 在从属标记中，导线标记不能包括设备标记。 ( )

61. 导线连接的表示方法有两种：连续线表示和中断线表示。 ( )

62. 导线连接可以用点画线表示。 ( )

63. 导线连续线表示只可以用单线表示。 ( )

64. 连接线中断表示去向相同的导线组时，中断处不需要标注文字符号或数字。 ( )

65. 可拆卸端子用“○”表示。 ( )

66. 直流系统的中间线用字母“M”标注。 ( )

67. 电工测量仪表经过互感器接入所测电路的为二次式。 ( )

68. 低压小电流常用直接测量法，而高压大电流则应用间接测量法。 ( )

69. 功率表接线时，必须遵守“电动机端”规则。 ( )

70. 电流互感器和电压互感器属于二次设备。 ( )

71. 电磁式万用表只可以测量直流电压电流，不可以测量交流电压电流。 ( )

72. 直流电流测量只有直接测量方法，交流电流的测量方法有直接测量和间接测量两种。 ( )

73. 功率表大多采用热电系测量机构。 ( )

74. 电气电路的功率测量分有功功率测量和无功功率测量两种。 ( )

75. 测量电流时，利用单相式电流互感器测量电路可以测量三相不平衡电路。 ( )

76. 交流电能表按相数分单相式、三相式，而按三相线数分有三线式、四线式。 ( )

77. 测量电流时，利用三相式电流互感器测量电路不可以测量单相电路电流。 ( )

78. 两只单相电压互感器接电压表的测量电路可以测量线电压。 ( )

79. 测量无功功率时，无功功率表直接指示无功功率。 ( )

80. 测量电能时，电能表接线需注意极性，否则会出现表盘反转。 ( )

81. 电阻并联电路中，电阻值小的电阻流过的电流大。 ( )

82. 习惯上规定电流的方向就是电子移动的方向。 ( )

83. 电子设备框图中，信号流向为自右向左。 ( )

84. 电子设备框图中，反馈信号流向为自左向右。 ( )

85. 电子设备电路中，触发器应以逻辑符号画出。 ( )

86. 电子设备电路中，总线以粗实线绘制。 ( )

87. 电子设备框图中，单根控制线以中实线绘制。 ( )

88. 印制板电路图常有布线图、装配图、混合图三种。 ( )

89. 印制电路板布线图提供安装孔的孔径和定位尺寸。 ( )

90. 逻辑图形符号 & 表示“或”的功能。 ( )

91. 印制电路板布线图中，导电图形一般有四种表示方式。 ( )

92. 印制电路板装配图中，元器件只能用图形或文字符号表示。 ( )

93. 基本电子单元电路有整流电路、滤波电路、稳压电路、放大电路等。 ( )

94. 印制板图需要根据各元器件的实际方向、位置、体积大小绘制。 ( )

95. 在工厂电气控制系统中，常见的电气图主要有两种形式，即电路图和接线图。（ ）

96. 电气控制系统是由电气设备和电器元件按一定的控制要求连接而成的。（ ）

97. 电气原理图中所有电器元件的可动部分通常表示的是常态位置。即继电器和接触器的线圈处在非激励状态，断路器和隔离开关在断开位置。（ ）

98. 对三相交流电动机，只要改变电动机三相电源的相序，就能改变电动机的转向。（ ）

99. 所谓反接制动，就是改变通入异步电动机定子绕组中的三相电源相序，使定子绕组产生反向旋转磁场，从而使转子受到与其转向相反的制动转矩而制动停转。（ ）

100. 对三相交流电动机，改变电动机三相电源的频率，也能改变电动机的转向。（ ）

101. 三相笼型异步电动机的起动控制有直接起动和减压起动两种方式。（ ）

102. 能耗制动的优点是制动转矩随电动机的惯性转速下降而减小，因而制动平稳。（ ）

103. 常用的电气制动方式有反接制动和能耗制动。（ ）

104. 使电动机持续转动、设备长时间工作的控制即称为点动控制。（ ）

105. 在一般情况下，对于三相笼型异步电动机，当电动机功率小于20kW或不超过供电变压器容量的15% ~20%时，都允许直接起动。（ ）

106. 直接起动控制起动电流大，易引起供电系统电压波动。（ ）

107. 电气安装接线图的阅读方法，一般是先看主电路，再看辅助电路。（ ）

108. 电气原理图是用图形符号和项目代号表示电器元件连接关系及工作原理的图形。（ ）

109. 电气接线图用来表明电气设备各单元之间的接线关系。
( )

110. 用继电器、接触器控制的方式称为电气控制。 ( )

111. 控制器线路按电路功能划分，分为主电路和辅助电路。
( )

112. 电气原理图水平布置时，电源线应水平画。 ( )

113. 电气原理图垂直布置时，电源线和其他电路都垂直画。
( )

114. 主电路和辅助电路通常分开绘制。 ( )

115. 电气接线图中各电器元件的图形符号、文字符号应与电气原理图一致。 ( )

116. 控制电路图中，主、辅电路应以粗实线绘制。 ( )

117. 电动机定子三相绕组首端用 U、V、W 表示，尾端用 u、v、w 表示。 ( )

118. 断路器和隔离开关的常态位置在断开位置。 ( )

119. 电气控制原理图常分为若干图区，以便阅读。 ( )

120. 电气接线图用来表明电气设备各单元之间的接线关系。
( )

121. 电气安装图用来表示电气设备和电器元件的实际安装位置。
( )

122. Y-△减压起动是指在电动机起动时，控制定子绕组首先接成星形，至起动一半时换接成三角形进行正常运行的起动方法。
( )

123. 定子绕组串电阻减压起动是将分压电阻逐渐串接的起动方法。 ( )

124. 自耦变压器减压起动时，需将电源电压加在自耦变压器的高压绕组上，而电动机的定子绕组与自耦变压器的低压绕组连接。
( )

125. C650 型卧式车床主轴电动机 M1 为直接起动方式。( )

126. M7120 型磨床中，电压继电器的作用是过电压保护。
( )

127. X62W 型铣床中，主电动机的作用是驱动进给。（　　）

128. T68 型卧式镗床中，控制变压器的作用是控制照明。（　　）

129. Z3040 型钻床摇臂的夹紧和松开间接地受继电器 KM1 和 KM3 控制。（　　）

130. 信号电路用来指示二次电路的工作状态。（　　）

131. 配电所的任务是接受电能、变换电压和分配电能。（　　）

132. 电力系统中的电源中性点有三种运行方式：中性点不接地，中性点经消弧线圈接地，中性点直接接地。（　　）

133. 中性点直接接地系统在发生一相接地时，其他两相对地电压可能会升高。（　　）

134. 变电所的电气主接线是变电所接受电能、变换电压和分配电能的电路。（　　）

135. 配电系统的接线方式有三种基本类型：放射式、树干式和环形。（　　）

136. 配电系统的接线方式中，放射式接线特点是每个用户由独立线路供电。（　　）

137. 配电系统的接线方式中，树干式接线的可行性比较高。（　　）

138. 二次原理图的表示方法有集中表示法、半集中表示法和分开表示法三种。（　　）

139. 中小型变电所的继电保护装置常用两相两继电器式接线和两相一继电器式接线。（　　）

140. 电力系统中的各级电压线路及其联系的变配电所，简称为电网。（　　）

141. 衡量电力系统电能质量的两个基本参数是电压和功率。（　　）

142. 常用的用电设备如动力、照明、电焊、电热、空调的额定电压都为 220V。（　　）

143. 一般中小型机械类工厂都属于二、三级负荷。（　　）

144. 工厂中最普遍使用的 220V/380V 三相四线制系统属于中性

点不接地系统。（ ）

145. 母线的作用是能使变配电所接线不致紊乱。（ ）

146. 电气主接线形式的核心问题是有无母线和母线的结构。（ ）

147. 电气主接线图一般用单线图表示，即一根线代表三相。（ ）

148. 中断供电将造成人身伤亡的电力负荷属于二级负荷。（ ）

149. 电缆线路属于内线工程。（ ）

150. 变配电所电气部分的主体是其容量大小。（ ）

151. 桥形接线属于电气主接线有母线接线形式。（ ）

152. 工厂高低压配电系统的接线方式有放射式、树干式和环形。（ ）

153. 动力配电系统的主接线常有三种形式：放射式、树干式和链式。（ ）

154. 操作电源属于一次设备。（ ）

155. 接线端子板分为普通端子、连接端子、试验端子、终端端子和特殊端子五种。（ ）

156. 小型变电所进行反时限过电流保护和电流速断保护最常用的继电器是电压继电器。（ ）

157. 供电给工厂的区域变电所的输电线路多数为10kV，只有供电距离远或负荷容量大时，才用35kV。（ ）

158. 小型工厂变电所是将6～10kV高压降为220V的终端变电所。（ ）

159. 在配电系统中，放射式接线适用于离供电点较近、可靠性要求较高的用户。（ ）

160. 位置图属于一次电气图。（ ）

161. 电气主接线图都用多线图表示。（ ）

162. 母线又称为汇流排，连接各进出线的母线是主母线。（ ）

163. 对中小型变电所，主接线多采用单母线接线。（ ）

164. 单母线不分段接线适用于二级负荷。（ ）

165. 单母线分段接线一般适用于三级和二级负荷。（ ）

166. 外桥型接线适用于供电线路较短的场合。（ ）

167. 放射式接线适用于可靠性要求较低的用户。（ ）

168. 树干式接线的特点是多个用户由同一条干线供电。（ ）

169. 环型接线适用于允许短时间停电的一、二级负荷。（ ）

170. 动力配电系统主接线中，要求集中控制设备，应采用链式接线。（ ）

171. 对可靠性要求不高的较小容量设备供电，采用树干式配电主接线。（ ）

172. 工厂、车间照明系统配电大多采用单相制接线。（ ）

173. 控制设备属于二次设备。（ ）

174. 二次电气图包括二次原理图、二次接线图和位置图三类。（ ）

175. 配电所担负接受电能和分配电能的任务，一般配电所均安装电力变压器。（ ）

176. 在6～10kV变配电所中，按信号电路的不同用途，常用的有警告信号、事故信号和预告信号三种。（ ）

177. 在6～10kV变配电所中，一次设备出现不正常运行状态或故障初期时常用预告信号发出报警信号。（ ）

178. 内桥形接线适用于电源线路较长、故障检修机会较多而变压器不需经常切换的总降压变电所。（ ）

179. 变压器和电动机一样，能进行能量的转换。（ ）

180. 建筑电气图是建筑电气装置安装的依据。（ ）

181. 避雷器并联在主电路中，属于一次设备。（ ）

182. 在建筑设计和施工图中，主电路部分以细实线绘出，辅助电路则以粗实线绘制。（ ）

183. 按照建筑电气图表达的内容不同可以分为：平面图和断面图或剖面图。（ ）

184. 建筑电气安装图上标注的尺寸通常采用米（m）为单位。（ ）

185. 在建筑电气安装图上，设备和线路通常不标注其项目代号，但要标注设备的编号、型号、规格、数量、安装和敷设方式等。 ( )

186. 建筑动力和照明工程图主要包括概略图和平面图，其中以概略图应用最多。 ( )

187. 接地线又分为接地干线和接地支线。 ( )

188. 避雷针的防护范围与避雷针的根数和粗细有关。 ( )

189. 建筑电气安装图是用来表示电气装置、设备、线路在建筑物中的安装位置、连接方法及安装方法的图。 ( )

190. 建筑物的标高有绝对标高、相对标高、敷设（安装）标高三种。 ( )

191. 建筑电气安装图连接线一般只采用多线连续线。 ( )

192. 建筑电气安装施工图中的干线、电缆线用粗实线图线画出。 ( )

193. 建筑电气安装图上标注的尺寸常用 m，此时图样中不必注明单位。 ( )

194. 建筑电气安装图在同一张图样上往往有几幅图，必须在每一幅图的下方标注序号。 ( )

195. 全国各地建筑物绝对标高都以“黄海零点”为基准标注。 ( )

196. 建筑电气安装图中常用方位标记“N”表示正北方向。 ( )

197. 电力线路按电压高低分，10kV 以上为高压线路。 ( )

198. 当高低压线同杆架设时，高低压线垂直间距不小于 1.2m。 ( )

199. 建筑动力和照明工程图以系统图应用最多。 ( )

200. 动力和照明线路在平面图上采用图线和文字符号相结合的方法。 ( )

201. 防雷设备一般由接闪器或避雷器、引下线和接地装置三个部分组成。 ( )

202. 垂直接地体的长度一般为 5m。 ( )

203. 雷电过电压是电力设备或构筑物遭受直接雷击或雷电感应而产生的过电压。（ ）

204. 保护接地的形式有两种：一种是设备的外露可导电部分经各自的 PE 线分别直接接地，另一种是设备的外露可导电部分经公共的 PE 线或 PEN 线接地。（ ）

205. 雷云在架空线路或其他物体上方主放电时产生的过电压称为直击雷。（ ）

206. 避雷带和避雷网一般采用铜材料。（ ）

207. 接地线和接地体合称为接地装置。（ ）

208. 电力系统中，电源中性点的直接接地属于保护接地。（ ）

209. 接地体应镀锌，焊接处涂防腐漆。（ ）

210. 建筑电气安装图按内容分为平面图和剖面图。（ ）

211. 建筑立面图应以粗实线绘制。（ ）

212. 电气安装图中的电缆线以粗实线绘制。（ ）

213. 接地干线应以粗点画线绘制。（ ）

214. 建筑电气安装图地下管道以点画线绘制。（ ）

215. 线路平面图主要指架空线路在某一区域内的平面布置图。（ ）

216. 导线用桥架敷设的符号是 CP。（ ）

217. 导线沿墙面敷设的符号是 WE。（ ）

218. 电力设备和线路标注 a/b—c 中，c 表示二次电压。（ ）

219. 线路标注的一般格式为 a—d（e＊f）—g—h。（ ）

220. 氖灯的代号为 Ne。（ ）

221. 灯具安装方式标注中，线吊式的符号是 Zh。（ ）

222. 灯具安装方式标注中，SP 表示支架上安装。（ ）

223. 灯具安装方式标注中，台上安装式的符号是 D。（ ）

224. 建筑电气图中，动力管线要标注导线的根数、型号和规格。（ ）

225. 电力设备的接地按功能分为工作接地和保护接地。（ ）

226. 闭路电视平面图属于电信设备安装平面图。（ ）

227. 交流电动机绕组的类型很多，按槽内绕组层数分，可分为单层绕组、双层绕组和单、双层绕组。 ( )

228. 极距 τ_p 是指线圈的两个有效边之间的距离，通常用相距的槽数来表示。 ( )

229. 节距 Y 是指相邻两磁极之间的距离，通常用相距的槽数来表示，或用长度表示。 ( )

230. 电动机相邻两槽间的距离用电角度表示称为槽距角。 ( )

231. 三相对称绕组就是指三相绕组空间分布上对称。 ( )

232. 一般三相异步电动机多采用120°相带的三相绕组。( )

233. 极相组是由许多线圈组成的，同一极相组内的线圈应该正向串联。 ( )

234. $Y=5$ 槽，表示线圈的有效边相隔 4 槽。 ( )

235. 交流电动机绕组按绕组相数分，可分为单相、两相、三相。 ( )

236. 在电机绕组中，波绕组的优点是可以减少极相组之间的联结线。 ( )

237. 电机绕组通常是由用绝缘铜线和铝线绕制成一定形状的线圈组成。 ( )

238. 当把电枢上各槽内线圈边按正弦规律变化的电动势分别用矢量表示时，这些矢量构成一个辐射星形图，称为槽电动势星形图。 ( )

239. 波绕组属于单层绕组形式。 ( )

240. 链式绕组属于三相双层绕组形式。 ( )

241. 功率在 10kW 以上的三相电动机多采用单层绕组。 ( )

242. 双层绕组槽数等于线圈数。 ( )

243. 单层绕组的线圈数等于槽数的一半。 ( )

244. PLC 的内部继电器的作用是输入控制。 ( )

245. PLC 的等效电路可分为三部分：输入部分、内部处理部分、输出部分。 ( )

246. 在 PLC 编程语言中，通常每一条指令由指令语和作用器件

编号两部分组成。 (　　)

247. 梯形图中的继电器不是继电器控制电路中的物理继电器，它实质上是存储器中的每一位触发器。 (　　)

248. 在 PLC 中，计数器不具有停电记忆功能。 (　　)

249. 可编程序控制器是以程序形式进行工作。 (　　)

250. PLC 对梯形图是按照扫描方式顺序执行程序。 (　　)

251. 梯形图是 PLC 中应用最多的电原理图。 (　　)

252. 梯形图的阅读方法是按自下而上、从右到左的顺序排列。 (　　)

253. PLC 的核心是 CPU。 (　　)

254. 梯形图编程中，主控开设指令是 MCR。 (　　)

255. 梯形图编程中，动断触点串联指令为 AND STR。 (　　)

256. 梯形图编程中，计时延时指令是 TMR。 (　　)

257. 梯形图编程中，AND NOT 是或非指令。 (　　)

258. OR 指令的功能是动合触点串联。 (　　)

259. OR STR 指令的功能是触点组的串联。 (　　)

260. 梯形图编程中用“OUT”指令表示输出逻辑运算结束。 (　　)

261. PLC 中定义号的功能是告诉 CPU 哪个点执行什么。(　　)

262. 梯形图中只出现输入继电器的触点，而不出现输入继电器的线圈。 (　　)

263. 标识动合触点与母线连接的基本指令是 STR NOT。(　　)

264. 起重设备有多种形式，有桥式、塔式、门式、旋转式和缆索式等。 (　　)

265. KT 系列桥式起重机凸轮控制器控制桥式起重机电动机的正反转。 (　　)

266. 布置接闪器时，应优先采用避雷网或避雷带。 (　　)

267. 当强电与弱电同杆架设时，强电在下。 (　　)

268. 电梯的驱动部分、运动部分主要由机房、曳引机、轿厢、对重以及安全保护设备等组成。 (　　)

269. 电梯在结构上可分为驱动部分、运动部分、安全设施部分、

控制操作部分和信号指示等五部分。（ ）

270. 电梯对重是用来平衡轿厢的装置。（ ）

271. 电梯的起动运行电路主要完成电梯的起动、加速和满速运行功能。（ ）

272. 曳引机的主要部分是电梯电气控制柜。（ ）

273. 当电梯轿厢速度达到额定速度的115% ~140%，安全钳会把轿厢卡在导轨上。（ ）

274. 电梯的控制操作部分是控制中心。（ ）

275. 高速电梯是指速度大于1.0m/s的电梯。（ ）

276. 电梯缓冲器设在底坑的地面上，用来缓解轿厢或对重装置撞向坑底时的速度。（ ）

277. 电梯按控制方式不同可分为直流电梯、交流双速电梯和交流调速电梯。（ ）

278. 字母K表示电梯品种为货运电梯。（ ）

279. 交流电力拖动电梯用字母J表示。（ ）

280. 用字母JX表示电梯为集选控制。（ ）

281. TKJ—□□/10—XH表示五层站型交流双速信号控制电梯。（ ）

282. SR—20系列PLC机中，定义号采用十六进制数表示。（ ）

283. 直流系统裸导线涂色时，正极涂红色。（ ）

284. 他励直流电动机的单向旋转起动电路，是按电流原则起动方式。（ ）

285. 三相绕线转子异步电动机转子绕组通过铜环经电刷与外电路电阻相接，以减小起动电流。（ ）

286. 三相绕线转子串电阻起动因逐级短接转子电阻，电动机起动时振动较大。（ ）

287. 电瓶铲车控制电路中，M1的作用是拖动高压油泵。（ ）

288. 电气图中双字母符号表示大类的字母在后。（ ）

289. 独立标记只需标记导线或线束的特征，而不需考虑其电气

功能。 (　　)

290. 变压器和电动机一样，能进行能量的转换。 (　　)

291. 可编程控制器中的软继电器的触点可以重复使用，最多可以使用8次。 (　　)

292. 镗床的电气控制形式很多，但通常主轴采用顺序控制。 (　　)

293. 当强电与弱电同杆架设时，垂直间距不小于1.2m。 (　　)

294. 1kV以下系统与总容量在100kV·A以上的发电机或变压器相连的接地装置，其工作接地电阻值 R_E 应不大于4Ω。 (　　)

295. 接闪器必须通过引下线与接地装置相连。 (　　)

296. 电气符号中，KM表示交流接触器。 (　　)

297. 电气符号中，KT表示速度继电器。 (　　)

298. 电气符号中，SA表示控制开关。 (　　)

299. 电气符号中，ST表示转换开关。 (　　)

300. 电气符号中，KA表示电流继电器或中间继电器。 (　　)

二、选择题（将正确答案的序号填入括号内）

（一）单选题

1. 电气图中平行线的最小间距应不小于粗线宽度的（　　）倍，且不小于0.7mm。

A. 2　　B. 3　　C. 4　　D. 5

2. 用国家统一规定的电气图形符号和文字符号表示电路中电气设备（或元器件）相互连接顺序的图形，称为（　　）。

A. 电气图　　B. 电路图　　C. 连接图　　D. 技术说明

3. 一张电气图一般由电气图表、（　　）、主要电气设备（或元件）明细表和标题栏四部分组成。

A. 框图　　B. 技术说明　　C. 电原理图　　D. 印制板图

4. 电气图表是用国家统一规定的（　　）和文字符号表示电路中电气设备（或元器件）相互关系的图形。

A. 电气图形符号　　B. 文字说明

C. 电器元件　　　　　　　　　D. 电气符号

5.（　　）是电气设计图的重要技术档案，各栏目中的签名人对图中的技术内容承担相应责任。

A. 电路接线图　B. 技术说明　　C. 明细表　　　D. 标题栏

6.（　　）用于标注电气工程名称、设计类别、设计单位、图名、图号、比例、尺寸单位及设计人、制图人、描图人、审核人、批准人的签名和日期等。

A. 技术说明　　B. 电气图表　　C. 标题栏　　　D. 电原理图

7. 在主电路（一次回路）图中，技术说明书写在图面的（　　），标题栏的上方；在副电路（二次回路）图中，技术说明书写在图面的右上方。

A. 上方　　　　B. 左上方　　　C. 右下方　　　D. 左下方

8. 电气图的图纸幅面一般分为（　　）种。

A. 2　　　　　B. 3　　　　　C. 4　　　　　D. 5

9.（　　）用来表示电路的构成、功能、设备相互连接顺序、相互位置及工作原理的。

A. 电气符号　　B. 技术说明　　C. 标题栏　　　D. 会签栏

10. 图形符号通常由（　　）规定。

A. 国家标准　　　　　　　　　B. 各省标准

C. 各地级市也能　　　　　　　D. 电气行业协会

11. 某个符号上附加一个附加限定信息的符号就形成（　　）。

A. 限定符号　　B. 一般符号　　C. 特殊符号　　D. 符号说明

12.（　　）将各种电气设备、装置和元器件分为 23 个大类。

A. 单字母符号　B. 双字母符号　C. 多字母符号　D. 图形符号

13. 电气图中的（　　）并不适用于各类电气产品的型号编制与命名。

A. 限定符号　　B. 一般符号　　C. 文字符号　　D. 图形符号

14.（　　）是用以识别图形、表图、格中和设备上的项目种类。

A. 图形代号　　B. 项目代号　　C. 一般代号　　D. 文字代号

15. 按照国家表准中的规定，电气图的图线共有（　　）种。

A. 7　　B. 8　　C. 9　　D. 10

16. 各种工程图上标注的尺寸，凡尺寸单位是（　　）时不必注明。

A. m　　B. cm　　C. mm　　D. in

17. 电气图中的指引线用（　　）表示。

A. 粗实线　　B. 细实线　　C. 细点画线　　D. 虚线

18. 电气图中的围框用（　　）表示。

A. 粗实线　　B. 细实线　　C. 细点画线　　D. 虚线

19. （　　）是用以注明电气接线图中相关的技术要点、安装要求及未尽事项的。

A. 技术说明　　B. 电气图表　　C. 标题栏　　D. 会签栏

20. 电气图中的尺寸数字一般标注在尺寸线的（　　）。

A. 左边　　B. 右边

C. 上方或中断处　　D. 下方或中断处

21. 按国家标准规定，在图样中书写的汉字应写成（　　）体。

A. 楷体　　B. 宋体　　C. 黑体　　D. 长仿宋体

22. 避雷器并联在主电路中，属于（　　）。

A. 一次设备　　B. 二次设备　　C. 三次设备　　D. 四次设备

23. 电流互感器和电压互感器属于（　　）。

A. 一次设备　　B. 二次设备　　C. 三次设备　　D. 四次设备

24. 电气图中往往用一般符号表示一类产品或此类产品的特征，例如用图形表示（　　）的特征。

A. 电阻器　　B. 电动机　　C. 线圈　　D. 电磁阀

25. 以下不属于电气符号的是（　　）。

A. 图形符号　　B. 文字符号　　C. 标点符号　　D. 回路标号

26. 下列状态不属于电气图中的元件“正常状态”或“正常位置”的是（　　）。

A. 继电器和接触器的线圈未通电，因而其触点在还未动作的位置

B. 断路器、负荷开关、隔离开关、刀开关等在打开位置

C. 带零位的手动控制开关的操作手柄在“0”位

D. 行程开关在非工作状态或位置

27. 电气图中双字母符号表示大类的字母（　　）。

A. 在后　　B. 在前　　C. 无所谓前后

28. 电气设备常用基本文字符号 KM 表示（　　）。

A. 电动机　　B. 接触器　　C. 电磁阀　　D. 寄存器

29. 电气设备常用辅助文字符号 PU 表示（　　）。

A. 保护接地　　B. 不接地保护

C. 中性线　　D. 保护接地与中性线共用

30. 按照国家标准的规定，导线的标号一般由（　　）数字组成。

A. 四位　　B. 六位

C. 三位以上　　D. 三位或三位以下

31. 电气图的主要表达形式是（　　）。

A. 图形符号　　B. 简图

C. 元件和连接线　　D. 文字符号

32. 组成电气图的主要要素是（　　）。

A. 电气实物图　　B. 电气简图

C. 元件和连接线　　D. 图形符号和文字符号

33. 对于电气简图的布局要求，下列说法错误的是（　　）。

A. 从局部到总体　　B. 从主到次

C. 从总体到局部　　D. 从图形到文字

34. 电气图中导线的“十”字形连接点，必须加注（　　）标注。

A. 实心圆点　　B. 空心圆点　　C. 实心箭头　　D. ×符号

35. 指引线末端在轮廓线上时，在其末端加注的标记为(　　)。

A. 黑点　　B. 短线　　C. 实心箭头　　D. 空心圆圈

36. 对绝缘导线作标记的目的是（　　）。

A. 美观

B. 增加绝缘度

C. 防止装接时短路

D. 识别电路中的导线和已从其连接的端子上拆下来的导线

37. 为了识别裸导线的相序，以利于运行维护和检修，我国规定交流三相系统中裸导线涂绿色表示该导线连接到交流系统中的(　　)。

A. A 相　　B. B 相　　C. C 相　　D. 中性线

38. 项目代号可以将不同的图或其他技术文件上的项目与(　　)中的该项目一一对应联系起来。

A. 生产设备符号　　B. 实际设备

C. 现场设备　　D. 设备代号

39. 项目代号是用以提供项目的（　　）关系、实际位置等信息的一种特定代码。

A. 连接　　B. 安装　　C. 层次　　D. 组合

40. 在给接线端子标记代号时，端子代号标注方法正确的是(　　)。

A. 项目端子有标记时，端子代号必须与项目上的端子标记一致

B. 当项目的端子无标记时，接线端子不标注代号

C. 端子代号标注与设备代号无关

D. 端子代号表示的是位置连接关系，标注方法与位置代号相同

41. 电器元件中用以连接外部导线的导电元件，称为（　　）。

A. 插头　　B. 接线盒　　C. 端子　　D. 接插件

42. 当用单线表示几根或导线组，根数超过 4 根以上时，用(　　)表示。

A. 一根小短斜线旁加注数字

B. 小短斜线根数直接

C. 单线上加注数字

D. 小短斜线根数并加注数字

43. 多条去向相同的连接线的去向表示方法正确的是（　　）。

A. 既可用多线也可用单线表示

B. 只可用单线表示

C. 不适合使用中断法表示

D. 只可用多线表示

44. 只标记导线或线束的特征，而不考虑其电气功能的标记系

统，称为（　　）。

A. 从属标记　B. 独立标记　C. 主标记　D. 组合标记

45. 与导线所连接的端子的标记或线束所连接的设备的标记无关的导线或线束的标记系统称为（　　）。

A. 从属标记　B. 独立标记　C. 主标记　D. 组合标记

46. 从属标记与独立标记混合使用的标记系统为（　　）。

A. 从属标记　B. 独立标记　C. 主标记　D. 组合标记

47. 相位标记是属于（　　）。

A. 独立标记　B. 补充标记　C. 从属标记　D. 组合标记

48. 下列符号属于电器元件的可拆端子的是（　　）。

A. ×　B. ·　C. ○　D. ø

49. 集成电路放大器的符号是（　　）。

A. AB　B. AD　C. AJ　D. AV

50. 压力传感器的符号是（　　）。

A. BR　B. BT　C. BV　D. BP

51. “备用”的文字符号是（　　）。

A. RES　B. R　C. RST　D. RUN

52. 断路器的符号为（　　）。

A. QF　B. QM　C. QS　D. SQ

53. 端子项目代号中，端子编号前的分隔符为（　　）。

A. —　B. /　C. ，　D. ）

54. 直流系统中，负极涂色是（　　）。

A. 黄　B. 绿　C. 红　D. 蓝

55. 导线标注为 BV—500—（3×16+1×10），其中的“500”表示（　　）。

A. 额定电压　B. 导线数量　C. 导线截面积　D. 导线类型

56. 导线线端标记为 PE，表示（　　）。

A. 工作接地　B. 保护接地

C. 接地导体　D. 保护不接地

57. 测量电能的表称为（　　）。

A. 电能表　B. 电压表　C. 电流表　D. 功率表

58. 电工测量仪表不经过互感器而直接接入被测电路的测量方式为（　）。

A. 一次式　　B. 二次式

C. 间接式　　D. 以上答案均不对

59. 不能用作测量直流电流的仪表有（　）。

A. 磁电式瓦特表　　B. 电压表

C. 万用表　　D. 直流数字电压表

60. 低压（380V 及以下）、小电流（几十安培以下）的电路常用（　）法。

A. 间接测量　　B. 直接测量

C. 间接计算　　D. 以上答案均不对

61. 只可以测量直流电压电流，不可以测量交流电压电流的是（　）。

A. 磁电式电流表　　B. 电磁式万用表

C. 万用表　　D. 电压表

62. 功率表大多采用（　）测量机构。

A. 感应系　　B. 热电系　　C. 电动系　　D. 静电系

63. 功率表接线时，必须遵守（　）规则。

A. 正串连接　　B. 反串连接　　C. 发电机端　　D. 电动机端

64. 单相式电流互感器测量方法用于测量（　）电路电流。

A. 低压（380V 及以下）、小电流（几十安培以下）的电路

B. 高电压、大电流的三相平衡电路和单相

C. 三相平衡或不平衡的三相三线制线路

D. 三相四线制不平衡电路

65. 单相电压互感器可以测量（　）。

A. 三相电压平衡的低压电路的线电压

B. 低压三相四线制不平衡电路相电压

C. 测量高压电路的线电压

D. 三相四线制高压不平衡电路相电压

66. 测量单元件有功功率时，有功功率表的电流线圈与电压线圈接成 V 形，接入二次侧电路，实际功率是功率表读数与电流互感器

电流比 K_i、电压互感器电压比 K_u 乘积的（　　）。

A. 1 倍　　B. 2 倍　　C. 3 倍　　D. 4 倍

67. 单相有功电能表测量电路将单相有功电能表的电压线圈与相线 L 串联，电流线圈与电路并联，会出现（　　）现象。

A. 正常读数　　B. 电能表指针反转

C. 指针不转　　D. 都可能

68. （　　）是表示其工作原理和电子元器件连接关系的简图。

A. 电子电路的原理图　　B. 印制板图

C. 信号图　　D. 框图

69. （　　）用来提供印制板的外形尺寸、导电图形的形状、尺寸，安装孔的孔径和定位尺寸及技术要求等内容。

A. 印制电路板装配图　　B. 印制电路板布线图

C. 印制电路板混合图　　D. 电原理图

70. （　　）是绘制安装接线图的基本依据，在调试和寻找故障时有重要作用。

A. 信号图　　B. 电路图　　C. 布线图　　D. 印制板图

71. （　　）是电路图具体的实现形式，可直接用于安装配线。

A. 接线图　　B. 电路图　　C. 信号图　　D. 印制板图

72. （　　）只表示电器元件的安装位置、实际配线方式，而不明确表示电路原理和电器元件间的控制关系。

A. 信号图　　B. 电路图

C. 电气安装接线图　　D. 都是

73. 以电子元器件为核心组成的电路称为（　　）。

A. 电气电路　　B. 电阻电路　　C. 电子电路　　D. 放大电路

74. 电子设备电路图中，触发器以（　　）画出。

A. 实际形状　　B. 逻辑图符号　C. 器件编号　　D. 轮廓

75. 印制板电路图中为制作电路板提供拍照制板图样的是（　　）。

A. 布线图　　B. 装配图　　C. 原理图　　D. 混合图

76. 电子设备框图中，信号流向为（　　）。

A. 自左到右　　B. 自右到左　　C. 自上到下　　D. 自下到上

77. 为便于电路的调试维修，常在电子电路的关键点标出（　　）。

A. 电压、信号波形　　B. 电流

C. 器件型号　　D. 项目代号

78. 在电子电路中，总线常用（　　）。

A. 空心粗箭头表示　　B. 一根细线表示

C. 一根粗线表示　　D. 单箭头表示

79. 印制电路板中，为制作电路提供图样的是（　　）。

A. 布线图　　B. 装配图　　C. 混合图　　D. 其他图

80. 印制电路板布线图不能反映的内容是（　　）。

A. 导电图形的尺寸　　B. 安装孔孔径

C. 印制板外形尺寸　　D. 元器件安装关系

81. 印制板中的元器件装配和连接可通过（　　）来说明?

A. 连接说明　　B. 技术说明　　C. 安装说明　　D. 工艺说明

82. 逻辑单元图形符号主符号 & 表示（　　）。

A. 与　　B. 非　　C. 或　　D. 与非

83.（　　）的特点是所有电气设备和电器元件按其所在的实际位置绘制在图纸上。

A. 信号图　　B. 接线图　　C. 电路图　　D. 印制板图

84. 电机绕组通常是由用（　　）绕制成一定形状的线圈组成。

A. 绝缘铜线和铝线　　B. 裸导线

C. 不锈钢材料　　D. 任意金属细丝

85. 直接起动控制的优点是电气设备少、线路简单。缺点是（　　）。

A. 起动电压高　　B. 起动电流大

C. 不安全　　D. 起动功率大

86. 当电动机功率（　　）时，允许直接起动。

A. 小于 5kW

B. 不超过供电变压器容量的 20% ~25%

C. 小于 10kW

D. 小于 15kW

87. 电动机定子三相绕组首端用 U、V、W 标记，尾端用(　　)标记?

A. u、v、w　　　B. X、Y、Z

C. U′、V′、W′　　　D. 其他

88. 关于常态位置，以下叙述错误的是（　　）。

A. 继电器线圈处于非激励状态

B. 断路器处于断开位置

C. 隔离开关处于接通位置

D. 按钮处于非工作状态

89. 自耦变压器减压起动方法是起动时将电源电压端与（　　）连接。

A. 自耦变压器的低压压绕组　　　B. 自耦变压器的高压绕组

C. 电动机的定子绕组　　　D. 都不是

90. 反接制动时，R 为反接制动电阻，其作用是（　　）。

A. 防止制动过程中电流过大　　　B. 防止制动过程中电压过大

C. 使制动过程的能耗减小　　　D. 都是

91. 反接制动控制的优点是（　　）。

A. 制动效果好　　　B. 冲击小

C. 能耗小　　　D. 制动平稳

92. 能耗制动的优点是（　　）。

A. 制动平稳　　　B. 制动效果好

C. 冲击大　　　D. 制动力矩大

93. 多点多条件控制时，动合触点串联构成（　　）。

A. 逻辑非　　B. 逻辑或　　C. 逻辑与　　D. 逻辑与非

94. 对三相交流电动机，只要改变电动机三相电源的（　　），就能改变电动机的转向。

A. 幅值　　B. 频率　　C. 周期　　D. 相序

95. 不属于电气制动的有（　　）。

A. 反接制动　　B. 能耗制动　　C. 抱闸制动　　D. 以上全是

96. 在试车调整时，利用手动控制使电动机断续转动，称为（　　）。

A. 电动控制　B. 机械控制　C. 长动控制　D. 点动控制

97. M7120 型磨床中，电压继电器的作用是（　　）。

A. 过电压保护　B. 欠电压保护

C. 放电保护　D. 短路保护

98. X62W 型铣床中，主电动机的作用是（　　）。

A. 驱动进给　B. 驱动主轴

C. 驱动冷却　D. 以上都不对

99. T68 型卧式镗床中，控制变压器的作用是（　　）。

A. 控制照明　B. 照明短路保护

C. 过载保护　D. 限位

100. 信号电路用来指示（　　）的工作状态。

A. 一次电路　B. 二次电路　C. 三次电路　D. 四次电路

101. 在 6～10kV 变配电所中，用于一次设备出现不正常运行状态或故障初期时发出报警信号的是（　　）。

A. 预告信号　B. 位置信号

C. 事故信号　D. 以上答案均不对

102. 根据电力负荷的重要性，电力负荷分为（　　）级。

A. 1　B. 2　C. 3　D. 4

103. 中性点（　　）的电力系统发生单相接地时，没有单相短路电流。

A. 直接接地　B. 间接接地　C. 不接地

104. 工厂中最普遍使用的 220V/380V 三相四线制系统属于（　　）系统。

A. 中性点不接地　B. 中性点经消弧线圈接地

C. 中性点直接接地　D. 相线直接接地

105. （　　）是汇集和分配电能的导线，又称为汇流排。

A. 母线　B. 总线

C. 排线　D. 以上答案均不对

106. （　　）的电气主接线是变电所接受电能、变换电压和分配电能的电路。

A. 变压器　B. 发电站　C. 变电所　D. 工厂

107. 变电所和配电所相比较而言，多了一项（　　）任务。

A. 接受电能　　B. 变换电能　　C. 分配电能　　D. 产生电能

108. 由不同电压的电力线路，将各种发电厂、变电所和电力用户联系起来组成的发、输、变、配、用电的整体，叫做（　　）。

A. 电力系统　　B. 电网　　C. 电力网　　D. 供电系统

109. 为使变配电所众多的接线不致紊乱，必须采用（　　）。

A. 线扎　　B. 色标　　C. 母线　　D. 数字标号

110. 中断供电将造成人身伤亡的电力负荷属于（　　）负荷。

A. 一级　　B. 二级　　C. 三级　　D. 四级

111. 衡量电力系统电能质量的主要参数是（　　）。

A. 电压和频率　　B. 电压和相位

C. 相位和频率　　D. 电压和电流

112. 电力负荷中，级别最高的是（　　）。

A. 一级负荷　　B. 二级负荷　　C. 三级负荷　　D. 四级负荷

113. 变配电所电气部分的主体是（　　）。

A. 变压器　　B. 主接线　　C. 接地线　　D. 保护线

114. 中小型工厂变配电所主接线多采用（　　）。

A. 单母线接线　　B. 双母线接线

C. 桥形接线　　D. 单元接线

115. 负荷变化较大时，主接线采用（　　）。

A. 单母线接线　　B. 双母线接线

C. 外桥形接线　　D. 内桥形接线

116. 电源线路较长的一、二级负荷，主接线采用（　　）。

A. 单母线接线　　B. 外桥形接线

C. 内桥形接线　　D. 单元接线

117. 若动力设备不多且容量差别较大时，动力配电主接线采用（　　）。

A. 放射式　　B. 树干式　　C. 链式　　D. 其他

118. 若动力设备分布均匀，容量差别不大，对可靠性要求不高，则动力配电主接线采用（　　）。

A. 放射式　　B. 树干式　　C. 链式　　D. 其他

119. 在照明配电中，当照明容量较小时，可采用（　　）。

A. 单相制接线　　B. 三相四线制接线

C. 两相制接线　　D. 其他

120. 当照明容量较大时，照明配电主接线采用（　　）。

A. 单相制接线　　B. 三相四线制接线

C. 两相制接线　　D. 其他

121. 以下不是二次设备的是（　　）。

A. 控制设备　B. 保护设备　C. 指示设备　D. 主电动机

122. 交流操作电源适用于（　　）。

A. 小型工厂　B. 中型工厂　C. 大型工厂　D. 大型车间

123. 以下属于电气主接线有母线接线形式的是（　　）。

A. 单母线接线　B. 角形接线　C. 桥形接线　D. 单元接线

124. 不属于工厂高低压配电系统的接线方式的基本类型的是（　　）。

A. 放射式　B. 链式　C. 树干式　D. 环形

125. 不属于动力配电系统的主接线形式的是（　　）。

A. 放射式　B. 链式　C. 树干式　D. 环形

126. 操作电源属于（　　）。

A. 一次设备　B. 二次设备　C. 控制设备　D. 保护设备

127. 小型变电所进行反时限过电流保护和电流速断保护最常用的继电器是（　　）。

A. 功率继电器　　B. 电流继电器

C. 时间继电器　　D. 温度继电器

128. （　　）是衡量电力系统电能质量的基本参数。

A. 功率　B. 频率　C. 电流　D. 电感

129. 在设计和施工图中，主电路部分以（　　）绘出。

A. 虚线　B. 点画线　C. 粗实线　D. 细实线

130. 以下属于内线工程的是（　　）。

A. 架空线路　　B. 防雷接地系统

C. 电缆线路　　D. 室外电源配电线路

131. 位置图属于（　　）。

A. 一次电气图　　B. 二次电气图
C. 二次原理图　　D. 二次接线图

132. （　　）表示电气装置、设备、线路在建筑物中的安装位置、连接方法及安装方法。

A. 系统图　　B. 功能图
C. 梯形图　　D. 建筑电气安装图

133. 建筑电气安装图主要用于表示（　　）。

A. 电气设备端子间的连接方法　　B. 建筑物的相对位置
C. 电气设备的相对位置　　D. 电气设备端子的相对位置

134. （　　）适用于离供电点较近、可靠性要求较高的用户（或车间）。

A. 放射式接线　　B. 树干式接线
C. 环形接线　　D. 集中式接线

135. 放射式接线只能用于（　　）负荷。

A. 一级　　B. 二级　　C. 三级　　D. 四级

136. （　　）的优点是使用开关设备少，耗用导线、有色金属材料少，投资省，且适于发展。

A. 放射式接线　　B. 树干式接线
C. 环形接线　　D. 集中式接线

137. 在建筑电气图中，（　　）是不考虑实物的形状和大小，只考虑其安装位置，按图形符号的布局对应于实物的实际位置而绘制的图。

A. 投影图　　B. 侧面图　　C. 简图　　D. 正面图

138. （　　）是建筑电气装置安装的依据。

A. 建筑电气图　　B. 建筑布线图
C. 建筑布局图　　D. 建筑施工图

139. 在建筑电气图中，（　　）用于建筑图的立面图、平面图与剖面图的截面轮廓线、图框线及电气安装图中的电气图线等。

A. 粗实线　　B. 中实线　　C. 细实线　　D. 粗点画线

140. 在建筑电气图中，（　　）用于在平面图中的大型构件轴线，车间行车导轨的中轴线，接地平面图中的接地干线等。

A. 粗实线　　B. 粗点画线　　C. 细实线　　D. 中实线

141. 在建筑电气图中，（　　）用于不可见轮廓线，暂不施工的二期工程或近期拟扩展部分的轮廓线。

A. 点画线　　B. 虚线　　C. 折线　　D. 实线

142. 在照建筑电气图中，（　　）用于被假想断开部分的边界线。

A. 点画线　　B. 虚线　　C. 折线　　D. 实线

143. 建筑电气安装图上标注的尺寸通常采用（　　）为单位。

A. mm　　B. cm　　C. m　　D. in

144. 凡由承重墙、柱、梁和屋架等主要承重构件的位置所画的轴线，称为（　　）。

A. 定位轴线　　B. 相对轴线

C. 绝对轴线　　D. 以上答案均不对

145. 建筑物标高不包括下列哪一项（　　）?

A. 相对标高　　B. 绝对标高　　C. 投影标高　　D. 敷设标高

146. 按功能分，建筑电气安装图不包括以下哪一项（　　）?

A. 供电总平面图　　B. 高低压供电系统图

C. 动力平面及系统图　　D. 位置图

147. 建筑电气安装图连接线一般只采用（　　）。

A. 单线连续线　　B. 多线连续线

C. 单线中断线　　D. 多线中断线

148. 建筑电气安装施工图中的干线、电缆线用（　　）图线画出。

A. 粗实线　　B. 中实线　　C. 细实线　　D. 点画线

149. 建筑电气安装图在同一张图样上往往有几幅图，必须在每一幅图的下方标注（　　）。

A. 图名　　B 序号　　C. 代码　　D. 单位

150. 全国各地建筑物绝对标高都以（　　）为基准标注。

A. 南海零点　　B. 东海零点　　C. 北海零点　　D. 黄海零点

151. 安装标高又称为（　　）。

A. 绝对标高　　B. 相对标高　　C. 敷设标高　　D. 零位标高

152. C650 型卧式车床中，冷却电动机的作用是（　　）。
A. 主电动机正向点动　　B. 总停
C. 主电动机反向转动　　D. 以上都不对

153. 建筑电气安装图中常用方位标记“N”表示（　　）方向。
A. 正东　　B. 正西　　C. 正南　　D. 正北

154. 为了突出电气布置，建筑电气安装图电气图线应比建筑图线宽（　　）个等级。
A. 1~2　　B. 2~3　　C. 3~4　　D. 4~5

155. 电力线路按电压高低分，（　　）为高压线路。
A. 10kV 以上　　B. 1kV 以上
C. 5kV 以上　　D. 0.5kV 以上

156. 当高低压线同杆架设时，高低压线垂直间距不小于（　　）。
A. 1.2m　　B. 1.0m　　C. 0.6m　　D. 2m

157. 当动力线与照明线同杆架设时，垂直间距不小于（　　）。
A. 1.2m　　B. 1.0m　　C. 0.6m　　D. 2m

158. 当强电与弱电同杆架设时，垂直间距不小于（　　）。
A. 1.2m　　B. 1.0m　　C. 0.6m　　D. 2m

159. 当强电与弱电同杆架设时，（　　）在下。
A. 强电　　B. 弱电　　C. 无所谓

160. 建筑动力和照明工程图以（　　）应用多。
A. 断面图　　B. 剖面图　　C. 平面图　　D. 系统图

161. 动力和照明线路在平面图上采用（　　）和文字符号相结合的方法。
A. 图符　　B. 图案　　C. 图形　　D. 图线

162. 照明工程图不包括以下哪一项（　　）。
A. 照明电气系统图　　B. 动力系统图
C. 平面图　　D. 照明配电箱安装图

163. 动力工程图不包括以下哪一项（　　）。
A. 动力系统图　　B. 照明配电箱安装图
C. 动力平面图　　D. 电缆平面图

164. 导线敷设部位标注中，设钢索敷设的符号是（　　）。

A. S　　B. Q　　C. D　　D. G

165. 线路标注的格式为）a—D（e×f）—g—h，其中 e 为（　　）。

A. 导线根树　　B. 导线截面积

C. 敷设方式符号　　D. 敷设部位符号

166. 端子板的文字代号是（　　）。

A. X　　B. Y　　C. Z　　D. U

167. 对照明系统图中的架空线路，不需标明（　　）。

A. 回路数　　B. 导线型号　　C. 穿管管径　　D. 导线长度

168. 不是照明系统图内容的是（　　）。

A. 架空线路　　B. 技术说明　　C. 用电参数　　D. 安装位置

169. 不是照明平面图内容的是（　　）。

A. 灯具位置　　B. 安装方式

C. 进线位置　　D. 用电负荷参数

170. 电光源种类代号中，白炽灯的符号是（　　）。

A. Ne　　B. Xe　　C. Hg　　D. IN

171. 灯具安装方式标注中，壁装式标注为（　　）。

A. CP　　B. P　　C. W　　D. Ch

172. 雷电过电压产生的雷电冲击波，其电压幅值高达（　　）伏。

A. 几千　　B. 几万　　C. 几亿　　D. 几百亿

173. 雷云在架空线路或其他物体上方，雷云主放电时产生的过电压称为（　　）。

A. 直击雷　　B. 感应雷　　C. 雷电侵入波　　D. 球形闪电

174. 避雷针属于防雷设备的（　　）部分。

A. 接闪器　　B. 避雷器　　C. 引下线　　D. 接地装置

175. 根据 JGJ/T16—1992 的规定，避雷带和避雷网一般采用（　　）材料。

A. 圆钢　　B. 角钢　　C. 铜线　　D. 铝线

176. 垂直接地体的长度一般为（　　）。

A. 1m　　B. 2m　　C. 2.5m　　D. 5m

177. 接地线和接地体合称为（　　）。

A. 接地网　　B. 接地装置　　C. 避雷网　　D. 避雷带

178. 电力系统中，电源中性点的直接接地属于（　　）。

A. 工作接地　　B. 保护接地　　C. 保护接零　　D. 工作接零

179. 布置接闪器时，应优先采用（　　）。

A. 避雷网或避雷带　　B. 避雷针

C. 避雷线　　D. 避雷针、避雷线

180. 10kV 及以上架空线路需全线架设避雷线。

A. 10kV 及以上　　B. 35kV 以上

C. 10kV 以上　　D. 10kV 以下

181. 接地体埋设深度不宜小于（　　）。

A. 0.5m　　B. 0.7m　　C. 1m　　D. 1.2m

182. 1kV 以下系统与总容量在 100kV·A 以上的发电机或变压器相连的接地装置，其工作接地电阻值 R_E 应不大于（　　）。

A. 2Ω　　B. 0.5Ω　　C. 4Ω　　D. 8Ω

183. 交流电动机绕组按（　　）分，可分为单相、两相、三相和多相绕组。

A. 绕组相数　　B. 槽内绕组层数

C. 每极每相不同槽数　　D. 每级每相相同槽数

184. （　　）是指线圈的两个有效边之间的距离，通常用相距的槽数来表示。

A. 节距 Y　　B. 极距 τ_p

C. 槽距角 α　　D. 每极每相槽数 q

185. $Y=5$ 槽，表示线圈的有效边相隔（　　）槽。

A. 5　　B. 4　　C. 6　　D. 8

186. （　　）是指相邻两磁极之间的距离，通常用相距的槽数来表示，或用长度表示。

A. 节距 Y　　B. 极距 τ_p

C. 槽距角 α　　D. 每极每相槽数 q

187. 当（　　）时，称为整距绕组。

A. $Y=\tau_p$　　B. $Y>\tau_p$　　C. $Y<\tau_p$　　D. $Y\geqslant\tau_p$

188. 电动机相邻两槽间的距离用电角度表示称为（　　）。

A. 节距 Y　　B. 极距 τ_p

C. 槽距角 α　　D. 每极每相槽数 q

189. 极相组是由许多线圈组成的，同一极相组内的线圈应该（　　）。

A. 正向串联　　B. 反向串联　　C. 并联连接　　D. 任意连接

190. 三相电动机的（　　）是指每极下一相所占的宽度，用电角度表示，一般三相异步电动机多采用60°。

A. 节距　　B. 槽距角　　C. 极距　　D. 相带

191. 当把电枢上各槽内线圈边按正弦规律变化的电动势分别用矢量表示时，这些矢量构成一个辐射星形图，称为（　　）。

A. 电动势星形图　　B. 槽电动势星形图

C. 线圈边星形图　　D. 电枢星形图

192. 以下不属于单层绕组形式的有（　　）。

A. 同心式　　B. 链式　　C. 波绕组　　D. 交叉式

193. 经常使用的三相双层绕组是（　　）。

A. 同心式　　B. 叠绕组　　C. 波绕组　　D. 链式

194. 交流电动机绕组中，P 表示（　　）。

A. 极对数　　B. 槽数　　C. 绕组数　　D. 电角度

195. 交流电动机绕组中，m 表示（　　）。

A. 极对数　　B. 相数　　C. 绕组数　　D. 槽数

196. 三相电动机的相带是指每极下一相所占的（　　）。

A. 长度　　B. 宽度　　C. 厚度　　D. 高度

197. 三相对称绕组就是指三相绕组在定子槽内的分布互相间隔（　　）电角度。

A. 60°　　B. 120°　　C. 360°　　D. 240°

198. 单层绕组槽内只有一个线圈边，线圈数等于槽数的(　　)。

A. 1/3　　B. 1/2　　C. 2/3　　D. 1/4

199. （　　）的嵌线较容易，常用于10kW以下的两相异步电动机和单相异步电动机中。

A. 同心式绕组　　B. 链式绕组

C. 交叉式绕组　　D. 波绕组

200. （　　）的优点是可以减少极相组之间的连接线。

A. 波绕组　　B. 链式绕组

C. 交叉式绕组　　D. 同心式绕组

201. 可编程序控制器是以（　　）形式进行工作。

A. 图形　　B. 程序

C. 逻辑式　　D. 以上答案均不对

202. PLC 是以（　　）为核心的电子系统。

A. 微处理器　　B. 输入输出部件

C. 编程器　　D. 电源部件

203. 梯形图是 PLC 中应用最多的一种（　　）。

A. 电原理图　　B. 印制板图　　C. 高级语言　　D. 编程语言

204. （　　）是 PLC 形象化的编程手段。

A. 梯形图　　B. 指令　　C. 逻辑图　　D. 高级语言

205. PLC 中的指令是（　　）。

A. 汇编语言　　B. 高级语言

C. 机器语言　　D. 助记功能缩写符号

206. PLC 对梯形图是按照（　　）方式顺序执行程序。

A. 并列　　B. 扫描　　C. 时间顺序　　D. 节点顺序

207. 梯形图编程中用“AND”指令表示（　　）。

A. 动合触点串联　　B. 动合触点并联

C. 动断触点串联　　D. 动断触点并联

208. 电梯的限速器是当轿厢速度达到额定速度的（　　）时动作。

A. 80% ~90%　　B. 100% ~110%

C. 115% ~140%　　D. 150% ~160%

209. 电梯的缓冲器设在底坑的地面上，用来缓解（　　）撞向坑底时的速度。

A. 轿厢　　B. 对重装置　　C. 轿厢或对重装置

210. 电梯的控制中心是（　　）。

A. 驱动部分　　B. 运动部分

C. 安全设施部分　　D. 控制操作部分

211. 高速电梯是指速度（　　）的电梯的。

A. 大于 1.0m/s　　B. 小于 1.0m/s

C. 大于 2m/s　　D. 不低于 1.5m/s

212. 电梯的型号中表示客货两用电梯的符号是（　　）。

A. B　　B. W　　C. L　　D. Z

213. 电梯的控制方式中，用（　　）表示集选电梯。

A. SZ　　B. QK　　C. JK　　D. AZ

214. 电梯的拖动方式中，用（　　）表示交流电力拖动。

A. Z　　B. J　　C. Y　　D. W

215. 梯形图中的继电器不是继电器控制电路中的物理继电器，它实质上是存储器中的每一位（　　）。

A. 触发器　　B. 与非门　　C. 信号　　D. 定时器

216. 梯形图中电流流动方向是（　　）。

A. 从左向右流动　　B. 从右向左流动

C. 都可以　　D. 从上向下流动

217. 梯形图中只出现输入继电器的触点，而不出现输入继电器的线圈的原因是（　　）。

A. 和内部其他继电器共用线圈

B. 输入继电器只接受外部输入信号

C. 输入继电器的线圈无用

D. 输入继电器的线圈上没用电流

218. PLC 的内部继电器的作用是（　　）。

A. 输入控制　　B. 输出控制

C. 输入、输出控制　　D. PLC 内部控制

219. 标识动合触点与母线连接的基本指令是（　　）。

A. STR　　B. STR NOT　　C. STR TMR　　D. STR CNT

220. 梯形图编程中用“OR”指令表示（　　）。

A. 动合触点串联　　B. 动合触点并联

C. 动断触点串联　　D. 动断触点并联

221. 梯形图编程中用“AND STR”指令表示（　　）。

A. 动合触点串联　　B. 动断触点串联

C. 触点组的串联　　D. 触点组的并联

222. 梯形图编程中用“MCS”指令表示（　　）。

A. 动合触点与母线连接　　B. 动断触点与母线连接

C. 主控开始　　D. 返回原母线

223. 梯形图编程中用“MCR”指令表示（　　）。

A. 动合触点与母线连接　　B. 动断触点与母线连接

C. 主控开始　　D. 主控结束

224. 梯形图编程中用“TMR”指令表示（　　）。

A. 计时器的延时操作　　B. 计数器的计数操作

C. 线圈的复位　　D. 输出置位

225. 梯形图编程中用“OUT”指令表示（　　）。

A. 输出逻辑运算结束　　B. 主控结束

C. 线圈的复位　　D. 继电器输出

226. PLC 中定义号的功能是（　　）。

A. 告诉 CPU 哪个点执行什么　　B. 定义指令意义

C. 定义 CPU　　D. 定义输入输出

227. 直流他励电动机的单向旋转起动电路，是（　　）起动。

A. 按电流原则　　B. 按时间原则

C. 直接　　D. 按电压原则

228. 三相绕线转子异步电动机的转子绕组通过铜环经电刷与外电路电阻相接，目的是（　　）。

A. 减小起动电流　　B. 降低转子电路功率因数

C. 减小起动转矩　　D. 减小起动电阻

229. 绕线转子异步电动机按电流原则起动过程中电流的变化来实现转子（　　）短接控制。

A. 线圈　　B. 电阻　　C. 电压　　D. 电流

230. 电瓶铲车控制电路中，M1 的作用是（　　）。

A. 控制行驶　　B. 拖动高压油泵

C. 控制货叉的升降　　D. 给电瓶充电

231. 电气符号中，SA 表示（　　）。

A. 控制开关　　B. 隔离开关　　C. 行程开关

232. 电气符号中，中间继电器用（　　）表示。

A. KT　　B. KA　　C. KM

（二）**多选题**

1. 属于电气图的图纸幅面有（　　）等几种。

A. A0　　B. A1　　C. A2　　D. A3

2. 国标中规定的图形用线有（　　）等几种。

A. 细实线　　B. 波浪线　　C. 三折线　　D. 虚线

3. 指引线末端加注标记的方法（　　）等几种。

A. 黑点　　B. 实心箭头　　C. 空心箭头　　D. 短线

4. 标注尺寸时，尺寸有（　　）等要素组成。

A. 尺寸线　　B. 尺寸界线

C. 尺寸起止箭头　　D. 标号

5. 在图样中，常用的尺寸单位有（　　）。

A. km　　B. m　　C. cm　　D. mm

6. 一张电气图一般由（　　）等部分组成。

A. 电气图表　　B. 技术说明　　C. 标题栏　　D. 图号

7. 电气符号包括（　　）等几种。

A. 图形符号　　B. 文字符号　　C. 项目代号　　D. 限定符号

8. 图形符号通常由（　　）等符号等组成。

A. 基本符号　　B. 一般符号　　C. 符号要素　　D. 限定符号

9. 电气技术中的文字符号分为（　　）等几类。

A. 基本文字符号　　B. 辅助文字符号

C. 特殊文字符号　　D. 标点符号

10. 项目代号是由（　　）组合而成的。

A. 拉丁字母　　B. 阿拉伯数字

C. 特定的前缀符号　　D. 汉语文字

11. 以下属于高层代号有（　　）。

A. 电力系统　　B. 变电所

C. 电力变压器　　D. 电力设备

12. 连接线的绘制可分为（　　）等几种。

A. 多线表示法　　B. 单线表示法

C. 混合法　　D. 双线表示法

13. 导线连接点分为（　　）形几种。

A. “T”　　B. “十”　　C. “Y”　　D. “Δ”

14. 主标记分为（　　）几种。

A. 从属标记　　B. 独立标记　　C. 组合标记　　D. 混合标记

15. 交流电能表按相数分有（　　）。

A. 单相　　B. 二相　　C. 三相　　D. 四相

16. 交流电能表按结构的不同可分为（　　）。

A. 感应式　　B. 机械式

C. 全电子多功能式　　D. 电磁式

17. 常见的基本电子单元电路有（　　）。

A. 整流电路　　B. 放大电路　　C. 稳压电路　　D. 滤波电路

18. 在工厂电气控制系统中，常见的电气图主要有（　　）几种形式。

A. 电路图　　B. 接线图　　C. 布线图　　D. 印制板图

19. 三相笼型异步电动机具有（　　）等优点。

A. 结构简单　　B. 坚固耐用　　C. 价格便宜　　D. 容易起动

20. 就电力负荷而言，一般中小型机械类工厂都属于（　　）级负荷。

A. 一　　B. 二　　C. 三　　D. 四

21.（　　）级负荷属于重要负荷。

A. 一　　B. 二　　C. 三　　D. 四

22. 中小型工厂常用中性点一般（　　）运行。

A. 不接地　　B. 直接接地　　C. 间接接地　　D. 保护接地

23. 供电系统中，电气主接线的基本要求是（　　）。

A. 安全　　B. 可靠　　C. 经济　　D. 节省

24. 配电系统的接线方式有（　　）。

A. 放射式　　B. 树干式　　C. 环形　　D. T 形

25. 环形接线一般适用于（　　）级负荷。

A. 一　　B. 二　　C. 三　　D. 四

26. 动力配电系统的主接线常有（　　）形式。

A. 放射式　　B. 树干式　　C. 链式　　D. T形

27. 照明配电系统按工作方式分为（　　）几类。

A. 一般照明　　B. 局部照明　　C. 夜间照明　　D. 特种照明

28. 照明配电系统按工作性质分为（　　）几类。

A. 工作照明　　B. 事故照明　　C. 生活照明　　D. 马路照明

29. 建筑电气图按照表示方法分可以分为（　　）。

A. 投影图　　B. 侧面图　　C. 简图　　D. 断面图

30. 建筑电气图按照表达的内容不同可以分为（　　）。

A. 平面图　　B. 剖面图　　C. 立体图　　D. 侧面图

31. 建筑电气图大多是指建筑电气平面图，建筑电气平面图有以下（　　）等几类。

A. 供电总平面图　　B. 高、低压供电系统图

C. 变、配电所平面图　　D. 建筑照明系统图

32. 电气安装图常用的比例有（　　）。

A. 1∶200　　B. 1∶100　　C. 1∶50　　D. 1∶25

33. 建筑物各部分的高度用标高表示，标高有（　　）几种。

A. 绝对标高　　B. 相对标高

C. 敷设（安装）标高　　D. 安装标高

34. 电力系统和设备的接地，按其功能分为（　　）等几类。

A. 工作接地　　B. 保护接地　　C. 虚拟接地　　D. 直接接地

35. 交流电动机绕组的类型很多，按绕组相数分，可分为（　　）几类绕组。

A. 单相　　B. 三相　　C. 两相　　D. 多相

36. 交流电动机的绕组，按槽内绕组层数分可分为（　　）。

A. 单层绕组　　B. 双层绕组

C. 单、双层绕组　　D. 多层绕组

37. 交流电动机的绕组，按每极每相不同槽数分，可分为（　　）。

A. 整数槽绕组　　B. 分数槽绕组

C. 奇数槽绕组　　　　　　　　D. 多层绕组

38. 电机绕组通常是由用（　　）绕制成一定形状的线圈组成。

A. 绝缘铜线　　B. 绝缘线　　C. 铝线　　D. 裸铜线

39. 单层绕组又分为（　　）等绕组形式。

A. 同心式　　B. 链式　　C. 交叉式　　D. 等线圈

40. 起重设备有（　　）等几种形式。

A. 桥式　　B. 塔式　　C. 门式　　D. 卷式

41. 电动葫芦是将运行小车和（　　）等紧凑地合为一体的起重机械设备。

A. 电动机　　B. 卷筒　　C. 制动器　　D. 减速箱

42. 根据电动机、制动器和卷筒等几种主要部件布置的不同，电动葫芦可分为（　　）等几种类型。

A. TV　　B. HD　　C. MD　　D. RD

43. 桥架是桥式起重机的基本构件，主要由（　　）等部分组成。

A. 两正轨箱型主梁　　　　　　B. 端梁

C. 走台　　　　　　　　　　　D. 大车运行机构

44. 电梯在结构上可分为（　　）等几部分。

A. 驱动部分　　　　　　　　　B. 安全设施部分

C. 运动部分　　　　　　　　　D. 信号指示部分

45. 曳引机的主要部分包括（　　）。

A. 交流电动机　　　　　　　　B. 步进电动机

C. 直流电动机　　　　　　　　D. 轿厢

46. 自动扶梯控制系统是由（　　）几部分组成。

A. 主电路　　B. 控制电路　　C. 保护电路　　D. 电源

47. 直流电动机分为（　　）等几种。

A. 串励　　B. 并励　　C. 复励　　D. 他励

48. 线路平面图是采用（　　）绘制出的一种简图。

A. 图形符号　　B. 文字符号　　C. 图线　　D. 设备代号

49. 照明工程图主要包括（　　）等几种。

A. 照明电气概略图　　　　B. 平面图

C. 照明配电箱安装图　　　D. 断面图

50. 雷电过电压的基本形式有（　　）几种。

A. 直击雷过电压（直击雷）　B. 感应过电压（感应雷）

C. 雷电侵入波　　　　　　D. 雷电波

51. 二次电气图有（　　）类。

A. 二次原理图　　　　　　B. 二次接线图

C. 位置图　　　　　　　　D. 安装图

52. 电气器件正常状态是指（　）。

A. 继电器和接触器的线圈处在非激励状态

B. 断路器和隔离开关在断开位置

C. 零位操作的手动控制开关在零位状态，不带零位的手动控制开关在图中规定的位置

D. 机械操作开关和按钮在非工作状态或不受力状态

53. 减压起动方法有（　　）。

A. Y-△减压起动　　　　　B. 定子绕组串电阻减压起动

C. 自耦变压器减压起动　　D. 定子绕组串电抗器减压起动

54. 下列属于二次设备的是（　　）。

A. 控制设备　B. 保护设备　C. 指示设备　D. 主电动机

55. 常见的电气制动方式有（　　）。

A. 反接制动　B. 抱闸制动　C. 能耗制动　D. 液压制动

56. 反接制动的缺点是（　　）。

A. 制动时冲击较强烈　　　B. 制动力矩小

C. 制动效果差　　　　　　D. 能量消耗大

57. 直接起动的缺点是（　　）。

A. 起动电流大　　　　　　B. 起动不平稳

C. 起动速度慢　　　　　　D. 系统电压易被扰动

58. 下列电气图中属于概略图的有（　　）。

A. 系统图　B. 功能图　C. 逻辑图　D. 接线图

59. 桥式起重机中，大车的驱动方式有（　　）。

A. 集中驱动　　　　　　　B. 双电机同时驱动

C. 分别驱动　　D. 单电机驱动

60. 电气主接线的核心问题是（　　）。

A. 有无母线　　B. 母线的结构

C. 母线的类型　　D. 母线的可靠性

答案部分

一、判断题

1. ×	2. ×	3. ✓	4. ✓	5. ×	6. ×	7. ✓	8. ✓
9. ×	10. ✓	11. ×	12. ×	13. ×	14. ×	15. ×	16. ✓
17. ×	18. ✓	19. ×	20. ×	21. ✓	22. ×	23. ✓	24. ×
25. ✓	26. ✓	27. ✓	28. ✓	29. ✓	30. ✓	31. ✓	32. ×
33. ×	34. ✓	35. ×	36. ✓	37. ✓	38. ×	39. ×	40. ×
41. ✓	42. ×	43. ×	44. ✓	45. ✓	46. ✓	47. ×	48. ✓
49. ✓	50. ×	51. ×	52. ✓	53. ×	54. ×	55. ✓	56. ×
57. ×	58. ✓	59. ×	60. ×	61. ✓	62. ×	63. ×	64. ×
65. ✓	66. ✓	67. ✓	68. ✓	69. ×	70. ×	71. ×	72. ×
73. ×	74. ✓	75. ×	76. ✓	77. ×	78. ✓	79. ✓	80. ✓
81. ✓	82. ×	83. ×	84. ×	85. ✓	86. ×	87. ×	88. ✓
89. ✓	90. ×	91. ✓	92. ×	93. ✓	94. ✓	95. ✓	96. ✓
97. ✓	98. ✓	99. ✓	100. ×	101. ✓	102. ✓	103. ✓	104. ×
105. ×	106. ✓	107. ✓	108. ✓	109. ✓	110. ✓	111. ✓	112. ×
113. ×	114. ✓	115. ✓	116. ×	117. ×	118. ✓	119. ✓	120. ✓
121. ✓	122. ×	123. ×	124. ✓	125. ✓	126. ×	127. ×	128. ✓
129. ×	130. ×	131. ×	132. ✓	133. ×	134. ✓	135. ✓	136. ✓
137. ×	138. ✓	139. ✓	140. ✓	141. ×	142. ×	143. ✓	144. ×
145. ✓	146. ✓	147. ✓	148. ×	149. ×	150. ×	151. ×	152. ✓
153. ✓	154. ×	155. ✓	156. ×	157. ✓	158. ×	159. ✓	160. ×
161. ×	162. ✓	163. ✓	164. ×	165. ✓	166. ✓	167. ×	168. ✓
169. ×	170. ×	171. ✓	172. ×	173. ✓	174. ✓	175. ×	176. ×

177. ✓ 178. ✓ 179. ✓ 180. ✓ 181. × 182. × 183. ✓ 184. ×
185. ✓ 186. × 187. ✓ 188. × 189. ✓ 190. ✓ 191. × 192. ×
193. × 194. × 195. ✓ 196. ✓ 197. × 198. ✓ 199. × 200. ✓
201. ✓ 202. × 203. ✓ 204. ✓ 205. × 206. × 207. ✓ 208. ×
209. ✓ 210. × 211. × 212. × 213. ✓ 214. × 215. ✓ 216. ×
217. × 218. × 219. × 220. ✓ 221. × 222. ✓ 223. × 224. ✓
225. ✓ 226. ✓ 227. ✓ 228. × 229. × 230. ✓ 231. ✓ 232. ×
233. ✓ 234. × 235. × 236. ✓ 237. ✓ 238. ✓ 239. × 240. ×
241. × 242. ✓ 243. ✓ 244. × 245. ✓ 246. ✓ 247. ✓ 248. ×
249. ✓ 250. ✓ 251. × 252. × 253. ✓ 254. × 255. ✓ 256. ✓
257. × 258. × 259. × 260. ✓ 261. ✓ 262. ✓ 263. × 264. ✓
265. ✓ 266. ✓ 267. × 268. ✓ 269. ✓ 270. ✓ 271. ✓ 272. ×
273. × 274. ✓ 275. × 276. ✓ 277. × 278. × 279. ✓ 280. ✓
281. ✓ 282. × 283. × 284. × 285. ✓ 286. ✓ 287. × 288. ×
289. × 290. ✓ 291. × 292. × 293. × 294. ✓ 295. ✓ 296. ✓
297. × 298. ✓ 299. × 300. ✓

二、选择题

（一）单选题

1. A 2. B 3. B 4. A 5. D 6. C 7. C 8. D
9. A 10. A 11. B 12. A 13. C 14. B 15. B 16. C
17. B 18. C 19. A 20. C 21. D 22. B 23. A 24. C
25. C 26. B 27. B 28. B 29. B 30. D 31. B 32. D
33. A 34. A 35. A 36. D 37. B 38. B 39. C 40. A
41. C 42. A 43. A 44. C 45. B 46. D 47. B 48. C
49. B 50. D 51. A 52. A 53. A 54. D 55. A 56. B
57. A 58. A 59. A 60. B 61. A 62. C 63. C 64. B
65. C 66. C 67. B 68. A 69. B 70. B 71. A 72. C
73. C 74. B 75. A 76. A 77. C 78. A 79. B 80. D
81. B 82. D 83. B 84. A 85. B 86. C 87. C 88. C

89. B	90. A	91. A	92. A	93. C	94. D	95. C	96. D
97. B	98. B	99. A	100. A	101. A	102. C	103. C	104. C
105. A	106. C	107. B	108. A	109. C	110. A	111. A	112. A
113. B	114. A	115. C	116. C	117. A	118. B	119. A	120. B
121. D	122. A	123. A	124. B	125. D	126. B	127. B	128. B
129. C	130. B	131. B	132. D	133. C	134. A	135. C	136. B
137. C	138. A	139. A	140. B	141. B	142. C	143. A	144. A
145. C	146. D	147. A	148. B	149. A	150. D	151. C	152. D
153. D	154. A	155. B	156. A	157. C	158. C	159. B	160. C
161. D	162. B	163. B	164. A	165. C	166. A	167. D	168. D
169. D	170. D	171. C	172. C	173. B	174. A	175. A	176. C
177. B	178. A	179. A	180. A	181. B	182. C	183. A	184. A
185. A	186. B	187. A	188. C	189. A	190. D	191. B	192. C
193. B	194. A	195. B	196. B	197. B	198. B	199. A	200. A
201. B	202. A	203. D	204. A	205. D	206. B	207. A	208. C
209. C	210. D	211. C	212. C	213. C	214. B	215. A	216. A
217. B	218. D	219. A	220. B	221. C	222. C	223. D	224. A
225. A	226. A	227. B	228. A	229. B	230. A	231. B	232. A

（二）多选题

1. ABCD	2. ABD	3. ABD	4. ABC	5. BCD	6. ABC
7. ABC	8. ABC	9. AB	10. ABC	11. ABC	12. ABC
13. AB	14. ABC	15. AC	16. AC	17. ABC	18. AB
19. ABC	20. BC	21. AB	22. AB	23. ABCD	24. ABC
25. AB	26. ABC	27. AB	28. ABC	29. AC	30. AB
31. ABCD	32. ABC	33. ABC	34. AB	35. ABD	36. ABC
37. AB	38. AC	39. ABCD	40. ABC	41. ABCD	42. AC
43. ABC	44. ABCD	45. AC	46. ABCD	47. ABCD	48. AB
49. ABC	50. ABC	51. ABC	52. ABCD	53. ABCD	54. ABC
55. AC	56. AD	57. AD	58. ABC	59. AC	60. AB

附　　录

附录 A　常用电气简图用图形符号

图形符号	名称及说明	图形符号	名称及说明
1. 符号要素			
形式1  形式2  形式3 	物体 符号轮廓内应填入或加入适当的符号或代号，以表示物体的类别	—·—·—	边界线
			屏蔽 护罩
形式1  形式2 	外壳（球或箱）罩 若设计需要，可以采用其他形状的轮廓 如果罩具有特殊的防护功能，可加注以引起注意 若肯定不引起混乱，外壳可省略 必要时，外壳可断开画	 200%	防止无意识直接接触通用符号 星号应由具备无意识直接接触防护的设备或器件的符号代替

（续）

图形符号	名称及说明	图形符号	名称及说明
2. 限定符号			
⎓	直流 电压可标注在符号右边，系统类型可标注在左边	N	中性（中性线）
		M	中间线
∼	交流 频率值、频率范围及电压的数值可标注在符号的右边，相数和中性线存在可表述在符号的左边	+	正极性
		-	负极性
			正脉冲
∼ ≈ ≋	不同频率的交流，当需要用画法区分不同频率： 相对低频（工频、亚音频）中频（音频） 相对高频（超高频、载频或射频）		负脉冲
			正阶跃函数
	具有交流分量的整流电流（当与需要整流并滤波的电流相区别时使用）		负阶跃函数

（续）

图形符号	名称及说明	图形符号	名称及说明
3. 常用的其他符号			
形式1  形式2 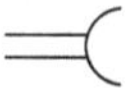	延时动作 当运动方向是从圆弧指向圆心时动作被延时		无噪声接地 抗干扰接地
	拔拉操作		保护接地
	旋转操作	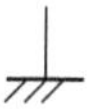	接机壳或接底板 如意思已很明确，则图中的影线可省略，此时表示即可获底板的线条应加粗。如：⊥
	按动操作		等电位
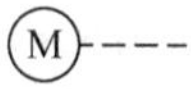	电机操作		理想电流源
	接地一般符号、地一般符号		理想电压源

（续）

图形符号	名称及说明	图形符号	名称及说明
4. 导线和连接器件			
 形式1 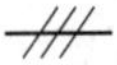 形式2 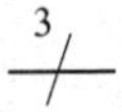	连线、连接、连接组。如：导线、电线、电缆、传输通路等 当用单线表示一组导线时，导线数可标注为相应数量的短斜线或一短斜线加导线数字 示例：三根导线	形式1 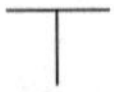 形式2 	T型连接 在形式1符号中增加连接符号
	柔软导线	形式1 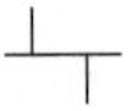 形式2 	导线的双重连接 仅在设计认为必要时使用
	屏蔽导线	形式1  形式2 	接通的连接片
	绞合导线	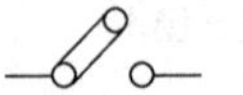	断开的连接片
	导线的连接点	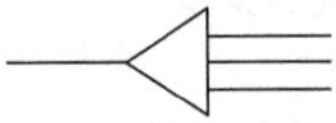	电缆密封终端 表示带有一根三芯电缆
	端子 注：必要时圆圈可画成圆黑点	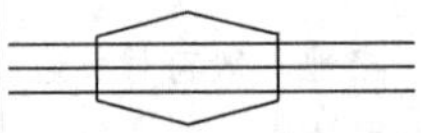 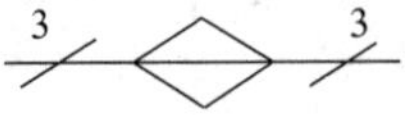	单线表示 直通接线盒，表示带有三根导线 多线表示

（续）

图形符号	名称及说明	图形符号	名称及说明
5. 基本无源元件			
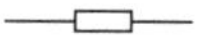	电阻器，一般符号		可调电容器
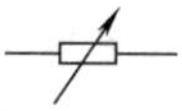	可调电阻器	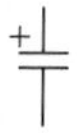	极性电容器
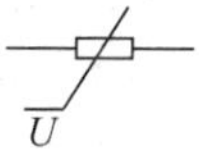	压敏电阻器 变阻器		预调电容器
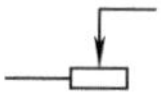	带滑动触点的电阻器		压敏极性电容器
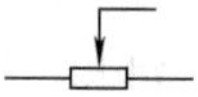	带滑动触点的电位器		热敏极性电容器
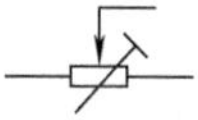	带滑动触点和预调电位器	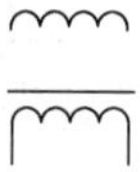	电感器，线圈，绕组，扼流圈。示例：带磁芯的电感器
	电容器、一般符号		磁芯有间隙的电感器
	穿芯电容器，旁路电容器		带磁芯连续可变电感器

（续）

图形符号	名称及说明	图形符号	名称及说明
6. 半导体管器件			
	半导体二极管一般符号		PNP 型半导体管
	发光二极管（LED）一般符号		NPN 型半导体管
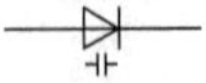	变容二极管	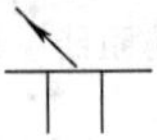	具有 P 型基极单结型半导体管
	隧道二极管	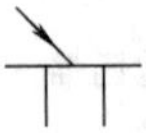	具有 N 型基极单结型半导体管
	单向击穿二极管 电压调整二极管	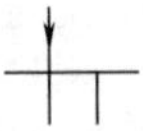	N 型沟道结型场效应半导体管
	双向击穿二极管		P 型沟道结型场效应半导体管
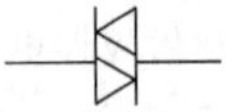	双向二极管		光敏电阻
	反向阻断二极晶体闸流管		光电二极管
	无指定形式的三极晶体闸流管	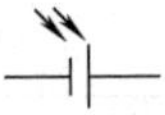	光电池
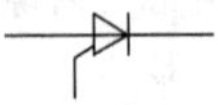	反向阻断三极晶体闸流管，N 型控制极（阳极侧受控）	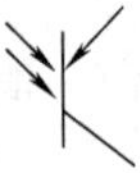	光电半导体管（示出 PNP 型）
	反向阻断三极晶体闸流管，P 型控制极（阴极侧受控）	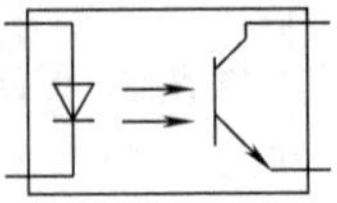	光耦合器件 光隔离器

（续）

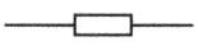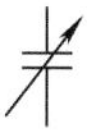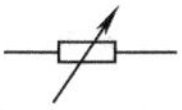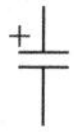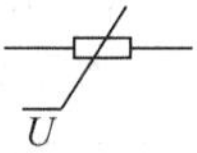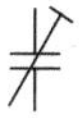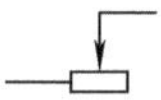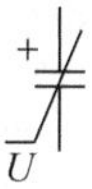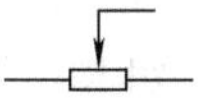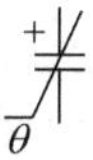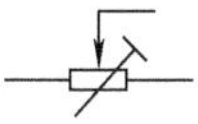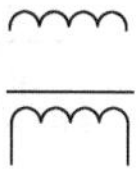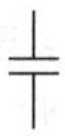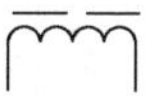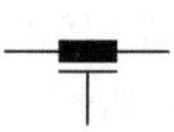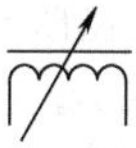

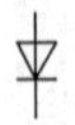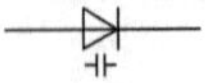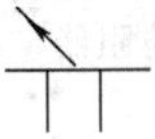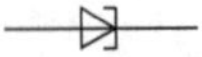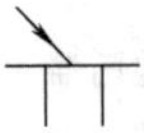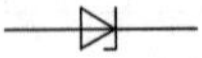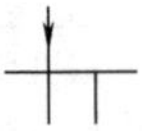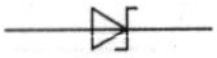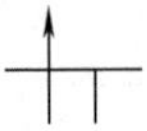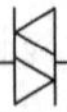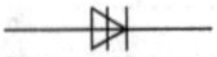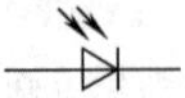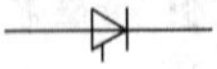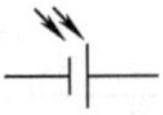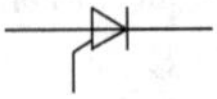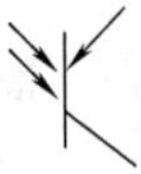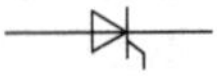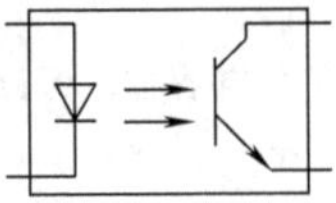

（续）

图形符号	名称及说明	图形符号	名称及说明
7. 电能的发生与转换			
	两相绕组		步进电动机一般符号
	V形（60°）连接的三相绕组	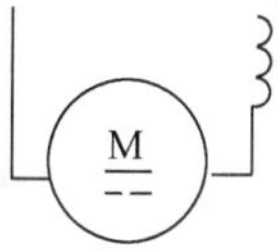	直流串励电动机
	中性点引出的四组绕组	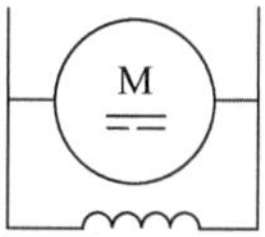	直流并励电动机
	T形连接的三相绕组	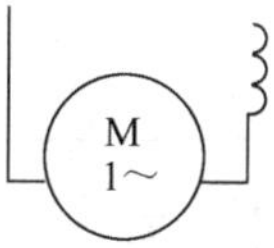	单相串励电动机
	三角形连接的三相绕组	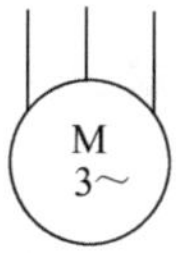	三相鼠笼感应电动机
	开口三角形连接的三相绕组	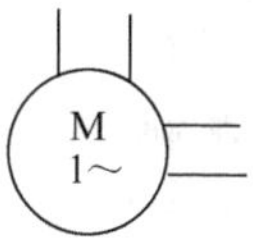	单相鼠笼式有分相绕线组引出端的感应电动机
	星形连接的三相绕组		
	中性点引出的星形连接的三相绕组		
	电机一般符号 符号内星号必须用规定的字母代替		
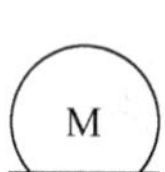	直流电动机一般符号		

（续）

图形符号	名称及说明	图形符号	名称及说明
形式1  形式2 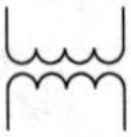 形式3 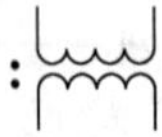	双绕组变压器 瞬时电压的极性可以在形式2中表示，表示方法为形式3	形式1  形式2 	电流互感器 脉冲变压器
形式1 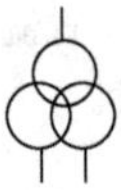 形式2 	三绕组变压器	形式1 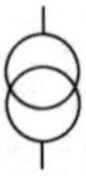 形式2 	电压互感器
形式1  形式2 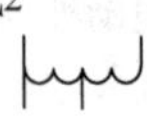	自耦变压器	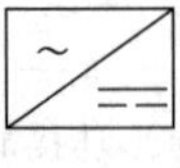	整流器
	扼流圈 电抗器		桥式全波整流器
			逆变器

（续）

图形符号	名称及说明	图形符号	名称及说明
8. 开关、控制和保护装置			
形式1  形式2 	动合（常开）触点 本符号可用作开关一般符号	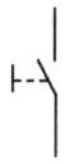	手动操作开关一般符号
	动断（常闭）触点	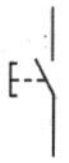	具有动合触点且自动复位的按钮开关
	先断后合的转换触点	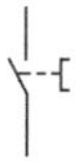	具有动合触点且自动复位的拉拨开关
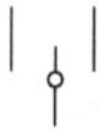	中间断开的双向触点	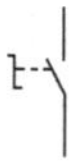	具有动合触点且自动复位的旋转开关
	当操作器件被吸合时延时闭合的动合触点		接触器 接触器的主动合触点（在非动作位置触点断开）
	当操作器件被释放时延时断开的动合触点		具有由内装的测量继电器或脱钩器触发的制动释放功能的接触器
	当操作器件被吸合时延时断开的动断触点		接触器 接触器的主动断触点
	当操作器件被释放时延时闭合的动断触点		

（续）

图形符号	名称及说明	图形符号	名称及说明
	断路器	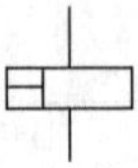	快速继电器的线圈
	隔离开关		对交流不敏感的继电器的线圈
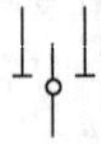	具有中间断开位置的双向隔离开关	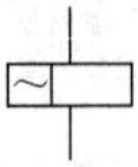	交流继电器的线圈
	负荷开关（负荷隔离开关）	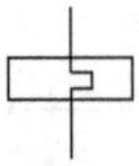	热继电器的线圈
	具有由内装的测量继电器或脱钩器触发的制动释放功能的负荷开关	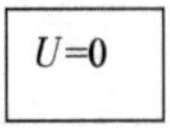	零电压继电器
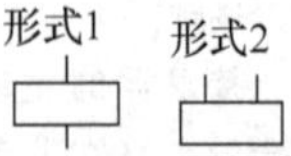	操作器件的一般符号 继电器线圈一般符号	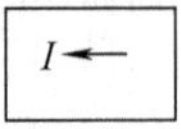	逆电流继电器
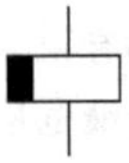	缓慢释放继电器的线圈	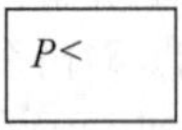	欠功率继电器
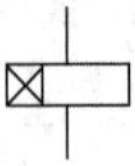	缓慢吸合继电器的线圈	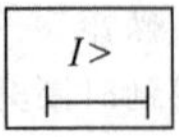	延时过电流继电器
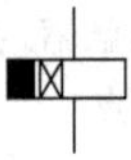	缓吸缓放继电器的线圈		欠电压继电器 整定范围从50~80V，重整定比为130%
			熔断器一般符号

（续）

图形符号	名称及说明	图形符号	名称及说明
	熔断器烧断后仍可使用，一端用粗线表示的熔断器	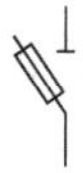	熔断器式隔离开关
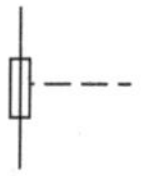	带机械连杆的熔断器（撞击式熔断器）	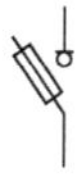	熔断器式负荷开关
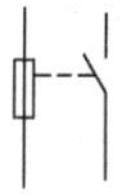	具有独立报警电路的熔断器		火花间隙
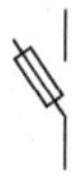	熔断器式开关		避雷器

9. 测量仪表、灯和信号器件

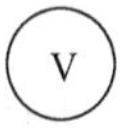	电压表		同步指示器
	无功电流表		检流计
	功率因数表	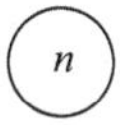	转速表
	相位表	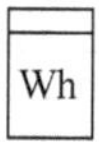	电能表（瓦时计）
	无功功率表	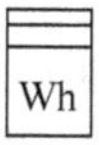	多费率电能表，两个矩形表示出二费率电能表

（续）

图形符号	名称及说明	图形符号	名称及说明
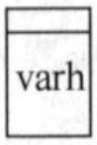	无功电能表		防爆荧光灯
	信号变换器，一般符号		应急灯
	频率表		防水防尘灯
	钟，一般符号 子钟		球形灯
	带有触点的钟		防爆灯
	灯一般符号 信号灯一般符号		花灯
	电喇叭		壁灯
	电铃	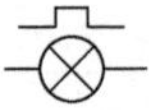	闪光型信号灯
	蜂鸣器		天棚灯
	投光灯		
	荧光灯		

（续）

10. 建筑安装平面布置图

规划设计的	运行的	名称及说明	规划设计的	运行的	名称及说明
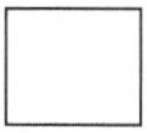		发电厂（站）	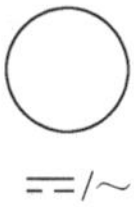		变流所（示出直流变交流）
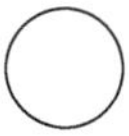	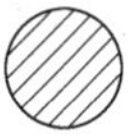	变电所（示出改变电压）	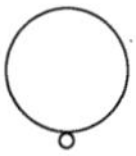		杆上变电站

图形符号	名称及说明	图形符号	名称及说明
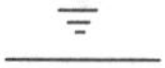	地下线路		装载吊钩上的封闭式母线
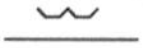	水下（海底）线路		滑触线
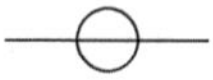	架空线路		中性线
	管道线路		保护线
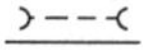	挂在钢索上的线路		保护和中性共用线
	事故照明线		具有保护线和中性线的三相配线
	50V及以下电力及照明线路	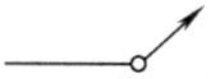	向上配线
	控制及信号线（电力及照明用）		向下配线
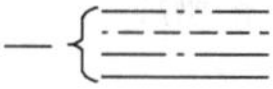	用单线表示多种线路		垂直通过配线
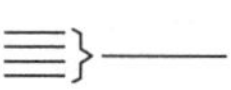	用单线表示多回路线路（或电缆管束）		母线一般符号
			装在支柱上的封闭式母线

（续）

图形符号	名称及说明	图形符号	名称及说明
	带配线的用户端	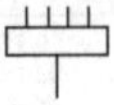	配电中心（示出五根导线管）
	盒（箱）一般符号	$a\frac{b}{c}Ad$ 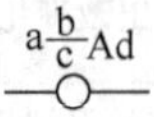	带照明灯的电杆 a—编号 b—杆型 c—杆高 d—容量 A—连接相序
	连接盒或接线盒	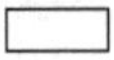	屏、台、箱、柜一般符号
	电缆铺砖保护		动力或动力-照明配线箱
	电缆穿管保护	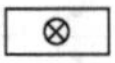	信号板、信号箱（屏）
	电缆预留		照明配线箱（屏）
	母线伸缩接头		事故照明配线箱（屏）
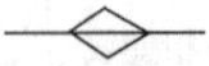	电缆中间接头盒		多种电源配线箱（屏）
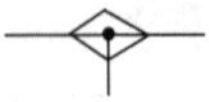	电缆分支接头盒		按钮盒
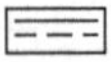	直流配线盘（屏）		带指示灯的按钮
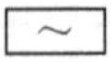	交流配线盘（屏）		单相插座
	按钮一般符号		

（续）

图形符号	名称及说明
	暗装
	密闭（防水）
	防霉
	带接地插孔的单相插座
	暗装
	密闭（防水）
	防爆
	带接地插孔的三相插座
	暗装
	密闭（防水）
	防爆
	插座箱（板）

图形符号	名称及说明
	开关一般符号
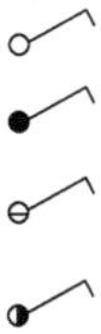	单极开关 暗装 密闭（防水） 防爆
	双极开关 暗装 密闭（防水） 防爆
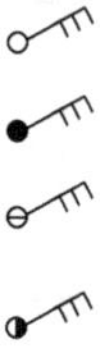	三极开关 暗装 密闭（防水） 防爆
	单极拉线开关
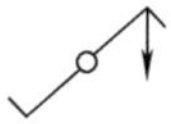	单极双控拉线开关
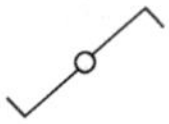	双拉开关（单极三线）

附录B 常用电气设备用图形符号

序号	名称	符号	尺寸比例（h×b）	应用举例
1	直流电	═ ═	0.36a×1.40a	适用于直流电设备的铭牌上，以及用于表示直流电的端子
2	交流电		0.44a×1.46a	适用于交流电设备的铭牌上，以及用于表示交流电的端子
3	正号、正极	+	1.20a×1.20a	表示使用或产生直流电设备的正端
4	负号、负极	−	0.08a×1.20a	表示使用或产生直流电设备的负端
5	电池检测		0.80a×1.00a	表示电池测试按钮和表明电池情况的灯或仪表
6	电池定位	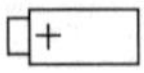	0.54a×1.40a	表示电池盒（箱）本身和电池的极性和位置
7	整流器	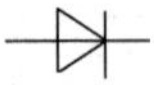	0.82a×1.46a	表示整流设备及其有关接线端和控制装置
8	变压器	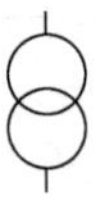	1.48a×0.80a	表示电气设备可通过变压器与电力线连接的开关、控制器、连接器或端子，也可以用于变压器包封或外壳上

（续）

序号	名 称	符 号	尺寸比例（h×b）	应用举例
9	熔断器		0.54a×1.46a	表示熔断盒及其位置
10	测试电压		1.30a×1.20a	表示该设备能承受500V的测试电压
11	危险电压		1.26a×0.50a	表示危险电压引起的危险
12	Ⅱ类设备	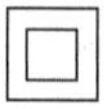	1.04a×1.04a	表示能满足第Ⅱ类设备（双重绝缘设备）安全要求的设备
13	接地		1.30a×0.79a	表示接地端子
14	保护接地		1.16a×1.16a	表示在发生故障时防止电击的与外保护导体相连接的端子，或与保护接地电极相连接的端子
15	接机壳、接机架	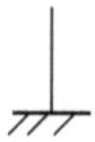	1.25a×0.91a	表示连接机壳、机架的端子
16	输入	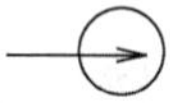	1.00a×1.46a	表示输入端
17	输出	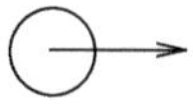	1.00a×1.46a	表示输出端

（续）

序号	名 称	符 号	尺寸比例（h×b）	应用举例
18	过载保护装置		0.92a×1.24a	表示一个设备装有过载保护装置
19	通		1.12a×0.08a	表示已接通电源，必须标在电源开关或开关位置
20	断		1.20a×1.20a	表示以与电源开，必须标在电源开关或开关位置
21	可变性（可调性）	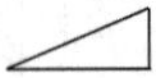	0.40a×1.40a	表示量的被控方式，被控量随图形的宽度而增加
22	调到最小		0.60a×1.36a	表示量值调到最小值的控制
23	调到最大	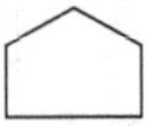	0.58a×1.36a	表示量值调到最大值的控制
24	灯、照明、照明设备		1.32a×1.34a	表示控制照明光源的开关
25	亮度、辉度		1.40a×1.40a	表示诸如亮度调节器、电视接收机等设备的亮度、辉度控制
26	对比度		1.16a×1.16a	表示诸如电视接收机等的对比度控制
27	色饱和度		1.16a×1.16a	表示彩色电视机等设备上的色彩饱和度控制

注：原始图形中 a＝50mm。

附录C　电气设备文字符号

表 C-1　电气设备常用基本文字符号

设备、装置和元器件种类	名　称	单字母符号	双字母符号
组件 部件	结构单元	A	
	功能单元	A	
	功能组件	A	
	分离元件放大器	A	
	半导体放大器	A	AD
	集成电路放大器	A	AJ
	磁放大器	A	AM
	电子管放大器	A	AV
	印制电路板	A	AP
	抽屉柜	A	AT
	支架盘	A	AR
	本表其他地方未规定的组件、部件	A	
非电量到电量变换器或 电量到非电量变换器	热电传感器	B	
	热电池	B	
	光电池	B	
	测功计	B	
	晶体换能器	B	
	送话器	B	
	拾音器	B	
	电喇叭	B	
	耳机	B	
	自整角机	B	
	旋转变压器	B	
	模拟和多级数字变换器或传感器	B	
	压力变换器（用于指示或测量）	B	BP
	位置变换器	B	BQ
	旋转变换器（测速发电机）	B	BR
	温度变换器	B	BT
	速度变换器	B	BV

（续）

设备、装置和元器件种类	名　　称	单字母符号	双字母符号
电容器	电容器	C	
二进制元件 延迟器件 存储器件	延迟线 双稳态元件 单稳态元件 磁心存储器 寄存器 磁带记录机 盘式记录机	D D D D D D D	
其他元器件	发热器件 照明灯 空气调节器 本表其他地方未规定部件	E E E E	EH EL EV
保护器件	过压放电器件 避雷器 瞬时动作的限流保护器 延时动作的限流保护器 瞬时和延时动作的限流保护器 熔断器 限电压保护器件	F F F F F F F	 FA FR FS FU FV
发生器 发电机 电源	旋转发电机 振荡器 发生器 同步发电机 异步发电机 蓄电池 旋转或固定式变频	G G G G G G G	 GS GS GA GB GF
信号器件	声响指示器 光指示器 指示灯	H H H	HA HL HL
继电器 接触器	瞬时接触继电器 瞬时有或无继电器 闭锁接触继电器 双稳态继电器 接触器 极化继电器 簧片继电器 延时有或无继电器 逆流继电器	K K K K K K K K K	KA KA KL KL KM KP KR KT KR

（续）

设备、装置和元器件种类	名　称	单字母符号	双字母符号
电感器 电抗器	感应线圈	L	
	线路陷波器	L	
	电抗器	L	
	片式叠层电感器	L	
电动机	同步电动机	M	MS
	力矩电动机	M	MT
	既可发电又可电动的电动机	M	MG
电力电路的开关器件	断路器	Q	QF
	电动机保护开关	Q	QM
	隔离开关	Q	QS
电阻器	电阻器	R	
	变阻器	R	
	电位器	R	RP
	测量分路器	R	RS
	热敏电阻器	R	RT
	压敏电阻器	R	RV
控制、记忆、信号电路的开关器件选择器	拨号接触器	S	
	连接极	S	
	控制开关	S	SA
	选择开关	S	SA
	按钮开关	S	SB
	机电式有或无传感器（单级数字传感器）	S	
	液体标高传感器	S	SL
	压力传感器	S	SP
	位置传感器	S	SQ
	转数传感器	S	SR
	温度传感器	S	ST
变压器	电流互感器	T	TA
	控制电路电源变压器	T	TC
	电力变压器	T	TM
	电压互感器	T	TS
	磁稳压器	T	TV

（续）

设备、装置和元器件种类	名　　称	单字母符号	双字母符号
调制器 变换器	鉴频器	U	
	解调器	U	
	变频器	U	
	编码器	U	
	变流器	U	
	逆变器	U	
	整流器	U	
	电报译码器	U	
电子管 晶体管	气体放电管	V	
	二极管	V	VD
	晶体管	V	VT
	晶闸管	V	VT
	电子管	V	VE
	控制电路用电源整流管	V	VC
传输通信 波导 天线	导线	W	
	电缆	W	
	母线	W	
	波导	W	
	波导定向耦合器	W	
	耦合天线	W	
	抛物天线	W	
端子 插头 插座	连接插头和插座	X	
	接线柱	X	
	电缆封端和接头	X	
	焊接端子板	X	
	连接片	X	XB
	测试插孔	X	XJ
	插头	X	XP
	插座	X	XS
	端子板	X	XT
电气操作的机械器件	气阀	Y	
	电磁铁	Y	YA
	电磁制动器	Y	YB
	电磁离合器	Y	YC
	电磁吸盘	Y	YH
	电动阀	Y	YM
	电磁阀	Y	YV
终端设备 混合变压器 滤波器 均衡器 限幅器	电缆平衡网络	Z	
	压缩扩展器	Z	
	晶体滤波器	Z	
	网络	Z	

表 C-2　电气设备常用辅助文字符号

文字符号	代表的功能、状态	文字符号	代表的功能、状态	文字符号	代表的功能、状态
A	电流	F	快速	PU	保护不接地
A	模拟	FB	反馈	R	记录
AC	交流	FW	正、向前	R	右
A，AUT	自动	GN	绿	R	反
ACC	加速	H	高	RD	红
ADD	附加	IN	输入	R，RST	复位
ADJ	可调	INC	增	RES	备用
AUX	辅助	IND	感应	RUN	运转
ASY	异步	L	左	S	信号
B，BRK	制动	L	限制	ST	起动
BK	黑	L	低	S，SET	置位、定位
BL	蓝	LA	闭锁	SAT	饱和
BW	向后	M	主	STE	步进
C	控制	M	中	STP	停止
CW	顺时针	M	中间线	SYN	同步
CCW	逆时针	M，MAN	手动	T	温度
D	延时（延迟）	N	中性线	T	时间
D	差动	OFF	断开	TE	无噪声（防干扰）
D	数字	ON	闭合		接地
D	降	OUT	输出	UV	紫外线
DC	直流	P	压力	V	真空
DEC	减	P	保护	V	电压
E	接地	PE	保护接地	V	速度
EM	紧急	PEN	保护接地与中性线	WH	白
			共用	YE	黄

附录 D　发电厂与变电所电路图上的数字及标号

表 D-1　发电厂与变电所电路图上的直流回路标号数字序列

回路名称	标号数字序列			
	Ⅰ	Ⅱ	Ⅲ	Ⅳ
+电源回路	1	101	201	301
-电源回路	2	102	202	302
合闸回路	3~31	103~301	203~231	303~331
绿灯或合闸回路监视继电器的回路	5	105	205	305

（续）

回路名称	标号数字序列			
	Ⅰ	Ⅱ	Ⅲ	Ⅳ
跳闸回路	33 ~ 49	133 ~ 149	233 ~ 249	333 ~ 349
红灯或跳闸回路监视继电器的回路	35	135	235	335
备用电源自动合闸电路	50 ~ 69	150 ~ 169	250 ~ 289	350 ~ 369
开关器具的信号回路	70 ~ 89	170 ~ 189	270 ~ 289	370 ~ 389
事故跳闸音响信号回路	90 ~ 99	190 ~ 199	290 ~ 299	390 ~ 399
保护及自动重合闸回路	01 ~ 099（或 J1 ~ J99、K1 ~ K99）			
机组自动控制回路	401 ~ 599			
励磁控制回路	601 ~ 649			
发电机励磁回路	651 ~ 699			
信号及其他回路	701 ~ 999			

表 D-2　发电厂与变电所电路图上的交流回路标号数字序列

回路名称	标号数字序列			
	L1 相	L2 相	L3 相	中性线 N
电流回路	U401 ~ U409 U411 ~ U419 … U491 ~ U499 U501 ~ U509 … U591 ~ U599	V401 ~ V409 V411 ~ V419 … V491 ~ V499 V501 ~ V509 … V591 ~ V599	W401 ~ W409 W411 ~ W419 … W491 ~ W499 W501 ~ W509 … W591 ~ W599	N401 ~ N409 N411 ~ N419 … N491 ~ N499 N501 ~ N509 … N591 ~ N599
电压回路	U601 ~ U609 … U791 ~ U799	V601 ~ V609 … V791 ~ V799	W601 ~ W609 … W791 ~ W799	N601 ~ N609 … N791 ~ N799
控制、保护信号回路	U1 ~ U399	V1 ~ V399	W1 ~ W399	N1 ~ N399

表 D-3　发电厂与变电所电路图上的小母线文字符号

小母线名称		小母线标号 新	小母线标号 旧
直流控制和信号的电源及辅助小母线			
控制信号电源小母线		+WC，-WC	+KM，-KM
信号回路电源小母线		+WS，-WS	+XM，-XM
事故音响信号小母线	用于配电装置内	WAS	SYM
	用于不发遥远信号	1WAS	1SYM
	用于发遥远信号	2WAS	2SYM
	用于直流屏	3WAS	3SYM
预报信号小母线	瞬时动作的信号	1WFS	1YBM
		2WFS	2YBM
	延时动作的信号	3WFS	3YBM
		4WFS	4YBM
直流屏上的预报信号小母线(延时动作的信号)		5WFS	5YBM
		6WFS	6YBM
灯光信号小母线		WL	-DM
闪光信号小母线		WF	(+) SM
合闸小母线		WO	+HM，-HM
“掉牌未复归”光字牌小母线		WSR	PM
交流电压、同期和电源小母线			
同期小母线	待并系统	WOS_u	TQM_a
		WOS_w	TQM_c
	运行系统	WOS'_u	TQM'_a
		WOS'_w	TQM'_c
电压小母线		WV	YM

附录 E　SR 系列 PLC 机操作顺序

操 作	按 键 或 操 作 顺 序	方式开关位置		
		P	R	L
清除所有用户存储器内容	CLR SHF 348 DEL NXT		×	
显示现行地址	CLR	×	×	
显示现行功能	NXT	×		
显示下一步功能	NXT（在上面键操作之后）	×		
显示上一步功能	PRV	×	×	
回到程序存储器中 000 号地址	SHF NXT	×		
到指定地址	SHF（地址）NXT		×	×
到下一步地址	在上面的操作选入后按 NXT	×	×	
清除显示的功能	CLR	×		
搜索一个指定功能	(功能)SHF(定义号)SCH NXT	×	×	
在显示的功能（或地址）之前插入功能	(功能)SHF(定义号)INS NXT	×	×	
删去一功能	（地址）DEF PRV		×	
检查程序是否有错，如果未检查出错误，显示下一个可使用的地址	CLR SCH	×	×	
接通定时器/计数器	TMR 或 CNT SHF 6XF SET	×		
断开定时器/计数器	TMR 或 CNT SHE 6XS RST	×		
改变定时器或计数器的预置值	SFE（预置值）ENT	×		
监视一组 16 个连续定义号（I/O 内部线圈，移位寄存器线圈）的通/断状态	SHF（开始的定义号）MON			
监视定时器或计数器的累积值	SHF(T/C 定义号)MON 为了监控上一个或下一个 T/C 按 PRV 或 NXT	×		
监视任何线圈或触点通/断状态	由发光二极管接通或断开来显示定义号的状态	×		
强制一定义号接通（将考虑用户逻辑）	SHT SHF（定义号）ENT 定义号可为输入、输出、移位寄存器、定时器或计数器	×		
强制一定义号断开（将考虑用户逻辑）	RST SHF（定义号）ENT	×		
使一功能写入程序存储器编辑一程序	（功能）SHF（定义号）ENT 操作同上，选择地址并改变输入	×		
把数据传送到磁带上	（选择程序识别号）SHF WRITE			×
把磁带读到程序存储器	（选择程序识别号）SHF READ			×
校对磁带或 PRNM 写入器 RAM 与程序存储器中的数据	（选择程序识别号）SHF CHECK			×

附录F　C系列P型机基本指令表

指　令	符　号	助记符　数据	数据内容
LD		LD 器件号	器件号 0000 to 1907 HR 000 to 915 TIM/CNT 00 to 47 TR 0 to 7（LD）
LD—NOT		LD NOT 器件号	
AND		AND 器件号	
AND—NOT		AND NOT 器件号	
OR		OR 器件号	
OR—NOT		OR NOT 器件号	
AND—LD		AND LD	
OR—LD		OR LD	
OUT		OUT 器件号	器件号 0500 to 1807 HR 000 to 915 TR 0 to 7（OUT）
TIM		TIM 定时器号 设定值	定时器号或计数器号 TIM/CNT 00 to 46 设定值 #0000 to 9999
CNT		CNT 计数器号 设定值	

附录G 三种机型基本指令对照表

GE—Ⅰ型指令表	ACMY 型指令表	F1/F2 型指令表
STR	LD	LD
STR TMR	LD	LD
STR CNT	LD	LD
STR NOT	LD	LD
STR NOT TMR	LD	LD
STR NOT CNT	LD NOT	LDI
AND	AND	AND
AND TMR	AND	AND
AND CNT	AND	AND
AND NOT	AND NOT	ANI
AND NOT TMR	AND NOT	ANI
AND NOT CNT	AND NOT	ANI
OR	OR	OR
OR IMR	OR	OR
OR CNT	OR	OR
OR NOT	OR NOT	ORI
OR NOT TMR	OR NOT	ORI
OR NOT CNT	OR NOT	ORI
AND STR	AND LD	ANB
OR STR	OR LD	ORB
MCS	IL	MC
MCR	ILC	MCR
OUT	OUT（OUT NOT）	OUT
SET		
SET OUT		
RST		RST（复位）
TMR	TIM	OUT
CNT	CNT	OUT
SR	SFT	SFT（移位）
	JMP	CJP（跳转）
	JME	EJP（结束）
	KEEP（自保）	
	DIFU（前沿微分）	
	DIFD（后沿微分）	
	END	END
		NOP（空操作）
		PLS（脉冲微分）
		S
		R
29 条指令	21 条指令	20 条指令

参 考 文 献

[1] 郭再泉．电工识图［M］．北京：机械工业出版社，1999.

[2] 王亚星．怎样读新标准实用电气线路图［M］．北京：中国水利水电出版社，2002.

[3] 许缪．电机与电气控制技术［M］．北京：机械工业出版社，2002.

[4] 成都市教育科学研究所．电工仪表与测量［M］．北京：高等教育出版社，1992.

[5] 王玉明．电工应用识图［M］．北京：高等教育出版社，1992.

[6] 王兆安，黄俊．电力电子技术［M］．北京：机械工业出版社，2000.

[7] 何利民，尹全英．怎样阅读电气工程图［M］.2 版．北京：中国建筑工业出版社，1998 .

[8] 刘介才．工厂供电［M］.3 版．北京：机械工业出版社，1998.

[9] 田凤桐．机电设备及其控制［M］．北京：机械工业出版社，1998.

[10] 唐定曾，唐海．建筑电气技术［M］．北京：机械工业出版社，1997.

[11] 周希章．电修手册：下册［M］．北京：机械工业出版社，1997.

[12] 邓泽远．供配电系统与电气设备［M］．北京：中国电力出版社，1996.

[13] 郑凤翼，孙铁宸，孟庆涛．怎样看电工实用线路图［M］．北京：人民邮电出版社，1996.

[14] 余雷声．电气控制与 PLC 应用［M］．北京：机械工业出版社，1996.

[15] 王兆义．可编程控制器教程.2 版［M］．北京：机械工业出版社，1993.

参考文献

[illegible]